Umweltverschmutzung

Springer

Berlin
Heidelberg
New York
Barcelona
Budapest
Hong Kong
London
Mailand
Paris
Santa Clara
Singapur
Tokio

D. Hardman · S. McEldowney · S. Waite

Umweltverschmutzung

Ökologische Aspekte und biologische Behandlung

Mit 57 Abbildungen und 24 Tabellen

Springer

David Hardman
International Institute of Biotechnology

Sharron McEldowney
University of Westminster
School of Biological Sciences

Stephen Waite
University of Brighton
Department of Pharmacy

Übersetzung aus dem Englischen von Dr. Thomas Reimer
Originaltitel: Pollution: Ecology and Biotreatment
© Longman Group UK Limited 1993

ISBN-13: 978-3-642-64624-9   e-ISBN-13: 978-3-642-60953-4
DOI: 10.1007/978-3-642-60953-4

Die Deutsche Bibliothek – CIP-Einheitsaufnahme

Hardman, David J.:
Umweltverschmutzung : ökologische Aspekte und biologische Behandlung / David J. Hardman ;
Sharron McEldowney ; Stephen Waite. [Aus dem Engl. von T. Reimer] - Berlin; Heidelberg; New
York; Barcelona; Budapest; Hong Kong; London; Mailand; Paris; Santa Clara; Singapur; Tokyo:
Springer, 1996

NE: McEldowney, Sharron:; Waite, Stephen

Für unsere Familien als Dank für ihre Unterstützung,
Ermutigung und besonders für ihr Verständnis

Vorwort

Das unablässige Wachstum der Weltbevölkerung und ihre zunehmende Übernahme eines industriellen Lebensstiles hat unweigerlich zu einem wachsenden anthropogenen Einfluß auf die Biosphäre geführt. Arten und Quellen der dabei auftretenden Schadstoffe sind so vielseitig wie ihre möglichen Einflüsse auf die Umwelt und auf das Schicksal, das sie darin erfahren. Gelegenheiten zur Freisetzung möglicherweise umweltschädigender Verbindungen bestehen bei jedem Stadium der Herstellung eines Produktes, seiner Anwendung und seiner letztendlichen Ablagerung. Schadstoffe gelangen jedoch nicht nur im produzierenden Gewerbe in die Umwelt, sondern auch bei landwirtschaftlichen Prozessen, bei der Herstellung von Lebensmitteln und beim Transport. Einige dieser Freisetzungen sind beabsichtigt, wie z. B. der Einsatz von Pestiziden oder die Einleitung von Abwässern aus Produktionsprozessen, während andere Freisetzungen, wie z. B. bei Unfällen auftretende, unbeabsichtigt sind. In beiden Fällen sind die Auswirkungen der Emissionen häufig nicht völlig vorhersehbar oder werden nicht eindeutig verstanden.

Historisch gesehen waren Umweltverschmutzung und die damit verbundenen Todesfälle und die Störung der Umwelt im wesentlichen auf Zentren der Ressourcengewinnung und der Produktion beschränkt. Derartige Industriezentren waren immer auch Siedlungsschwerpunkte, wodurch die Umwelteinflüsse noch verstärkt wurden. Dies trifft nicht länger zu, und die möglicherweise schädlichen Auswirkungen industrieller Entwicklung beschränken sich nicht mehr auf nationale Grenzen, da die Folgen der Umweltverschmutzung weltumspannend geworden sind. Von den hierfür zu nennenden Gründen sind besonders zwei hervorzuheben. Das globale Wettergeschehen und biogeochemische Kreisläufe einzelner Elemente bedingen, daß Schadstoffe schnell über nationale Grenzen hinweg verteilt werden. Schwermetalle und Rückstände organochloridischer Pestizide werden mittlerweile sogar in den Eiskappen beider Polargebiete festgestellt mehrere tausend Kilometer von jeglichen größeren Produktions- oder Verbrauchszentren entfernt. Des weiteren hat im gleichen Maße, in dem die Schwellenländer dazu übergehen, den Lebensstil und den wirtschaftlichen Reichtum des industrialisierten Nordens zu übernehmen, die Anzahl der Zentren der Produktion und der Abfalldeponierung zugenommen und ein Nachlassen dieser Tendenz ist nicht erkennbar.

Bei vielen Schadstoffen handelt es sich um völlig synthetische organische Verbindungen, die Produkte einer zunehmend erfindungsreichen chemischen Industrie. Die möglichen und die wirklichen Auswirkungen dieser xenobiotischen Verbindung sind nur sehr schwer vorauszusagen oder zu beurteilen. Über ihr chemisches Verhalten in der Umwelt und über die Fähigkeiten der Lebewelt, sie zu verstoffwechseln und abzubauen, ist nur wenig bekannt. In Anbetracht der großen und bisher nur wenig erschlossenen Vielfalt der Mikroorganismen und der Fähigkeit ihrer Abbauprozesse ist es wahrscheinlich, daß sich viele, wenn nicht sogar alle organischen Schadstoffe zur biologischen Behandlung eignen, im Laufe derer sie entweder abgebaut oder in weniger giftige und umweltschädliche Verbindungen umgeformt werden können. Die biologische Aufbereitung von Metallen und anderen anorganischen Schadstoffen ist im Gegensatz dazu im gewissen Sinne stärker eingeschränkt. Metallische Elemente können nicht weiter abgebaut werden, und wenn sie erst einmal in die Umwelt eingeleitet werden, verbleiben sie dort für immer. Die biologische Behandlung solcher Schadstoffe wird sich somit darauf konzentrieren, sie innerhalb der Lebenwelt "einzuschließen" und sie in ihrer Mobilität und damit ihren Umwelteinflüssen zu beschränken oder sie in eine Form umzuwandeln, die nicht länger ein beträchtliches Risiko für die Umwelt darstellt.

Die wissenschaftliche Untersuchung der Umweltverschmutzung und ihrer Auswirkung auf die Umwelt, die Ökotoxikologie, befindet sich noch in den Kinderschuhen. Vereinfacht gesagt läßt sich die Entwicklung eines Zweiges der angewandten Wissenschaften oder die Untersuchung eines bestimmten Problemes häufig auf drei Schritte reduzieren: 1) Identifikation, Beschreibung und Definition des Problemes; 2) Analyse und Identifikation möglicher unmittelbarer praktischer Lösungsansätze; und 3) Entwicklung von Verfahren, mit Hilfe derer ein nochmaliges Auftreten des Problems in der Zukunft verhindert werden kann. Zur Zeit beginnt unser Wissen erst, sich über das erste Stdium der Identifikation und Beschreibung des Problems hinaus der Entwicklung und dem Einsatz unmittelbarer schadensbehebender Lösungen zu nähern. Das Endziel sauberer Produktionsverfahren mit minimalen Schadstoffemissionen gilt es erst noch zu erreichen: Zur Zeit befinden wir uns noch bei den "Aufräumungsarbeiten".

Da nationale Behörden mittlerweile das Ausmaß der weltweiten Umweltverschmutzung und die Bedeutung der chronischen Einwirkungen auch geringer Schadstoffdosen erkannt haben, haben sie gesetzliche Anforderungen für Emissionen und Umweltqualitäten erlassen. In Zukunft werden multinationale Übereinkünfte und internationale Protokolle an Bedeutung und Notwendigkeit gewinnen. Damit die Folgen solcher Gesetzgebungen wirkungsvoll sind, müssen sie nicht nur politisch und sozial annehmbar sein, sondern sich auf eine solide Umweltwissenschaft gründen sowie auf eine realistische Würdigung der kurz- und langfristigen Risiken der entsprechenden Handlungen auf die Gesundheit unseres Planeten und seiner Bewohner.

Das vorliegende Buch entstand aus der Hoffnung, daß es bei der derzeitigen Aufräumphase zu Untersuchung, Entwicklung und Einsatz von biologischen Behandlungsmethoden anregt und außerdem deren Anwendung im Rahmen von Produktionsverfahren zur Verringerung von Emissionen berücksichtigt. Bei der Fülle des Materiales und der hierfür relevanten Themen muß sich der vorliegende Band notwendigerweise beschränken. So haben wir z. B. beschlossen, große Themenkreise wie Treibhausgase und die globale Erwärmung auszuschließen, wofür sich zwei Gründe anführen lassen. Veränderungen im Weltklima sind ein überaus komplexes Thema, das wesentlich mehr Platz verdient, als wir ihm hier einräumen könnten, und außerdem verfügen wir augenblicklich noch nicht über praktikable Verfahren der biologischen Behandlung, mit denen wir den Anteil der Treibhausgase in der Atmosphäre nennenswert herabsetzen könnten. Was zu diesem Zweck bisher vorgeschlagen wurde, wie z. B. eine erhöhte Photosynthese des Phytoplanktons durch gezielte Düngung des Meerwassers mit Eisen oder die vermehrte Aufforstung, ist entweder von sehr fraglichem Wert oder befindet sich noch in einem sehr frühen Stadium der Entwicklung. Wir haben uns bewußt bemüht, die Anwendungsmöglichkeiten und die Wirksamkeit biologischer Behandlungsmethoden nicht überzubewerten, da wir uns darüber im klaren sind, daß die Einstellung der Öffentlichkeit gegenüber der Wissenschaft in der Vergangenheit häufig darunter gelitten hat, daß unrealistische oder überoptimistische Behauptungen über die Fähigkeit der Wissenschaft, Umwelt-, Sozial- oder Technologieprobleme zulösen, aufgestellt worden waren. Daher haben wir uns, obwohl alle wesentlichen Schadstoffgruppen in diesem Buch angesprochen werden, besonders auf jene konzentriert, die für eine biologische Behandlung besonders geeignet sind und beschäftigen uns bei der Behandlung organischer Schadstoffe besonders mit der Verbesserung verunreinigter Böden. Alle Industrieländer sind mit einem "Erbe" alter Industriestandorte, Deponien u. s. w. überzogen, deren Böden häufig mit einer vielgestaltigen Mischung toxischer und karzinogener Verbindungen verunreinigt sind. Diese stellen nicht nur eine Gefahr für die Gesundheit der umliegenden Bevölkerung dar, sondern bilden auch diffuse Quellen, aus denen Schadstoffe in die Atmosphäre oder über Auslaugung in das Grundwasser gelangen können. Sind die Schadstoffe innerhalb solcher Deponien hinlänglich lokalisierbar und beschränkt, lassen sie sich leichter einer biologischen Behandlung zuführen, sind sie jedoch erst einmal in die Umwelt gelangt, werden die Möglichkeiten einer Behandlung sehr eingeschränkt.

Die übertriebene Darstellung einer unmittelbar bevorstehenden weltweiten Umweltkatastrophe hat sich ebenfalls als überaus schädlich für das Ansehen der Wissenschaft erwiesen. Wir haben uns in diesem Buch bemüht, eine möglichst ausgewogene und objektive Darstellung der mit verschiedenen Schadstoffgruppen verbundenen Umweltprobleme und -risiken zu geben. Der erste Teil des Werkes umfaßt eine ausgewählte Einführung in die grundlegenden Aspekte der drei Themen des Titels: Umweltverschmutzung, Ökologie und biologische Behandlung. Die dann folgenden Abschnitte behandeln die wesentlichen Schadstoffgruppen, wobei jeder dieser Abschnitte Kapitel zu deren umweltrelevanten Auswirkungen, zur Auswahl möglicher Organismen für eine biologische Behandlung sowie zur Entwicklung und Anwendung biologischer Behandlungsverfahren umfaßt. Wir sind der festen Überzeugung, daß für einen erfolgreichen Einsatz biologischer Technologien bei Umweltproblemen das Verständnis von Ökologie und Biotechnologie unabdingbar ist. Wir hoffen, daß sich unser Werk für Ökologen, Umweltmanager und Studenten mit geringen Kenntnissen der Biotechnologie genauso nützlich erweisen wird, wie für Biotechnologen mit nur geringen Kenntnissen der Umweltwissenschaften.

David J. Hardman
Sharron McEldowney
Stephen Waite

Danksagungen

Wir möchten hier unseren Dank für die ständige Hilfe und Unterstützung zum Ausdruck bringen, die wir von unseren Freunden und Kollegen erfahren durften. Dies gilt insbesondere für die Hilfe von Jane Williams und Sarah Dines bei der Erstellung des Manuskriptes.

Wir sind den nachstehend Genannten für die Erlaubnis, urheberrechtlich geschütztes Material zu benutzen zu Dank verpflichtet:

Academic Press Ltd für Tabelle 2.1 (Moriarty, 1990); Academic Press Ltd. und dem Autor Dr. W. Klöpffer für Abb. 2.6 (Klöpffer et al., 1982); Academic Press Ltd. und dem Autor K. Yoshida für Abb. 2.5 (Yoshida et al., 1983); American Chemical Society für Abb. 11.2 (Bennett & Hill, 1974) und Tabellen 1.1 b(Keith & Telliard, 1979) und 13.1 (Pearson, 1963) Copyright 1963, 1974 & 1979 American Chemical Society; American Society for Testing and Materials (ASTM) für Abb. 2.2 (Stern & Walker, 1978) Copyright ASTM; Botanical Society of America Inc. für Abb. 10.3 (Mendelsson & Postek, 1982); Elsevier Applied Science Publishers Ltd. und dem Autor, C. H. Walker für Abb. 2.7 (Walker, 1987); W. H. Freeman & Co für Abb. 8.1 b (Reklefs, 1990); dem Autor H. B. N. Hynes für Abb. 8.2 (Hynes, 1969): Institution of Water & Enquiremental Management für Abb. 10.2 (Bayes et al., 1989); IOP Publishing Ltd. und dem Autor L. B. Wood für Abb. 8.23 (Wood, 1982); dem Autor Dr. D. Laxen für Abb. 13.4 (Laxen, 1983); Longman Group UK Ltd. für Abb. 11.4 und Tabelle 1.1 a (Mason, 1991); dem Autor Dr. A. M. Mannion für Abb. 11.1 (Mannion & Bowlby 1992); Marcel Dakker, Inc. für Tabelle 5.1 (Slato & Lovatt); National Center for Atmospheric Research (University Corporation for Atmospheric Research für Abb. 13.2; der OECD für Tabelle 8.1 (Vollenweider & Kerekes, 1982); Pergamon Press Ltd. für Abb. 2.4 (Neely, 1982), 10.1 (Reddy & de Busk, 1987), und Tabelle 13.3. (Lantzy & Mackenzie, 1970) Copyright 1970, 1980 & 1987 Pergamon Press Ltd.; Plenum Publishing Corp. und dem Autor W. B. Neely für Abb. 2.3 (Neely & Blau, 1977); der Royal Society und dem Autor Prof. A. T. Bull für Tabelle 3.3 (Bull, 1992); dem Autor Prof. Dr. W. Stumm für Abb. 13.3 (Stumm & Poslinsky, 1972); den Water Research Council plc und dem Autor G. F. Solbé für Abb. 2.1 (Solbé, 1988); John Wiley & Sons Ltd. für Abb. 8.1a (Etherington, 1975) Copyright 1975 John Wiley & Sons Ltd.; John Wiley & Sons, Inc. und dem Autor Dr. M. Whitfield für Abb. 13.5 und Tabelle 13.2 (Whitfield & Turner, 1987) Copyright 1987 John Wiley & Sons, Inc.

Wir haben uns bemüht, für jedes benutzte urheberrechtlich geschützte Material den entsprechenden Eigentümer ausfindig zu machen, was uns aber in einigen wenigen Fällen nicht gelungen ist. Wir möchten uns an dieser Stelle bei den betreffenden Urheberrechtseigentümern für eine etwaige unbeabsichtigte Verletzung ihrer Rechte entschuldigen.

Inhaltsverzeichnis

Prinzipien und Perspektiven

Kapitel 1

Umwelt und Umweltverschmutzung

Einleitung

Holgate (1979) definierte Umweltverschmutzung als "durch den Menschen verursachte Einbringung von Stoffen oder Energie in die Umwelt, die das menschliche Leben gefährden, lebende Ressourcen schädigen und ökologische Schäden auslösen können, sowie die Behinderung legitimer Nutzungen der Umwelt". Die Schadstoffe sind verschiedenartigster Natur und umfassen u. a. bestimmte Metalle, ein breites Band verschiedener organischer Verbindungen und einige Gase. Die Bedeutung, die einem bestimmten Schadstoff beigemessen wird, hängt üblicherweise von seiner angenommenen Giftigkeit für den Menschen ab. Die Europäische Union (EU) faßt die Verbindungen mit der höchsten Giftigkeit in einer "Schwarzen Liste" zusammen und die weniger giftigen in einer "Grauen Liste". In vergleichbarer Weise erfaßt die US-amerikanische Umweltbehörde (EPA) 129 Chemikalien in seiner Liste der Prioritätsschadstoffe (Tabelle 1.1). Die Verbindungen der "Schwarzen Liste" der EU und die Prioritätsschadstoffe der EPA sind meist nicht nur stark toxisch sondern auch sehr beständig und neigen zur Bioakkumulation (Kap. 2). Bei dem Stoff oder dem Schadstoff kann es sich um eine synthetische Verbindung handeln oder um ein in der Natur vorkommendes Element oder eine Verbindung, deren Konzentration durch menschliche Aktivitäten auf eine Höhe gebracht wird, die entweder toxisch wirkt oder die Ökologie eines Gebietes nachhaltig stören kann.

Je nach der Art der Freisetzung können Schadstoffe aus isolierten Quellen in hohen Konzentrationen wie z. B. bei Metallhütten austreten oder in geringen Konzentrationen aus vielen diffusen Quellen wie z. B. Sickerwässer aus den vielen Hausmülldeponien. Bei punktförmigen Quellen kann die Auswirkung zunächst auf die unmittelbare Umgebung der Quelle beschränkt sein, und die Konzentration des Schadstoffes wird von der Quelle weg rasch abnehmen, da sie dabei in der Umwelt verteilt und verdünnt wird. Die Verteilung und Verdünnung eines Schadstoffes von einem Punkt weg wird jedoch mögliche schädliche Auswirkungen selten wenn nicht sogar überhaupt nicht verhindern oder die Umwelt völlig davor schützen. Schadstoffe können sich in der Lebewelt anreichern und damit sowohl die menschlichen Nahrungsquellen verunreinigen als auch die Leistungsfähigkeit eines Organismusses mit hoher Körperbelastung und die ihn fressenden Räuber beeinflussen.

Tabelle 1.1 (a): "Schwarze Liste" und "Graue Liste" der EU (Mason, 1991)

Liste 1 (Schwarze Liste)

1. organische Halogenverbindungen und Stoffe, die in aquatischer Umgebung solche Verbindungen bilden
2. organische Phosphorverbindungen
3. Organotinverbindungen
4. Stoffe, deren karzinogene Wirkung in oder durch eine aquatische Umgebung erkennbar wird (hierunter finden sich auch karzinogene Verbindungen der Liste 2)
5. Quecksilber und seine Verbindungen
6. Kadmium und seine Verbindungen
7. beständige Mineralöle und Kohlenwasserstoffverbindungen aus Petroleum
8. beständige synthetische Stoffe

Liste 2 (Graue Liste)

1. die folgenden Halbmetalle/Metalle und ihre Verbindungen:
    a) Zink
    b) Kupfer
    c) Nickel
    d) Chrom
    e) Blei
    f) Selen
    g) Arsen
    h) Antimon
    i) Molybdän
    j) Titan
    k) Zinn
    l) Barium
    m) Beryllium
    n) Bor
    o) Uran
    p) Vanadium
    q) Kobalt
    r) Thallium
    s) Tellur
    t) Silber
2. Biozide und ihre nicht in Liste 1 aufgeführten Derivate
3. Stoffe, die einen negativen Einfluß auf Geschmack und/oder Geruch von für den menschlichen Verbrauch bestimmten, aus aquatischer Umgebung gewonnenen Produkten besitzen.
    Verbindungen, die im Wasser solche Substanzen bilden können
4. Toxische oder beständige organische Silikon-Verbindungen oder Stoffe, die im Wasser zu derartigen Verbindungen führen, außer solchen, die bio-

logisch harmlos sind oder im Wasser rasch in harmlose Stoffe umgebildet werden.

5. anorganische Phosphorverbindungen und elementarer Phosphor
6. unbeständige Mineralöle und aus Petroleum gewonnene Kohlenwasser stoffe
7. Zyanide und Fluoride
8. bestimmte Stoffe, die sich schädlich auf die Sauerstoffbilanz auswirken, insbesondere Ammoniak und Nitrite

Tabelle 1.1 (b): EPA-Liste der 129 Prioritätsschadstoffe (aus Keith & Telliard, 1979)

darunter 31 auswaschbare organische Verbindungen:

Acrolein	1,2-Dichloropropan
Acrylonitril	1,3-Dichloropropen
Benzene	Methylenchlorid
Toluen	Methylchlorid
Äthylbenzen	Methylbromid
Tetrachlorkohlenstoff	Bromoform
Chlorobenzen	Dichlorobromomethan
b1,2-Dichloroäthan	Trichlorofluoromethan
1,1,1-Trichloroäthan	Dichlorodifluoromethan
1,1-Dichloroäthan	Chlorodibromomethan
1,1-Dichloroäthylen	Tetrachloroäthylen
1,1,2-Trichloroäthan	Trichloroäthylen
1,1,2,2-Tetrachloroäthan	Vinylchlorid
Chloroäthan	1,2-*trans*-Dichloroäthylen
2-Chloroäthylvinyläther	*bis*(chloromethyl) äther

darunter 46 basisch/neutral extrahierbare organische Verbindungen:

1,2-Cichlorobenzen	Fluoren
1,3-Dichlorobenzen	Fluoranthen
1,4-Dichlorobenzen	Chrysen
Hexachloroäthan	Pyren
Hexachlorobutadien	Phenathren
Hexachlorobenzen	Anthrocen
1,2,4-Trichlorobenzen	Benzo(a)anthracen
bis(2-Chloroäthoxy)methan	Benzo(b)fluoranthen
Naphtalen	Benzo(k)fluoranthen
2-Chloronaphtalen	Benzo(a)pyren
Isophoron	Indeno(1,2,3-c,d)pyren
Nitrobenzen	Dibenzo(a,h)anthracen
2,4-Dinitrotoluen	Benzo(g,h,f)perylen
2,6-Dinitrotoluen	4-Chlorophenyl phenyl Äther

4-Bromophenyl phenyl Äther
bis(2Äthlhexyl) phthalat
Dimethyl-phthalat
Diäthyl-phthalat
Di-*n*-butyl-phthalat
Acenaphthylen
Acenaphthen
Butyl-benzyl-phthalt

3,3'-Dychlorobenzidin
Benzidin
1,2-Diphenylhydrazin
Hexachlorocyclopentadien
N-Nitrosodiphenylamin
N-Nitrosodimethylamin
N-Nitrosodi-*n*-propylamin
bis(2-Chloroisopropyl) Äther

darunter 11 säureextrahierbare organische Verbindungen:

Phenol
2-Nitrophenol
4-Nitrophenol
2,4Dinitrophenol
4,6-Dinitro-*o*-cresol
Pentachlorophenol

p-Chloro-*m*-cresol
2-Chlorophenol
2,4-Dichlorophenol
2,4,6-Trichlorophenol
24-Dimethylphenol

darunter 26 Pestizide/PCB:

α-Endosulfan
ß-Endosulfan
Endosulfan-sulfat
α-BHC
ß-BHC
δ-BHC
γ-BHC
Aldrin
Dieldrin
4,4'-DDE
4,4'-DDD
4,4'-DDT
Endrin
Endrin-Aldehyd

Heptachlor
Heptachlor-epoxid
Chlordan
Toxaphen
Aroclor 1016
Aroclor 1221
Aroclor 1232
Aroclor 1242
Aorclor 1248
Aroclor 1254
Aroclor 1260
2,3,7,8-Tetrachlorodibenzo-
p-dioxin (TCDD)

darunter 13 Metalle:

Antimon
Arsen
Beryllium
Blei
Chrom
Kadmium
Kupfer

Nickel
Quecksilber
Selen
Silber
Thallium
Zink

sonstige

alle Zyanide

Asbest (faserig)
alle Phenole

Metallverhüttung als Beispiel für Verunreinigung aus punktförmigen Quellen

Die bei der Aufbereitung bergmännisch gewonnener Erze hergestellten Metallkonzentrate müssen weiter aufbereitet werden, bevor ein Metall erfolgreich aus ihnen hergestellt und weiter verarbeitet werden kann. Der erste Schritt dieses Prozesses findet in Primärschmelzöfen statt, deren Abfallprodukte geschmolzenes Material (nach Abkühlung an Land deponierte Schlacke), atmosphärische Emissionen metallbelasteter Stäube und verschiedene gasförmige Schadstoffe, insbesondere SO_2, umfassen.

Schlackedeponien stellen ähnliche Probleme wie Deponien der Aufbereitungsrückstände mit hohen Metallkonzentrationen, geringen physikalischen Festigkeiten und extremen pH-Werten dar. Die Einflüsse von Metallhütten und -raffinerien auf die Umwelt sind üblicherweise beträchtlich. Dabei sind besondere Merkmale (I) lokal begrenzte Verunreinigung der Bodenoberfläche und der Vegetation, (II) eine exponentielle Abnahme der Metallkonzentrationen mit der Entfernung von der punktförmigen Quelle, (III) geschädigte Funktionen des Ökosystems und (IV) Störung der Nährstoff- und Kohlenstoffkreisläufe.

Selbst bei modernen Hüttenbetrieben mit elektrostatischen Staubfüllungs- und Filtersystemen, die mehr als 98 % der metallhaltigen Stäube zurückhalten können, werden noch beträchtliche Metallmengen in die Atmosphäre eingetragen. So werden z. B. bei einer Zn-Pb-Cd-Hütte in Avonmouth in Südwestengland bei einer Jahresproduktion von 100.000 t Zn, 40.000 t Pb und 300 t Cd stündlich etwa 6 kg Zn, 4 kg Pb, 0,4 kg Cd und 0,1 kg Ag in Form von Stäuben mit einem Durchmesser von wenigen µm oder kleiner in die Atmosphäre abgegeben (Hopkin, 1989). Dabei schlagen sich die größten Teilchen am nächsten an der Emissionsquelle nieder, Teilchen mit weniger als 10 µm Durchmesser werden im Umkreis von 1 km um das Werk Avonmouth abgelagert, während kleinere Teilchen mit weniger als 2,5 µm über beträchtliche Entfernungen transportiert werden. Im Falle der Avonmouth-Hütte finden sich Hinweise auf metallische Verunreinigungen noch in Proben von Böden, Vegetation und Wirbellosen in einer Entfernung von 25 km in Windrichtung von der Hütte. Die Niederschlagsraten werden durch die bei Regenfällen auftretende feuchte Ablagerung beträchtlich erhöht, wobei 60-80 % der staubförmigen Luftfracht ausgewaschen werden kann. Normalerweise werden etwa 50 % der Emissionen einer Hütte in der Umgebung der Quelle abgelagert, wodurch sich extrem hohe Metallkonzentrationen an der Oberfläche in der Umgebung eines Werkes einstellen, die aber mit steigender Entfernung davon rasch abnehmen. So beträgt z. B. die Bodenoberflächenkonzentration von Zn (in der organischen Bodenfraktion) im Bereich der seit langem in Betrieb befindlichen Messinghütte von Gusum/Schweden bei Proben im Umkreis von etwa 0,3 km um das Werk 16.000-20.000 ppm. Bei 7-9 km entfernt genommenen Proben beträgt die Konzentration etwa 200 ppm (Freedman, 1989).

Das Ausmaß der ökologischen Auswirkungen folgt dem Ablagerungsmuster, wobei häufig konzentrisch verlaufende Störungszonen zu beobachten sind. In unmittelbarer Nähe zur Quelle ist die Funktion des Ökosystems sehr stark gestört. Artendichte und Häufigkeiten sind niedrig, die Vegetation ist dünn und auf wenige kleinwüchsige, metalltolerante Arten beschränkt. Die Häufigkeit und/oder Aktivität anderer Teile des Ökosystems wie Pilzgemeinschaften und Invertebraten oder Mikroben werden ebenfalls negativ beeinflußt.

Die Oberflächenverunreinigung terristrischer Ökosysteme mit Schwermetallen (Kap. 13) unterbricht Stoffkreisläufe und die Zersetzung toter und seneszenter Pflanzenteile (Kap. 5). In kontaminierten Waldgebieten werden die Populationen von Makroinvertebraten wie Regenwürmern, Isopoden und Tausendfüßlern, die die Zersetzung dadurch fördern, daß sie das Material zerkleinern und damit die nachfolgende Zersetzung durch Mikroorganismen erst möglich machen, sehr stark reduziert, so daß sich Laubmaterial an der Bodenoberfläche ansammelt. Obwohl die absolute Größe von Pilz- und Bakterienpopulationen häufig verhältnismäßig wenig von der Metallkontamination beeinflußt wird, wird ihre Fähigkeit, das organische Material zu zersetzen, stark behindert. Untersuchungen haben ergeben, daß selbst geringe Verunreinigungsintensitäten die mikrobielle Physiologie beeinflussen können und dabei insbesondere die Atmung, die Bindung von Stickstoff und die Enzymbildungsrate. Beim Vergleich mit Kontrollpunkten ergaben sich keine signifikanten Verringerungen der Gesamtzahl an Bodenbakterien, Pilzen und Aktinomyceten außer an besonders stark kontaminierten Standorten, bei denen die Gehalte an Cu, Zn und Pb 1 % des Trockengewichts des Bodens überschreiten. An solchen Stellen kann unzersetztes organisches Material bis zu 75 % der Trockenmasse des Bodens ausmachen. Im gleichen Maße, in dem die Kontaminationsintensität zunimmt, dominieren metalltolerante Ökotypen und Arten. Im Vergleich zu Bakterien sind Pilze im allgemeinen stärker anfällig für metallische Schadstoffe. Die Dichte des Pilzmycels nimmt mit zunehmenden Metallgehalten ab. Bei mäßigen Kontaminationsraten geht diese Abnahme oft mit einer Zunahme derjenigen Bakterien einher, die die aus den absterbenden Hyphae freiwerdenden Nährstoffe und die von den Pilzen nicht mehr genutzten Ressourcen verwerten.

Aufgrund der Häufigkeit von Kationenaustauschpositionen und entsprechender Liganden werden abgelagerte Metalle meist vom Humus und den obersten Bodenschichten zurückgehalten. Die Mobilität der einzelnen Metalle schwankt stark und stellt eine komplexe Funktion einer Vielzahl edaphischer Faktoren wie Boden-pH, Kationenaustauschfähigkeit und der Mikrobenpopulation des entsprechenden Boden-Humus-Systems dar (Kap. 13). An stark verunreinigten Standorten, deren mikrobielle Aktivität stark beeinträchtigt ist, kommt es zu verstärkter Auslaugung von essentiellen Pflanzennährstoffen und toxischen Metallen. Saurer Niederschlag kann die Mobilität von Metallen ebenfalls verstärken (Kap. 11). Die verstärkte Mobilität von Cd, Zn, Pb in den Bodenprofilen von Hallen Wood, das der Kontamination durch das Avonmouth Werk unterliegt, wurde auf erhöhte SO_2-Emissionen zurückgeführt und auf den daraus resultierenden höheren sauren Niederschlag an diesem Standort. Selbst ohne saure Niederschläge wird die Metallmobilität bei einer bestimmten Tiefe innerhalb eines Bodenprofils mit der Zeit zunehmen, da das organische Material zersetzt wird und dabei stärker sauer reagiert, im wesentlichen durch Freisetzung und Akkumulation organischer Säuren. Die Abnahme des pH-Wertes verstärkt die Mobilität von Metallen wie Cu und Pb, die sich anfangs gegenüber Cd und Zn verhältnismäßig wenig mobil verhalten (Hopkin, 1989; Kap. 13).

Die Vegetation kann durch die direkte Aufnahme von Metallen aus Böden und die nachfolgende Verlagerung innerhalb der Pflanze in Form löslicher ionischer und organischer Komplexe kontaminiert werden, sowie durch staubförmige Verunreinigungen der Blattoberflächen. Die Verunreinigung von Blattoberflächen ist besonders ausgeprägt bei Arten mit "rauhen" oder behaarten Blättern, was in der Nähe von Emissionsquellen bis zu 75 % des scheinbaren Metallgehaltes der Pflanzen ausmachen kann. Da dieses Material im wesentlichen inert ist, ist die Bioverfügbarkeit von Metallen, die an Partikel auf der Blattoberfläche gebunden sind, im Vergleich zu den in einer Pflanze verlagerten Metallen begrenzt. Daraus ergibt sich andererseits, daß sich die Metallaufnahme sanftsaugender oder blattschneidender Invertebraten auf derselben Pflanze stark unterscheidet und mit dem gesamten Metallgehalt einer Pflanze nicht unbedingt zu korrelieren sein wird.

Die Art der Akkumulation der Metalle und ihre Mobilität in toleranten und nicht toleranten Pflanzenarten ist unterschiedlich. Tolerante Arten und Ökotypen reichern toxische Metalle zu hohen Konzentrationen an, die zum großen Teil mit den Wurzeln vergesellschaftet sind. Relativ wenig wird in die oberirdischen Teile der Pflanze verlagert, da viel an oder innerhalb der Zellwände der Wurzeln adsorbiert wird. Im Gegensatz dazu nehmen nicht-tolerante Pflanzen toxische Metalle leicht auf und verlagern sie in die Triebe, in denen sie sich dann anreichern. Somit wird die geringe Mobilität der Schwermetalle in toleranten Pflanzen deren Transfer auf Pflanzenfresser begrenzen und die Rückhaltung der Metalle im Mikrokosmos von Boden und Humus fördern. Aufgrund jahreszeitlicher Wachstumsschwankungen bilden sich Unterschiede in der Konzentration der toxischen Metalle in verschiedenen Pflanzengeweben heraus. In kontaminierten, von toleranten Ökotypen des Grases Agrostis stolonifera (gekrümmt kriechend) dominierten Grasflächen wurden markante Winterhöhepunkte in der Cd- und Cu-Konzentration oberirdischer Gewebeteile beobachtet. Diese winterlichen Höhepunkte lassen sich auf Mobilisation und Verlagerung der Metalle in ältere Triebe und Blätter hinein vor deren Seneszenz erklären und durch eine "Verdünnung" der Metalle durch das frische Wachstum im Frühling.

Invertebraten, die sich von kontaminierter Vegetation und Laubstreu ernähren, spielen bei der Mobilisation von Metallen aus dem System Boden/Laub-Pflanzenteile in terrestrischen Ökosystemen eine zentrale Rolle. Die Wanderung von Metallen innerhalb eines Grasflächensystems, das beträchtliche Mengen an Cu und Cd von der Merryside-Hütte erhält, wurde im Detail von Hunter et al. (1987 a, b, c; 1989) untersucht. Sowohl Cu als auch Cd werden bei der biologischen Umlagerung, aus der Bodenfläche in Pflanzen, Pflanzenfresser und die entsprechenden Räuber konzentriert. Bei jeder Stufe dieser Umlagerung nahm das Cu:Cd-Verhältnis ab, da die Mobilität und Bioverfügbarkeit des Kadmiums die des Kupfers deutlich übertrifft. Das Cu:Cd-Verhältnis des gesamten Bodens an einem stark kontaminierten Standort betrug 716:1. Gesamtkonzentrationen in Böden stellen keine guten Indikatoren zur Verfügbarkeit toxischer Metalle für Pflanzen dar, da Aufnahme durch die Pflanzen und nachfolgende Anreicherung stärker mit der Konzentration der Metalle in der wasserlöslichen Fraktion korreliert sind. In dieser lag das Cu:Cd-Verhältnis bei 186:1. In auf diesen Böden wachsenden Gräsern, die auch einer Blattoberflächenverunreinigung unterliegen, betrug das Verhältnis 37:1 in lebendem und 65:1 in seneszentem Material. Bei Pflanzen ohne Oberflächenablagerung von Metallen, deren Metallaufnahme nur über die Wurzeln stattfand, betrug das Cu:Cd-Verhältnis 19:1. Detritus und Blätter fressende Invertebraten akkumulierten beträchtliche Mengen an Cd und Cu. Bei detritusfressender Makrofauna der Böden fanden sich typische Freßkonzentrationsfaktoren von 3 für Cu und 15 für Cd. Bei blattfressenden Invertebraten fanden sich üblicherweise Konzentrationsfaktoren (Kap. 2) von 3 für Cu und 4 für Cd. In beiden Organismengruppen lag das Cu:Cd-Verhältnis beträchtlich unter dem ihrer Nahrungsaufnahme, was ebenfalls die größere Bioverfügbarkeit des Cd unterstreicht. Auch bei fleischfressenden Invertebraten zeigten sich deutliche Unterschiede der Fähigkeit, Cu und Cd anzureichern und zu assimilieren. Obwohl Raubkäfer und -spinnen beide Metallkonzentration durchführen, war die Akkumulation von Cu bei entsprechenden Käferarten am ausgeprägtesten, während die Spinnen anscheinend bevorzugt Cd akkumulierten. Insgesamt war die Bioverfügbarkeit des Kadmiums in der Invertebratennahrungskette drei bis sieben mal größer als die des Kupfers. Hohe Cu- und Cd-Gehalte fanden sich in Gewebeproben von Kleinsäugern, die sich von kontaminierten Invertebraten und Pflanzenteilen ernährten. Außer bei der insektenfressenden Spitzmaus (Sorex araneus L.), bei der der Nahrungskonzentrationsfaktor für Cu 1,75 betrug, überschritten die Kleinsäugerkonzentrationsfaktoren nicht den Wert 0,1 für Cu und Cd. Somit ergibt sich in diesem Falle, daß der für die Mobilisation der Metalle verantwortliche Hauptpfad vom Boden zu den Pflanzen verläuft.

Das Verhalten der Metalle sollte innerhalb terrestrischer Gemeinschaften im wesentlichen ähnlich sein; ob es sich dabei um Verunreinigungen aus der Atmospäre handelt oder ob sie sich auf aufgelassenen Abraumhalden von Bergwerken bildeten, auf denen die Oberflächenkonzentrationen der Metalle möglicherweise durch Verwitterung und Auslagung verringert wurden oder ob sie sich auf nicht verunreinigtem Boden entwickelten, der im Zuge von Rekultivierungsmaßnahmen auf toxischen Abfällen aufgebracht wurde. Allerdings bestehen doch beträchtliche Unterschiede: bei vorherrschender Verunreinigung aus der Luft werden Akkumulation und Umlegung der Metalle zum großen Teil durch Umfang und Produktivität flachwurzelnder Blattpflanzen bestimmt sowie durch Ausmaß und besondere Merkmale der Boden/Spreu-Komponente. Im Gegensatz dazu wird bei im Unterboden liegenden Schadstoffquellen die biologische Umlagerung von der Mobilisierung der Metalle aus dem Unterboden durch tolerante tiefwurzelnde Büsche und Bäume bestimmt, die solche Metalle aufnehmen und umlagern können.

Diffuse Schadstoffquellen

Im Gegensatz zu Schadstoffen aus punktförmigen Quellen treten solche aus diffusen Quellen in der Umwelt üblicherweise in extrem niedrigen Konzentrationen auf und ihre Auswirkungen treten nur dann in Erscheinung, wenn sie in der Lebewelt angereichert werden. Die Verunreinigung der Ostsee stellt ein gutes Beispiel für die Auswirkung diffuser Quellen dar. Die Ostsee ist ein flacher, nahezu völlig von Land umschlossener Wasserkörper mit einer größten Tiefe von 180 m, der wegen des begrenzten Wasseraustausches mit der Nordsee durch Kattegat und Skagerak eine lange Wasserumwälzungszeit von 20-50 Jahren aufweist. Schadstoffe gelangen aus einer Vielzahl kleiner Quellen in die Ostsee, da viele kleine Flüsse in sie münden und die Oberflächenabflüsse aus vielen kleinen Industrie- und Bevölkerungszentren entlang der Küsten von Schweden und Finnland stammen. Der eingeschränkte Wasseraustausch in Verbindung mit der kurzen Wachstumsperiode, geringer Produktivität und normalerweise kurzen Nahrungsketten bedingt, daß die Ostsee für Störungen besonders anfällig ist. Die Region weist eine lange Geschichte von Verunreinigungsproblemen auf. In den sechziger Jahren reduzierten chlorhaltige organische Pestizide wie DDT Fisch- und Raubvogelpopulationen in beträchtlichem Maße. In jüngerer Zeit konzentriert sich die Aufmerksamkeit auf polychlorierte Biphenyle (PCB), die erstmalig um 1880 synthetisiert wurden, während die großindustrielle Produktion etwa 1929 begann. Es handelt sich bei ihnen um sehr stabile Verbindungen, die in der Industrie breite Anwendung als Lösungs-, Kühl- und Dichtungsmittel insbesondere in der Farben und Druckindustrie finden, sowie in der Elektroindustrie (Einsatz bei Transformatoren). In den späten sechziger Jahren wurde ihre potentielle Giftigkeit für Menschen gut dokumentiert und die Besorgnis über den anscheinenden Zusammenhang zwischen dem Niedergang der Ostseerobbenpopulation und erhöhten PCB-Konzentrationen in Fischen und Meeresvögeln nahm zu. Zu Beginn dieses Jahrhunderts waren die Robbenpopulationen der Ostsee mit geschätzten 100.000 gemeine Robben, 400.000 Ringelrobben und 2.000-3.000 normalen Seehunden groß genug, um die kommerzielle Ausbeute für Felle und Ölprodukte zuzulassen. Mit Beginn der fünfziger Jahre begann der Niedergang der Populationen und Mißbildungen begannen sich zu häufen. Unter den beobachteten Abnormitäten waren Verschlüsse und zu Sterilität führende Verengungen des Uterus, Schädeldeformationen, Mißbildungen der Flossen, Verhärtungen der Arterien, Nierenschäden und brüchige Knochen (Lothigius, 1991). Unter der gegenwärtig geschätzten Population aus 1.500 gemeine Robben, 6.000 Ringelrobben und 100-200 normalen Seehunden stellte sich heraus, daß alle über 20 Jahre alten Weibchen steril sind, wohingegen bei normal gesunden Robben die Fruchtbarkeit bis zu einem Zeitraum von 40 Jahren andauern sollte. Der genaue Toxizitätsmechanismus ist noch unbekannt, in Laboruntersuchungen hat sich jedoch gezeigt, daß PCB die Vermehrungsphysiologie von Ratten und Nerzen stören kann. Die Situation wird dadurch verkompliziert, daß nicht alle PCB gleich giftig wirken, sowie durch die

Anwesenheit anderer organischer Toxine wie Dioxine (Dibenzofurane), die in den ursprünglichen PCB als Verunreinigungen enthalten waren. Herstellung und Verbrauch von PCB sind in Schweden und den meisten anderen Ländern seit Anfang der siebziger Jahre verboten. In Folge dieser Maßnahmen nahm der PCB-Gehalt von Fischen und Vögeln in der Ostsee ab, um sich seit 1984 auf einem immer noch erhöhten Niveau zu stabilisieren. Ein Grund dafür liegt in der großen Dauerhaftigkeit der PCB, ein anderer in der fortlaufenden Einbringung von PCB aus vielen kleinen diffusen Quellen in die Umwelt, wie z. B. Sickerwässer aus Hausmülldeponien, die entsorgte elektrische Geräte enthalten.

Im Gegensatz zu Pestiziden waren PCB nie für die direkte Abgabe in die Umwelt gedacht, es war jedoch in Anbetracht ihres breiten Einsatzes und der Art und Weise, in der sie enthaltene Produkte benutzt und entsorgt werden, unausweichlich, daß sie irgendwann doch und das auch noch weiter in der Zukunft, langsam in die Umwelt gelangten (Mason, 1990; Lothigius, 1991). Selbst nach 20 Jahren der Untersuchung und der Besorgnis über eine mögliche Gefährdung der Umwelt durch PCB haben sich bisher wenig Hinweise auf eine direkte Verbindung zwischen der Abnahme der Robben und anderer Populationen und diesen Stoffen ergeben. Sie werden im wesentlichen aufgrund der unerläßlichen sorgfältigen Interpretation verschiedener Korrelationen als umweltschädigende Verbindungen betrachtet. Diese Situation erstaunt nicht, wenn man berücksichtigt, welcher Aufwand an Mitteln, wieviel Untersuchungen und wieviel Veröffentlichungen nötig waren, um eine eindeutige Verbindung zwischen Rauchen und Lungenkrebs belegen zu können. Die Kette der ursächlichen Interaktionen ist wesentlich komplexer und weniger leicht zu definieren, wenn man die möglichen Auswirkungen chemischer Schadstoffe auf ein Ökosystem betrachtet.

Ökologische Überlegungen

Die wahrscheinlichen Auswirkungen eines Schadstoffes hängen zu einem großen Teil von seiner Bioverfügbarkeit, Toxizität und Konzentration in der Umwelt ab. Die Schadstoffmenge, die ein Organismus aufnimmt, ist eine komplexe Funktion aus Umweltkonzentrationen, Dauer der Zeit, über die der Organismus dem Schadstoff ausgesetzt war, und der Art in der der Schadstoff auftritt. Dabei kann er mit staubförmigen Materialien vergesellschaftet oder in löslichen Verbindungen vorhanden sein bzw. in Form anorganischer oder organischer Komplexe auftreten.

Quellen, Chemismus, Schicksal in der Umwelt und die Auswirkungen der Hauptschadstoffgruppen werden in diesem Buch getrennt behandelt. Obwohl die generellen Prozesse die das Geschick eines Schadstoffes in der Umwelt bestimmen, einander ähnlich sind (Kap. 2), verhält sich jede Gruppe und bis zu einem gewissen Grad auch jeder Schadstoff innerhalb einer Gruppe in einer ihm eigenen Weise. Die Situation wird zusätzlich durch Emissionen und Einleitungen verkompliziert, die komplexe und manchmal völlig unbekannte Mischungen toxischer

Verbindungen mit ihren eigenen besonderen Auswirkungen darstellen; und es ist im übrigen selten, daß ein Gebiet nur den Auswirkungen eines einzigen Schadstoffes ausgesetzt ist. Gleichermaßen sollten Art und Umfang des Einflusses eines Schadstoffes auf ein Ökosystem am besten für jede Schadstoffgruppe getrennt betrachtet werden. Grobe Generalisierungen haben sich nur selten als nützlich oder zuverlässig erwiesen. Es ist allerdings hier angebracht, kurz auf die Natur ökologischer Gemeinschaften und Systeme einzugehen. Ökologische Systeme werden durch Mengenströme und Umwälzung von Nährstoffen und Energien aufrechterhalten (Abb. 1.1), wobei man davon ausgehen kann, daß die Energie durch ein System hindurchfließt, während die Nährstoffe im System umlaufen. Die Energie wird durch autotrophe Organismen (im wesentlichen Pflanzen) eingefangen und in organischen Verbindungen gebunden. Dieses Material wird dann von heterotrophen Organismen (Tieren), Saprophyten (z. B. Pilzen) und schließlich Detritusfressern verbraucht. Letztere sind eine vielfältige Gruppe von Organismen, die sich von totem und zersetzendem Material sowie Pilzen und Bakterien ernähren. In einem mittlerweile gut eingeführten Verfahren werden diese Organismen in Trophiestufen unterteilt, wobei sich jede folgende Stufe von der vorhergehenden ernährt. Da der Wirkungsgrad der Energieumsetzung zwischen zwei aufeinanderfolgenden Stufen selten mehr als 10 % beträgt, nehmen die betroffene Biomasse und Energie mit jeder folgenden Trophiestufe ab, woraus sich einige wichtige ökologische Konsequenzen ergeben. Die Gesamtzahl der Trophiestufen oder aufeinanderfolgenden Glieder einer Nahrungskette überschreitet nur selten die Zahl 5. Die Menge an Biomasse, in der sich ein Schadstoff innerhalb einer Trophiestufe ansammeln kann, nimmt von einer Stufe zur nächsten ab, wobei die Gesamtmenge an Biomasse, die aufrecht erhalten werden kann, von Anzahl und Aktivität der Primärproduzenten abhängt. Bei den Strukturen handelt es sich allerdings um höchst künstliche Gebilde. Da viele Organismen sich aus mehr als nur einer Trophiestufe ernähren, läßt sich ein besseres Bild der Energie- und Nährstoffströme aus der Betrachtung von Nahrungsnetzdiagrammen gewinnen, die das Freßverhalten einer Gemeinschaft zusammenfassen (Abb. 1.2). Obwohl die Kenntnis eines Nahrungsnetzes einen genaueren Führer für die möglichen biologischen Pfade ergibt, auf denen Schadstoffe wandern und sich biologisch anreichern können, kann ein solches Netz nur eine sehr oberflächliche und begrenzte Abbildung einer Gemeinschaft liefern. Struktur und Zusammensetzung einer Gemeinschaft sind nur zum Teil das Ergebnis der in einem Nahrungsnetz zusammengefaßten Beute-Räuber-Beziehungen und des Freßverhaltens.

(a)

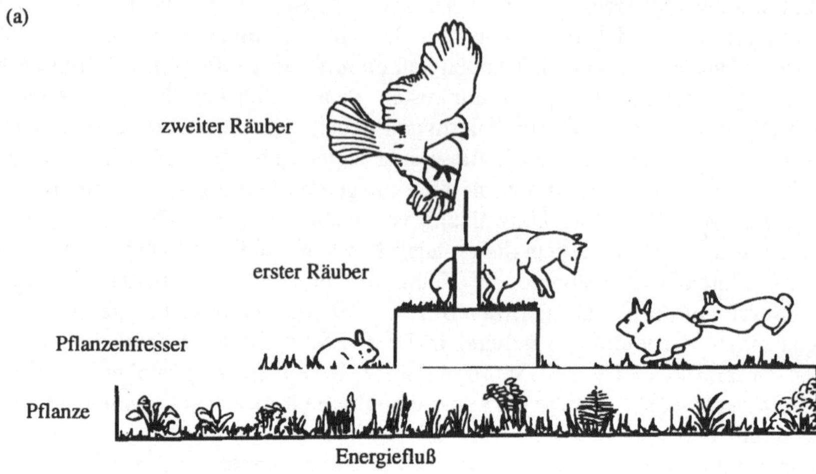

(b)

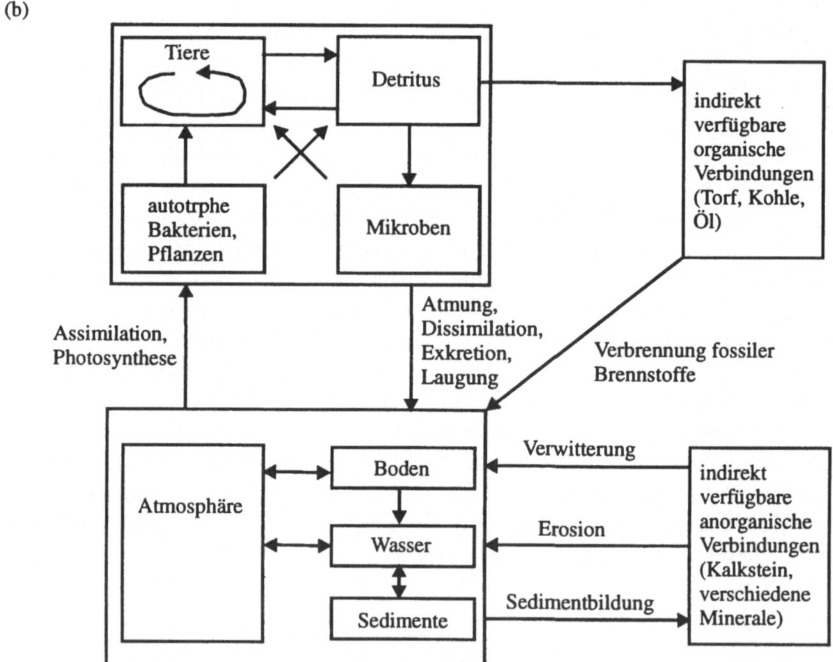

Abb. 1.1: (a) trophische Struktur: eine ökologische Pyramide in der die Breite eines Balkens der Nettoproduktivität einer jeden Trophiestufe in dem entsprechenden Ökosystem entspricht. Im vorliegenden System betragen die ökologischen Wirkungsgrade zwischen den einzelnen Trophiestufen 20 %, 15 % bzw. 10 %. (b) Ein verallgemeinertes Kompartimentmodell des Verhältnisses zwischen Energie- und Nährstoffumlauf dieses Ökosystems

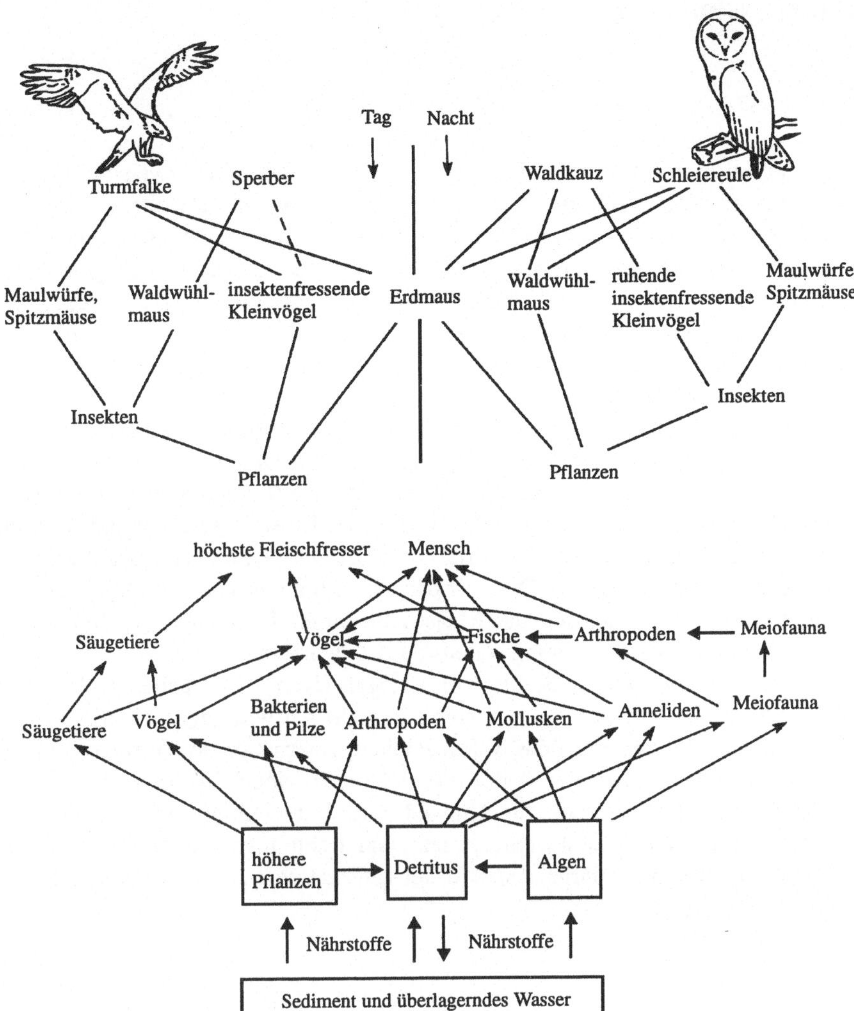

Abb. 1.2: (a) stark vereinfachtes Nahrungsnetz eines englischen Eichenwaldes und (b) einer Salzmarsch, die die potentielle Komplexität der Interaktionen zwischen Gemeinschaften darstellt

Es ist nicht davon auszugehen, daß die relative Position, die Rolle und die Ressourcen, die durch Ausscheiden einer Art freiwerden, notwendigerweise für eine andere Art verfügbar werden, die in der Lage zu sein scheint, die gleiche Beute und Ressource zu nutzen. Da toxische Schadstoffe die Leistungs- und Konkurrenzfähigkeit verschiedener Arten unterschiedlich beeinflussen, ist die Kenntnis der Ökologie der Gemeinschaft vor Einbringung des Schadstoffes nur von begrenztem Nutzen, wenn wir den möglichen Einfluß des Schadstoffes vorhersagen oder die Fähigkeit eines gestörten Systems, sich zu erholen, beurteilen wollen.

Umweltschutzgesetze

Viele Länder haben auf die durch industrielle Entwicklung und Bevölkerungswachstum verursachten Umweltprobleme durch die Einführung tiefgreifender Änderungen in ihrer Umweltgesetzgebung reagiert, wobei üblicherweise die nationalen Umweltschutzgesetze in einer Vielzahl von Gesetzen zu Boden, Wasser und Luft verstreut sind. Wir betrachten es nicht als nötig, diese Gesetze hier zu beschreiben, und die, die sich besonders für Umweltschutzgesetzgebung interessieren, werden auf den Absatz "weiterführende Literatur" verwiesen, in dem sich zu empfehlende Bücher und Artikel finden.

Es gibt jedoch eine Reihe von Schlüsselproblemen und Trends, deren Behandlung sinnvoll ist. Dazu gehören die Betrachtung nationaler Umweltschutzbehörden, integrierte Verschmutzungskontrolle und die Philosophie hinter der Einführung von Begrenzungen für Einbringungen in die Umwelt. Die entsprechende Diskussion wird sich hier im wesentlichen auf die USA und auf Großbritannien als Mitglied der EU beschränken. Die EU beeinflußt Umweltgesetzgebungsinitiativen ihrer Mitgliedstaaten durch den Erlaß von EU-Direktiven auf der Basis ihrer "Umweltaktionsprogramme". Die europäische Einigungsakte, die 1987 die römischen Verträge ergänzte, und der Maastricht-Gipfel 1991 haben Hoffnungen für mehr und stärkere Gesetzgebung seitens der EU genährt.

Umweltprobleme wie z. B. der saure Regen (Kap. 11) machen nicht vor nationalen Grenzen halt und können sogar globale Auswirkungen zeigen wie z. B. die Treibhausgase und die FCKW-Emissionen. Internationale Verträge und Konventionen, die oft unter der Ägide der UNO entwickelt werden wie z. B. der "Erdgipfel" (UN Konferenz für Umwelt und Entwicklung) in Brasilien 1992 könnten beim Umweltschutz eine zunehmend richtungsweisende Rolle übernehmen. Wir wollen hier einige Aspekte der internationalen Gesetzgebung zu Umweltfragen erörtern.

Integrierte Verschmutzungskontrolle und nationale Agenturen

Die integrierte Verschmutzungskontrolle geht davon aus, daß Luft, Boden und Wasser miteinander verknüpfte Systeme darstellen, und somit müssen Kontrollen bestimmter Schadstoffquellen diese Beziehungen zwischen den Medien berücksichtigen. In der Realität bedeutet das, daß bei der Kontrolle von Verunreinigungen eine Abwägung zwischen den verschiedenen Aufnahmemedien stattfinden muß, wie z. B. eine geringere Wasserqualität gegenüber sauberer Luft. Ein praktisches Beispiel für dabei auftretende Konflikte kann sich aus dem Einsatz von Abgasreinigungsanlagen ergeben, die zwar einerseits die Emissionen aus einem

Industrieschornstein in die Atmosphäre verringern, aber andererseits flüssige Abfälle produzieren, die das Wasser verunreinigen können (Kap. 9).

USA: Die Vereinigten Staaten waren unter den ersten, die Gesetze einführten, mit Hilfe derer Umweltprobleme mit integrierten Mitteln angegangen wurden. Das Prinzip der integrierten Verschmutzungskontrolle (IPC) wurde von den USA in Gänze durch die Verabschiedung der Nationalen Umweltpolitik 1969 und durch Einsetzung der Umweltschutzagentur EPA 1970 umgesetzt. Zusätzlich zu diesem bundesstaatlichen Rahmenwerk einer Verschmutzungskontrolle erlassen verschiedene Einzelstaaten Umweltstandards und werden gleichzeitig verpflichtet das nationale Umweltreglement durchzusetzen.

Die EPA nimmt sowohl an der Entwicklung von Regeln zur Eindämmung von Verunreinigungen teil als auch an deren Umsetzung. So gab die EPA 1984 eine politische Verlautbarung heraus, wonach Genehmigungsgrenzwerte für Toxizität erlassen und gleichzeitig der Zwang zu einer Toxizitätsreduktionsbewertung (TRE, s. unten) auferlegt werden können. Die Bundesstaaten wurden aufgefordert, diejenigen Industrieanlagen, bei denen der Verdacht der Freisetzung stark toxischer Abfälle besteht, zu einer solchen TRE-Bewertung aufzufordern, ohne daß hier ein Genehmigungsgrenzwert für Toxizität bestehen muß. Die EPA schlug 1990 dann vor, daß diese Empfehlungen in bindende Regeln umgesetzt werden.

Die EPA hat gesetzliche Verpflichtungen innerhalb der verschiedenen Umweltschutzgesetze, wofür nachstehend drei Beispiele genannt werden:

1. Nach dem Bundes-Wasserverschmutzungsgesetz von 1977 (geändert 1987), das als CWA (Clean Water Act) bekannter ist, muß die EPA Kriterien zur Waserqualität entwickeln und veröffentlichen.
2. Nach den 1984 eingeführten Ergänzungen zum Resource Conservation and Reovery Act (RCRA) von 1976 ist die EPA verpflichtet, die Deponierung betimmter gefährlicher Abfälle zu bewerten und gegebenenfalls zu verbieten. Die entsprechenden Regeln (40 CFR 268) traten 1986 in Kraft, und die EPA hat Behandlungsstandards für die Deponierung von gefährlichen Abfällen nach RCRA erstellt bzw. wird dies noch tun.
3. Nach dem Saubere-Luft-Gesetz (Clean Air Act, CAA) von 1982 und seinen verschiedenen Ergänzungen ist die EPA aufgefordert, zwei Arten von Luftqualitätsstandards für kritische Schadstoffe zu erstellen: primäre Standards zum Schutz der öffentlichen Gesundheit und sekundäre Standards zum Schutz des öffentlichen Wohles vor bekannten oder erwarteten schädlichen Einflüssen auf Umweltressourcen wie Wasser, Tierwelt, Vegetation und Eigentum. Dies ist ein deutliches Beispiel für eine integrierte Verschmutzungskontrolle.

Großbritannien: Dieses Land ist bei der integrierten Verschmutzungskontrolle noch ein Neuling. Durch das Umweltschutzgesetz von 1990 wurde das königliche Verschmutzungsinspektorat (HMIP) in die Lage versetzt, ein Rahmenwerk für IPC einzuführen. Damit wurde das HMIP zu einer staatlichen Verschmutzungskontrollbehörde, die sich mit für die Umwelt schädlichen Industrieverfahren befaßt. Industrieanlagen, die Schadstoffe in die Umwelt abgeben, bedürfen einer Genehmigung durch das HMIP. Danach müssen die "besten verfügbaren, nicht unverhältnismäßig hohe Kosten verursachenden Techniken" (BATNEEC, s. unten) zur Eindämmung der Einleitungen eingesetzt werden. Werden die Auswirkungen eines Prozesses auf die Umwelt als Ganzes beurteilt, müssen die Emissionen auf Böden in das Wasser und in die Luft berücksichtigt werden. Das Gesetz von 1990 beinhaltet das Prinzip, daß der Verursacher die Kosten der Bestimmung von möglichen IPC-Anwendungen tragen muß. Das HMIP arbeitet als das neue IPC-System einführende Stelle mit den Umweltgesundheitsabteilungen auf Gemeindeebene zusammen. Diese kontrollieren die Einleitung aus kleineren umweltverschmutzenden Prozessen in die Atmosphäre, während IPC sich auf die größeren Verfahren konzentriert.

Im Augenblick läuft in Großbritannien eine beite Diskussion über die Einrichtung einer nationalen Umweltagentur, die die Funktionen des HIMP und der nationalen Gewässeragentur (National Rivers Authority, NRA) zusammenfassen soll. Die 1989 eingerichtete NRA ist für die Überwachung von Einleitungen in Gewässer (inkl. Abwasser) und für die Erteilung von Ausnahmegenehmigungen zuständig. Die Abfallkontroll-funktionen, die zur Zeit noch von den Gemeinden wahrgenommen werden, sollen auch in diese neue Agentur eingebracht werden.

Die Rolle der IPC bei der Eindämmung von Einleitungen in die Umwelt wird zweifelsohne zunehmen. Die Entwicklung neuer biologischer Technologien zur Behandlung potentiell verschmutzend wirkender fester und flüssiger Abfälle sowie gasförmiger Emissionen wird durch die von der IPC gesetzten Begrenzungen bestimmt. Danach ist es unzulässig, daß die Verschmutzung für eines der Aufnahmemedien reduziert wird wenn dadurch die Einleitungen in eines der anderen Medien bedeutend zunehmen.

Konzepte zur Erstellung von Einleitungsgrenzwerten

Großbritannien: Ausgehend von der Umweltpolitik der EU und deren entsprechenden Direktiven übernimmt Großbritannien vorsorgliche, einheitliche und auf moderner Technologie basierende Standards zur Überwachung von Kontaminationen. Dies zeigt sich besonders in den Ansätzen, die der Arbeit des HMIP zugrunde liegen.

Im Umweltschutzgesetz von 1990 beruht die Kontrolle von Luftverunreinigung aus möglicherweise verunreinigenden Prozessen auf den Erfordernissen der "besten verfügbaren, keine übermäßigen Kosten verursachenden Techniken" (BATNEEC). Es handelt sich dabei um ein europäisches Konzept, das mit der Direktive zur Bekämpfung von Luftverschmutzung aus Industrieanlagen von 1984 (Rahmen-Direktive 84/360(EEC-oj L188 16.7.84) eingeführt worden war. Diese Direktive fordert, daß Emissionen nur dann genehmigt werden können, wenn "alle geeigneten Vorsichtsmaßnahmen gegen Luftverschmutzung inklusive des Einsatzes der besten verfügbaren Technologien unter der Voraussetzung ergriffen wurden, daß dadurch keine übermäßigen Kosten entstehen". Der Terminus BATNEEC kann in Form von Emissionsstandards oder genau spezifizierten Geräten ausgedrückt werden. Das HMIP gibt BATNEEC üblicherweise in Form von Leistungsstandards an, d. h. einer Technik, die Einleitungswerte von x oder besser ermöglicht, wobei x durch eine bekannte BATNEEC erreicht wird.

Ausgehend von seiner Rolle im Rahmen der IPC hat das HMIP mit der "praktikabelsten Umweltoption" (best practicable environmental Option, BPEO) ein neues Konzept eingeführt. Bei einer BPEO sind die möglichen Auswirkungen eines bestimmten industriellen Verfahrens als Ganzes auf Luft, Wasser und Landoberfläche (Gesundheit, Flora, Fauna, Gebäude, u. s. w.) zu betrachten. Die Auswirkungen möglicher Unfälle müssen zusammen mit einer eventuellen Stillegung der Anlage, ihres Abbruches und der Rekultivierung des Geländes berücksichtigt werden. Zusätzlich zu der Beurteilung der durch Wissenschaftler definierten Risiken muß auch die Einstellung der Öffentlichkeit zu diesen Risiken berücksichtigt werden. Die zur Minimierung von Kontaminationen gewählte Option wird nicht diktiert, sondern ergibt sich aus der Prüfung der alternativen Möglichkeiten alle vorstellbaren Verunreinigungen durch eine Anlage zu verringern. Eine BPEO stellt kein starres Gerüst dar; und Veränderungen des wissenschaftlichen Kenntnisstandes und praktische Erfahrungen bedingen, daß eine BPEO ständig überprüft werden muß und die Auswirkungen entsprechender Entscheidungen überwacht werden.

Vereinigte Staaten: In den USA definiert die EPA auf Bundesebene Luftemissionsgrenzen nach dem Konzept der "besten verfügbaren Kontrolltechnologie ("best available control technology, BACT). Die BACT-Anforderungen basieren auf einer Auswertung der Leistungsfähigkeit bestimmter Technologien und wurden bereits für eine Vielzahl von Schadstoffen eingeführt. Die BACT-Anforderungen geben nationale, durch Technologie begrenzte Emissionsbedingungen vor. Mit Hilfe ähnlicher Kriterien werden Standards für flüssige Einleitungen abgeleitet. Das Konzept der BACT ähnelt dem der BATNEEC in groben Zügen.

Die USA verfügen ebenfalls über Anforderungsprofile wie die der BPEO. So müssen z. B. die Einzelstaaten nach dem Wasserschutzgesetz CWA die Freisetzung toxischer bzw. Prioritätsschadstoffe beschränken. Zu diesem Zweck kann nicht nur die Verringerung toxischer Materialien wie organischer Verbindungen oder Schwermetallen oder deren völlige Vermeidung erforderlich sein, sondern verschiedene Industriebereiche müßten möglicherweise eine Toxizitätsreduktionsbewertung (TRE) für bestimmte Standorte durchführen. Der Umfang einer TRE differiert zwischen den einzelnen Staaten. In einigen wird es nicht nur als Identifikationsverfahren für mögliche Schadstoffquellen betrachtet, sondern auch als aktivitätsorientiertes Programm, das Lösungen liefert und diese dann auch umsetzt.

In anderen Staaten wird eine TRE nur als Mechanismus zur Dokumentation auf dem Weg zur Schadstoffverminderung angesehen.

Die vorangegangene Diskussion untersuchte offensichtlich nicht alle hinter dem Umweltschutz stehenden Konzepte, sondern stellte nur einige aus dem Umweltrecht heraus, die biologische Behandlungsverfahren berücksichtigen müssen, und weist auf die juristische Bedeutung des verbesserten wissenschaftlichen Kenntnisstandes für die Auswirkungen von Umweltschadstoffen hin.

Internationale Gesetze und Umweltschutz

Seit der Gründung des UN Umweltprogrammes (UNEP) auf der Stockholmer Konferenz zur Umwelt des Menschen 1972, hat die UNO eine zunehmend bedeutendere Rolle bei der Entwicklung internationaler Initiativen und Verträge zum Schutze der Umwelt übernommen. So führten z. B. Initiativen der UNO im Bereich der FCKW-Produktion und des Schutzes der Ozonschicht im September 1988 zum Montrealer Protokoll und zur Einigung über schärfere Maßnahmen bei der Londoner Konferenz zum Montrealer Protokoll im Juli 1989. Aus der UNO-Konferenz für Umwelt und Entwicklung in Brasilien ergaben sich Konventionen zur Artenvielfalt und zum Klimawechsel.

Der Inhalt dieser Konventionen und Verträge geht jedoch nur dann in die Gesetze der einzelnen Länder ein, wenn er von diesen Ländern und Staaten ratifiziert oder in anderer Form in bindendes Recht umgesetzt wird. Bis dahin ergeben sich noch beträchtliche Schwierigkeiten bei seiner Durchsetzung. Dies ist um so mehr der Fall, als es noch keine internationale Organisation zur entsprechenden Durchsetzung gibt. Der Gang vor irgendwelche Gerichte ist nur von begrenztem Wert und selbst der Internationale Gerichtshof in Den Haag ist keine praktikable Lösung dafür. Administrative Mechanismen bieten noch die besten Wege, um die Signatarstaaten zur Einhaltung zu bringen. Bei einigen internationalen Verträgen und Konventionen wurden ständige Sekretariate eingerichtet, die die Einhaltung in regelmäßigen Abständen überprüfen. Da die globalen Aspekte der Verschmutzungskontrolle deutlich erkennbar werden, ist zu hoffen, daß entsprechende Verträge entwickelt und von ihren Signatorstaaten auch eingehalten werden.

Literatur

FREEDMAN, B. (1989): Environmental Ecology. The Impacts of Pollution and Other Stresses on Ecosystem Structure and Function. Academic Press, San Diego.

HOLDGATE, M. W. (1979): A Perspective of Environmental Pollution. Cambridge University Press, Cambridge.

HOPKIN, S. P. (1989): Ecophysiology of Metals in Terrestrial Invertebrates. Elsevier Applied Science, London, New York.

HUNTER, B. A.; JOHNSON, M. S.; THOMPSON, D. J. (1987a): Ecotoxicology of copper and cadmium in a contaminated grassland ecosystem. I. Soil and vegetation contamination. J. Appl. Ecol.,24(2),573-586.

HUNTER, B. A.; JOHNSON, M. S.; THOMPSON, D. J. (1987b): Ecotoxicology of copper and cadmium in a contaminated grassland ecosystem. II. Invertebrates. J. Appl. Ecol.,24(2),587-600.

HUNTER, B. A.; JOHNSON, M. S.; THOMPSON, D. J. (1987b): Ecotoxicology of copper and cadmium in a contaminated grassland ecosystem. III. Small mammals. J. Appl. Ecol.,24(2),601-614.

HUNTER, B. A.; JOHNSON, M. S.; THOMPSON, D. J. (1987b): Ecotoxicology of copper and cadmium in a contaminated grassland ecosystem. IV. Tissue distribution and age accumulation in small mammals. J. Appl. Ecol.,26(1), 89-100.

KEITH, L. H.; TELLIARD, W. A. (1979): ES & T special report: Priority pollutants I - a perspective view. Environ. Sci. Techn. 13, 416-23.

LOTHIGIUS, J. (ed.)(1991): Toxic organic compounds in the Baltic. Special Issue. Environment, Vol. 10. Publication of the Swedish Environmental Protection Agency.

MASON, C. F. (1991): Biology of Freshwater Pollution. 2nd edn. Longman Scientific and Technical, Harlow.

weiterführende Literatur

BALL, S.; BELL, S. (1991): Environmental Law. Blackstone, London.

BARAM, M. S.; PARTAN, D. (1992): Corporate Disclosure of Environmental Risks. Butterworth, London.

BERGESEN, H. O.; NORDERHAUG, M.; PARMANN, G. (1992): Green Globe Yearbook 1992. Oxford University Press, Oxford.

CHURCHILL, R; WARREN, L.; GIBSON, J. (1991): Law Policy and the Environment. Blackwell, Oxford.

FREEDMAN, B. (1989): Environmental Ecology. The Impacts of Pollution and Other Stresses on Ecosystem Structure and Function. Academic Press, San Diego.

HM GOVERNMENT WHITE PAPER (1990): This Common Inheritance. Britain's Environmental Strategy. HMSO, London.

HOLDGATE, M. W. (1979): A Perspective of Environmental Pollution. Cambridge University Press, Cambridge.

HOPKIN, S. P. (1989): Ecophysiology of Metals in Terrestrial Invertebrates. Elsevier Applied Science, London, New York.

HUGHES, D. (1992): Environmental Law, 2nd edn. Butterwoths, London.

LANKFORD, P. W.; ECKENFELDER JR., W. W. (eds.)(1990): Toxicity Reduction in Industrial Effluents. Van Nostrand Reinhold, New York.

LOMAS, O.; McELDOWNEY, J. (eds.)(1991): Frontiers in Environmental Law. Chancery, London.

LOTHIGIUS, J. (ed.)(1991): Toxic organic compounds in the Baltic. Special Issue. Environment, Vol. 10. Publication of the Swedish Environmental Protection Agency.

MOGK, J.; LEPLEY JR., F. J. (1990): The evolving regulation of cogeneration (CHP) in the United States. Util. Law Rev. 1, 44.55.

SALTER, J. (1992): Corporate Environmental Responsibility. Butterworths, London.

VAUGHAN, D. (1992): Environment and Planning Law in the EC. Butterworths, London.

Kapitel 2

Beurteilung des Verbleibs von Schadstoffen in der Umwelt und deren möglicher Auswirkungen

Einleitung

Die Ökotoxikologie ist als interdisziplinäre Wissenschaft mit der Untersuchung und quantitativen Erfassung des Verbleibs von Schadstoffen in der Umwelt und ihren möglichen schädlichen Einflüssen auf diese beschäftigt (Brouwer et al., 1970). In vielen Punkten kann sie als Fortentwicklung oder Ausweitung der traditionellen Toxikologie betrachtet werden. Obwohl sich die Ökotoxikologie primär auf die Reaktion der Umwelt und der von Ökosystemen auf bestimmten Ebenen und deren Einflüsse konzentriert, basieren die üblicherweise zur Bewertung der potentiellen Umweltrisiken einer Chemikalie angewandten Beurteilungskriterien im wesentlichen auf der Betrachtung seiner physikochemischen Eigenschaften und seiner Toxizität in einfachen Toxizitätstests mit Einzelarten (Moriarty, 1990). Darin zeigen sich zum Teil die Natur des Subjektes und die an dieses gestellten Anforderungen. Wenn Beurteilungen der Ökotoxizitäten von Verbindungen effektiv in entsprechende Gesetzgebung eingebettet und zur Erstellung und Überwachung akzeptierter Einleitungen eingesetzt werden sollen, müssen die Beurteilungsverfahren leicht wiederholbar und zuverlässig sein sowie eine eindeutige Interpretation ermöglichen. Solche Verfahren wie z. B. Standardtoxizitätstests mit Einzelarten sind nicht dazu geeignet, unser Verständnis der Mechanismen und Prozesse zu verbessern, und den Verbleib eines Schadstoffs in der Umwelt und seinen Einfluß auf diese zu bestimmen. Der Bedarf für einfache preiswerte Beurteilungsverfahren ist leicht zu verstehen, wenn das Ausmaß des Problems berücksichtigt wird. Es wird geschätzt, daß sich weltweit etwa 63.000 Chemikalien in Gebrauch befinden und daß jährlich 200-1.000 neue synthetische Chemikalien auf den Markt gebracht werden (Moriarty, 1990). Bei vielen dieser Substanzen ist wenig oder gar nichts über mögliche ökologische Auswirkungen bekannt. Unsere Erfahrung mit organochloridischen Pestiziden und, in jüngster Zeit, mit polychlorinierten Biphenylen (PCB) unterstreicht die Notwendigkeit, Chemikalien vor ihrer verbreiteten Verwendung und vor Einleitung in die Umwelt kritischer zu beurteilen (Kap. 1).

Damit die vorauslaufende Erforschung des Marktes bzw. die Aussonderung vor der Markteinführung von Nutzen sein können, muß dabei nicht nur die Toxizität einer Verbindung für den Menschen und andere Arten berücksichtigt werden, sondern auch die wahrscheinlich produzierte Menge, der Anteil, der in die Umwelt einsickert oder direkt an diese abgegeben wird, und die wahrscheinliche Dauer des Verbleibs einer Verbindung, nachdem sie in die Umwelt eingebracht wurde. Das Ausmaß der Freisetzungen und ihre möglichen ökologischen Auswertungen müßten für den gesamten Verlauf des voraussehbaren Lebenskreislaufes eines Produktes berücksichtigt werden.

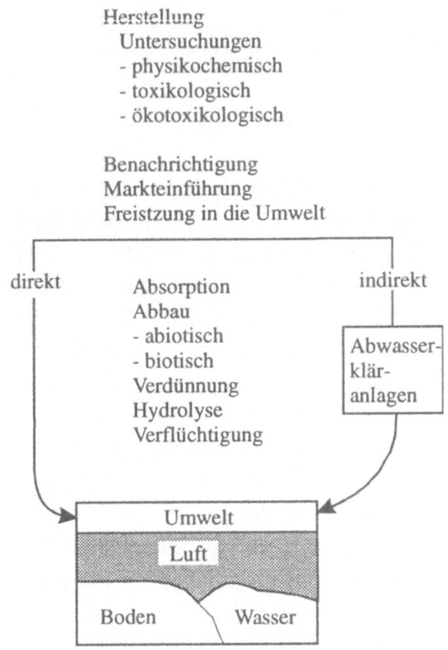

Abb. 2.1: Skizze eines Produktzyklus in Solbé, 1988

Die gegenwärtigen Abschätzungen der Ökotoxizität zugrunde liegenden Überlegungen sind täuschend einfach Es werden zunächst die Mengen einer Verbindung geschätzt, die möglicherweise in die Umwelt gelangen. Danach werden auf der Basis der Kenntnis der chemischen Eigenschaften der Verbindung, wozu noch Informationen über das Umweltverhalten chemisch ähnlicher Verbindungen und die Ergebnisse experimenteller Untersuchungen wie z. B. Abbaustudien herangezogen werden können, Vorhersagen zum wahrscheinlichen Schicksal der Verbindung in der Umwelt formuliert, d. h. zu seiner Verteilung und Konzentration in den wesentlichen Umweltkompartimenten oder -phasen Wasser, Atmosphäre und Boden.

Tabelle 2.1: Auswirkungen der Menge einer Chemikalie im europäischen Markt auf den anfänglichen Informationsumfang für eine Gefahrenabschätzung (Moriarty, 1990)

| verkaufte Menge (t) | | | benötigter |
pro Jahr	gesamt		Informationsumfang
< 1	-		begrenzte Unterrichtung
1 oder mehr	< 50 oder mehr		Basissatz
10 oder mehr	50 oder mehr	vollständige	Basissatz oder Ebene I
100 oder mehr	500 oder mehr	Unterrichtung	Ebene I
1.100 oder mehr	5.000 oder mehr		Ebene II

Die möglichen Gefährdungen durch eine bestimmte Konzentration der Verbindung in einem Kompartiment werden anhand der Ergebnisse von Toxizitätstests mit einer einzigen oder mehreren Arten beurteilt

Ein Beispiel für diesen Ansatz ist das durch die derzeitige EU-Gesetzgebung (Ratsdirektive 79/831/EEC) verordnete System zur Gefährdungsabschätzung. In dieser Direktive wird die von einem Hersteller während der Produktionsbenachrichtigung vor der Markteinführung beizubringende Informationsmenge definiert (Tab. 2.1). In gleichem Maße, in dem die geplante Verkaufsmenge der Verbindung ansteigt, nimmt auch der Umfang der geforderten Informationen zu. Der Einsatz aquatischer Arten und Systeme beruht auf der Erkenntnis, daß Kläranlagenabwässer und direkte Industrieeinleitungen in aquatische Systeme häufig wesentliche Pfade für die Einleitung von Schadstoffen in die Umwelt darstellen (Abb. 2.1). Bei aquatischen Systemen werden die erwarteten Umweltkonzentrationen mit dem niedrigsten LC_{50}-Wert verglichen, d. h. der niedrigsten Konzentration der Verbindung, bei der 50 % der Testpopulation absterben. Wenn zwischen diesem LC_{50}- und dem erwarteten Wert ein ausreichender Sicherheitsabstand besteht, der häufig mit einem Faktor 100 oder 1.000 angesetzt wird, werden die vorgesehenen Einsatzarten und Mengen der entsprechenden Verbindung als nicht signifikant umweltgefährdend angesehen. Wenn die Chemikalie entweder wegen ihrer Anwendungsweise oder ihrer physikochemischen Eigenschaften als starkes Risiko für terrestrische Systeme angesehen wird, können weitere Arten an Untersuchungen gefordert werden. So verlangen z. B. in Großbritannien die Regeln zur Eindämmung von Pestiziden von 1986, daß bei Pestiziden, die während der Blüte von Ackerfrüchten, Obstbäumen und Wildkräutern im Freien eingesetzt werden, die akute Toxizität der Verbindung bei einer Vogelart (nicht das Haushuhn) und für Honigbienen bestimmt werden muß. Obwohl bei Ebene II die Bandbreite der ökotoxikologischen Untersuchungen (Tabelle 2.1) stark verbreitert, reichen Umfang und Qualität der erhaltenen Daten immer noch nicht aus, verläßliche oder genaue Voraussagen zu den möglichen Auswirkungen der Verbindung zu machen.

Basissatz:

(1)   Identifizierung der Chemikalie, z. B. Strukturformel, Spektraldaten; Verunreinigungen werden üblicherweise sowohl in diesem Stadium als auch bei den nachfolgenden Abschätzungen ignoriert

(2)   Informationen über die Chemikalie, d. h. Anwendungen, Mengen und Handhabung

(3)   Physikochemische Eigenschaften, inkl. Fraktionierungskoeffizienten zwischen n-Oktanol und Wasser

(4)   Toxikologie

(5)   Ökotoxikologie

   (a) Die akute Toxizität (LC_{SO}) für eine einzelne Fischart

   (b) Die akute Toxizität (LC_{SO}) für eine *Daphnia*-Art

   (c) Die Rate der biotischen und abiotischen Abbauprozesse, gemessen unter standardisierten aeroben Bedingungen. Anaerobe Tests können bei einigen Chemikalien eher angebracht sein und werden von einigen nationalen Stellen spezifiziert.

Ebene I: Tests

(a)   Längere Toxizitätsuntersuchung von mindestens 14 Tagen mit einer Fischart

(b)   Längere Toxititätsuntersuchung von mindestens 21 Tagen mit einer *Daphnia*-Art

(c)   Längere Biodegradationsuntersuchung

(d)   Eine Untersuchung der "Wachstumsbehinderung", d. h. die Auswirkung auf die Zellteilungsrate einer Algenart

Um die ökologischen Folgen eines bestimmten Schadstoffes voraussagen zu können, müssen vier grundsätzliche Fragen beantwortet werden (Holdgate, 1979; Ramade, 1987; Moriarty, 1990):

1. Wo und in welchen Konzentrationen wird der Schadstoff wahrscheinlich in der Umwelt auftreten?

2. Welches Verhältnis herrscht zwischen diesen Konzentrationen und den von den Organismen aufgenommenen und akkumulierten Mengen?

3. Was sind die Auswirkungen des akkumulierten Schadstoffes auf einzelne Organismen?

4. Welche Auswirkungen haben die Folgeerscheinungen auf der Ebene der Arten auf das Ökosystem als Ganzes?

Voraussagen zum Umweltschicksal von Schadstoffen

Qualitative Voraussagen

Wenn die Umwelt als ein geschlossenes, aus vier miteinander verbundenen Grundkompartimenten (Atmosphäre, Wasser, Boden, Lebewelt) bestehendes System betrachtet wird, ist eine grobe erste Beurteilung der wahrscheinlichen Verteilung einer Chemikalie zwischen diesen Umweltkompartimenten nur auf der Basis der physikalischen und chemischen Eigenschaften der Verbindung möglich (Ney, 1990). In diesem Zusammenhang werden sechs chemische Eigenschaften als von Bedeutung angesehen:

1. **Wasserlöslichkeit:** Stark lösliche Verbindungen (>1.000 ppm) sind voraussichtlich mobiler, verlieren sich schneller und neigen eher zu Biodegradation und Stoffwechsel als schwachlösliche Verbindungen (<10 ppm), die ihrerseits verhältnismäßig immobil und beständig sind und sich in den Umweltkompartimenten anreichern.

2. **Oktanol/Wasser-Fraktionierungskoeffizient** (K_{OW}): Der K_{OW}-Wert einer Verbindung ist das Verhältnis zwischen der Konzentration einer Chemikalie in n-Oktanol und der in Wasser im Gleichgewichtszustand für ein System, das Oktanol und eine wässrige Lösung des Schadstoffes enthält. Es ist im wesentlichen ein Maß für die "Lipophilität" einer Chemikalie, d. h. die Lipidlöslichkeit einer Verbindung als Gegensatz zu ihrer Wasserlöslichkeit. Bei organischen Chemikalien ist die passive Transportrate durch Zellenmembranen hindurch positiv mit ihrer Lipidlöslichkeit korreliert. Außerdem enthalten Organismen häufig große Mengen relativ stoffwechselinerter Lipide, in denen sich lipidlösliche Verbindungen anreichern können (Moriarty, 1990). Somit kann der Oktanol/Wasser-Fraktionierungskoeffizient bei der Beurteilung wertvoll sein, ob eine Verbindung möglicherweise in der Lebewelt angereichert wird. Der positive Zusammenhang zwischen dem K_{OW} und der Toxizität einer Verbindung wurde in einer Vielzahl von Untersuchungen belegt (Samiullah, 1990). Ney (1990) bemerkt, daß Chemikalien mit K_{OW} <500 kaum bioakkumuliert werden, während solche mit Werten >1.000 vermutlich bioakkumulieren, in Böden sorbiert werden und in der Umwelt beständig sind.

3. **Hydrolysierungsraten:** Hydrolyse stellt häufig den Hauptmechanismus bei der Zersetzung und beim Abbau chemischer Schadstoffe dar. Sie kann in praxi aufgrund der chemischen Struktur vorausgesagt werden, da sie von vielen Faktoren wie Temperatur, pH, Löslichkeit und Flüchtigkeit beeinflußt wird; sie wird allerdings am besten experimentell bestimmt. Als Hydrolisierungsrate wird üblicherweise die Zeitspanne bezeichnet, die erfor-

derlich ist, um die Hälfte der ursprünglichen Menge einer Verbindung (t_{50}) zu hydrolysieren. Sie stellt somit effektiv ein Maß für die mögliche Beständigkeit eines Schadstoffes dar. Verbindungen mit berechneten oder empirisch bestimmten Hydrolyseraten t_{50} von unter 30 Tagen dürften wegen ihrer kurzen Verweilzeit in der Umwelt kaum eine signifikante Umweltgefährdung darstellen, sofern sie nicht in akut toxischen Konzentrationen auftreten oder die Hydrolyseprodukte ihrerseits gefährlich sind.

4. **Photolyse:** Eine Chemikalie mit der Fähigkeit, Licht zu absorbieren, kann einer Phototransformation unterliegen. Dieser Prozeß (Photolyse) kann insbesondere in aquatischen Systemen eine bedeutende Senkung der Schadstoffe bewirken (Samiullah, 1990). Die Photolyserate, d. h. der Zeitraum für die Umbildung der Hälfte der ursprünglichen Verbindung, kann wie auch die Hydrolyserate, als Maß für die wahrscheinliche Beständigkeit der Verbindung angesehen werden.

5. **Verflüchtigung:** Die Flüchtigkeit einer Chemikalie kann grob aus ihrem Partialdruck bei Normalbedingungen abgeleitet werden. Verbindungen mit hohen Dampfdrücken (>0,01 mm Hg), d. h. flüchtige Verbindungen, neigen zu schneller Dispergierung und Anreicherung in der Umgebungsatmosphäre.

6. **Bodensorption und Laugung:** Die Neigung einer Chemikalie zur Adsorption in Böden oder Sedimenten kann experimentell durch die Bestimmung der Gleichgewichtskonzentration der Chemikalie in den flüssigen und festen Phasen erfaßt werden. Die Bodensorption oder der entsprechende Fraktionierungskoeffizient entspricht dem Verhältnis zwischen der Konzentration im Boden (oder Sediment) und der im Wasser. Das Auslagerungspotential einer mit dem Boden oder Sediment vergesellschafteten oder in diesen adsorbierten Chemikalie kann durch einfache Extraktionsexperimente oder durch Dünnschicht-Bodenchromatographie bestimmt werden (Helling & Turner, 1968).

Das Potential dieser Art Information wird durch das Schema in Abb. 2.2 illustriert, das eine rasche qualitative Abschätzung des wahrscheinlichen Schicksals einer Chemikalie ermöglicht.

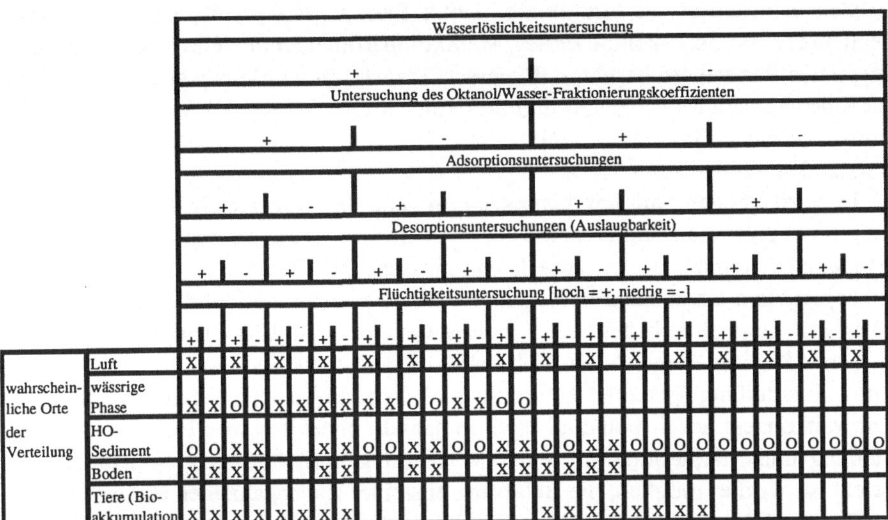

Abb. 2.2: Wahrscheinliche Senken für Verbindungen nach ihrer chemischen Affinität zu Luft, wasserorganischen Lösungsmitteln und Sedimenten (aus Stern & Walker, 1978)

Quantitative Voraussagen

Quantitative Voraussagen hängen von Entwicklung und Einsatz von Modellen ab. Aufgrund des geringen Informationsgrades stellen diese notwendigerweise nur extrem vereinfachte Abbildungen der Umwelt dar. Der Modellierungsprozeß erfordert die Erstellung einer vereinfachten Wiedergabe der wirklichen Welt, und wie bei jeder Modellierung besteht ein potentieller Konflikt zwischen der Notwendigkeit, eine realistische (mechanistische) Wiedergabe des zu modellierenden Systems zu erarbeiten und der Erfordernis, die Komplexität zu minimieren, damit das Modell auch analysierbar ist und die Resultate unzweideutige Interpretationen zulassen. Zwischen Komplexität und Realismus gilt es ein Gleichgewicht zu finden. Der Grad an Komplexität oder Realismus in einem Modell sollte durch die Qualität der verfügbaren Daten bestimmt werden, durch die Nutzungsart des Modelles, (welche Art von Voraussagen werden benötigt und wie detailliert müssen sie sein) und dadurch, wie das Modell zu bewerten ist (Jeffers, 1982; Keen & Spain, 1942). Bei jedem Modell, ob es nun eine physikalische oder mathematische Abbildung ist, hängt die Komplexität im wesentlichen von der Anzahl der Prozesse und Kompartimente innerhalb der Modellgrenzen ab. Mit zunehmender Anzahl der Kompartimente nimmt die Zahl der möglichen Interaktionen, Rückkoppelungen und Vorwärtsschleifen drastisch zu sowie auch die Menge an Informationen, die zur Quantifizierung der einzelnen Mengenströme und Kompartimentgrößen erforderlich ist (Samiullah, 1990; Farmer & Rycroft, 1991). Ein zwar realistischeres, aber kompliziertes Mehrkompartimentenmodell, das auf unangemessenen Parametern beruht, d. h. dessen Transferraten, Mengenströme und Kompartimentkapazitäten ungenau definiert sind, besitzt weniger Aussagekraft als ein einfaches gut definiertes Modell, dessen Verhalten angemessen beschrieben und verstanden werden kann.

Im vorliegenden Fall, bei dem es darum geht, das Umweltschicksal von Chemikalien vor Auftreten stärkerer Emissionen vorauszusagen, werden die anfänglichen Modelle notwendigerweise einfach sein müssen. Der Ersteller des Modells hat nur zu begrenztem Datenmaterial Zugang, das häufig wenig verläßliche Informationen über das Umweltverhalten einer Verbindung enthält. Das primäre Ziel der in diesem Kapitel behandelten Modellierungsstrategie ist es, die potentielle Umweltverteilung (potential environmental distribution, PED) und die potentielle Umweltkonzentration (potential environmental concentration, PEC) vor der Vorstellung und Markteinführung einer Verbindung vorherzusagen. Sobald dies erreicht ist, wird es möglich, die Belastung einzelner Zielorganismen abzuschätzen.

Bei der Erstellung von Kompartimentmodellen muß die Massenbilanz des Systems folgende Bedingungen erfüllen:

Gesamtmenge des		*zugeführtes/in Kompartimente*		*abgeführtes/Kompartimente*
Materials in den	=	*eintretendes Material*	=	*verlassendes Material*
Kompartimenten		*(Quellen)*		*(Senken)*

Somit werden im Gleichgewichtszustand oder bei Stabilität die Konzentration des Materiales (Schadstoff) in jedem Kompartiment und die Gesamtmenge des Materiales (inklusive der Derivate, wenn Abbauprozesse im Modell enthalten sind) in einem geschlossenen System konstant bleiben. In einem offenen System braucht die Gesamtmenge nicht konstant zu bleiben, obwohl bei einem stabilen Zustand die Konzentration in den einzelnen Kompartimenten wieder konstant bleiben sollte. Drei verschiedene, aber verwandte Ansätze werden üblicherweise bei der mathematischen Formulierung von Kompartimentmodellen gemacht.

1. Gleichgewichts- oder Fraktionierungsmodelle: Bei diesem Ansatz wird die Verteilung eines Schadstoffes zwischen den verschiedenen Kompartimenten im Gleichgewichtszustand mittels Fraktionierungskoeffizienten (z. B. K_a) quantifiziert. Wenn A und B zwei Kompartimente wie z. B. Sediment und Wasser darstellen, f_1 und f_2 den Materialfluß zwischen beiden und A das Sediment, dann entsprechen f_1 und f_2 die Desorptions- bzw. Sorptionsraten der Verbindung

$$f_1$$
$$\longrightarrow$$
$$A \quad \longleftarrow \quad B$$
$$f_2$$

Bei Gleichgewicht werden die Konzentrationen des Schadstoffes in A und B gleich sein, d. h. $f_1 = f_2$. Wenn diese Ströme als direkte Frunktionen der Schadstoffkonzentrationen betrachtet werden und damit einer Kinetik der ersten Ordnung unterliegen, dann

$$f_1 = K_1\,[A] \qquad \text{und} \quad f_2 = K_2\,[B]$$

$$\text{und da} \quad f_1 = f_2 \qquad \text{und} \quad K_1\,[A] = K_2\,[B]$$

$$\frac{K_2}{K_1} = \frac{[A]}{[B]} = K$$

wobei K_1 und K_2 Konstanten sind und K der Fraktionskoeffizient, der in diesem Falle, wie wir bereits gesehen haben, der Gleichgewichtskonzentration der Verbindung in den Sedimenten geteilt durch die Konzentration im Wasser entspricht.

2. Kinetische Modelle können für offene und geschlossene Systeme angewandt werden, bei denen die Gesamtmenge der vorhandenen Verbindung nicht konstant sein muß. Material kann aus dem System hinaustransportiert werden oder durch Umsetzung verloren gehen (Walker, 1987). In kinetischen Modellen werden Mengenströme mit Verhältnisgleichungen ausgedrückt. In den meisten hat sich Kinetik der ersten Ordnung als ausreichend erwiesen (Baughman & Lassiter, 1978; Samiulla, 1990). Mit diesem Ansatz konnten Neely & Blau (1977) erfolgreich die Verteilung von Chlorpyrifos, einem organischen phosphorhaltigen Insektizid, zwischen den drei Umweltkompartimenten Fische, Wasser sowie Boden und Pflanzen modellieren, wobei sie von einer einmaligen Anwendung des Insektizides in einem einfachen Teichsystem ausgingen (Abb. 2.3). In derartigen Modellen wird die Konzentration (C) des Schadstoffes in einem Kompartiment (x) aus folgenden allgemeinen Gleichungen abgeleitet:

$$\frac{dc_x}{dt} = I_x + \sum_i^n k_i C_i - C_x \sum_j^n k_j$$

wobei I_x die direkte Zufuhr der Verbindung in das Kompartiment x ist, die Anzahl der Kompartimente, k_1 die Verhältnisgleichung aus Mengenstrom/Prozeß i, $\sum_i^n k_i C_i$ die Summe der Zufuhren in Kompartiment x und $C_x \sum_j^n k_j$ die Summe der Abführungen aus Kompartiment x.

Ein stabiler Zustand, bei dem die Konzentrationen in den Kompartimenten konstant sind, d. h. $dC_x/dt = 0$, stellt sich nur ein, wenn der Mengenstrom in das System hinein gleich dem aus dem System hinaus ist.

3. Flüchtigkeitsmodelle beruhen auf der Betrachtung des chemischen Potentiales der in jeder Phase oder jedem Kompartiment vorhandenen Substanz. Vereinfacht läßt sich die Flüchtigkeit als Maß für den Drang der Verbindung zu entweichen aus einer bestimmten Phase heraus ansehen. Wie bei anderen chemischen Potentialen, z. B. dem Wasserpotential, wird Flüchtigkeit in Druckeinheiten (Pa) angegeben und hängt direkt von den im Kompartiment vorhandenen Mengen ab. Ein Molekül übt ein Zehntel des Dranges zu entweichen von 10 aus. Gleichgewicht ist erreicht, wenn der Drang der Verbindung zu entweichen bei miteinander in Verbindung stehenden Phasen oder Kompartimenten gleich groß ist. Samiullah (1990) erörterte Konzept, Anwendung und Bestimmung von Flüchtigkeitswerten und schlug vor, die Flüchtigkeit analog zur Temperatur zu betrachten. Wärmediffusion tritt von einem Bereich hoher Temperatur zu niedrigerer Temperatur auf und in gleicher Weise wird Masse von hoher Flüchtigkeit zu niedrigerer Flüchtigkeit diffundieren.

Die Flüchtigkeit f ist mit der Konzentration C über die Konstante (Z) verknüpft, die als Flüchtigkeitskapazität bezeichnet und in mol m^{-3} atm ausgedrückt wird:

$$C \quad = \quad Zf$$

Im Gleichgewichtszustand ist die Flüchtigkeit bei verknüpften Phasen gleich,

$$f_a \quad = \quad f_b$$

$$\text{und damit} \quad \frac{C_a}{Z_a} \quad = \quad \frac{C_b}{Z_b} \quad \text{und} \quad \frac{C_a}{C_b} \quad = \quad \frac{Z_a}{Z_b} \quad = \quad K_{ab}$$

wobei K_{ab} ein dimensionsloser Proportionskoeffizient ist, der zahlenmäßig den entsprechenden Verhältnissen der Flüchtigkeitskapazitäten und der Phasenkonzentrationen entspricht.

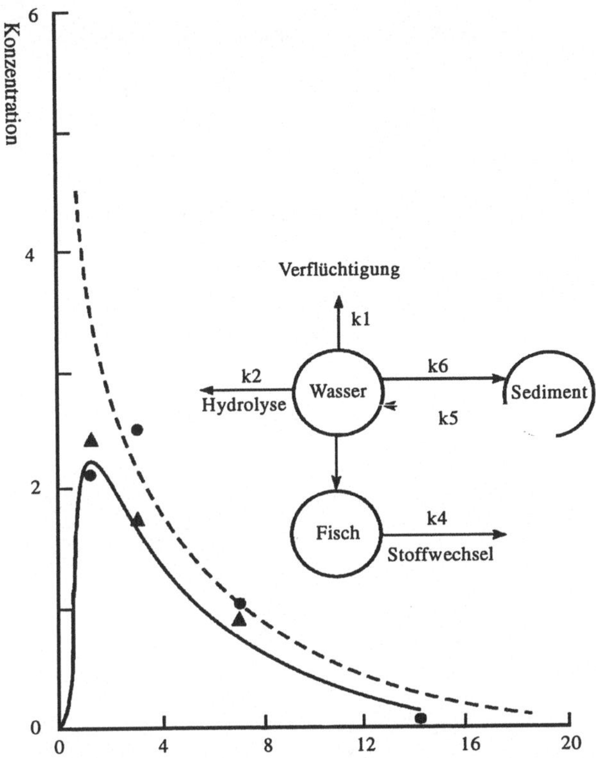

Abb. 2.3: Konzentration von Chlorpyrifos in Fischen (in ppm) und Wasser (in ppb) während der ersten drei Wochen nach der Anwendung. ($\geq$) beobachtete Konzentrationen in Fischen; ($\blacktriangle$) beobachtete Konzentrationen im Wasser; (-) geschätzte Konzentrationen in Fischen; (--) geschätzte Konzentrationen im Wasser. Die Schätzungen ergaben sich aus dem gezeigten Modell (Neely & Blau, 1977)

Ein Beispiel eines einfachen Modelles, das bereits erfolgreich zur Beurteilung von Chemikalien benutzt wurde, ist die von Neely (1982) entwickelte "Einheitswelt". Das Modell umfaßt sechs Kompartimente, deren Volumina so ausgewählt wurden, daß sie die wirkliche Umwelt so weit als möglich widerspiegeln (Abb. 2.4). Der mathematische Aufbau beruht auf geschätzten Fraktionierungskoeffizienten:

$$\frac{C_a}{C_w} = H \qquad \text{(Henry's Konstante)}$$

$$\frac{C_s}{C_w} = K_a \text{ (Sorptionsfraktionierungskoeffizient Boden:Wasser)}$$

$$\frac{C_f}{C_w} = BCF \text{ (Biokonzentrationsfaktor, d. h. Fraktionierungskoeffizient zwischen Lebewelt und Wasser)}$$

wobei C den Konzentrationen in Wasser (w), Boden (s), Fischen (f) und Luft (a) entspricht.

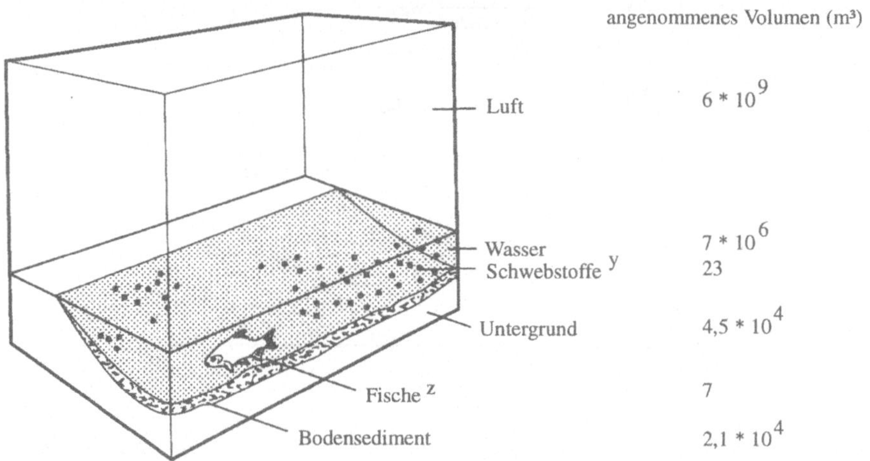

Abb. 2.4: Schematische Darstellung der zur Modellierung der wesentlichen Umweltkompartimente benutzten "Einheitswelt" (nach Neely, 1982)

Die Fraktionierungskoeffizienten können entweder empirisch bestimmt oder direkt aus Molekulargewichten, Dampfdrucken und Wasserlöslichkeiten mit Hilfe nachstehender Gleichung berechnet werden:

$$H = PM\ 16{,}04/TS$$
$$\log BCF = 0{,}85\ K_{ow} - 0{,}70$$
$$K_a = \%\ \text{org}\ (0{,}6\ K_{ow})$$
$$\log K_{ow} = 6{,}5 - 0{,}89\ (\log S/M) - 0{,}015\ (mp),$$

wobei P der Dampfdruck ist (mm Hg), M das Molekulargewicht, T die absolute Temperatur, S die Wasserlöslichkeit (gm^{-3}), K_{ow} der Oktanol:Wasser-Fraktionierungskoeffizient, mp der Schmelzpunkt in °C, K_a der Boden:Wasser-Fraktionierungskoeffizient und % org der Anteil an organischem Material in Bodensubstraten (2 % in Böden, 40 % in Bodensedimenten).

Dabei ist zu beachten, daß die Biokonzentrationsfaktoren und der Boden/Wasser-Fraktionierungskoeffizient als Funktionen des Oktanol/-Wasser-Fraktionierungskoeffizienten angesehen werden können, die wiederum aus der Wasserlöslichkeit der Verbindung, ihrem Molekulargewicht und dem Schmelzpunkt abgeschätzt werden können. Die Berechnung der Fraktionierungskoeffizienten alleine aus den chemischen Daten wurde von Lyman et al. (1982) behandelt. Obwohl das "Einheitswelt"-Modell erfolgreich dazu eingesetzt wurde, das Wasserkontaminationspotential von 65 Klassen und von 129 definierten Chemikalien zu untersuchen, ist das Modell nur für organische Verbindungen mit eindeutig definierten chemischen Strukturen anwendbar. Es läßt sich nicht einsetzen für anorganische Verbindungen, Polymere oder chemische Kombinationsprodukte (Neely, 1982).

Das "Einheitswelt"-Modell ist nur eines von mehreren, die auf derselben, in Abb. 2.5 dargestellten Grundstruktur aufgebaut sind. Während sich diese Modelle in den Anfangsphasen der Gefährdungsabschätzung bewährt haben, sind die Auflösung und Präzision doch deutlich begrenzt. Präzision läßt sich nur durch die Entwicklung stärker spezifischer, komplizierter nicht allgemein gehaltener Modelle erreichen. Bei den oben beschriebenen generellen Umweltmodellen reichen z. B. 6 Hauptkompartimente und 10 Hauptsenken aus, um das allgemeine Umweltschicksal einer Verbindung zu beschreiben (Abb. 2.5). Ein detaillierteres, aber immer noch begrenztes Modell, das sich mit dem Verhalten eines Schadstoffes in einem aquatischen System befaßt, erfordert wesentlich mehr Kompartimente (Abb. 2.6).

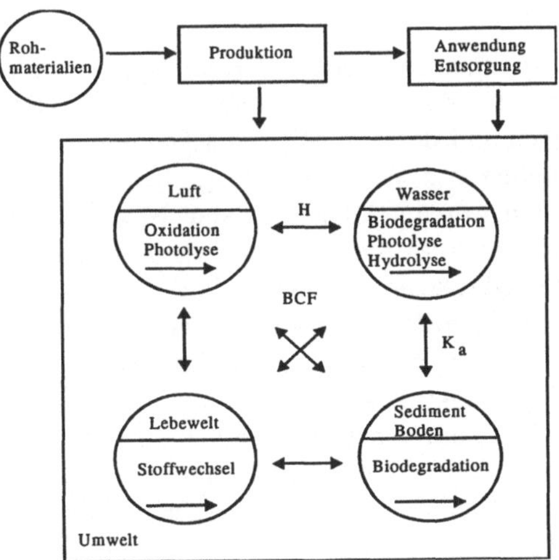

Abb. 2.5: Schematische Darstellung von Transport- und Umbildungsprozessen von Chemikalien in der Umwelt. H = Henry's Konstante; BCF = Biokonzentrationsfaktor; K_a = Bodensorptionskoeffizient (Yoshida et al., 1983)

Biologische Modelle

Zusätzlich zu den mathematischen Modellen wurde mittlerweile eine Vielzahl physikalischer Modelle zur Untersuchung von Umweltschicksal und Auswirkungen von Schadstoffen eingesetzt. Pritchard (1982) unterscheidet zwei große Klassen von Modelluntersuchungen von Ökosystemen: erstens Mikrokosmosstudien, bei denen ein ausgewählter Teil einer natürlichen Gemeinschaft oder eines Ökosystems ins Labor gebracht und dort in Funktion gehalten wird und zweitens als Untersuchungen künstlicher Gemische zu bezeichnende Studien, bei denen künstliche Nahrungsketten im Labor aufgebaut werden.

In beiden Fällen bestehen die Modellsysteme aus Organismen von mehr als einer trophischen Ebene und werden in kleinen beschränkten Umgebungen (z. B. kleine Aquarien, konische Kolben, u. s. w.) gehalten, die eine genaue Definition und Kontrolle der entsprechenden "Umwelt" erlauben. Mikrokosmosmodelle wurden entwickelt und eingesetzt, um die Quantifizierung und Bewertung mathematischer Modelle zu unterstützen, das wahrscheinliche Schicksal und den Transfer von Schadstoffen zwischen Teilen des Ökosystems zu bestimmen, die dabei ablaufenden Prozesse zu untersuchen und direkt die Ökotoxizität der Verbindungen zu beurteilen. Da die primären Ziele der einzelnen Untersuchungen und die entsprechenden Interessenlagen so stark variieren, erstaunt es nicht, daß eine breite Spanne von Kriterien beim Entwurf, Aufbau und Betrieb von Mikrokosmen zur Anwendung kamen.

Mikrokosmen schwanken in Größe und Komplexität von kleinen Rüttelkolben (500 ml) mit Seewasser und einer Planktongemeinschaft bis zu Systemen mit 2 m hohen Baumsetzlingen und der dazugehörigen Forstfauna und -flora auf intakten natürlichen Ausschnitten von Waldböden in großen Glasfaserkästen, die in Gewächshäusern gehalten werden. Manchmal sind Mikrokosmossysteme auch miteinander verknüpft, wenn z. B. das Elvat aus einem Boden/Pflanzensystem direkt in einen aquatischen Mikrokosmos in einem Aquarium eingeleitet wird, um damit das Schicksal eines Schadstoffes durch das terrestrische und das aquatische System zu verfolgen. Der Übergang zwischen als Mikrokosmos bezeichneten Systemen und einem Meso- oder Makrokosmos ist fließend, jedoch sind Mikrokosmen im allgemeinen klein genug, um leicht nachgebildet zu werden, während Meso- und Makrokosmossysteme wegen ihrer Größe nur begrenzt nachgebildet werden können und häufig außerhalb des Labors untergebracht und aufgebaut werden.

Der Einsatz von Mikrokosmen macht es theoretisch möglich, etwas von der strukturellen Komplexität realer Systeme in die Routinebeurteilung von Chemikalien einzubringen (Pritchard, 1982) und dabei teilweise die Lücke zwischen Einzelartenuntersuchungen und Geländestudien zu schließen (Costello & Thrush, 1991).

Da es sich dabei jedoch notwendigerweise um vereinfachte Modellabbildungen eines Ökosystemes (oder von Teilen davon) handelt, ist es von großer Bedeutung, daß man sich diese Beschränkungen stets vor Augen hält.

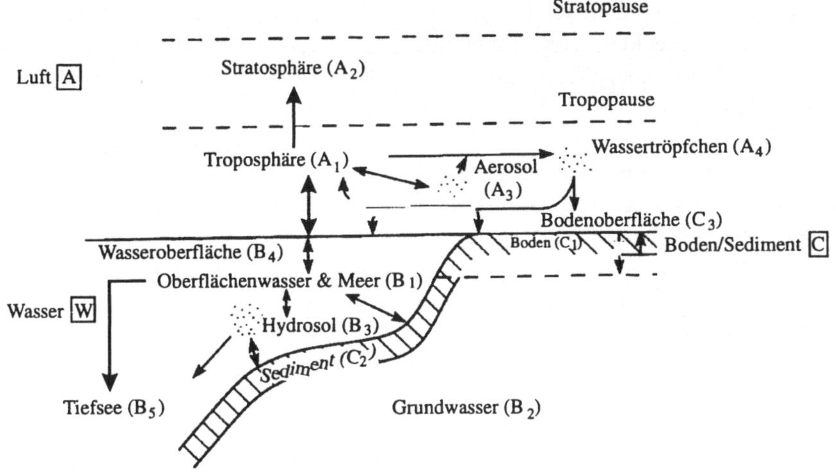

	Pfade zwischen Sektoren[a]	Mechanismus	pc oder env.[b]
	$A_1 \rightarrow A_2$	Turbulente Diffusion	env.
	$A_1 \rightarrow A_4$	Lösung-Gas $\rightarrow$ Wasser	pc
	$A_4 \rightarrow A_1$	Flüchtigkeit aus wässriger Lösung	pc
A	$A_1 \rightarrow A_3$	Adsorption-Gas $\rightarrow$ Aerosol	pc
	$A_3 \rightarrow A_1$	Flüchtigkeit aus adsorbiertem Stadium	pc
	$A_3 \rightarrow A_4$	Kondensation von Wasser auf Aerosol	env.
A	$A_1 \rightarrow B_4$	„trockene Ablagerung" (Lösung-Gas $\rightarrow$ Wasser)	pc
	$A_1 \rightarrow C_3$	„trockene Ablagerung" (Adsorption)	pc
	$A_3 \rightarrow C_3 + B_4$	„trockene Ablagerung" (von Partikeln)	env.
B	$A_4 \rightarrow C_3 + B_4$	Regen	env.
+	und		
C	$A_3 \rightarrow A_4 \rightarrow C_3 + B_4$ (direkt)	„Ausregnen"	
	$B_4 \leftrightarrow B_2$	turbulente Diffusion und Mischen	env.
	$B_1 \rightarrow B_5$	turbulente Diffusion	env.
B	$B_1 \rightarrow B_3$	Adsorption	pc
	$B_3 \rightarrow B_1$	Desorption	pc
	$B_3 \rightarrow B_5$	Sedimentation	env.
	$B_1 \rightarrow B_2$	Adsorption	pc
	$B_2 \rightarrow B_1$		
B	$B_4 \rightarrow A_1$	Flüchtigkeit aus wässriger Lösung	pc
	$B_4 \rightarrow A_2$	Gischt	env.
A	$B_1 \rightarrow C_2$	Adsorption	pc
+			
C	$B_3 \rightarrow C_2$	Sedimentation	env.
	$C_3 \rightarrow C_1$	Adsorption/Desorption („Laugung")	pc
C			
	$C_1 \rightarrow C_3$	Adsorption/Desorption („Laugung")	pc
C	$C_1 \rightarrow B_2$	(„Laugung")	pc
A	$C_3 \rightarrow A_1$	Flüchtigkeit aus adsorbiertem Stadium, wässriger Lösung (feuchter Boden) und reiner Substanz	pc
+			
B			

Abb. 2.6: Wichtige Wanderwege für organische Chemikalien in der Umwelt (aus Klöpffer et al., 1982)

[a] Bei der Bezeichnung der Umweltmedien und -sektoren wurden Rückführung aus der Stratosphäre und Tiefsee sowie einige andere quantitativ unerhebliche Pfade vernachlässigt.

[b] pc: nach physikochemischen Eigenschaften der Substanz und begrenzenden Umweltfaktoren bestimmt

env.: nur nach Umweltfaktoren (z. B. Meteorologie) bestimmt; in einigen Fällen ist die Zuordnung noch unklar

Pritchard (1982) sprach sich betont für die Notwendigkeit aus, Mikrokosmen in Labors gegenüber echten Umweltbedingungen zu eichen. Man kann nicht von vorne herein davon ausgehen, daß eine natürliche, aus ihrem originären Umfeld herausgenommene und ins Labor verbrachte Komponente sowohl ihre Originalstruktur als auch ihre ursprüngliche Funktion beibehalten wird. Ökosysteme werden üblicherweise als im wesentlichen abgeschlossene funktionelle Einheiten betrachtet, die in der Lage sind, ihre Funktionen (z. B. Nährstoffumlauf und Energiestrom) und Strukturen (z. B. Artenzusammensetzung) aufrechtzuerhalten, innerhalb derer ein bestimmter Teil des Ökosystems durch Prozesse bei Populationszuwachs, Sterblichkeit, Einwanderung und Auswanderung in Funktion gehalten wird. Einige Mikrokosmen sind in der Lage, ihre Struktur und Funktion auf diese Art aufrechtzuerhalten. Bei den meisten ist aber eine kontinuierliche "Impfung" mit Organismen (z. B. durch künstliche Rekrutierung) erforderlich oder sie werden nur für kurze Zeit aufrechterhalten. Dies ist nicht verwunderlich, denn im Gegensatz zu der verbreitenden Annahme erhöht die Artenvielfalt alleine nicht die einem System innewohnende Stabilität. Umfangreiches Datenmaterial aus experimentellen und mathematischen Untersuchungen zeigt, daß die Anforderungen für eine stabile Koexistenz von Arten mit der Anzahl der teilnehmenden Arten deutlich steigen (Begon *et al.*, 1990). Die Fähigkeit eines Mikrokosmos, sich selbst aufrechtzuerhalten, muß bei der Durchführung langfristiger Toxizitätsstudien an Mikrokosmen und der Integration der entsprechenden Ergebnisse berücksichtigt werden. Die Ergebnisse solcher Studien können auch durch Änderungen in Struktur und Funktionsweise eines experimentellen Systems im Verlauf der Untersuchung beeinflußt werden.

Aufgrund ihrer Größenbeschränkung können Mikrokosmen die Komplexität realer Ökosysteme oder Gemeinschaften nicht nachbilden, da immer einige Artenkomponenten fehlen werden. Ihre Begrenzung führt außerdem dazu, daß sie ausgeprägten Grenzeffekten unterliegen. Zusätzlich sind die Relationen zwischen den Gesamtmengen, Volumina und Kontaktoberflächen der einzelnen, im Modell aufgenommenen Phasen durch die Größe des entsprechenden Systems auf eine begrenzte und häufig unnatürliche Spanne von Werten reduziert.

Trotz dieser im wesentlichen auf die Dimensionierung zurückzuführenden Probleme ermöglichen es Mikrokosmen dem Experimentator, mit wiederholbaren Mehrartensystemen zu arbeiten. Sie lassen die Untersuchung von Prozessen und Effekten zu, die in einfacheren Einzelartenuntersuchungen oder unter Geländebedingungen nicht möglich sind, wo aufgrund der Komplexität und des Mangels an Kontrollmöglichkeiten die vorhandenen, für bestimmte Prozesse relevanten Informationen schwer zu isolieren und herauszuarbeiten sind. Allerdings sollten Mikrokosmen nicht als Funktionsmodelle natürlicher Systeme betrachtet werden, sondern als besondere künstliche Systeme, die über charakteristische Eigenarten verfügen, die analog zu denen ungestörter natürlicher Systeme sind und die sie mit diesen gemeinsam haben. Ausgehend davon hat Pritchard (1982) überzeugend dargelegt, daß Mikrokosmosuntersuchungen primär als ein Verifizierungsmittel für die Bewertung von Modellen benutzt werden sollten, die zur Voraussage von z. B.

Toxizitätsuntersuchungsprotokollen und Dosishöhen eingesetzt werden sowie für Untersuchungen der biologischen Abbaubarkeit und von Biountersuchungen; ausserdem bei der Beurteilung der potentiellen Kapazität einzelner Umweltkomponenten zur Assimilation eines Schadstoffes.

Im Gegensatz zu solchen Mikrokosmen wurden künstliche Gemeinschaften wie die von Metcalf *et al.* (1971) entwickelten speziell zur Beurteilung der potentiellen Toxizität einer beträchtlichen Anzahl von organischen Pestiziden konstruiert und dafür auch intensiv angewandt (Metcalf, 1977; Pritchard, 1982; Moriarty, 1990). Das aquatisch/terrestrische Basissystem nach Metcalf besteht aus einer geneigten Schicht gewaschenen Sandes, 7 l standardisiertem Teichwasser mit der Alge *Oedogonium cardacum*, verschiedene Planktonten wie *Daphnia magna*, *Culex pipiens* (Moskitolarve) und *Physa* sp. (einer Schneckenart) in einem 25 x 25 x 25 cm großen Glasaquarium. Die obere freiliegende Sandlage, die die terrestrische Komponente des "Ökosystemmodells" darstellt, wird mit *Sorghum vulgare*-Samen bepflanzt. Wenn die *Sorghum*-Blätter nach 20 Tagen etwa 10 cm hoch sind, wird ein radioaktiv markiertes Pestizid zusammen mit Raupen (*Estigmene acrea*) eingebracht. Die Raupen erfüllen dabei zwei Funktionen: Sie fungieren als Blattfresser und ihre Kotprodukte bilden einen zusätzlichen Pfad für die Wanderung der zu untersuchenden Verbindung in den Boden und den aquatischen Teil des Modells. Nach 30 Tagen werden drei Exemplare des Fisches *Gambusius affinus*, die sich von den *Culex* ernähren, eingesetzt und man läßt sie drei Tage fressen. Anschließend wird das System abgebaut und die Mengen des Pestizides und seiner Derivate in jeder Komponente des Modells bestimmt. Obwohl dieses Modell mindestens acht verschiedene Glieder einer Nahrungskette zuläßt (Metcalf *et al.*, 1971), handelt es sich doch um ein extrem künstliches und vorübergehendes System, das sich nicht selbst aufrecht erhält und nur wenig mit natürlichen Systemen gemein hat. Man sollte derartige künstliche Gemeinschaften nur als Toxizitätstestsysteme mit mehreren Arten anstatt als Modell von Ökosystemen betrachten. Dessen ungeachtet lassen sich jedoch brauchbare Informationen zum Abbau von Pestiziden und ihrer Tendenz zur Konzentration in der Lebewelt gewinnen, wobei man diese in den meisten Fällen auch leichter aus einfacheren Einzelartenuntersuchungen hätte erhalten können. Moriarty (1991) zog den Schluß, daß Untersuchungen künstlicher Systeme "anscheinend das schlechteste aus beiden Welten vereinigen: sie sind zu kompliziert, um leicht interpretierbare Ergebnisse zu liefern und zu künstlich, um unmittelbar für Geländesituationen von Bedeutung zu sein".

Bei der Untersuchung von Meso- und Makrokosmen können die einschließbaren größeren Volumina natürlicher Ökosysteme (z. B. 1.700 m^3 Meerwasser in von der Oberfläche her eingehängten Plastiksäcken (Lundgren, 1985) oder Systeme mit Freilandteichen (Crossland, 1988)) viele der Probleme abschwächen, die sich aus der beschränkten Fähigkeit von Mikrokosmen ergeben, das Verhalten natürlicher Ökosysteme nachzubilden und aufrechtzuerhalten. Jedoch schrumpft mit zunehmender Größe und Komplexität auch die Fähigkeit des Forschers, die Umwelt innerhalb des Systems zu definieren, zu regeln und zu überwachen. Ihre

Größe und die Baukosten schränken die Wiederholungsmöglichkeiten der Experimente stark ein und folglich konzentriert sich ihr Einsatz im wesentlichen auf langfristige Untersuchungen ökologischer Prozesse (Moriarty, 1990).

Verhältnis zwischen Einwirkung und der von einem Organismus angereicherten Schadstoffmenge

Das Verhältnis zwischen abiotischen Umweltkonzentrationen und den Mengen in Organismen wird üblicherweise mit Hilfe von drei Parametern beschrieben. Biokonzentration und Bioakkumulation betreffen die Zunahme der Schadstoffkonzentration zwischen Wasser und dem aquatischen Organismus. Das Ausmaß der Bioakkumulation oder Biokonzentration wird normalerweise durch die Konzentration des betrachteten Schadstoffes im Organismus (wasserhaltig gerechnet) geteilt durch die Konzentration im Umgebungswasser ausgedrückt, ein Ansatz, der im wesentlichen dem Konzept eines physikalischen Fraktionierungskoeffizienten entspricht. Obwohl die Bezeichnungen Biokonzentration und Bioakkumulation häufig synonym verwandt werden, sind sie technisch jedoch zu trennen. Unter Biokonzentration versteht man die Anreicherung des Schadstoffes durch direkte Aufnahme aus dem Wasser in den Organismus (Invertebraten, Fische, Algenarten, u. s. w.), während Bioakkumulation die kombinierte Schadstoffaufnahme durch Nahrung und Wasser bezeichnet. Biomagnifikation beschreibt die Zunahme der Schadstoffkonzentration in den Geweben in einer Nahrungskette aufeinanderfolgender Organismen, und ist damit der einzige Terminus, der sowohl in terrestrischen als auch aquatischen Systemen anwendbar ist.

Verbindungen, die zur Bioakkumulation neigen, sind häufig entweder lipophil oder Analoge von essentiellen Nährstoffen. Die Biokonzentrationsneigung vieler organischer Schadstoffe, wie z. B. organische chlorhaltige Pestizide und PCB's, hängt von der Rate ab, mit der die Verbindung durch die Zellmembran diffundiert. Die Diffusion durch die äußere Membran ist zum Teil eine Funktion der Molekulargröße der Verbindung und ihrer Lipidlöslichkeit, die nach dem Oktanol/Wasser-Fraktionierungskoeffizienten (s. S. 25) beurteilt werden kann. Chemische Biokonzentratsfraktionen (*BCF*) lipophiler beständiger Schadstoffe sind häufig mit ihren Oktanol/Wasser-Fraktionierungskonstanten korreliert. In gleicher Weise ist häufig die Körperbelastung eines Organismus mit diesen Verbindungen mit seinem Lipidgehalt korreliert (Ramade, 1987; Samiullah, 1990; Walker, 1990). Die Akkumulation extrem hydrophober, d. h. stark lipophiler Verbindungen kann durch ihre Neigung, von externen Lipiden eingefangen zu werden, stark eingeschränkt sein (Moriarty, 1990). Zusätzlich zur Abschätzung aus den K_{OW}-Koeffizienten lassen sich Biokonzentrationsfaktoren direkt aus Geländeproben bestimmen oder noch genauer im Verlauf akuter Toxizitätsuntersuchungen. Letztere ermöglichen es, kritische Biokonzentrationsfaktoren und Gewebekonzentrationen zu bestimmen, die mit Sterblichkeiten und anderen signifikanten schädlichen Auswirkungen wie eingeschränkte Vermehrungsfähigkeit einhergehen.

Für Organismen, bei denen die Aufnahme eines Schadstoffes über die Darmwand stattfindet (z. B. terrestrische Tiere), ist die Abschätzung der chemischen Akkumulation allein aus den K_{OW}-Werten nicht angebracht. Die Akkumulation des Schadstoffes wird eine Funktion seiner Konzentration in der Nahrungsquelle, der Rate und der Art der Schadstoffverteilung zwischen Körperteilen und Organen und der Rate sein, mit der der Schadstoff verstoffwechselt und ausgeschieden wird. Walker (1990) beschrieb zwei einfache Verfahren, mit Hilfe derer Bioakkumulationsfaktoren für beständige Schadstoffe im Gleichgewichtszustand in höheren Landtieren (z. B.: Vögel, Säuger) leicht entweder aus der Kenntnis der biologischen Halbwertszeit oder aus *in vitro*-Untersuchungen des Stoffwechsels von Leberpräparaten abgeleitet werden können. Wenn die biologische Halbwertszeit (t_{50}) bekannt ist oder experimentell bestimmt werden kann, lassen sich Biokonzentrationsfaktoren (*BCF*) aus folgender Relation ableiten (Walker, 1987):

$$BCF = \frac{2\,A_f(t_{50})}{N}$$

wobei A_f derjenige Teil des verdauten Schadstoffes ist, der absorbiert wird, N die Anzahl der Tage, die ein Tier benötigt, um eine seinem Körpergewicht entsprechende Futtermenge zu verzehren und t_{50} die anfängliche biologische Halbwertszeit einer Verbindung in einem Tier.

Viele organische Schadstoffe, und dabei besonders organische chlorhaltige Pestizide bioakkumulieren in der Leber von Räubern wie z. B. Eulen, und Aasfressern (z. B. Rabenvögel). Die Leber ist häufig der primäre Ort für Schadstoffentgiftung und Stoffwechsel (Walker, 1990). Der gleiche Autor (Walker, 1987) hat gezeigt, daß die Fähigkeit von *in vitro*-Lebermikrosomenpräparaten zur Verstoffwechselung des Dieldrinanalogons HCE zur Vorhersage der Raten von HCE-Stoffwechsel und Ausscheidung *in vivo* herangezogen werden kann. Wenn angenommen wird, daß (I) die Ausscheidungsrate für einen unveränderten Schadstoff vernachlässigbar ist und die Verlustrate etwa der primären Stoffwechselrate entspricht und (II) die Verstoffwechselung des Schadstoffes im wesentlichen in der Leber stattfindet, dann wird die Adsorptionsrate gleich der Verstoffwechselungsrate sein (Abb. 2.7).

In diesem einfachen Modell hängt die in den Körpergeweben vorhandene Schadstoffmenge vom Grad der Verteilung des Schadstoffs von der Leber weg zu peripheren Geweben ab. Das Ausmaß der Verteilung ist eine Funktion der Fähigkeit der in der Leber vorhandenen Enzyme, den Schadstoff zu verstoffwechseln, die wiederum aus *in vitro*-Untersuchungen abgeleitet werden kann.

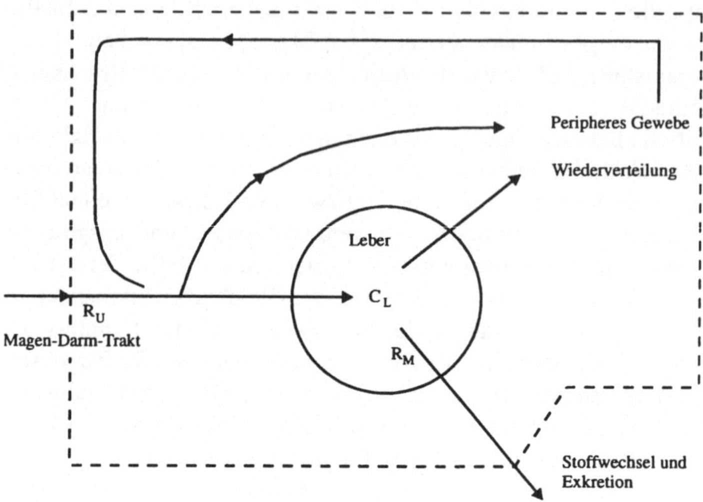

Abb. 2.7: Kinetisches Modell der Leber. R_U = Aufnahmerate aus dem Darm; R_M = Stoffwechselrate in der Leber; C_L = Schadstoffkonzentration in der Leber. Die Pfeile im Diagramm geben die Transferpfade des Schadstoffe im Tier wider. Aufnahme- und Stoffwechselraten werden auf kg Körpergewicht bezogen. Die endgültige Ausscheidung der wasserlöslichen Produkte (Metabolite und Konjugate) erfolgt über Galle und Urin (nach Walker, 1987)

Leicht zu verstoffwechselnde Schadstoffe werden eher ausgeschieden als daß sie in peripheren Körpergeweben akkumuliert werden. Der *BCF* der Leber kann somit aus einem Lineweaver-Burke-Diagramm des *in vitro*-Stoffwechsels von Leberpräparaten abgeleitet werden, indem man diejenige Schadstoffkonzentration bestimmt, bei der die Stoffwechselrate der Absorptionsrate entspricht und damit eine Abschätzung der Gleichgewichtskonzentration (C_i) der intakten Leber erhält. Der *BCF* errechnet sich dann aus C_i/C_O, wobei C_O der Schadstoffkonzentration in der Nahrung entspricht, die eine entsprechende Absorptionsrate bringt. Sind Daten zur Schadstoffverteilung zwischen einzelnen Körperorganen vorhanden, lassen sich weitere *BCF* für andere Organe und den gesamten Organismus abschätzen (Walker, 1987, 1990). Dieser Ansatz wurde bisher nur bei einer geringen Zahl von Tieren und Verbindungen erprobt, er verfügt jedoch über ein beträchtliches Potential als ein experimentelles System zur Untersuchung der Wirkungen von Schadstoffen auf Enzymsysteme und als eine Möglichkeit zur Bestimmung von *BCF's*, wenn die Anzahl der verfügbaren Tiere traditionellere Methoden von *in vivo*-Studien der Bioakkumulation ausschließt (Walker, 1987, 1990).

Anwendungen von Biokonzentrations- und Akkumulationsfaktoren

Sobald verläßliche oder repräsentative *BCF*-Werte vorliegen, lassen sich diese dazu einsetzen, Wasserqualitätskriterien abzuleiten. Van der Kooij *et al.* (1991) beschreiben ein Verfahren, in dem das Gleichgewichtsfraktionierungsprinzip benutzt werden kann, einen zusammenhängenden Satz von Wasserqualitätskriterien für aquatische Systeme aufzustellen, der maximale Standards für die Konzentration von Schadstoffen in Wasser, Schwebfracht und Sedimenten umfaßt. In der Vergangenheit war die Rolle von Oberflächeneffekten und sedimentgebundenen Chemikalien auf biologische Verfügbarkeit, Mobilität und Toxizität von Chemikalien unterschätzt worden (Dickson *et al.*, 1987; Simkiss, 1990). Viele Arten erhalten einen beträchtlichen Teil ihrer Schadstofffracht über Oberflächenadsorption und die Aufnahme verunreinigter Teilchen (Mc Eldowney & Waite, 1993). Gelöste Konzentrationen im Wasser werden häufig im Gleichgewicht mit einem minimal großen Schadstoffreservoir gehalten, das direkt an Partikeloberflächen gebunden oder mit diesen vergesellschaftet ist (Moriarty, 1990; Mc Eldowney & Waite, 1993). Die Toxizität von Sedimenten für sedimentbewohnende Organismen hängt von der Porenwasserkonzentration ab, die wiederum eine Funktion des Fraktionierungsgleichgewichtes des Schadstoffes zwischen fester und flüssiger Phase darstellt.

Wenn kritische toxische Gewebekonzentrationen aus Toxizitätsuntersuchungen oder Produktinformationen bekannt sind, dann lassen sich diese Gehalte mit Hilfe von Fraktionierungskoeffizienten in Qualitätsstandards für Sedimente und Wasser umsetzen. Die kritischen toxischen Konzentrationen in Geweben und Wasser hängen über die entsprechenden *BCF's* zusammen ($BCF = C_{\text{organ}}/C_{\text{w}}$), wobei C_{organ} die toxische Gewebekonzentration ist und C_{w} die Konzentration im Wasser.

Wir haben gesehen, daß für organische Schadstoffe K_{a} aus den physikalischen Kennwerten der festen Phase und den chemischen Eigenschaften des Schadstoffes abgeleitet werden kann. Für organische Schadstoffe bestehen solche allgemeinen Zusammenhänge jedoch nicht, allerdings lassen sich Werte für K_{a} leicht aus Feldmessungen der Schadstoffkonzentrationen in gefiltertem und ungefiltertem Wasser ableiten:

$$K_{\text{a}} = \frac{C_{\text{tot}} - C_{\text{w}}}{SM * C_{\text{w}}}$$

wobei C_{tot} die Gesamtkonzentration im Wasser vor Filtration, C_{w} die Konzentration in der Wasserphase nach Filtration (jeweils in µg/l) und SM die Konzentration von Schwebstoffen im Wasser (in g/l) ist.

Feldstudien zeigen, daß die Schadstoffkonzentrationen in Sedimenten systematisch von der Konzentration abweichen, die sich in den Schwebstoffen in der Wassersäule über dem Bodensediment findet, wobei sich empirische Faktoren von 1,5 für anorganische Schadstoffe und 2,0 für organische Chemikalien fanden. Mit Hilfe dieser Faktoren lassen sich die Konzentrationen in Sediment und Schwebstoffen aus nachstehender Verhältnisgleichung ableiten:

$$\frac{C_{sed}}{C_{sus}} = r$$

$$C_{sed} = \frac{C_{sus}}{r} = \frac{C_s}{r} = \frac{K_a}{r} * C_w$$

wobei C_{sed} die Konzentration im Sediment, C_{sus} die Konzentration in den Schwebstoffen, C_s die Konzentration in der festen Phase (jeweils in mg kg^{-1}) ist, und r das empirisch gefundene Verhältnis zwischen den Konzentrationen im Schwebstoff zu denen im Sediment. Für Metalle gilt $r = 1,5$ und für organische Verbindungen $r = 2$.

Werte für r schwanken zwischen verschiedenen Systemen je nach den chemischen Eigenarten des Wassers, der Schwebstoffe und der Bodensedimente. Sie sollten daher für jedes System unter den obwaltenden Bedingungen neu bestimmt werden. Die gesamte im Wasser vorhandene Fracht ergibt sich dann aus

$$C_{tot} = C_w * (1 + K_a \times SM)$$

Wenn *BCF* und K_a zusammen mit den für den Organismus kritischen Konzentrationen, die häufig aus dem Produktstandard und den Benachrichtigungsdaten verfügbar sind, bekannt sind, kann als Alternative ein ähnlicher Satz von Gleichungen eingesetzt werden:

$$C_w = \frac{C_{organ}}{BCF} = \frac{C_s}{r} = \frac{K_a}{r} * C_w$$

$$C_{sed} = \frac{C_{organ} * K_a}{BCF * r}$$

$$C_{tot} = \frac{C_{organ} (1 + K_a * SM}{BCF}$$

Van der Kooij (1991) und die von ihm aufgegebenen Literaturstellen erörtern Basis und Anwendung dieses Schemas, das zur Aufstellung von nationalen Wasserqualitätskriterien in den Niederlanden vorgeschlagen wurde. Sie liefern außerdem Fallbeispiele und zusätzliche Angaben zur Anwendung der Standardproduktinformationen.

Biomagnifikation

Biomagnifikation wurde deutlich für viele beständige organische Schadstoffe nachgewiesen und insbesondere für die lipidlöslichen und bestimmte metallorganische Verbindungen wie z. B. Methylquecksilber, obwohl anorganische Metalle im allgemeinen biologisch nicht angereichert werden (Mason, 1991). Moriarty (1990) hat die generelle Übernahme dieses Konzeptes in Frage gestellt und auf die auftretenden Unsicherheiten und Fehler hingewiesen, die eintreten, wenn Bioakkumulations- oder Biokonzentrationsfaktoren für Gewebe von taxonomisch nicht miteinander verwandten Arten wie z. B. wirbellose Arthropoden und wirbelbesitzende Fische miteinander verglichen werden. Da es schwer, wenn nicht sogar unmöglich ist, analoge oder äquivalente Körpergewebe in taxonomisch weit entfernten Gruppen zu identifizieren, empfiehlt er, bei Vergleichen Biokonzentrations- oder Akkumulationsfaktoren auf der Basis von Ganzkörperbelastungen einzusetzen und nicht wie so häufig Ganzkörperwerte bei kleineren Organismen zu benutzen und Gewebewerte bei größeren. Des weiteren weist er darauf hin, daß obwohl ökologische Gemeinschaften durch trophische Ebenen beschrieben werden können. der Transfer von Schadstoffen nicht von einer Ebene zur nächsten verläuft. Da viele Arten sich von Organismen aus mehr als nur einer Ebene ernähren, und Arten einer bestimmten Ebene sich in Freßverhalten und Ökologie voneinander unterscheiden, werden sich auch die Art der Einwirkung des Schadstoffes und die Körperbelastung der einzelnen Arten einer Ebene stark unterscheiden. Biomagnifikation wird besonders in terrestrischen Systemen meist nur entlang bestimmter begrenzter Reihen von Gliedern einer Freßkette ablaufen (Hopkin, 1989).

Der unkritische Einsatz von *BCF's* sollte tunlichst vermieden werden. Bioakkumulation und *BCF's* werden häufig als taxonspezifische (z. B. Algen) oder artenspezifische Konstanten angesehen, was sie aber auf keinen Fall sind. Selbst innerhalb von Populationen aus einzelnen Arten sind nicht alle Individuen dem Schadstoff gleich stark ausgesetzt und ihre Tendenz, den Schadstoff anzureichern, hängt von Alter, Größe, physiologischem Zustand und vorausgegangener Einwirkung des Schadstoffes ab. So schwankt z. B. bei marinen Großalgen (Seetang) die Anreicherung von Schwermetallen und Radionukliden wie Technetium zwischen den größeren taxonomischen Gruppen (Rot-, Braun- oder Grünalgen bzw. Tang), zwischen einzelnen Arten dieser Taxa und selbst zwischen den einzelnen Individuen einer Population je nach Alter, Stoffwechselaktivität und Position des Individuums im Strandbereich. Sie wird außerdem durch eine ganze Reihe weiterer Umweltfaktoren bestimmt, wie z. B. die Sedimentart, Schwebstofffracht des Wasserkörpers, Wassergeschwindigkeit, Tiefe, pH und Temperatur sowie durch die Anwesenheit und Konzentration organischer Chelatliganden und anderer Metallionen. Selbst innerhalb einzelner Tangpflanzen, bei denen es sich um sehr einfache Organismen handelt, können Metallkonzentrationen in Geweben aus unterschiedlichen Teilen der Pflanze beträchtlich schwanken (McEldowney & Waite, 1993). Bei dem augenblicklichen Kenntnisstand ist der Einsatz eines einzigen, von einer einzigen Art abgeleiteten *BCF* zur Charakterisierung der Bioakkumulationsfähigkeiten großer Artengruppen, die auch nur gerade Fische, Algen o. ä. sind, aber sonst wenig gemeinsam haben, nicht zu rechtfertigen.

Es liegt eine umfangreiche Literatur mit veröffentlichten *BCF*-Werten vor, von denen viele aus Felduntersuchungen gewonnen wurden, jedoch sind diese Daten häufig nur von geringem Wert, da keine Angaben zur Form vorliegen, in der der Schadstoff auftritt. Für gelöste, staubförmige, anorganische oder organische Komplexe eines Schadstoffes kann die Bioverfügbarkeit schwanken und Biokonzentration ist nicht eine direkte Funktion der Gesamtkonzentration. Bei Laboruntersuchungen werden häufig Werte abgeleitet, obwohl der Schadstoff in unrealistisch hohen Konzentrationen vorliegt, und man sollte nicht unbedingt annehmen, daß Konzentrationen im Körper und im Wasser linear über den gesamten im Gelände vorkommenden Konzentrationsbereich korreliert sind. Andererseits sind *BCF's* nicht unbedingt konzentrationsunabhängig (Coughtrey & Thorne, 1983; Moriarty, 1990; Mc Eldowney & Waite, 1993). Ein zusätzliches Problem liegt darin, daß *BCF's* nur im Gleichgewichtszustand befindliche oder stabile Systeme beschreiben und für solche gelten. Ein solcher Zustand wird sich im Gelände möglicherweise überhaupt nicht einstellen, da sich hier Schadstoffkonzentrationen und Umweltbedingungen ständig ändern.

Biokonzentrations- und Bioakkumulationsfaktoren liefern eine klare und bequeme Methode, die Fähigkeit der Lebewelt zur Akkumulation von Schadstoffen zusammenzufassen und Umweltqualitätsmaßstäbe abzuleiten, wobei dieser Ansatz einen Schein theoretischer Glaubwürdigkeit durch die Ähnlichkeit zwischen *BCF's* und chemischen Fraktionierungskonstanten erhält. Solche Vorhersagen sollten nur als grobe, aber möglicherweise nützliche Abschätzungen betrachtet werden. Zyniker könnten sich allerdings fragen, ob die Berechnung und weitverbreitete Berechnung von *BCF*-Werten nicht einfach das Verlangen von Biologen widerspiegelt, beim Vorliegen von zwei Zahlen, die eine durch die andere zu teilen.

Die Auswirkungen akkumulierter Schadstoffe auf einzelne Organismen

Die Auswirkungen von Schadstoffen auf einzelne Organismen werden routinemäßig mit akuten, auf einzelnen Arten basierenden Toxizitätsuntersuchungen im Labor beurteilt, die in einer umfangreichen Literatur dazu beschrieben und diskutiert werden (Brown, 1976; Ramade, 1987; Moriarty, 1990). Mit Hilfe der meisten Verfahren kann diejenige Konzentration eines Schadstoffes bestimmt werden, die entweder das Wachstum von 50 % der Testorganismen reduziert oder 50 % davon abtötet. Inwieweit sich diese Ergebnisse auf Geländesituationen übertragen lassen, ist schwer zu sagen. Damit die Untersuchung auch aussagekräftig ist, müssen besonders empfindliche Arten eingesetzt werden, wodurch mittels Ergebnissen aus standardisierten Toxizitätsuntersuchungen leicht unnötig hohe Umweltgrenzwerte angesetzt werden könnten. Bei den Untersuchungen werden gleichaltrige, gleichgroße und genetisch ähnliche Individuen einem einzigen Schadstoff bei konstanter Konzentration und unter einheitlichen, gut regulierten Bedingungen ausgesetzt, was einen signifikanten Unterschied zur Geländesituation darstellt. Aus diesem Grund besteht ein großes Interesse an der Entwicklung neuer Untersuchungsmethoden und dem Einsatz mehrerer Arten zusammen bei Toxizitätsuntersuchungen, an Biotests und Bioindikatoren zur Untersuchung und Beurteilung der Wasserqualität (Cairus & Patt, 1987; McCahon & Pascoe, 1990; Spellerberg, 1991; Jeffrey & Madden, 1991).

Umfang und Vielfalt der benutzten Ansätze schließen eine eingehende Behandlung aus. Man sollte jedoch bedenken, daß neue Untersuchungen und Beobachtungsverfahren soweit als möglich mit etablierten Untersuchungen und Bedingungen im Gelände geeicht werden sollten. Der Hauptvorteil, mit dem sich biologische Untersuchungen und Biotests gegenüber chemischen Analysen auszeichnen, liegt in der Fähigkeit von Organismen, die Einwirkungen mehrerer Schadstoffe über längere Zeit zu integrieren und die wirkliche Bioverfügbarkeit eines Schadstoffes widerzuspiegeln. Außerdem kann das Sammeln und die Analyse biologischer Materialien wertvolle Information zu den Auswirkungen unerwarteter Freisetzungen liefern. So konnten Druehl *et al.* (1988) das weltweite Ausmaß und den Zeitverlauf des Fall-outs von Radionukliden des Tschernobyl-Reaktorunfalles von 1986 mit Hilfe der Radionuklidkonzentration in Proben der Braunalge *Fucus* nachweisen, die dabei als "in situ"-Indikatorart wirkten. In Anbetracht der Vielzahl von Faktoren, die die Ansammlung von Schadstoffen in Organismen beeinflussen, ist bei der Interpretation der Ergebnisse jeglicher Art von Biotests größte Vorsicht geboten.

Auswirkungen auf der Ebene des Ökosystems

Generelle Voraussagen zu den wahrscheinlichen Auswirkungen von Schadstoffen auf Ökosysteme sind höchst gefährlich. Die Schwere etwaiger Auswirkungen wird von Art und Konzentration des betreffenden Schadstoffes abhängen, vom Ökosystem selbst und von der Art der Freisetzung, d. h. ob er aus einer punktförmigen Quelle oder einer diffusen Quelle stammt. Freisetzungen aus punktförmigen Quellen weisen üblicherweise unmittelbare und klarere Auswirkungen auf. Empfindliche Arten verschwinden schnell in der Nähe der Quelle und deutlich ausgeprägte Zonen abnehmender Artenvielfalt und zunehmender Störung des Ökosystems lassen sich bei Annäherung an die Quelle von nicht signifikant verunreinigten Bereichen her erkennen (Freedman, 1989; Hopkin, 1989). Die Auswirkungen diffuser Schadstoffquellen sind anfangs weniger augenfällig und werden erst langsam erkennbar, wenn die Populationsdichte einer aufgrund ihrer Empfindlichkeit oder Ökologie besonders verletzlichen Art abzunehmen beginnt, wobei die Ursache für diese Abnahme nicht immer sofort klar ist. Die Empfindlichkeit eines Ökosystems für Störungen, d. h. seine Fähigkeit seine Struktur und Funktion während und nach der Störung wieder aufzubauen und beizubehalten, hängt nicht direkt von seiner Komplexität oder Produktivität ab. Die Flachwassergemeinschaften der Ostsee mit ihrer geringen Artenvielfalt, die eine geringe Produktivität aufweisen, reagieren besonders empfindlich auf Störungen. Im Gegensatz dazu sind aber auch tropische Regenwälder mit ihrer reichen Artenvielfalt und großen Produktivität auch überaus empfindlich für Störungen. In beiden Fällen bestimmen die einzigartigen biologischen und geographischen Merkmale dieser Systeme ihre Empfindlichkeit. Es scheint aber eine Verallgemeinerung möglich, wonach die möglichen Auswirkungen eines Schadstoffes größer sind, wenn er insbesondere Produktivität und Wachstum von Organismen an der Basis einzelner Nahrungsketten einwirkt.

Literatur

BAUGHMAN, G. L.; LASSITER, R. R. (1978): Prediction of environmental pollutant concentration. In: Cairns, J.; Dickson, K. L.; Maki, A. V. (eds.) Estimating the Hazard of Chemical Substances to Aquatic Life, pp. 35-54. Special Technical Publications, No.657, American Society for Testing and Materials, Philadelphia.

BEGON, M.; HANPEN, J. L.; TOWNSEND, C. R. (1990): Ecology, Individuals, Populations and Communities. Blackwell Scientific Publications, Oxford.

BROUWER, A.; MURK, A. J.; KOEMAN, J. H. (1990): Biochemical and physiological approaches in ecotoxicology. Function. Ecol., 4, 275-281.

BROWN, V. M. (1976): Advances in testing the toxicity of substances to fish. Chem. Indust., 21, 143-149.

CAIRNS, J. JR.; PRATT, J. R. (1987): Ecotoxicological effect indices: A rapidly involving system. Water Sci. Technol., 19(11), 1-12.

COSTELLO, M. J.; THRUSH, s. F. (1991): Colonization of artificial substrate as a multi-species bioassay of marine environmental quality. In: Jeffry, D. W.; Madden, B. (eds.) Bioindicators and Environmental Management. Academic Press, London.

COUGHTREY, P. J.; THORNE, M. C. (1983): Radionuclide Distribution and Transport in Terrestrial Aquatic Ecosystems. A Critical Review of Data, Vol. 1. A. A. Balkema, Rotterdam.

CROSSLAND, N. O. (1988): Experimental design of pond studies. In: Greaves, M. P.; Greig-Smith, P. W.; Smith, B. D. (eds.) Field Methods for the Study of Environmental Effects of Pesticides. BCPC Monograph No. 40, BCPC Publications, Thornton Heath.

DICKSON, K. L.; MAKI, A. W.; BRUNGS, W. A. (eds.)(1987): Effects of Sediment-bound Chemicals in Aquatic Sediments. SETAC Special Publication Series, Pergamon Press, New York.

DRUEHL, L. D.; CACKETTE, M.; D'AURIA, J. M. (1988): Geographical and temporal distribution of codine-131 in the brown seaweed Fucus subsequent to the Chernobyl incident. Marine Biol., 98, 125-129.

FARMER, D. G.; RYCROFT, M. J. (1991): Computer Modelling in Environmental Sciences. Clarendon Press, Oxford.

FREEDMAN, B. (1989): Environmental Ecology. The Impacts of Pollution and Other Stresses on Ecosystem Structure and Function. Academic Press, San Diego.

HELLING, C. S.; TURNER, B. C. (1968): Pesticide mobility: determination by soil thin-layer chromatography. Science, 162, 562-563.

HOLDGATE, M. W. (1979): A Perspective of Environmental Pollution. Cambridge University Press, Cambridge.

HOPKIN, S. P. (1989): Ecophysiology of Metals in Terrestrial Invertebrates. Elsevier Applied Science, London, New York.

JEFFERS; J. N. R. (1982): Modelling. Chapman and Hall, London.

JEFFRY, D. W.; MADDEN, B. (eds.) (1991): Bioindicators and Environmental Management. Academic Press, London.

KEEN, R. E.; SPAIN, J. D. (1992): Computer Simulation in Biology. A Basic Introduction. Wiley-Liss, New York.

KLÖPFFER, W.; RIPPEM, G.; FRISCHE, R. (1982): Physicochemical properties as useful tools for predicting the environmental fate of organic chemicals. Ecotoxicol. Environ. Safety, 6, 294-301.

LUNDGREN, A. (1985): Model ecosystems as a tool in freshwater and marine research. Arch. Hydrobiol. 1 suppl., 7, 2, 157-196.

LYMAN, W. J.; REEHL, W. F.; ROSENBLATT (1982): Handbook of Chemical Property Estimation Methods. McGraw-Hill Book Company, London.

MASON, C. F.(1991): Biology of Freshwater Pollution. 2nd edn. Longman Scientific and Technical, Harlow.

MCCAHON, C. P.; PASCOE, D. (1990): Episodic pollution: causes, toxicological effects and ecological significance. Function. Ecol., 4(3), 375-384.

MCELDOWNEY, S.; WAITE, S. (1993): The Role of Microorganisms, Phytoplankton and Macrophyte Algae in Determining the Fade of Selected Radionuclides in the Marine Coastal Environment. NIREX, Safety Series, Harwell (in press).

METCALF, R. L. (1977): Model ecosystem studies of bioconcentrations and biodegradation of pesticides. In: Khan, M. A. (ed.) Pesticides in Aquatic Environments, pp. 127-144. Plenum Press, New York.

METCALF, R. L.; SANGHA, G. K.; KAPOON, I. P. (1971): Model ecosystems for the evaluation of pesticide biodegradability and ecological magnification. Environ. Sci. Technol., 5(8), 709-713.

MORIARTY, F. (1990): Ecotoxicology, The Study of Pollutants in Ecosystems, 2nd edn. Academic Press, London.

NEELY, W. B. (1982): Review: Organising data for environmental studies. Environ. Toxicol. Chem. 1, 259-266.

NEELY, W. B.; BLAU, G. M. (1977): The use of laboratory data to predict the distribution of chlorpyrifos in a fish pond. In: Khan, M. A. (ed.) Pesticides in Aquatic Environments, pp. 145-163. Plenum Press, New York.

NEY, R. E. (1990): Where did that Chemical go? A Practical Guide to Chemical Fade and Transport in the Environment. Van Nostrand Reinhold, New York.

PRITCHARD, P. H. (1982): Model ecosystems. In Conway, R. A. (ed.) Environmental Risk Analysis, pp. 257-473, Van Nostrand Reinhold, New York.

RAMADE, F. (1987): Ecotoxicology. John Wiley, Chichester.

SAMIULLAH, Y. (1990): Prediction of the Environmental Fate of Chemicals. Elsevier Applied Science, London.

SIMKISS, K. (1990): Surface effects in ecotoxicology. Function. Ecol., 4, 303-308.

SOLBE, J. (1988): Ecotoxicological testing and observations on pollutants in natural, semi-natural and artificial systems. Chem. Ind., 1, 16-22.

SPELLERBERG, I. F. (1991): Monitoring Ecological Change. Cambridge University Press, Cambridge.

STERN, A. M.; WALKER, C. R. (1978): Hazards assessment of toxic substances: environmental fate testing of organic chemicals and ecological effects testing. In: Cairns, J. Jr.; Dickson, K. L.; Maki, H.W. (eds.) Estimating the Hazards of Chemical Substances to Aquatic Life, pp. 81-131. STP 657. Amer. Soc. Testing Materials Philadelphia, PA USA.

VAN DER KOOIJ, L. A.; VAN DE MEENT, D.; VAN LEEUWEN, C. J.; BRUGGEMAN, A. (1991): Deriving quality criteria for water and sediments from the results of aquatic toxicity test and product standards: application of the equilibrium partition method. Water. Res., 25(6), 697-705.

YOSHIDA, K.; SHIGEOKA, T.; YAMAUCHI, F. (1983): Non-steady-state equilibrium model for the preliminary prediction of the fate of chemicals in the environment. Ecotox. Environ. Safety, 7, 179-190.

WALKER, C. H. (1987): Kinetic models for predicting bioaccumulation of pollutants in ecosystems. Environ. Pollu., 44, 227-240.

WALKER, C. H. (1990): Kinetic models for predict bioaccumulation of pollutants. Function Ecol., 4, 295-301.

weiterführende Literatur

COUGHTREY, P. J.; THORNE, M. C. (1991): Radionuclide Distribution and Transport in Terrestrial and Aquatic Ecosystems. A Critical Review of Data. Vol. 1. A. A. Balkema, Rotterdam.

JEFFERS, J. N. R. (1982): Modelling. Chapman and Hall, London.

MORIARTY, F. (1990): Ecotoxicology, The Study of Pollutants in Ecosystems, 2nd edn. Academic Press, London.

SAMIULLAH, Y. (1990): Prediction of the Environmental Fate of Chemicals. Elsevier Applied Science, London.

Kapitel 3

Behandlungsverfahren

Traditionelle Ansätze zur Schadstoffeindämmung

In gleichem Maße, in dem sich die Einsicht in die Notwendigkeit der Eindämmung von Umweltverschmutzungen, sowohl bei der Behandlung von Abwässern als auch bei der Verbesserung verschmutzter Umgebungen einstellte, hat sich eine völlig neue Industrie entwickelt, die sich der Reinigung der Umwelt verschrieben hat.

Die Strategien zur Eindämmung von Schadstoffen in der Umwelt sind in eine Periode des Wechsels und der schnellen Ausdehnung eingetreten, wobei viele der neuen Technologien in den USA als Folge des Comprehensive Environmental Response, Compensation and Liability Act (CERCLA) von 1980 entwickelt wurden, der außerdem zur Einrichtung des Hazardous Waste Trust Fund führte, der besser als "Super Fund" bekannt ist. Dieser Fond wurde mit dem Ziel errichtet, 1.500 auf einer Nationalen Prioritätenliste (Kap. 1) aus insgesamt etwa 20.000 gefährlichen Abfalldeponien zusammengefaßte Standorte zu reinigen.

Der Superfond lieferte den Antrieb zur Entwicklung und Anwendung eines breiten Fächers von Behandlungsstrategien, die technologische Entwicklungen zur Aufhebung von Verunreinigungen darstellen. Im gleichen Maße wie die Besorgnis um die Umwelt zunahm, wandte sich das Interesse mehr der Vermeidung von Umweltverschmutzungen zu als deren Behebung. Parallel zu den Behebungsstrategien entwickelte sich eine generelle Betonung der Abfallvermeidung zusammen mit den dazugehörigen Initiativen zur Rückgewinnung und zum Recycling. Der Einsatz dieser Strategien richtet sich auf die Verminderung der aus menschlichen Aktivitäten resultierenden Umweltbelastungen. Die derzeitigen Technologien wurden zur Behebung und als sozusagen am Rohrauslauf angeschraubte Prozesse entwickelt und eingesetzt, um die Umweltbelastungen durch von vornherein verunreinigende Herstellungsverfahren einzudämmen. In jüngster Zeit hat sich die Aufmerksamkeit dann den sogenannten "sauberen Technologien" zugewandt, neuen Produktionsprozessen, die zu einer Generation von Verfahren führen, die insgesamt als umweltverträglich angesehen werden.

Wir verfügen über ein breites Spektrum von in der Verschmutzungseindämmungsindustrie einsatzfähiger Technologien; aber bis heute sind viele noch unerprobt und die routinemäßig eingesetzten basieren im wesentlichen auf physikochemischen Verfahren, insbesondere der rein physischen Einschließung (*"verbuddeln"*) oder Verbrennung (*"anzünden"*).

Deponierung

In Großbritannien hat man sich in der Vergangenheit stark auf Deponien als Mittel zur Endlagerung gefährlicher Abfälle verlassen. Damit dieser Ansatz jedoch auf hohen Umweltstandards durchgeführt werden kann, sind laufende strenge Kontrollen erforderlich. In anderen EU-Ländern bestehen strenge Beschränkungen bis hin zum völligen Verbot von Deponien, da die Gefahr der Verunreinigung von Böden und Grundwasser durch Sickerwässer besteht. Deponierung bezeichnet die kontrollierte Ablagerung von Abfällen an Land in einer Art und Weise, durch die keine schädlichen Einflüsse auftreten. Die Voraussetzungen zum Betreiben von Deponien haben sich als Folge eines beträchtlichen Forschungsaufwandes herausgebildet, obwohl im Laufe der Jahre Fehler gemacht und die Kontrollen verletzt wurden, wodurch größere begrenzte Umweltschäden entstanden. Bei Planung und Bau von Deponien müssen die Möglichkeiten der Ablagerung und Einschließung berücksichtigt werden sowie auch die kurz- und langfristige Eindämmung der Produkte der Abfallzersetzung, d. h. Deponiegase und Sickerwässer. In Großbritannien werden Deponiestandorte in drei Grundtypen entsprechend der Art der jeweils angenommenen Abfälle eingeteilt: In *Monodeponien* wird eine homogene Abfallart angenommen, in *Multideponien* eine Reihe verschiedener Abfälle, und in *Codeponien* sowohl allgemeiner Müll als auch kontrollierte Abfälle. Die EU bereitet zur Zeit Gesetze vor, nach denen Standorte als "Inertstoffdeponien" zu bezeichnen sind, die für unspezifische nicht biologisch abbaubare und für die Umwelt unschädliche Schadstoffe zugelassen sind, während "*Hausmülldeponien*" hauptsächlich Haus- und Gewerbemüll sowie biologisch abbaubare Industrieabfälle annehmen dürfen. "*Sonderabfalldeponien*" sind für "schwierige" und "spezielle" Industrieabfälle zugelassen.

Bei ordnungsgemäßem Betrieb stellen Deponien ein annehmbares und wirtschaftliches Mittel zur Ablagerung kontrollierter Abfälle dar. Trotz des Einsatzes neuer Behandlungstechnologien wird immer ein nicht weiter zu reduzierender Restabfall bleiben, der in Deponien gelagert werden muß, seien es Aschen aus Verbrennungsanlagen oder Rückstände aus biologischen Behandlungsanlagen. Aus diesem Grund und ausgehend von der begrenzten Verfügbarkeit von Deponien nimmt der Bedarf an Technologien ständig zu, mit Hilfe derer das an solchen Standorten zu lagernde Abfallvolumen weiter verringert werden kann. Dies bedingt Technologien, die naturgemäß die Menge der festen Abfälle reduzieren. Bei giftigen Abfällen sind Zersetzungsverfahren im Gegensatz zur Konzentrierung durch Phasenverlagerungen besonders interessant.

Verbrennung

Verbrennung stellt ein zerstörendes Verfahren zur Abfallbeseitigung dar und wird für Hausmüll, Klinikabfälle und Giftmüll eingesetzt. Für eine wirkungsvolle Verbrennung sind erforderlich (I) ausreichende Kontaktzeit zwischen Abfall und Hitze, damit die Verbrennung möglichst wirkungsvoll ist (wobei die Zeit in der Grössenordnung einiger Sekunden liegt) (II) eine ausreichend hohe Temperatur zwischen 850°C für Hausmüll und 1.200°C für chemische Abfälle und (III) Turbulenz für eine innige Vermischung in der Verbrennungszone. Verbrennung wurde bisher als eine wirksame Behandlungsstrategie angesehen, die die in der Abfallbehandlungsindustrie verlangte Leistungsfähigkeit von "9x9" erreicht, d. h. die 99,9999999 % des eingebrachten Abfalles vernichtet. Aus diesem Grunde war die Ver-brennung eine der bevorzugten Abfallbehandlungstherapien im Verlauf des vergangenen Jahrzehnts. Das Verfahren führt zu einer deutlichen Verminderung des in Deponien endzulagernden Abfallvolumens, da nur das nicht brennbare Material nach der Behandlung verbleibt. In den letzten Jahren hat jedoch die Besorgnis über die Wirksamkeit der Zersetzung in Verbrennungsanlagen zugenommen. Es wird zwar anerkannt, daß diese Entsorgungstechnologie eigentlich sicher ist, allerdings haben unzureichende Betriebsweisen immer wieder zu unvollständiger Verbrennung von Abfällen geführt. Sowohl Schornsteinverunreinigungen von Verbindungen wie Dioxinen, Dibenzofuranen und polyzyklischen Kohlenwasserstoffen aus unvollständiger Verbrennung als auch Schwermetallverunreinigungen der Umgebung wurden verschiedentlich festgestellt. Dies hat zu öffentlicher Besorgnis bei der Errichtung von Verbrennungsanlagen geführt, wobei das St. Florians-Prinzip (englisch = NIMBY, not in my backyard) mittlerweile die Verbrennung zu einer immer weniger attraktiven Technologie zur Behandlung von Abfällen werden läßt. Während der Verbrennung können auch Metalle aus organischen Metallverbindungen freigesetzt werden, wodurch sich noch größere Probleme einstellen, wenn die auf Deponien geschickten Aschen und Schlacken ausgelaugt werden.

Andere Technologien

Der Einsatz neuer Technologien wird als Möglichkeit zur Lösung der heutigen Umweltprobleme betrachtet. Und wirklich verleiht ein Blick auf das breite Spektrum dieser Technologien, die in der Abfallbeseitigungsindustrie Anwendung finden, dieser Ansicht einige Glaubwürdigkeit. Die Technologien lassen sich unterteilen in solche, die zu einer Zerstörung führen, zu einer Phasenverlagerung, zur Konzentration oder zur Immobilisierung. Sie lassen sich außerdem als physikalische, chemische, thermische oder biologische Verfahren kennzeichnen. Die wirkliche Spannweite läßt sich durch die Betrachtung der Verfahren illustrieren, die von der Evoca Corporation zur Reinigung des Standortes New Bedford Harbour in den USA in die Beurteilung einbezogen wurden (Allen & Ikalainen, 1988; Tabelle 3.1)

Bewertung der Optionen für ein Abfallmanagement

Bei der Beurteilung eines jeden Verunreinigungsproblems muß zunächst ausgewählt werden, welches oder welche Verfahren am besten geeignet sind, das entsprechende Problem zu beheben. Der erste Schritt bei einer Beurteilung wird die Aufstellung einer Verschmutzungsbestandsaufnahme sein, denn um das Problem beheben zu können, muß es zunächst definiert werden. An mit giftigen Chemikalien verunreinigten Standorten beruht die Bestandsaufnahme auf einer Untersuchung des Standortes mit dem Ziel Arten, Konzentrationen und geographische Vorbereitungen der Schadstoffe zu bestimmen, wobei gleichzeitig eine geologische Untersuchung des Untergrundes vorgenommen werden muß. Bei Behandlungsverfahren zur Eindämmung von Verunreinigungen am Ende eines Produktionsprozesses müßte eine Bestandsaufnahme der Schadstoffe diejenigen Bestandteile des Abfallstromes identifizieren, die eine Bedrohung für die Umwelt darstellen können. Man müßte sich dann fragen, ob die Gefährdungen durch absichtliche Freisetzungen verursacht werden, als Nebeneffekt eines Prozesses oder aus Bergbauaktivitäten entstammen oder aus der Endlagerung entsorgter Behälter oder aus Sickerwässern einer Deponie.

Tabelle 3.1: Identifikation und Bewertung von Verfahren zur Behandlung von gefährlichen Abfällen für New Bradford Harbour (aus Allen & Ikalainen, 1988)

Verfahren   **anwendbar bei**

	Sediment-matrix	Wasser-matrix	PCB Behandlung	Entfernung von Metallen
biologisch				
1. fortschrittliche biologische Methoden	ja	nein	ja	nein
2. aerobe biologische Methoden	nein	ja	nein	nein
3. anaerobe biologische Methoden	ja	nein	nein	nein
4. Kompostierung	ja	nein	nein	nein
5. Bodenausbreitung	ja	nein	nein	nein

physikalisch				
6. Luft-stripping	nein	ja	nein	nein
7. Bodenbelüftung	ja	nein	nein	nein
8. Adsorption an Kohlenstoff	nein	ja	ja	nein
9. Flockung/Fällung	nein	ja	ja	ja
10. Verdunstung	ja	ja	nein	nein
11. Zentrifugierung	ja	nein	nein	nein
12. Extraktion	ja	nein	ja	nein
13. Filtration	ja	nein	nein	nein
14. Verfestigung	ja	nein	ja	ja
15. Granulatfiltration	nein	ja	nein	ja
16. *in situ*-Adsorption	ja	nein	ja	nein
17. Ionenaustausch	nein	ja	nein	ja
18. Glasschmelze	nein	nein	ja	nein
19. Dampfstrippung	nein	ja	nein	nein
20. Überkritische Extraktion	ja	nein	ja	nein
21. Verglasung	ja	nein	ja	ja
22. Partikelreaktion	nein	nein	ja	nein
23. Mikrowellenplasma	nein	nein	ja	nein
24. Kristallisation	nein	ja	nein	nein
25. Dialyse/Elektrodialyse	nein	ja	nein	nein
26. Destillation	nein	ja	nein	nein
27. Harzadsorption	nein	ja	nein	ja
28. Umkehrosmose	nein	ja	nein	ja
29. Ultrafiltration	nein	nein	nein	nein
30. Säurelaugung	ja	nein	nein	ja
31. Katalyse	nein	nein	nein	nein

chemisch

32. Entchlorung mit Alkalimetallen	ja	nein	ja	nein
33. alkalische Chlorierung	nein	nein	nein	nein
34. katalytische Dehydrochlorierung	nein	nein	ja	nein
35. Elektrolytische Oxidation		nein	nein	nein
36. Hydrolyse	nein	ja	nein	nein
37. chemische Immobilisierung	ja	nein	nein	nein
38. Neutralisierung	ja	nein	nein	nein
39. Oxidation mit H_2O_2	ja	ja	nein	nein
40. Ozonisierung	nein	nein	nein	nein
41. Polymerisation	ja	nein	nein	nein
42. UV-Photolyse	nein	nein	ja	nein
thermisch				
43. Elektroreaktoren	ja	nein	ja	nein
44. Fließbettreaktoren	nein	nein	ja	nein
45. Vermischung mit Brennstoff	nein	nein	ja	nein
46. Industrieheizkessel	ja	nein	ja	nein
47. IR-Verbrennung	ja	nein	ja	nein
48. thermische Zerstörung	nein	nein	ja	nein
in situ				
29. Verbrennung mit Flüssigkeits- injektionen	nein	nein	ja	nein
50. Salzschmelze	nein	nein	ja	nein
51 Verbrennung auf mehreren Essen	ja	nein	ja	nein

52. Verbrennung im Plasmabogen	nein	ja	ja	nein
53. Pyrolyseverfahren	ja	nein	ja	nein
54. Verbrennung im Drehofen	ja	nein	ja	nein
55. Oxidation mit feuchter Luft	nein	ja	nein	nein
56. Oxidation mit überkritischem Wasser	ja	ja	ja	nein

Nach Fertigstellung der Schadstoffbestandsaufnahme kann sich ein Konzept zur Verhinderung oder Verbesserung des Umweltproblems mit Hilfe dieser Verfahren nur auf die Kenntnis einer großen Zahl von Variablen für jede spezifische Situation gründen, wobei sich diese Variablen in gesetzliche Erfordernisse, Umweltauswirkungen sowie wirtschaftliche und technische Durchführbarkeit untergliedern lassen. Wenn alle unter dieser Überschrift definierten Kriterien erfüllt sein sollen, stellt es sich oft heraus, daß ein einziges Verfahren alleine nicht ausreichen wird, um das entsprechende Problem völlig zu beheben. Aus diesem Grunde wird häufig eine Kombination verschiedener Verfahren eingesetzt. Dieser Ansatz stellt jedoch sicher, daß die jeweilige Kombination verschiedener Behandlungsverfahren den geforderten Wirkungsgrad hinsichtlich der gesetzlichen Einleitungsgrenzwerte und/oder des günstigsten Kosten-Nutzen-Verhältnisses erreichen kann, wobei der Wirkungsgrad hier durch das Ausmaß definiert wird, mit dem das Verfahren die Toxizität, Mobilität oder Menge der toxischen Verbindungen am Ort oder im Abfallstrom auf Dauer verringert. Die Alternativen zur Behandlung reichen üblicherweise von der Behandlung nur der wesentlichen Gefahren bis zu Verfahren, mit Hilfe derer alle gefährlichen Substanzen völlig zerstört, entgiftet oder immobilisiert werden. Im Rahmen der amerikanischen CERCLA erfordert die Bewertung unterschiedlicher Verfahren zur Rehabilitation von Standorten und gefährlichen Abfällen die Berücksichtigung von neun Kriterien.

1   **Schutz der menschlichen Gesundheit und der Umwelt** - Ermöglicht das Verfahren bei jedem Schritt einen angemessenen Schutz?

2   **Erfüllung der Umweltanforderungen** - Erfüllt das Verfahren alle gesetzlichen Anforderungen?

3   **Langfristige Wirksamkeit und Dauerhaftigkeit** - Sichert das Verfahren auf Dauer den verläßlichen Schutz der menschlichen Gesundheit und der Umwelt?

4   **Verringerung von Toxizität, Mobilität und Volumen** - Erfüllt das Verfahren die nötigen gesetzlich vorgeschriebenen Leistungskriterien?

5   **Kurzfristige Wirksamkeit** - Stellt das Verfahren während der Reinigungs-
phase eine Bedrohung für die menschliche Gesundheit und/oder die Umwelt dar?

6   **Durchführbarkeit** - Ist das Verfahren technisch und verwaltungsmäßig
durchführbar?

7   **Kosten** - Sind die geschätzten Kapital-, Betriebs- und Wartungskosten nach
wirtschaftlichen Gesichtspunkten realistisch?

8   **Bundesstaatliche Akzeptanz** - Akzeptiert die Regierung des betroffenen
Bundesstaates das Verfahren?

9   **Akzeptanz durch die Gemeinde** - Dieses Kriterium betrifft die Ansichten
der betroffenen Gemeinde zu dem Verfahren.

Bei der endgültigen Analyse sollte sich eine bestimmte Umweltschutzstrategie
auf die beste durchführbare Umweltform (BPEO) und die beste verfügbare, nicht
zu übermäßigen Kosten führende Technologie (BATNEEC) gründen (Kap. 1). Die
Anwendung nur kurzfristig wirksamer Lösungen sollte vermieden werden, denn es
ist mittlerweile das leidige Erbe vorhergegangener "Heftpflaster"-Optionen, das
heute zu mehrere Milliarden Mark teuren Reparaturprogrammen geführt hat. Bei
der eingesetzten Abfallbehandlungsstrategie ist auch eine gewisse Flexibilität erforderlich, damit mit diesen Strategien die Umweltakzeptanz auch über längere
Zeiträume trotz Änderungen in der Zusammensetzung und Menge des Abfalls aufrechterhalten werden kann.

Biologische Behandlungsstrategien zur Eindämmung von Ver- unreinigungen

Beim Giftmüllmanagement kann Biotechnologie als Entwicklung von Systemen
verstanden werden, die biologische Katalysatoren zum Abbau, zur Entgiftung oder
zur Ansammlung von Umweltschadstoffen einsetzen. Auf diesem Feld ist der Einsatz biologischer Agentien wesentlich weniger weit entwickelt als in anderen Bio-
technologiebereichen wie z. B. in der pharmazeutischen Industrie und der Landwirtschaft. Die anfänglichen überoptimistischen Ansprüche angeblicher Wunder
biologischer Systeme bei der Dekontaminierung verunreinigter Standorte haben
die Anwendung biologischer Verbesserungsstrategien um wenigstens zehn Jahre
zurückgeworfen. Nachdem die "magischen Suppen" versagt hatten, wandten sich
die mit der Reinigung befaßten Firmen wieder dem Einsatz vertrauter bewiesener
physikochemischer Behandlungsmethoden zu, die zwar teurer sind, aber die gefor-
derte 9x9-Wirksamkeit aufweisen. Die Ablehnung der Biotechnologien wurde
noch dadurch verschärft, daß die größeren mit der Reinigung der Umwelt befaßten

Firmen meist auf einer Basis von Ingenieuren aufbauen und ihnen somit das Gefühl für das Stoffwechselpotential von Mikroorganismen abgeht.

In jüngerer Zeit hat sich erwiesen, daß innovative Biotechnologien, in denen sich angewandte Mikrobiologie und Ingenieurwissenschaften vereinigen, eine realistische Alternative zu den mehr konventionellen physikochemischen Verfahren oder eine nützliche Hilfe dabei darstellen können. Die gegenwärtigen Beschränkungen beim Einsatz biotechnologischer Methoden resultieren aus der Tatsache, daß diese Verfahren bisher nur in einer geringen Anzahl echter Demonstrationsbeispiele Anwendung gefunden haben. Im Labormaßstab konnte die Wirksamkeit biotechnologischer Umweltverfahren nachgewiesen werden. Dies ergab sich aus einer Umfrage des amerikanischen Nationalen Gesundheitsamtes (NIH) bei 20 Forschungsgruppen in den USA, bei der sich zeigte, daß es gelungen war, Organismen zu finden, die 41 von 49 an Prioritätsstandorten gefundenen Schadstoffen abzubauen.

Betrachten wir die üblicherweise an Prioritätsstandorten auftretenden Schadstoffe, so können wir das Ausmaß des Problems erahnen, denn an einigen dieser Standorte wurden bis zu 1.000 verschiedene Chemikalien identifiziert. Andererseits hat eine Untersuchung der amerikanischen Umweltbehörde (HMCRI, 1988) vorausgesagt, daß biologische Behandlungsmethoden einen nachweislich wirksamen Ansatz zur Dekontamination der meisten üblicherweise an Altlastenstandorten gefundenen toxischen Chemikalien darstellen.

Die mikrobielle Eindämmung von Verunreinigungen steckt als Verfahren noch in den Kinderschuhen. Der Mangel an echten Vorzeigeverfahren beschränkt diese junge Industrie, da die mangelnde Vertrautheit der Entscheidungsträger damit und die geringe öffentliche Akzeptanz dieser Verfahren dazu führen, daß die mehr erprobten und bekannten Verfahren vorgezogen werden.

Dort wo biologische Verfahren bei Verbesserungsstrategien eingesetzt werden oder wo biologische Behandlungsmöglichkeiten eingerichtet wurden, haben sich mikrobielle Systeme als kostengünstige Alternative oder bevorzugte Verfahren gegenüber den konventionellen Methoden erwiesen (Tabelle 3.3). So betragen z. B. die normalen Betriebskosten für einen Unterwasser-Biofilmreaktor zwischen 0,05-3,00 $ pro 4.500 l während der Einsatz eines Kohleadsorptionsverfahrens das 10-400fache kosten würde (Bull, 1992). Im übrigen stellt die Kohleadsorption nur eine Phasenverschiebung und Konzentration des Schadstoffes dar, während die Entsorgung des Schadstoffes und des verbrauchten verunreinigten Kohlefilters als Problem bestehen bleibt. Die Vorgänge im Biofilm können zu einer vollständigen Mineralisierung der Schadstoffe führen.

Tabelle 3.2: Vorausgesagte Wirksamkeit der Behandlung von mit giftigen Verbindungen verunreinigten Böden (Offut *et al.*, 1988)

Verfahren behandelte Gruppe	biologische Behandlung	chemische Entchlorung	Extraktion mit Lösungsmitteln	thermische Zerstörung	thermische Desorption bei niedrigen Temperaturen
nichtpolare halogenierte Aromate	◐	◐	◐	●	◐
halogenierte PCB's, Dioxine, Furane und Vorläufer	◐	◐	◐	●	○
halogenierte Phenole, Cresole, Amine, Thiole und andere polare Aromate	◐	◐	◐	●	◐
halogenierte aliphatische Verbindungen	●	◐	◐	●	●
nitrathaltigwe Verbindungen	●	○	◐	●	●
heterozyklische und einfache nichthalogenierte Aromate	●	○	●	●	●
polynukleare Aromate	●	○	◐	●	○
andere polare nichthalogenierte organische Verbindungen	●	○	◐	●	○

● nachgewiesenermaßen wirksam ◐ möglicherweise wirksam (in bestimmten Situationen) ○ keine Wirksamkeit erwartet

Tabelle 3.3: Kostenschätzungen für Rehabilitationsverfahren (nach Bull, 1992)

Verfahren	Kostenbereich £/m^3
Deponierung	
Großbritannien	25-120
USA	100-200
Verbrennung	
USA vor Ort	75-300
USA an anderer Stelle	100-500
Luftstripping	20-50
Bodenwäsche	35-100
biologische Verfahren	5-75

Der durch den amerikanischen Superfund erfolgte Anstoß zur Entwicklung von Rehabilitationsstrategien führte zu einer Definition der Wirksamkeit biologischer Verfahren sowie zur Erkenntnis der Größe der vorgefundenen Umweltprobleme. Als Teil dieses neuen Ansatzes wurde die Bedeutung einer vorläufigen Beurteilung des Standortes hinsichtlich seiner Behandlungsfähigkeit, die Schadensbestandsaufnahme, erkannt. Bezüglich der Anwendung biologischer Agentien bedeutet dies die Aufnahme aller Parameter, die die Aktivität natürlicher oder künstlich verstärkter Mikrobenpopulationen oder ihrer im Labor untersuchten Auswirkungen beeinflussen. Diese Untersuchungen führen dann zu dem am besten geeigneten Behandlungsumfeld und ermöglichen eine sinnvolle Abschätzung der Abbaurate und damit eine Definition des zur Biorehabilitation des Standortes erforderlichen Zeitrahmens. Ausgehend von diesen Überlegungen lassen sich dann Kostenvergleiche für die miteinander konkurrierenden Verfahren erarbeiten.

Wie bei allen Verfahren, wird letztendlich die Umwelt die anzuwendende biologische Behandlungsstrategie vorschreiben. Bei einem Bioreaktorverfahren am Ende eines Prozesses könnte der Einsatz einer einzigen Mikrobenart oder von Enzymen für gut definierbare Abfallströme anwendbar sein, insbesondere wenn der Bioreaktor im Prozeßstrom und nicht am Ende des Abflußrohres angeordnet ist. In Anbetracht der komplexen Natur von Abfallströmen müßten in den meisten Fällen wahrscheinlich Mikrobengemeinschaften eingesetzt werden, um die gewünschte bzw. gesetzlich vorgeschriebene Behandlungseffektivität zu erreichen. Dort wo die Behebung des gesamten Umweltschadens beabsichtigt ist, wird die Komplexität des Problems eine Biostrategie erfordern, die auf einem Ansatz für das gesamte Ökosystem beruht.

Als Behandlungsverfahren wurden Biotechnologien als Lösung bei Verunreinigungen von Böden, Grundwasser, Sickerwässern, Schlämmen, Sedimenten und Luft betrachtet und/oder angewandt. Die eingesetzten Techniken reichen von völlig neuen Methoden bis zu Modifikationen alter Verfahren. Dabei wird deutlich, daß es keinen universell einsetzbaren Biokatalysator für alle Arten von Abfällen geben kann, wobei die Auslegung biologischer Abfallbehandlungsreaktoren im allgemeinen von Tanks mit Rührwerken, aktivierten Schlämmen sowie anaeroben oder Biofilmsystemen ausgeht. Die Wirksamkeit einer biologischen Behandlungsanalyse für einen bestimmten Rehabilitations- oder Abfallbehandlungsprozeß wird somit durch den oder die im Bioreaktor eingesetzten Biokatalysatoren bestimmt (der Biokatalysator wird für die speziellen Erfordernisse des Verfahrens maßgeschneidert). Ein vertieftes Verständnis der Wirkungsweise von Bioreaktoren, im wesentlichen durch den Einsatz moderner molekularbiologischer Verfahren, ergab einen rationelleren Ansatz für Konstruktion und Betrieb von Bioreaktoren als die früher gewählten mehr empirischen Ansätze. Damit soll die Mitarbeit der chemischen und biochemischen Verfahrenstechnik in keiner Weise herabgesetzt werden, denn die spezifischen Bedürfnisse eines Biokatalysators müssen durch die detaillierte Berücksichtigung der Reaktorkonfiguration erfüllt werden. Außerdem werden die Konstruktionselemente einen wesentlichen Effekt auf die Wirtschaftlichkeit des Verfahrens ausüben, und letztere werden in der Endanalyse eine wichtige Rolle bei der Entscheidung über den wirtschaftlichen Erfolg des Behandlungsverfahrens spielen.

Biologische Umwelttechnologien wurden bei der fortschreitenden Entwicklung von Strategien zur Eindämmung von Schadstoffen berücksichtigt. Zum ersten liefert Biorehabilitation bei der Beseitigung von Umweltverschmutzungen ein kostengünstiges Verfahren, das entweder alleine für sich oder in Kombination mit anderen Verfahren eingesetzt werden kann. Zweitens haben sich mit zunehmender Verlagerung auf Abfallminimierung *Bio*adsorption und -akkumulation als nützliche Schritte sowohl bei der Rückgewinnung als auch beim Recycling von Ressourcen erwiesen. So haben z. B. Austauschsäulen mit einer Matrix aus toten Algenzellen ihre Wirksamkeit bei der Entfernung von Metallen aus Abwässern bewiesen, während es sich zeigte, daß Bakterien eine Vielzahl von Schwermetallen anreichern (Kap. 14 und 15). Und letztlich wurden Bioreaktoren als Behandlungsschritte am Ende eines Prozesses bei der Abfallverminderung eingesetzt, wodurch der Einfluß menschlicher Aktivitäten auf die Umwelt verringert werden konnte.

Mit dem Aufkommen des Konzeptes der "sauberen Technologie" hat sich ein neues Feld für die Biotechnologie eröffnet, wobei es von Bedeutung ist, daß auf moderner Biotechnologie basierende Verfahren häufig weniger Rohmaterialien, Wasser und Energie als die traditionellen Produktionsverfahren benötigen. Auf dieser Grundlage läßt sich ruhig voraussagen, daß die fortschreitende Entwicklung der Umweltbiotechnologie neue Möglichkeiten eröffnen wird, die Umwelt vor den immer stärkeren Forderungen der Technosphäre zu schützen (Nicholson, 1970).

Literatur

ALLEN, D. C.; IKALAINEN, P. E. (1988): Selection and evaluation of treatment technologies for the New Bedford Harbor (MA) Superfound Project. In: Superfund '88 Proc. 9th Nat. Conf. 23-30 November, 1988, Washington, DC, pp. 329-337. The Hazardous Materials Control Research Institute, Silver Spring, MD, USA.

BULL, A. T. (1992): Degradation of hazardous wastes. In: Bradshaw, A. D., Southwood, Sir R., Warner, Sir F. (eds.) The Treatment and Handling of Wastes. Chapman and Hall for The Royal Society, London.

NICHOLSON, E. M. (1970): The Enviroment Revolution: A Guide for the Masters of the New World. Hodder and Stoughton, Sevenoaks, UK.

OFFUT, C. K., KNAPP, J. O'N., CORD-DUTHINH, E., BISSEX, D. A., ORAVETZ, A. W., KENNEY, P. J., GREEN, E. L., BHINGE, D. (1988): Superfund '88. Proc. 9th Nat.Conf., 23-30 November, 1988, Washington, DC. The Hazardous Materials Control Research Institute, Silver Spring, MD, USA.

weiterführende Literatur

BRADSHAW, A. D., SOUTHWOOD, SIR R., WARNER, SIR F. (eds.) (1992): The Treatment and Handling of Wastes. Chapman and Hall for The Royal Society, London.

FREEMAN, H. M.; SFERRA, P. R. (eds.) (1991): Innovative Hazardous Waste Treatment Technology Series, Vol. 3, Biological Processes. Technomic, Lancaster, Basel.

Kapitel 4

Die Auswahl von Biokatalysatoren und ihre genetische Modifikation

Strategien zur Anreicherung und Durchmusterung

Die Untersuchungen von Umweltmikrobiologen, die Mikrobenphysiologie, Biochemie, Genetik und Ökologie zusammenbringen, richten sich auf das Studium der Wechselwirkung von Mikroben mit ihrer belebten und unbelebten Umwelt. Diese Arbeiten führten zu der Erkenntnis, daß innerhalb natürlicher Mikrobengemeinschften ein bestimmter Grad von biochemischer und genetischer Plastizität besteht, die die Mikroben in die Lage versetzt, auf ihre Umwelt zu reagieren, d. h. ihre Physiologie abzuändern, um ihre Konkurrenzfähigkeit in einer sich ständig ändernden Welt zu bewahren. Die Fähigkeit von Mikroben, ihre Physiologie durch phänotypische anstatt durch mehr permanente genotypische Adaption (Mutation) zu verändern, stellt eine reversible Antwort auf Veränderungen der Umwelt dar. Genotypische Reaktionen müssen mehr im Sinne Darwinscher Selektion betrachtet werden. Der genetische Aufbau der Organismen wird durch genetische Umbauten und Selektion über längere Zeiträume bestimmt. Diese Art von Plastizität "befähigt" den Organismus gegenüber seiner Umwelt über größere Zeiträume, d. h. gewissermaßen während der durchschnittlichen Bedingungen, unter denen er lebt. Die phänotypischen, durch den Genotyp definierten Reaktionen ermöglichen die Adaption an sich gleitend verändernde Bedingungen. Die Definition der Zeit im Rahmen der mikrobiellen Evolution ist schwierig, insbesondere in Anbetracht der raschen Generationenfolge und ihrer Fähigkeit, neues genetisches Material zu erwerben (s. unten).

Biologische und abiologische Umweltfaktoren üben einen selektiven Druck auf die in der Umwelt vorhandenen Mikroben aus und bestimmen damit, welche Mitglieder einer Population zu einer bestimmten Zeit vorherrschen.

Diese großen adaptiven Fähigkeiten werden von Mikrobentechnologen zur Entwicklung biologischer Umwelttechnologien genutzt.

Diese natürliche Selektion führt uns zu der Schlußfolgerung, daß wir bei der Suche nach einem Organismus mit bestimmten Eigenschaften als ersten Schritt überlegen müssen, welche natürlichen Umweltbereiche höchstwahrscheinlich den selektiven Druck ausgeübt haben, der die Evolution von Individuen mit den gewünschten oder nah verwandten Eigenschaften gefördert haben würde. Daraus ergibt sich als Konzept die Anreicherung und Durchmusterung natürlicher Umweltbereiche nach Biokatalysatoren durch Umweltselektion. Wenn zum Beispiel eines der gewünschten Charakteristika des neuen Biokatalysatoren Toleranz gegenüber hohen Temperaturen wäre, dann müßte man sich bevorzugt geothermale Standorte als Untersuchungsziele vornehmen. Wenn der gewünschte Biokatalysator zum Beispiel in Anwesenheit geringer Nahrungsmengen wirkungsvoll sein soll, wie z. B. bei der Behandlung von Grundwasserverunreinigungen *in situ*, dann sollte man natürlich von oligotrophen Standorten ausgehen. Fast alle nicht verunreinigten Süß- und Meerwässer enthalten sehr geringe Mengen gelösten organischen Materials. An solche Bedingungen angepaßte Mikroben sind häufig so gut daran angepaßt, daß sie obligat oligotroph sind. Solche Organismen sind in ihrem Stoffwechsel vielseitig, so daß sie von allem leben können, das gerade verfügbar ist, und ihre Enzym- und Metabolittransportsysteme zeigen große Affinitäten und geringe Sättigungskonstanten. Die Hauptbeschränkungen für den potentiellen Einsatz von oligotrophen Mikroben bei biologischen Behandlungsverfahren liegt in den ihnen eigenen geringen Stoffwechselraten und ihrer Tendenz, auf giftige Auswirkungen von Umweltchemikalien empfindlicher zu reagieren.

Die geologische Vielfalt der Erde und der anscheinende Reichtum der biologischen Vielfalt und für uns dabei besonders die mikrobiologische Vielfalt führen uns zu der Annahme, daß es, wenn wir wissen, wie und wo wir suchen müssen, auch möglich, wenn nicht sogar sehr wahrscheinlich sein wird, eine natürliche Mikrobe aufzufinden, die zur biologischen Transformation und hoffentlich auch zum biologischen Abbau aller Umweltchemikalien befähigt ist.

Entwurf von Anreicherungsverfahren entsprechend den Umweltquellen

Bei der Isolation von Mikroben lassen sich fünf Stadien unterscheiden:
1. Auswahl und Beprobung der Umwelt
2. Vorbehandlung der Proben
3. Wachstum in Labormedien
4. Inkubation
5. Auswahl der Isolate

Das Ziel der bei der Auswahl der Beprobungsstellen liegt in der *Verstärkung* der Chancen, die gewünschte Mikrobe auch zu finden. Hierbei ist ein ökologischer Ansatz hilfreich, wonach z. B. thermophile Mikroben wahrscheinlich eher aus geothermalen Standorten zu isolieren sein werden als aus nicht so stark erhitzten Stellen. Das heißt nun aber nicht, daß ausreichend thermotolerante Mikroben nicht auch aus gemäßigt temperierten Böden isoliert werden könnten, sondern nur, daß durch die Suche an einem geothermalen Standort die Chancen verstärkt werden, einen thermotoleranten Organismus zu finden. Während man einen Chlorbutan abbauenden Organismus *höchstwahrscheinlich* an einem Ort isolieren dürfte, der mit Chlorbutan oder einem verwandten Haloalkan verunreinigt ist, heißt dies nicht, daß man aus Proben von jungfräulichen nicht verunreinigten Böden keine haloalkanabbauenden Mikroben isolieren könnte.

Das Ziel ist es, die Umgebung der Mikroben so zu manipulieren, daß sich die "effektivsten" Organismen aus der gesamten Mikrobenpopulation der ausgewählten Proben aussuchen und isolieren lassen, wobei der Ausdruck "effektivst" diejenigen bezeichnet, die die gewünschten phäno-typischen Merkmale am besten zeigen. Die Selektion zielt auf den in der Umweltprobe vorhandenen Genpol. In einem solchen Umfeld bestimmt sich "das beste" auf der physiologischen Ebene durch die Ausbildung der phänotypischen in einigen Mitgliedern der Mikrobenpopulation der Probe bereits vorhandenen Merkmale oder als Folge genetischer Manipulationen durch Mutation oder genetische Rekombinationen. Unterschiedliche Selektionsverfahren unterstützen einen oder mehrere der Selektionsmechanismen. So wird z. B. die Ausbildung einer Mikrobengemeinschaft in Form eines Biofilmes, die den Kontakt zwischen einzelnen Zellen begünstigt, den horizontalen Austausch genetischen Materials fördern, was in völlig durchgemischten Systemen wie einem Tank mit Rührwerk weniger wahrscheinlich ist. Es sollte jedoch bedacht werden, daß bei länger andauernden Experimenten in durchgemischten Systemen Wachstum an den Wänden des Reaktors ebenfalls den nötigen stabilen Kontakt herstellen kann.

Von diesen Überlegungen ausgehend ist es wichtig, alle Merkmale der Organismen vor dem Hintergrund der für den Wunsch, sie zu isolieren, ausschlaggebenden Gründe zu definieren. Wenn also bei der Suche von Organismen nur solche mit einem bestimmten phänotypischen Merkmal wie z. B. der Produktion eines besonderen katabolischen Enzyms isoliert werden sollen, dann sollten der Selektionsdruck so eingestellt werden, daß nur Organismen isoliert werden, die dieses Enzym produzieren können. Wenn jedoch eine biotechnologische Anwendung beabsichtigt ist, dann sollten die Anreicherungsbedingungen auf einer Vielzahl von Kriterien beruhen und nicht nur die Selektion auf katabolische Fähigkeiten beinhalten, sondern auch Schlüsseleigenschaften für den schließlich beabsichtigten Prozeß. Auf diese Weise liefern die selektierten Isolate maßgeschneiderte wirksame Biokatalysatoren für die beabsichtigte Anwendungstechnologie.

Wenn die Selektionskriterien definiert sind und die Proben aus der Umwelt vorliegen, kann der erste Schritt des Selektionsverfahrens direkt an den Proben durchgeführt werden. Die Mikrobenpopulationen in der Probe können verdünnt oder konzentriert werden, sie können selektiven Inhibitionsbehandlungen unterworfen werden, wie z. B. einer Wärmebehandlung, die die vegetativen Zellen abtötet, um nur sporenbildende Mikroben zu isolieren, UV-Strahlung kann zur Selektion von Cyanobakterien eingesetzt werden oder Anreicherungsverfahren werden direkt auf die Umweltprobe angesetzt. Ein Beispiel für letztere ist der Einsatz von Perfusionssäulen, bei denen ausgewählte Nährstoffe durch eine Bodensäule umlaufen, um dabei das Wachstum der im Boden vorhandenen Kompetenten Mikroben anzuregen. Ob im ersten Schritt die Probe nur vorbehandelt wird, oder ob sie gleich zur Kultur in einem Labormedium eingesetzt wird, je früher eine Probe nach ihrer Aufnahme eingesetzt wird, desto repräsentativer wird sie für die ursprünglichen Umgebungsbedingungen sein.

Um die Mikroben als Einzelarten oder als Gruppen zu isolieren, ist es erforderlich, die Organismen in Wachstumsmedien im Labor heranzuzüchten. Hierin liegt allerdings ein Grundproblem aller Isolationsstrategien, denn alle Labormedien sind mehr oder weniger selektiv und nicht alle Mikroben aus einer Feldprobe werden in der Lage sein, im ausgewählten Medium zu wachsen. Die meisten Isolationsmedien beruhen auf der vorherigen Kenntnis der Nahrungs- und Wachstumserfordernisse der gesuchten Mikroben. Dies ergibt sich aus der Erfahrung, bedeutet aber andererseits, daß alle diese Auswahlverfahren von Hause aus sehr konservativ sind. Wirklich neue Organismen mit mehr exotischen Wachstumsanforderungen werden einem negativen Selektionsdruck unterworfen und bei den schließlich ausgewählten handelt es sich häufig um Wiederentdeckungen bereits bekannter Organismen oder phänotypischer Merkmale.

Als Konsequenz daraus wird allgemein angenommen, daß weniger als 10 % aller Pilze und Bodenbakterien (Gesamtzahl unter dem Mikroskop oder durch Nukleinsäureanalyse bestimmt) und weniger als 0,1-0,001 % aller marinen Bakterien bisher im Labor gezüchtet worden sind.

Mit dieser Einschränkung kann gesagt werden, daß es das Ziel von Laborkulturen ist, Mikroben mit den gewünschten Merkmalen herauszusuchen. Dabei gilt es physikochemische Merkmale in definierte Medien einzubringen und die am besten zur Selektion der Zielmikroben geeigneten Wachstumsbedingungen zu bestimmen. Die Definition der erforderlichen Bestandteile des Mediums ist dabei von ausschlaggebender Bedeutung, was am besten durch die vielen Versuche gekennzeichnet ist, Meerwasser im Labor herzustellen. Es gibt dafür vielerlei Rezepte, aber keines davon ist so gut wie das Original. Es können auch verschiedene Inhibitoren in das Medium eingebracht werden, die das Wachstum unerwünschter Gruppen von Organismen unterdrücken. Antibiotika in den Medien selektieren bei Pilzanreicherungsverfahren gegen Bakterien und die Selektion kann durch die Herabsetzung des ph-Wertes im Medium noch weiter verstärkt werden. Ansäuerung kann zur selektiven Isolation von Laktobazillen eingesetzt werden und weniger extreme pH-Werte von z. B. 4,5 können zur Herausstellung von einigen Streptomyzeten verwandt werden, die sich bei neutralen pH-Werten nicht isolieren lassen. Die Anwesenheit von Tellurit im Medium wirkt auf Corynebakterien selektierend, Triphenylmethanfarbstoffe hingegen auf gram-negative Bakterien und Mycobakterien. Der Einsatz verdünnter Medien selektiert zu Gunsten von Canlobacter, Spirelle und Sphaerotilus. Der einigen Zusammensetzungen selektive Medien zugrundeliegende Ansatz ist nicht immer klar erkennbar. Der Ansatz nach dem Motto "Dreck und Mysterien" führt zur Zugabe verschiedener nur wenig definierter Substanzen wie z. B. ganze Hühnereier für Nocardien und Schafsdungextrakt für thermophile Streptomyceten.

Die Definition des Selektionsverfahrens ist kritisch, nicht nur für den letztendlichen Erfolg bei der Isolation geeigneter Organismen, sondern auch für die zur Identifikation der "besten" Isolate erforderlichen Zeit. Die klassischen Methoden weisen meist geringe Erfolgsquoten auf und erfordern somit eine große Anzahl zu wiederholender Verfahrensschritte, die häufig ganze Stapel von Agarplatten verbrauchen, was überaus arbeitsintensiv ist. Durch präzise Definition der Ziele und durch Einhaltung strikter Selektionsbedingungen können diese stupiden Arbeiten deutlich verringert erden. Ein rationaler Ansatz beim Entwurf stark spezifischer Auswahlmethoden ist mittlerweile unter den Termini "zielorientierte" oder "intelligente" Auswahl bekannt, und es hat sich erwiesen, daß damit die Erfolgsquote erhöht werden kann und dadurch auch die Chance wirklich neuartige Organismen zu isolieren.

Die Inkubationszeit ist auch von großer Bedeutung, wobei akzeptable Zeiträume zwischen wenigen Tagen bei thermophilen Bakterien und mehreren Monaten für die Entdeckung stickstoffbindender Bakterien schwanken. Mehrere Erfahrungen in unseren eigenen Labors haben gezeigt, daß es selbst bei der Selektion nach biologischen Abbaufähigkeiten sinnvoll sein kann, alte und scheinbar uninteressante Platten nicht zu voreilig zu verwerfen. Selbst noch nach zwei Monaten konnten neue biologische Abbaufähigkeiten identifiziert werden.

Verfahren zur Isolation von Bakterien beinhalten üblicherweise eine Anreicherungsphase in flüssigen Kulturen gefolgt durch die räumliche Abtrennung der Organismen in oder auf festen Medien, in denen man sie dann zu Kolonien wachsen läßt. Es sollte jedoch bedacht werden, daß die fehlende Kolonienbildung auf solchen Platten nicht unbedingt als Hinweis darauf gewertet werden sollte, daß in der angereicherten Kultur kein Potential zu biologischer Transformation entwickelt ist. Die komplexen organischen Substrate könnten konzentrierte Stoffwechselaktivitäten eines "Mikrobenkonsortiums" erforderlich machen, um einen biologischen Abbau und das diesen begleitende Wachstum der Kolonie auszulösen. Die räumliche Trennung der Bestandteile des Konsortiums könnte den Metabolitaustausch einschränken und damit die ausreichende, das Wachstum des Konsortiums fördernde Verstoffwechselung des Substrates verhindern. Ein zweiter Faktor, der beim Einsatz fester Medien für Anreicherungs- und Selektionsverfahren bedacht werden sollte, ist die Tatsache, daß Mikroben, wenn sie auf Oberflächen angelagert sind, bei niedrigeren Nährstoffkonzentrationen als Folge von Oberflächenkonzentrationseffekten noch wachsen können, was zur Verstärkung ihrer Fähigkeit, auch widerstandsfähige Moleküle abzubauen, führen kann. Solche Biofilme können auch größeren Konzentrationen von Wachstumshemmern widerstehen, bei denen es sich z. B. um umwelttoxische Chemikalien handeln könnte. Dies erklärt die Gründe, warum Biofilmreaktoren für die Abfallbehandlung so vorteilhaft sind, in Bezug auf die Isolation geeigneter Mikroben sollte man jedoch berücksichtigen, daß ein Wachstum auf selektiven Agarplatten sich nicht notwendigerweise in der Fähigkeit, auf den gleichen Substraten in einem flüssigen Umfeld wachsen zu können, widerspiegeln wird.

Mikrobiologische Anreicherungs- und Selektionsverfahren

In situ-Anreicherung vor Isolation

In situ-Anreicherungsverfahren umfassen die Zugabe definierter Materialien zum ausgewählten Umfeld, um dadurch den kompetenten Teil der in diesem vorhandenen Mikrobenpopulation vor der Isolation anzureichern. Solche Köderungsexperimente wurden zu biologischen Behandlungsverfahren weiterentwickelt, um damit verunreinigte Standorte *in situ* durch Zugabe von Nährstoffen zu rehabilitieren (Kap. 7).

Die durch biologische Vorgänge in Komposthaufen erzeugte Wärme selektiert auf eine Population thermophiler Organismen in der Mitte eines Haufens. Wenn dieser z. B. mit Olivenöl geimpft wird, kann man anschließend eine Unterpopulation thermophiler lipaseproduzierender Mikroben daraus isolieren. "Köder"-Punkte ermöglichen einen definierten Weg zur Anreicherung *in situ*. Mit Zellulosematerial belegte Mikroskopschliffgläser können in Böden vergraben werden, um zelluloselösende Mikroben zu isolieren. Golfübungsbälle, die in gezielten Umweltchemikalien eingeweichte Materialien enthalten, können ebenfalls eingegraben werden, um anschließend für mikroskopische Isolationsuntersuchungen wieder ausgegraben zu werden.

Labormäßige Mikrokosmen und Bodensäulen

Ein Schritt zur Anreicherung und Isolation im Labor liegt beim Einsatz von *ex situ*-Mikrokosmen vor, d. h. Labormodellen definierter Umweltsituationen. Während es sich dabei meist um grobe Annäherungen an wirkliche Verhältnisse handelt, ist ihr Einsatz dort von Bedeutung, wo direkte *in situ*-Verfahren nicht zur Anwendung kommen können, da die Anreicherungsverfahren den Einsatz kontrollierter Umweltchemikalien erfordern.

Die Winogradsky-Säule stellt eine außerordentlich einfache aber doch wirkungsvolle Möglichkeit zur Simulation natürlicher Sedimentumgebungen im Labor dar (Abb. 4.1). Die Zugabe ausgewählter Reagentien reichert diejenigen Mikroben aus der anfänglichen reichhaltigen Mikrobenpopulation an, die zu der oder den gewünschten Stoffwechselaktivitäten befähigt sind. Eine solche Spanne an Organismen ist wichtig, da die Säulen eine Anzahl von Mikroumgebungen liefern, die zunächst auf verschiedene Stoffwechselpotentiale selektieren.

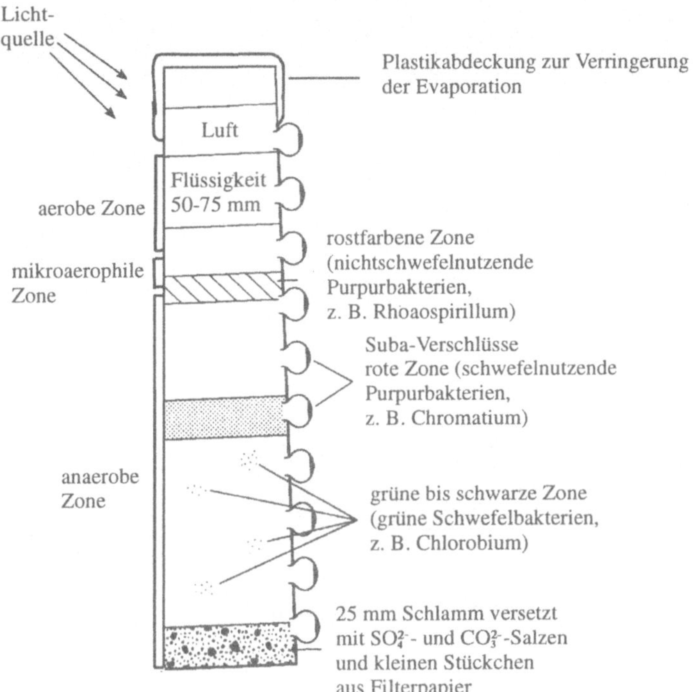

Abb. 4.1: Schematische Darstellung einer Winogradsky-Säule

Bodenperfusionssäulen (Abb. 4.2) können ebenfalls mit ausgewählten Substraten geimpft werden, wobei eine Umlaufvorrichtung für Zirkulation und für die Belüftung der Bodenprobe sorgt. Der Umlauf kann so lange aufrecht erhalten werden, bis sich kompetente Mikrobenpopulationen herangebildet haben.

Komplexere Mikrokosmen lassen sich mit dem Ziel, die gewünschte Isolation zu erreichen, einrichten. Ein künstlicher Bach wurde zur Isolation pentachlorbenzolabbauender Mikroben angelegt, mit Hilfe derer dann ein komplettes biologisches Behandlungssystem zur Rehabilitation von mit Holzschutzmitteln verseuchten Standorten und Grundwässern entwickelt werden konnte (Kap. 7).

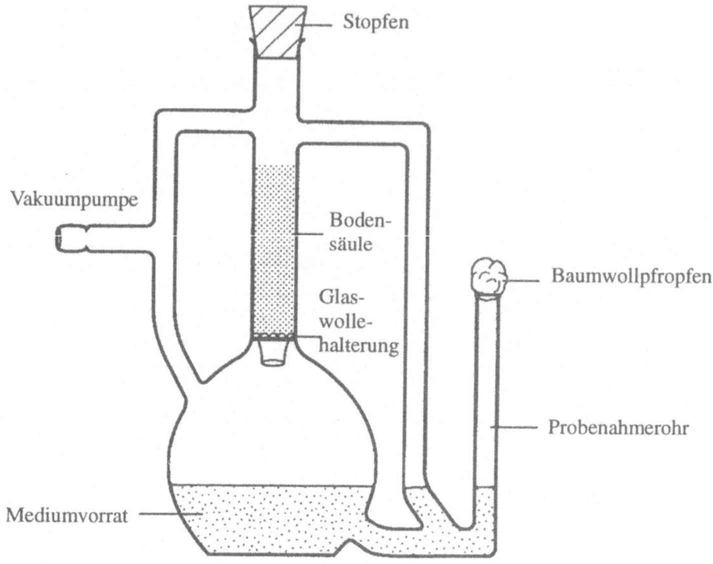

Abb. 4.2: Ein Bodenperfusionsapparat mit Umlauf

Labormäßige Flüssigkulturverfahren

Mikrobiologen wenden zwei Arten von Zuchtverfahren zur flüssigen Anreicherung an, einerseits die geschlossene und andererseits die offene oder kontinuierliche Kultur. Davon werden die geschlossenen Systeme am häufigsten angewandt. In diesen wird eine Umweltprobe einem ausgewählten Wachstumsmedium beigegeben, wobei die für die vorgesehenen Bedingungen am besten geeigneten Mikroben allmählich über die vorhandenen Populationen dominieren werden. Charakteristische Merkmale solcher geschlossenen Systeme sind: (I) anfänglich hohe Konzentration aller Nährstoffe, (II) kein Umlauf des Materiales, nachdem das Impfmaterial (d. h. die Umweltprobe) zugefügt wurde, und (III) eine sich kontinuierlich verändernde bzw. diskontinuierliche Umgebung als Folge der Abnahme der Nährstoffe und der Zunahme der Stoffwechselprodukte und der Biomasse.

Unter geschlossenen Bedingungen sind vergängliche Umweltzustände die Regel, wobei das Wachstum der Organismen stets vom Wachstum ihrer Vorgänger und deren Stoffwechselprodukte beeinflußt wird. Die hohen Nährstoffkonzentrationen zu Beginn der Anreicherung führen zu einer Selektion allein nach der größten spezifischen Wachstumsrate der Organismen bei den eingestellten Bedingungen. Diese selektieren auf "zymogene" Organismen, d. h. solche, die hohe Wachstumsraten aufweisen und nur schwach spezifisch für bestimmte Substrate sind. In geschlossenen Systemen überflügeln zymogene Organismen diejenigen, die besser für ein Wachstum in nährstoffarmen Umfeldern geeignet sind, die sogenannten "autochthonen" Organismen, die generell geringere Wachstumsraten aufweisen. Die komplexeren Veränderungen, die während des Wachstums in geschlossenen Systemen ablaufen, machen häufig die Vorhersage, welche Organismen überwiegen werden, unmöglich. Die hohe Nährstoffkonzentration stellt keine normale natürliche Situation dar, und somit werden Isolate aus Anreicherungen in geschlossenen Kulturen am ehesten eine Minderheitenpopulation aus dem eigentlichen Umfeld, aus dem die Probe stammt, repräsentieren. Dort wird ein oligotrophes Umfeld autochthone Mikroben bevorzugen. Die Attraktivität der üblicherweise als Rüttelflaschensysteme ausgebildeten geschlossenen Anreicherungssysteme liegt in ihrer Einfachheit, den geringen Kosten und ihrer Wiederholbarkeit.

Unter den als Biokatalysatoren bei der Eindämmung oder der Rehabilitation von Verschmutzungen einsetzbaren Mikroben haben sowohl autochthone als auch zymogene Mikroben ihren Platz. Erstere werden bei Verunreinigungen durch minimale Mengen, wie dies häufig bei Grundwässern der Fall ist, aufgrund der dort herrschenden oligotrophen Bedingungen bevorzugt. Im Gegensatz dazu werden stark verunreinigte Standorte und am Ende eines Verfahrens angeordnete Behandlungsschritte zumindest anfangs von der Aktivität der schneller wachsenden und damit schneller wirksamen zymogenen Organismen profitieren.

In offenen Systemen, üblicherweise einem Chemostaten, werden Nährstoffe kontinuierlich zugefügt, während verbrauchtes Medium, Biomasse und Stoffwechselprodukte kontinuierlich abgezogen werden. In einer solchen Anordnung lassen sich stabile Bedingungen einstellen und endlos aufrechterhalten, wodurch sich auch bestimmte Selektionsbedingungen über längere Zeiträume einstellen lassen. Die Kultur kann somit von ihrer Vorgeschichte "abgenabelt" werden, und es ist möglich, längerfristige Selektions- und Anpassungsexperimente zu planen. Bei der Auswahl geeigneter Organismen für die biologische Behandlung von Umweltchemikalien weist der Chemostat gegenüber geschlossenen Systemen mehrere Vorteile auf. So wird zunächst die Wachstumsrate der Kultur durch ein einziges begrenzendes Substrat definiert, was beim biologischen Abbau organischer Verbindungen bedeutet, daß der in Betracht gezogene Schadstoff als begrenzende Kohlenstoffquelle eingesetzt werden kann. Dies liefert nicht nur für die Isolation kompetenter Mikroben einen idealen Selektionsdruck, sondern wird auch auf die wirkungsvollsten Stämme über deren Fähigkeit zur Nutzung der Kohlenstoffquelle selektieren. Zweitens hängt die Art des Kultursystems nicht davon ab, ob ausreichend Nährstoffe zur Aufrechterhaltung des kompletten biologischen Aktivitätszyklus im Kulturgefäß bereits zum Zeitpunkt der "Impfung" bereitgestellt werden können. Dies bedeutet, daß der Reaktor mit extrem niedrigen Nährstoffkonzentrationen gefahren werden kann, wodurch sich oligotrophe Bedingungen einstellen lassen und damit auf autochthone Organismen mit geringen Populationsdichten selektiert werden kann. Die Fähigkeit, niedrige Nährstoffkonzentrationen zu nutzen, bedeutet auch, daß im Falle, daß die gewünschten Schadstoffe für die Aktivität von Mikroben giftig sind, deren als begrenzender Nährstoff zugeführten Konzentration unter der Toxizitätsschwelle angesetzt werden kann. Die nachfolgende Anpassung der Kultur an erhöhte Konzentrationen kann dann im Laufe der Zeit durch die allmähliche Erhöhung der Schadstoffmenge im Zulauf erreicht werden. Wo der Schadstoff nicht als Nährstoff verwandt werden kann und der Biokatalysator zur Adsorption eines Schadstoffes wie z. B. bei der Schwermetalldekontamination eingesetzt wird, lassen sich Bioreaktoren zur allmählichen Gewöhnung der Biokatalysatoren an die Metalle nutzen und liefern eine kontinuierliche Zufuhr von Biomasse als Adsorptionsmittel.

Der stabile Zustand solcher Kulturen ermöglicht auch die Anpassung an vorher nicht einsetzbare Substrate, indem zunächst ein gemischtes Substrat eingeführt wird und dann allmählich die Konzentration des nicht verwendbaren Substrates erhöht und die des wachstumsfördernden verringert wird. Ein früheres Beispiel für den Erfolg dieses Ansatzes war die Isolation einer Mikrobe, die die bis dahin als hartnäckig geltende Verbindung 2,4,5-Trichlorphenoxiacetat (2,4,5-T) abbauen kann. Das Anfangswachstum der Kultur wurde dadurch aufrechterhalten, daß der Reaktor mit dem biologisch abbaubaren Derivat 2,4-Dichlorphenoxiacetat (2,4-D) beschickt wurde.

Die Einstellung stabiler Bedingungen in diesen Reaktoren ermöglicht auch die Entwicklung stabiler gemischter Mikrobenpopulationen, da keine autogene Sukzession auftritt. Dies ist für den Umweltbiotechnologen von Bedeutung, da in vielen Fällen die biologische Umbildung der betrachteten Chemikalien den kombinierten Einsatz von Mikrobenkonsortien erfordert.

Wie sich überall bei dieser Behandlung der biologischen Umweltverfahren zeigen wird, bedeutet das Konzept des "Maßschneiderns" bei der Auswahl von Biokatalysatoren zur Eindämmung bestimmter Umweltverschmutzungsprobleme, daß man bereits in der Frühphase bei der Entwicklung von Auswahlverfahren zur Isolation potentieller Biokatalysatoren die Erfordernisse des endgültigen Verfahrens im Auge behalten sollte. Ein solcher Ansatz wird zur erfolgreichen Entwicklung maßgeschneiderter Biokatalysatoren für die Eindämmung von Verschmutzungen führen. Dabei ist die Planung des Such- und Entdeckungsprogrammes keineswegs von geringerer Bedeutung als die Erarbeitung des entsprechenden Verfahrens.

Genetische Ansätze zur Isolation von Biokatalysatoren für biologische Umweltverfahren

Die oben erörterten Auswahlverfahren beruhen alle auf der Isolation natürlicher kompetenter Organismen durch Selektion entsprechend Wachstum und Toleranz auf oder in Gegenwart von bestimmten Zielschadstoffen. Die erfolgreiche Nutzung der natürlichen Mikrobenvielfalt basiert auf der nachhaltigen Entdeckung einer neuen Eigenschaft, wobei es sich dabei meist um eine neue katabolische Fähigkeit handelt. Damit ergibt sich aber die Frage, ob Methoden, die sich zur Entdeckung der gewünschten neuen Eigenschaft des Wachstums von Mikroben bedienen, wirklich der beste Weg zur Isolation der größtmöglichen Anzahl von Mikrobenkandidaten sind, insbesondere, wenn wir das medienabhängige "Vorurteil" dieser Isolationsverfahren berücksichtigen. Im Lichte der Entwicklungen der Molekularbiologie ergibt sich als Antwort auf diese Frage zunehmend ein deutliches "Nein".

Die beschränkende Natur der Kulturen einsetzenden Verfahren wird noch zusätzlich durch die genetische Plastizität der Mikroben verstärkt, die ständig die Konstanz phänotypischer Züge untergräbt. Betrachten wir den Genpool der Mikroben als in einem Kontinuum von Wirtzellen enthalten, die genetisches Material auf allen Ebenen austauschen, müssen wir die Selektionsverfahren im Labor als Einfrieren des genetischen Flusses mittels strenger Selektionsbedingungen ansehen. Der modulare Aufbau einer Vielzahl genetischer Determinanten katabolischer Prozesse deutet an, daß das Einfrieren des genetischen Flusses an einer bestimmten Stelle nicht unbedingt bedeutet, daß es sich dabei um die optimale Stelle handelt. Wenn sich die Selektion auf die Isolation in selektiven Medien gründet, könnte die identifizierte genetische Kombination z. B. nicht so gut sein wie eine, die unter den gewählten Bedingungen nicht wachsen konnte. Dies würde bedeuten, daß die Auswahlverfahren möglicherweise einen wirkungsvolleren Biokatalysator verfehlen können.

Der Einsatz molekularer Verfahren enthebt uns der Notwendigkeit, das Isolat in eine Kultur zu bringen, bevor die gesuchte Fähigkeit aufgefunden worden ist. Solche von Kulturen unabhängigen Verfahren spiegeln die in einem natürlichen Genpool vorhandene genetische Vielfalt deutlicher wider, und es hat sich herausgestellt, daß selbst in Isolaten aus kulturabhängigen Verfahren die Vielfalt wesentlich größer ist als bisher erkannt.

Der Einsatz von Nukleinsäuresonden stellt eine der ersten Anwendungen moderner molekularbiologischer Verfahren bei der Durchmusterung von Mikrobenpopulationen dar. DNS-Sequenzen, die ein oder mehrere einen bestimmten Phänotyp definierende Gene kodieren, werden dazu benutzt, das Genom neuer Isolate auf homologe Sequenzen hin abzusuchen. Sobald eine solche Homologie gefunden ist, werden diese Stämme auf den gesuchten Phänotyp durchmustert oder die entsprechenden Gene werden isoliert. Der Vorteil dieser Verfahren liegt darin, daß die Isolation nicht von ausgeprägten Phänotypen abhängt, wodurch für den Fall, daß die üblicherweise bei der Suche nach dem bestimmten Phänotyp angewandten Methoden nicht das Wachstum aller Isolate fördern, der Einsatz weniger spezifischer Medien in Verbindung mit "Sonden"-Verfahren das Auslesen einer größeren Bandbreite von Isolaten ermöglicht. Außerdem identifizieren diese Verfahren auch Mikroben mit dem genetischen Potential zur Herausbildung des Phänotyps, auch wenn dieser zur Zeit der Durchmusterung noch verborgen ist.

Die jüngsten Entwicklungen auf dem Gebiet der Sondenverfahren richteten sich auf die Verstärkung ihrer Empfindlichkeit und ihrer Fähigkeit, auf bestimmte Gene anzusprechen. Es wurden bereits Verfahren beschrieben, mit Hilfe derer 10-100 Zellen je Gramm Boden entdeckt werden können. Der Einsatz der Polymerase-Kettenreaktion (PCR), mit Hilfe derer DNS-Sequenzen erweitert werden, ermöglicht die Sequenzanalyse auch bei schwer zu beschaffenden und zu züchtenden Mikroben. Mit diesen Verfahren wurden 2,4,5-T-abbauende Organismen vor einem Hintergrund nicht abbauender Organismen bis zu einer Auflösungsgrenze von einer Zelle je Gramm Boden aufgefunden. Sie wurden ebenfalls dazu eingesetzt, die Anwesenheit biologischer Aktivitäten in und um hydrothermale Tiefseequellen herum nachzuweisen. Und so hat sich bei den Problemen mit der Züchtung mariner Mikroben im allgemeinen gezeigt, daß die Entwicklung des PCR-Verfahrens die Untersuchung vieler nicht züchtbarer Organismen stark befördert hat.

In gleicher Weise ergab sich mit dem Einsatz von Ribosom-RNS-Sequenzen ebenfalls ein überaus nützliches Werkzeug, um das Problem "voreingenommener" Medien zu umgehen. Diese Verfahren benötigen nur die *in situ*-Konzentrationen der Biomasse, und sie wurden ebenfalls höchst erfolgreich bei der Durchmusterung aquatischer Mikrobenpopulationen eingesetzt. Bei der Anwendung dieser Verfahren konnten häufig zusätzliche Bestandteile von Mikrobenpopulationen identifiziert werden, die vorher mit den kulturabhängigen Verfahren übersehen worden waren.

Die Anwendung der DNS- und RNS-Verfahren führte häufig ebenfalls zu einer Revision von Schätzungen der mikrobiellen Vielfalt in Sammlungen von Kulturen. Sammlungen, die mit dem traditionellen Ansatz, der Definition funktionaler Merkmale, als Maß für die Artenabgrenzung klassifiziert wurden, werden heute als krasse Unterschätzung der in ihnen ausgebildeten Artenvielfalt angesehen, so daß in Anbetracht des Ausmaßes des horizontalen Genflusses, der anscheinend innerhalb von natürlichen Populationen stattfinden kann, das gesamte Artenkonzept zumindest für Bakterien in Frage gestellt wird. Dies hat zwar wenig Auswirkungen für unsere Überlegungen zum Einsatz solcher Mikroben bei biologischen Umweltverfahren, es unterstreicht aber weiter das Ausmaß der für diese Anwendungen verfügbaren Ressourcen. Dies führt außerdem zu der Erkenntnis, daß Sammlungen von Kulturen eine wesentliche Quelle für Mikroben darstellen. Während Sammlungen weit von einer Vollständigkeit entfernt sind, sind sie andererseits eine Quelle, bei der jedes Isolat häufig nur auf ein oder zwei bestimmte phänotypische Züge hin angesehen wurde und dessen vollständiges Potential noch ermessen werden muß. Auch wo mehrere Stämme einer bestimmten Art aufbewahrt wurden, ist das Ausmaß der genetischen Vielfalt innerhalb dieser Art noch nicht untersucht worden.

Damit kommen wir mit unseren Überlegungen zu dem neuesten molekularbiologischen Verfahren, dem DNS-Fingerabdruck, und seinem Potential für vorhersagende Durchmusterungen. Dieses Verfahren umfaßt die Analyse und Identifikation der DNS von einem oder mehreren Merkmalen aus dem Genom verschiedener Individuen einer Gattung oder Art. DNS-Profile wurden bereits in der Gerichtsmedizin und Medizinaldiagnostik, bei Verwandtschaftsuntersuchungen bei Familien, in Zoologie und Botanik sowie bei Naturschutzstudien für gefährdete Arten eingesetzt. Obwohl die Anwendung bei Untersuchungen prokaryotischer Organismen bisher nur sehr begrenzt waren, wurde dieses Verfahren jedoch bei der Bestimmung von Artenidentitäten und des Verwandtschaftsgrades verschiedener Stämme eingesetzt und hat sich als wertvolles Werkzeug bei taxonomischen Untersuchungen erwiesen. In dem Maße, in dem sich die Datenbasis erweitert, kommt die aufregende Möglichkeit, DNS-Profile bei der vorhersagenden Durchmusterung einzusetzen, in erreichbare Nähe. Die voraussagende Erstellung von DNS-Profilen eröffnet die Möglichkeit, Kultursammlungen von Organismen durchzumustern, die mit den üblichen biochemischen und physiologischen Verfahren bereits mehr oder weniger charakterisiert worden waren, und einzelne Isolate nach ihrem Verwandtschaftsgrad nach einer Anzahl von DNS-Sequenzen in Gruppen zu unterteilen. Wo dieses bereits durchgeführt wurde, hat sich gezeigt, daß ein bestimmter phänotypischer Zug bei der einen Gruppe mehr oder weniger ausgeprägt sein kann als bei der anderen. Wenn man dann ein Isolat der einen oder anderen dieser genetischen Gruppen zuordnet, ergibt sich die Möglichkeit, sein Potential für das definierte Merkmal vorauszusagen.

In der Frühzeit der biologischen Umwelttechnologien, als vielleicht strukturell einfachere Xenobiotika untersucht wurden, hatte sich herausgestellt, daß die kompetenten Mikroben häufig zur Gattung *Pseudomonas* gehörten. Wo wir nun aber heute nach Mikroben suchen, die komplexere Umweltchemikalien abbauen können, stellt sich heraus, daß die Anreicherungskulturen nicht nur Pseudomonaden liefern, sondern auch andere Gattungen auftreten wie z. B. *Agrobacterium*, *Arthrobacter*, *Corynebacterium* sowie häufig Angehörige der Gattung *Rhodococcus*. Die Taxomonie vieler dieser Gattungen war in den vergangenen Jahren mit molekularbiologischen Verfahren entwickelt worden, aber durch DNS-Profile ergibt sich nunmehr die Möglichkeit, Untergruppen verschiedener Stämme einer jeden der in den größeren Kultursammlungen vorhandenen Arten aufzustellen. Ausgehend von diesen Ergebnissen sich werden mittels Vorhersagestrategien, die sich auf definierte Aktivitäten von Mitgliedern der verschiedenen Gruppen und den Einsatz spezifischer, auf gezielte Strukturgene angesetzter Sonden gründen, Kultursammlungen als ein wahrer Quell neuer biologischer, früher noch nicht identifizierter Aktivitäten erweisen.

Genetisch hergestellte Mikroben

Die Anwendung moderner molekularbiologischer Verfahren wurde bisher als Werkzeug zur Suche, Entdeckung und Charakterisierung natürlicher Mikroben zum Einsatz als Biokatalysatoren bei der biologischen Behandlung von Umweltchemikalien angesehen. Die Verfahren eröffnen außerdem die Möglichkeit, Agentien zur Eindämmung von Umweltverschmutzung im Labor zu entwerfen und herzustellen sowie genetisch manipulierte Mikroben (GEM) maßgeschneidert als biologische Behandlungsmedien zu produzieren, indem neue katabolische Pfade zum Abbau der gewünschten Schadstoffe entworfen werden.

Die Präzision der *in vitro*-Manipulation ausgewählter DNS-Sequenzen bietet die Möglichkeit, neues genetisches Material einzuführen, das im neuen Wirt unter definierten und kontrollierten Bedingungen zum Ausdruck kommt. Gut charakterisierte Gene und DNS-Sequenzen können geklont und mit bereits existierenden katabolischen Pfaden selektiv kombiniert werden. Diese Verfahren eröffnen einem Labor die Möglichkeit, nach Auftrag definierte neue Kombinationen genetischer Informationen aus dem natürlichen Genpool spezifisch herzustellen. Damit unterscheiden sie sich nicht von der Einrichtung bestimmter Anreicherungsbedingungen, die den natürlichen Austausch von genetischem Material anregen (Genmanipulation *in vitro*), unter denen anscheinend wahllose Genrekombinationen schließlich zu einer Genkombination führen, die durch die gewählten Selektionsbedingungen unterstützt wird. Die Einflußmöglichkeiten bei den *in vitro*-Verfahren führen dazu, daß sich entsprechende Rekombinationen wesentlich leichter erreichen lassen als bei den *in vivo*-Verfahren. Die kontinuierlich arbeitenden Kulturanreicherungsverfahren, die zu den 2,4,5-T-abbauenden Pseudomonaden führten, sind ein Beispiel für *in vivo*-Manipulation; der gesamte Prozeß benötigte jedoch bis zum erfolgreichen Abschluß immerhin 18 Monate.

Bei der *in vitro*-Herstellung eines GEM mit einer neuen katabolischen Fähigkeit gibt es zwei grundsätzliche Konzepte. Wenn die betrachtete Verbindung mit einer Verbindung verwandt ist, die ein bereits bekannter Organismus abbauen kann und der bei diesem Abbau beschrittene Weg bekannt ist, dann wird in einem ersten Schritt untersucht, welche Schritte in der biochemischen Sequenz den Abbau der anderen Verbindung verhindern. So kann es z. B. sein, daß eine zusätzliche Baukomponente entfernt werden muß, damit der Abbauweg in Richtung der betrachteten Verbindung ablaufen kann. Dies stellt eine Erweiterung des existierenden Weges in einem vertikalen Sinne dar (Abb. 4.3). Andererseits kann vielleicht die begrenzte Substratspanne für Schlüsselenzyme auf dem bekannten Weg umgangen werden, so daß analoge Verbindungen auf diesem Weg ebenfalls abgebaut werden können, was man als horizontale Entwicklung des Weges ansehen kann (Abb. 4.3). Sobald die einzelnen Abbaublöcke oder -schritte identifiziert sind, können alternative Enzyme zur Katalysierung der Transformation der hartnäckigen Metabolite eingeführt werden. Diese Methoden stellen den Anbau von Zusätzen zu bekannten Pfaden dar und erweitern damit das Substratprofil des betreffenden Organismus. Das Verfahren kopiert anscheinend, was natürliche Bakterien schon früher durch den Austausch von Blöcken genetischer Information erreicht haben, die sich zur Bildung der katabolischen Plasmide zusammenfinden. Dies läßt sich graphisch darstellen, wenn wir die eng verwandten Wege betrachten, die durch die Salicylat, Naphthalen, Toluen und Oktan abbauenden Plasmide der Pseudomonaden kodiert werden.

Wenn sich ein Weg zum Abbau von mit der betrachteten Verbindung eng verwandten Verbindungen nicht identifizieren läßt, dann ist es möglich, einen kompletten Weg in einem GEM zu konstruieren.

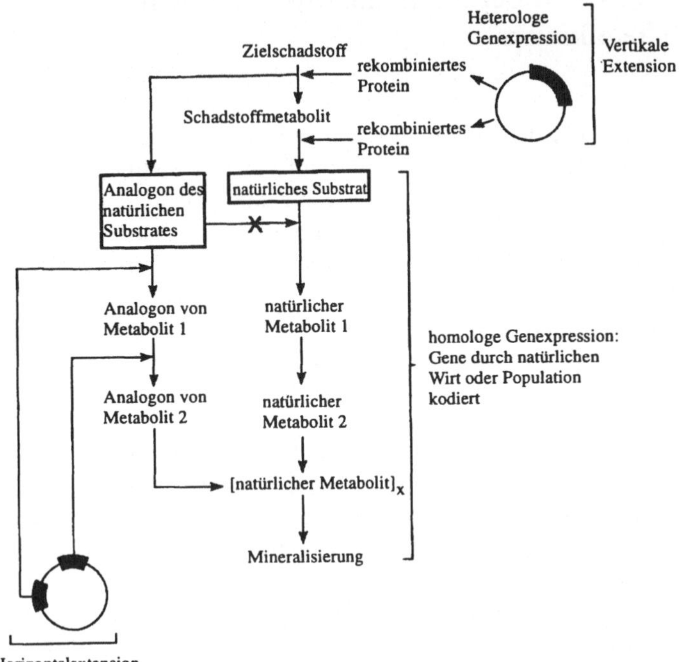

Abb. 4.3: Einsatz von DNS-Rekombinationsverfahren zur Verstärkung natürlicher katabolischer Fähigkeiten

Sobald eine katabolische Sequenz bestimmt wurde, wäre es erforderlich, diejenigen Enzyme zu identifizieren, die zur Katalysierung der Sequenz erforderlich sind und diese Enzyme dann in natürlichen Organismen aufzufinden. Durch Klonen jedes dieser Enzyme in ein einziges Bakterium oder in mehrere, die dann als Konsortium eingesetzt werden, und durch Erreichung ausreichender Ausbildungsebenen in dem oder den GEM würde dann der Aufbau eines funktionierenden Pfades ermöglicht.

RNS-Rekombinationsforscher versuchen Enzyme mit weniger engen Substratanforderungen zu klonen, damit die GEM über die größtmögliche Spannweite an Substraten verfügen. Sobald solche Gene geklont wurden, stellen sie Blöcke mit genetischer Information dar, die in einem Verfahren der Mischung und Anpassung zur Ausbildung neuer katabolischer Fähigkeiten rekombiniert werden können. In dem Maße, in dem die "Bibliothek" wächst, steigt auch die Möglichkeit, immer komplexere Abbauwege aufzubauen und gewissermaßen "Designermikroben" zum biologischen Abbau toxischer Umweltchemikalien zu entwickeln.

Einsatz von GEM bei der Behandlung toxischer Umweltchemikalien

Es ist offensichtlich, daß GEM im Labor erzeugt werden können, die in diesem Labor den Abbau der gewünschten Schadstoffe bewerkstelligen können. Hier, wie auch bei allen anderen biologischen Umwelttechnologien, bleibt das kommerzielle Interesse aus, wenn sich daraus kein erfolgreicher Feldeinsatz ableiten läßt.

Bisher haben GEM bei der Behandlung oder Eindämmung von Umweltverschmutzungen noch keine Rolle gespielt. Der Hauptgrund dafür liegt in der Besorgnis darüber, solche Organismen in die Umwelt zu entlassen. Allerdings bedeutet dies auch, daß noch keine wirklichen Großversuche durchgeführt werden konnten, mit denen die Ansprüche der GEM-Protagonisten hätten überprüft werden können. Es läßt sich daher nicht sagen, ob der Einsatz von GEM einen Umweltfluch darstellen bzw. wie viele Umweltgruppen meinen, dem „Öffnen der Büchse der Pandora" gleichen würde, oder ob in Wahrheit überhaupt nichts geschieht, da sich die GEM in der natürlichen Umwelt nicht würden durchsetzen können. Die Befürworter eines Einsatzes genetisch manipulierter Mikroben bei der Eindämmung von Umweltverschmutzungen sollten sich stets der Probleme bewußt sein, die durch die anfänglichen überoptimistischen Erwartungen an die "magischen Mikrobensuppen" verursacht wurden, und des Schadens, den das Versagen dieser Produkte beim Feldeinsatz für die Entwicklung der Umweltbiotechnologie bedeutete. Wilde Behauptungen zu den GEM ohne unterstützende Felduntersuchungen könnten die gesamte Technologie wieder weit zurückwerfen, insbesondere wenn sich dann erweist, daß die aufgestellten Behauptungen nicht erfüllt werden können.

Es ist hier nicht der Ort, das Für und Wider solcher Freisetzungen in die Umwelt zu diskutieren, aber selbst wenn wir annehmen, daß beide Parteien von der Sicherheit solcher GEM überzeugt werden könnten, würden sich die im Reagenzglas hergestellten Organismen wirklich außerhalb des Labors als wirksame Agentien zur Eindämmung von Verunreinigungen erweisen? Da ist zuerst das Problem ihrer Erzeugung. Ein Blick auf die neueste Literatur zeigt, daß es sich zunehmend um neue Bakterienarten und sogar um zu neuen Gattungen gehörige Isolate handelt, bei denen die Fähigkeit zum Abbau komplexer organischer Schadstoffe nachgewiesen sind. DNA rekombinierende Forscher entwickeln ständig neue Verfahren zur Anwendung bei ständig sich erweiternden Organismengruppen, aber es war bisher nicht möglich, eine Anzahl der signifikanteren Biokatalysatoren zur Eindämmung von Verunreinigungen zu modifizieren. Daraus ergibt sich, daß der Ansatz, bei der Ausweitung des katabolischen Potentiales von natürlichen Wegen auszugehen, auch seine Grenzen hat.

Im Labor wurden bisher komplexe metabolische Wege konstruiert, wobei sowohl anabolische Plasmide erzeugt wurden, die z. B. die Synthese von Antibiotika kodieren, als auch katabolische Plasmide. Die Aufrechterhaltung ihrer Identität beruht jedoch auf den im Labor eingestellten Selektionsbedingungen. Bei katabolischen Rekombinationssystemen beruht der katabolische Druck auf der Versorgung mit dem Zielschadstoff als alleiniger Kohlenstoffquelle, und es ergibt sich die Frage, welchen Stabilitätsgrad die rekombinierten Stämme ohne solche Selektionsbedingungen aufweisen werden. Wenn die GEM als Agentien zur Eindämmung von Verschmutzungen in der Umwelt eingesetzt werden sollen, dann müssen sie zunächst in dieser Umwelt überleben können. Dazu müssen sie erfolgreich mit Mikroben konkurrieren, die bereits an diese Umgebung angepaßt sind. Eine Umgebung wie z. B. Standorte mit Giftmüll enthält Tausende verschiedener Chemikalien. Jedwede hier zugesetzte GEM müßte sich in der bereits dort existierenden gemischten Mikrobengemeinschaft etablieren, die aus konkurrenzfähigen Arten besteht, die bereits die meisten, wenn nicht sogar alle Energie- und Wachtumssubstrate nutzen und dabei auch jene, für die die GEM konstruiert worden waren. Um sich hier durchzusetzen, müßte die GEM über Darwinsche Durchsetzungskräfte verfügen, während die GEM, die zur wirkungsvollen Zersetzung einiger Zielschadstoffe hergestellt wurden, aufgrund der Erzeugung im Reagenzglas in einem weiteren Sinne als Stoffwechselkrüppel angesehen werden müssen. Damit erscheint es unwahrscheinlich, daß sie in der Umwelt lange genug überleben können, um das Ziel, zu dem sie geplant wurden, auch zu erreichen.

Sollte eine "Supermikrobe" erzeugt werden, die sich gegen Mitglieder natürlicher Mikrobenpopulationen durchsetzen könnte, würden sich ihre Chancen, als sicher für eine Aussetzung angesehen zu werden, deutlich vermindern. Der Risikofaktor würde in dem Maße steigen, in dem die GEM "leistungsfähiger" wird, und dies umso mehr, als die frühen Freisetzungsexperimente anscheinend gezeigt haben, daß eine beträchtliche Ausbreitung stattfindet. Dies erhebt die Frage, ob sich eine Ausgewogenheit zwischen der ausreichenden Fähigkeit, das Ziel der Freisetzung zu erreichen und einer eingebauten Instabilität ergeben kann, um die öffentliche Akzeptanz zu erreichen.

Die Verfechter der GEM tragen vor, daß die ersten Anwendungen von GEM in Bioreaktoren am Ende bestimmter Prozesse vorgenommen werden dürften, bei denen die physische Einschließung das Problem der Freisetzung ausschließt, und in denen die Selektionsbedingungen des Abfallstromes sicherstellen können, daß die GEM einen Konkurrenzvorteil behalten. Für beide Positionen ergeben sich jedoch Probleme. Bei der Einschließung ist zu bedenken, daß biologische Reaktionen mit Schadstoffen zu einer Mineralisierung führen, die vom Wachstum abhängt und damit zur Bildung von Biomasse führt. Dadurch entsteht eine Verunreinigung des Abwasserstromes mit Bakterienzellen. Diese können zuvor entfernt werden, aber die Sicherstellung einer 100 %igen Entfernung, die als Bedingung für einen Totaleinschluß gestellt werden dürfte, wird wahrscheinlich nur mit unwirtschaftlichen Kosten möglich sein. Der niedrige Einheitswert der Abfälle erfordert ein einfaches und kostengünstiges Verfahren, aber derartige Prozesse können nicht unter sterilen Bedingungen ablaufen. Als Ergebnis davon werden natürliche Organismen den Reaktor immer wieder "infizieren", und damit werden bei ausreichender Zeit als Folge gerade der zur Sicherung der Stabilität der GEM eingestellten Selektionsparameter natürliche Organismen selektiert und sich in der Reaktorumgebung wirkungsvoller entwickeln als die GEM und diese dann verdrängen. Der Vorteil des Einsatzes mikrobieller Systeme bei der Eindämmung von Verschmutzungen liegt gerade darin, daß dieser Prozeß dazu neigt, wirkungsvollere Biokatalysatoren zu selektieren.

Natürliche oder genetisch manipulierte Biokatalysatoren zur Eindämmung von Verunreinigungen

Wenn wir die genetische, physiologische und biochemische Vielseitigkeit und Plastizität der bisher isolierten Mikroben zusammen mit dem unerschlossenen natürlichen genetischen Reichtum derjenigen Mikroben betrachten, die noch im Labor gezüchtet werden müssen, dann ergibt sich die Frage, ob es überhaupt nötig ist, den Einsatz von GEM zu erwägen. Warum sollte die Umweltschutzindustrie einen Biokatalysator einsetzen, der nach Durchführung der biologischen Behandlung als Gefährdung anzusehen ist?

Mikrobenforscher haben bisher nur die Oberfläche des natürlichen Feldes der Mikrobenvielfalt angekratzt. Wo es gelang, neue Organismen mit der Fähigkeit zum Schadstoffabbau zu isolieren, hat sich ihre biochemische Vielseitigkeit als gewaltig herausgestellt. Selbst wenn wir die anderen Nachteile der GEM unberücksichtigt lassen, stellt sich die Frage, ob wir uns überhaupt mit ihnen befassen sollten. Es wird für ein Problem einen natürlichen Organismus geben, der isoliert werden kann, wenn ein zielorientierter intelligenter Ansatz zur Durchmusterung der Umwelt auf einen solchen Organismus hin erarbeitet wird.

Weiterführende Literatur

BULL, A. T. (1991): Biotechnology and biodiversity. In: Hawksworth, D. L. (ed.): The Biodiversity of Microoranisms and Invertebrates: Its Role in Sustainable Agriculture, pp. 203-219. CAB International.

BULL, A. T. (1992): Isolation and screening of industrially important organisms. In: Vardar-Sukan, F., Sukan, S. S. (eds.): Recent Advances in Biotechnology, pp. 1-17. Kluwer Academic Publisher, The Netherlands.

BULL, A. T.; HARDMAN, D. J. (1991): Micobial diversity. Curr. Opin. Biotechnol., 2, 421-428.

GOODFELLOW, M.; O'DONNELL, A. G. (1989): Search and discovery of industrially-significant actinomycetes. In: Baumberg, S., Hunter, I. S., Rhodes, P. M. (eds.): Microbial Products: New Approaches, pp. 343-383. Cambridge University Press.

HAWKSWORTH, D. L. (1991): The fungal dimensiopn of biodiversity: magnitude, significance and conservation. Mycol. Res., 95, 441-452.

HOPWOOD, D. A.;CHATER, K. E. (1989): Genetics of Bacterial Diversity. Academic Press London.

SAYLER, G. S.; LAYTON, A. C. (1990): Environmental application of nucleic acid hybridization. Ann. Rev. Microbiol., 44, 625-648.

TIMMIS, K. N.; ROJO, F.; RAMOS, J. N. (1990): Design of new pathways for the catabolism of enviromental pollutants. In: Kamely, D., Chakrabarty, A.; Omenn, G. S. (eds.): Biotechnology and Biodegradation, pp. 61-82. Gulf Publishing Co., Houston.

Organische Schadstoffe

Kapitel 5

Kohlenstoffzyklus und xenobiotische Verbindungen

Das Schicksal von in die natürliche Umwelt eingebrachten organischen Materialien wird durch globale Elementkreisläufe bestimmt. Xenobiotischer organischer Kohlenstoff geht somit in die Kreisläufe als Ergebnis biologischer Aktivitäten ein. Die meisten Elemente unterliegen in gewissem Umfang solchen Zyklen, wobei allerdings die jeweiligen Raten als Folge der Rolle des entsprechenden Elementes im Leben des Planeten stark differieren können. Die als Bestandteile lebender Organismen am stärksten betroffenen Elemente weisen die höchsten Umsetzungsraten auf und aus quantitativer Sicht ist der Kohlenstoffzyklus der wichtigste. Wie alle Elemente tritt Kohlenstoff in sogenannten Reservoirs auf, die das Element in einer bestimmten Form einschließen (Abb. 5.1). Wenn wir die verschiedenen Reservoirs in Massewerten ausdrücken wollen, so kann es sich dabei nur um Schätzungen handeln, aber nach den in Abb. 5.1 gezeigten Werten liegen 60 % des Kohlenstoffs der Erde in geologischen Lagerstätten, und davon $1,8 \times 10^{16}$ t in Gesteinen, meist in Form von Karbonaten in Kalksteinen und Dolomiten sowie $2,5 \times 10^{16}$ t in Kohlen, Schiefern, Erdöl und -gas und Bitumen. Gelöstes Bikarbonat im Meerwasser enthält $3,6 \times 10^{13}$ t, lebendes und zerfallendes organisches Material hingegen $2,7 \times 10^{12}$ t Kohlenstoff. Das Kohlendioxid (C_{O2}) der Atmosphäre enthält $6,4 \times 10^{11}$ t Kohlenstoff.

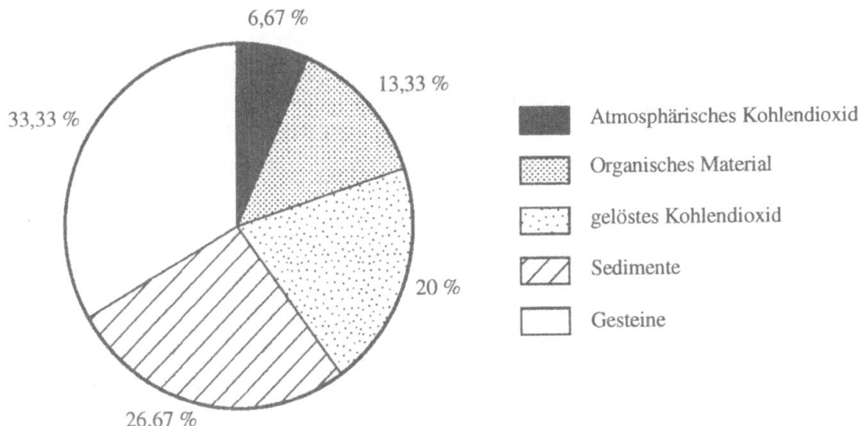

Abb. 5.1: Relative Größe der Kohlenstoffreservoirs

Die relative Größe der Kohlenstoffreservoirs ist von Bedeutung, wenn wir ihre Stabilität gegenüber störenden Einflüssen durch Zuführung frischen organischen

Materials als Folge abiologischer und biologischer Aktivitäten betrachten wollen. Änderungen in den Transferraten zwischen den Reservoirs verändern die chemische und die physikalische Umgebung, was die Biochemie und die in dieser Umgebung lebenden Populationen quantitativ und qualitativ beeinflußt. Ökosysteme befinden sich in einem dynamischen Gleichgewicht, bei dem sich die Populationen als Folge der Material- und Energiemengen im System verändern. Die stärksten Umläufe finden innerhalb der organischen Materie sowie zwischen dieser und der Atmosphäre statt und entsprechend werden diese Reservoirs am ehesten durch Verschmutzung beeinflußt, wenn wir dabei die durch die lebenden Organismen vorgegebenen Zeitspannen berücksichtigen. Der "schnelle" Kohlenstoffzyklus betrifft das gelöste CO_2 und die Lebewelt in den Mischungszonen der Ozeane, der Atmosphäre und der terrestrischen Biosphäre. Die Umlaufzeit wird in Jahren oder Jahrzehnten gemessen, der Austausch mit der Tiefsee hingegen in Jahrhunderten. Dies steht in krassem Gegensatz zu dem großen Reservoir der geologischen Lagerstätten, die so langsam umlaufen, daß der Umsatz über die gleichen Zeiträume unbedeutend ist. Der "langsame" Zyklus wird mit der geologischen Uhr dargestellt, bei der ein Umlauf von Gesteinen und Sedimenten durch Verwitterung und Auflösung zur Wiederausfällung in Karbonaten mit einer Größenordnung von 100.000 Jahren angesetzt wird. Im organischen Reservoir werden große Kohlenstoffmengen in der Pflanzenwelt der Erde als Folge der Photosynthese gebunden. In ozeanischen Algen liegen 5×10^9 t Kohlenstoff vor, in den terrestrischen Pfanzen hingegen $4{,}5 \times 10^{11}$ t, wobei der größte Teil des Kohlenstoffs jedoch in toter organischer Materie vorkommt.

Biologische Aktivitäten bilden die Hauptantriebskraft des Kohlenstoffzyklus, wobei die Zusammensetzung der einzelnen Reservoirs und der Austausch zwischen ihnen im wesentlichen von der Wirksamkeit der Flora und Fauna der Umbildung der verschiedenen Kohlenstofformen abhängt. Die Aktivität der Primärproduzenten, der Autotrophen, und der Primär- und Sekundärverbraucher, der Heterotrophen, katalysieren den Umlauf des Kohlenstoffs zwischen den organischen und den atmosphärischen Phasen. Zusätzlich binden fossile organische Materialien wie Kohle, Erdöl und Ölschiefer einen bedeutenden Teil des inerten Sedimentmaterials.

Der Einfluß, den die Zuführung einer xenobiotischen Verbindung in ein Ökosystem ausübt, wird im wesentlichen durch die direkte Toxizität der Verbindung für lebende Organismen in der entsprechenden Umgebung bestimmt und durch Grad und Wirksamkeit der heterotrophen Umformung des Materiales. Ein solcher biologischer Abbau, der die Folge von biologischen, meist mikrobiellen Aktivitäten darstellt, ändert die Chemie der Atmosphäre, Lithosphäre und Hydrosphäre in einer für das Fortbestehen des Lebens auf der Erde bedeutsamen Form. Die Zuführung von organischem Material kann somit die gesamte Biologie und Chemie des betroffenen Umfeldes beeinflussen und bedeutende Konsequenzen für Stabilität und Gesundheitsgrad der Biosphäre zeitigen. Die Zugabe von inertem Material, z. B. von natürlichen Stoffen wie Humus, Lignin, Tannin, Melanin und anderen polyaromatischen Verbindungen z. B. durch landwirtschaftliche Praktiken kann ebenfalls schädliche Auswirkungen zeigen. Die Zuführung großer Mengen biologisch abbaubaren organischen Materiales und toxischer xenobiotischer Verbindungen ist jedoch ganz besonders schädlich für die Umwelt.

Einbringung exogener organischer Materialien in die Umwelt

Die durch die Zugabe exogener organischer Materialien verursachte Verstärkung der biologischen Aktivität wird die gesamte Chemie des betroffenen Ökosystems verändern. Als Folge der heterotrophen Aktivität fallen die Redoxpotentiale und führen zu einem Verlust von Stickstoff aus der Umwelt und zur Reduktion von Eisen und damit verbundener Verbindungen, die sich sehr stark auf die zukünftige Produktivität der betroffenen Umgebung auswirken werden. Die Zufuhr von abbaubaren organischem Material wird einen vorübergehenden quantitativen und qualitativen Einfluß auf die heterotrophen Mikrobenpopulationen ausüben. Als Folge davon üben xenobiotische Verbindungen direkte sowie indirekte sowohl positive als auch negative Einflüsse auf natürliche Mikrobenpopulationen aus. Eine typische Reaktion (Abb. 5.2) erfolgt durch das anfängliche Absterben der empfindlichen Organismen. Die Nutzung der freigesetzten Nährstoffe und die Selektion auf kompetente Organismen, die das neue organische Material abbauen können, führt dann zu einem Anwachsen der Biomasse. Dieser folgt eine allmähliche Abnahme, während derer das Überschußmaterial aufgebraucht wird, bis die Population auf den Stand zurückkehrt, der durch das normalerweise in der Umgebung enthaltene organische Material aufrechterhalten wird. Insgesamt ist der quantitative Einfluß auf die mikrobielle Biomasse im Ökosystem vernachlässigbar. Die qualitative Auswertung der Populationsbestandteile enthüllt jedoch tiefergreifende Einflüsse. Als Folge des Absterbens der empfindlichen Organismen und des durch die Gegenwart des neuen organischen Materials verursachten Konkurrenzdruckes tritt ein schädlicher Einfluß auf die Artenvielfalt ein. So haben z. B. in extremeren Fällen eine Anzahl von Bodenexperimenten gezeigt, daß die Artenvielfalt von Pilzen als Folge solcher Zugaben um 90 % fallen kann, während in den nachfolgenden Mikrobenpopulationen *Pseudomonas*-Arten und sporenbildende Mikroorganismen überwiegen. In umgekehrter Richtung hat der Stoffwechsel von Mikropopulationen in der Umwelt direkte und indirekte Auswirkungen auf das Schicksal der xenobiotischen Verbindungen

Bei der Betrachtung biogeochemischer Zyklen besteht die Tendenz, die die einzelnen Elementreservoirs beeinflussenden biologischen Aktivitäten als unabhängig voneinander zu behandeln. Alle Zyklen sind jedoch in einem großen Ausmaß voneinander abhängig und Faktoren, die den einen Zyklus beeinflussen, werden sich gleichzeitig auch auf die anderen auswirken. Somit wird exogenes organisches Material einen wesentlichen Einfluß auf die Produktivität einer Umgebung dadurch ausüben, daß es zusätzlichen Kohlenstoff zur Verfügung stellt und außerdem das Gleichgewicht der anderen darin enthaltenen Elemente beeinflußt.

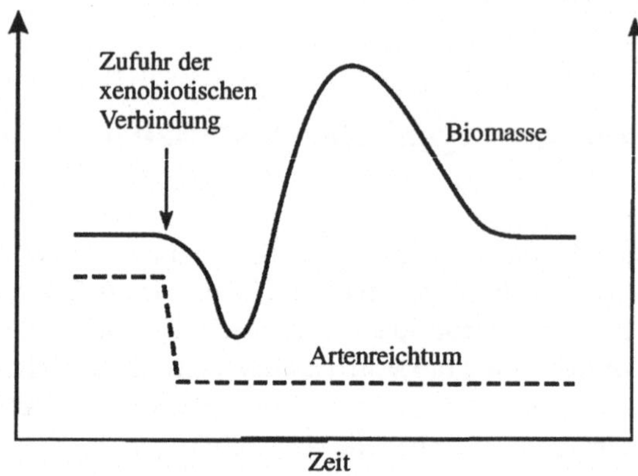

Abb.5.2: Qualitative und quantitative Auswirkungen der Zugabe einer xenobiotischen Verbindung auf natürliche Mikrobengemeinschaften

Der Umlauf des Kohlenstoffs zwischen den einzelnen Reservoirs hat im Laufe geologischer Zeiträume ein dynamisches Gleichgewicht erreicht. Es besteht jedoch heute große Besorgnis darüber, in welcher Form die menschlichen Aktivitäten dieses Gleichgewicht beeinflussen können. Unsicherheiten über die Größe der einzelnen Reservoirs und die Umlaufzeiten sind beträchtlich, und somit können die Langzeitauswirkungen menschlicher Aktivitäten wie der Ablagerung von organischem Material und der Verbrennung fossiler Brennstoffe und von Pflanzenrückständen nicht genau abgeschätzt werden. Die Anzeichen einer Zunahme des CO_2-Gehaltes der Atmosphäre, die zu einer Besorgnis über die Erwärmung der Erde führen, könnten durch menschliche Aktivitäten verursacht sein, aber ist die beobachtete Zunahme im Rahmen geologischer Zeiträume überhaupt signifikant? Die Verbrennung fossiler Brennstoffe durch den Menschen bringt jährlich 5-6 x 10^9 t CO_2 in die Atmosphäre ein. Nicht alles davon verbleibt in der Atmosphäre; große Mengen wandern in die organischen und anorganischen Reservoirs der Ozeane. Die Auswirkungen der Zuführung von Kohlenstoff durch den Menschen zum Kohlenstoffzyklus könnte gegenüber der Aktivität der gesamten Biosphäre auf einem globalen Maßstab möglicherweise überhaupt nicht so groß sein, wie Umweltaktivisten uns glauben machen wollen. Das bedeutet nicht, daß wir nicht nach Wegen suchen sollten, die durch den Menschen verursachten Emissionen zu verringern, die sicherlich zu dem Problem beitragen, sondern nur, daß die Umweltverschmutzungen durch den Menschen im Lichte der "natürlichen" Kohlenstoffquellen gesehen werden sollten.

Die Satellitentechnologie und dabei besonders Daten des Satelliten Nimbus 7 haben deutlich gezeigt, daß die Ozeane einen bedeutenden dynamischen Teil des weltweiten Kohlenstoffkreislaufes darstellen. Ozeanisches Phytoplankton nutzt gelösten anorganischen Kohlenstoff und reduziert ihn bei der Photosynthese zu organischem Kohlenstoff. Das absterbende Phytoplankton sinkt in die Tiefe und entfernt so Kohlenstoff aus den oberen Meereszonen, wodurch in diesen ein Kohlenstoffdefizit entsteht, das wiederum aus der Atmosphäre aufgefüllt wird. Diese "biologische Pumpe" verlagert Kohlenstoff aus dem "schnellen" Zyklus in den "langsamen", durch die Tiefsee und Sedimente bestimmten. Damit verfügt sie über eine Pufferungsfähigkeit, die die ständige Zuführung von CO_2 zur Atmosphäre abmildert. Satellitenbilder ozeanischer Phytoplanktonpigmente haben uns das Ausmaß solcher "Algenblüten" erkennen lassen und zeigen, daß die Pufferungskapazität dieser photosynthetischen Prozesse viel größer ist, als bisher angenommen. Die weltweite Bedeutung des Phytoplanktons als Kohlenstoffsenke ist stark umstritten wie auch die relative Quellen- bzw. Senkennatur des anderen offensichtlich biologischen Reservoirs, der tropischen Regenwälder.

Das Vorhandensein halogenierter Kohlenwasserstoffe in der Umwelt liefert ein weiteres Beispiel, das bei der Debatte um die natürlichen bzw. xenobiotischen Zuführungen zu unserer Umwelt bezüglich des Treibhauseffektes und der Verringerung des Ozongehaltes berücksichtigt werden sollte (Symonds *et al.*, 1988). Zwischen 1982 und 1984 führte die industrielle Herstellung chlorierter und fluorierter Kohlenwasserstoffe zur Freisetzung von schätzungsweise 2,28 x 10^{12} g Chlorid und 0,273 x 10^{12} g Fluorid in die Umwelt, während der biologische Beitrag, meist in Form von Chlormethan aus den Ozeanen und der Verbrennung von Pflanzen gleichzeitig 1,4-3,5 x 10^{12} g betrug (Suida & Debernardis, 1973; Lovelock, 1979).

Auf lokaler Ebene können menschliche Tätigkeiten nachweislich einen vernichtenden Einfluß auf die Umweltqualität haben. Punktförmige Quellen können ein Ökosystem zerstören und z. B. sogar die Ableitung von Hausabwässern kann, sofern diese nicht in einer öffentlichen Kläranlage behandelt werden, zur Zerstörung der direkt umgebenden Umwelt führen und sowohl ästhetische als auch gesundheitliche Probleme aufwerfen.

Die Rolle natürlicher Mikrobengemeinschaften

Alle Bereiche der natürlichen Umwelt enthalten eine große Vielfalt an Mikroorganismen, die um ungleichmäßig verteilte geringe Konzentrationen verschiedener Substrate konkurrieren, wobei sie ständig sich ändernden physikalischen und chemischen Bedingungen unterworfen sind. In einem natürlichen Umfeld, und mag dies noch so extrem oder selektiv sein, wird man kaum einmal axenische (reine) Kulturen einer einzigen Art antreffen. Das Auftreten einer solchen biologischen Vielfalt kann zum Teil durch räumliche und zeitliche Eigenarten von Mikroumfeldern erklärt werden. Die Zugabe organischen Materiales zu Böden steigert Anzahl und Aktivität der Mikrobenpopulationen. Diese Mikroorganismen sind in der Horizontalen in den Böden nicht gleichmäßig verteilt, zeigen jedoch in einem senkrechten Profil eine Bevorzugung der oberen Bodenbereiche. Während die Verfügbarkeit kohlenstoffhaltiger Substrate die wesentliche Rolle bei der Bestimmung der Verteilung und Zusammensetzung der Arten spielt, sind auch Faktoren wie die Bodengasphase von Bedeutung. So kann z. B. die Verfügbarkeit von Sauerstoff zu uneinheitlichen Bodenprofilen führen. Die Verteilung von Substraten insgesamt bleibt in einem ungestörten Boden im Verlauf der Zeit relativ stabil, jedoch treten in einem mikroskopischen Maßstab ständig Veränderungen auf, bei denen sich Mikroumgebungen einstellen, die auf die Mikrobengemeinschaften unterschiedliche Selektionsdrücke ausüben. So kann z. B. ein kleiner Bodenpartikel bezüglich des Sauerstoffgehaltes eine solche Mikroumgebung darstellen, in dem die Außenseite aerobisch ist, die Innenseite hingegen anaerobisch und zwischen beiden Extremen ein Sauerstoffkonzentrationsgefälle besteht. Dies führt dazu, daß selbst in Bodenteilchen Mikroben mit völlig unterschiedlichem Stoffwechselanforderungen nebeneinander bestehen können. In einer Welt, in der Funktionen im Bereich von Nano- oder Mikrometern ablaufen, sind pH-, Sauerstoff- und Nährstoffgradienten von großer Bedeutung bei der Bestimmung des Ausmaßes der Mikrobenaktivität, und auf diesem Maßstab werden entsprechende Umfelder dynamisch reagieren und damit zu der großen Bandbreite verschiedener Mikroorganismen an einem einzigen Standort führen.

Es ist ebenso offensichtlich, daß Mikroorganismen miteinander durch Gemeinschaftsstrukturen in Aktion treten und daß diese Interaktionen einen Selektionsvorteil für die Mitglieder gemischter Populationen darstellen. Die Art der Interaktionen reicht über ein komplettes Spektrum von losen Bindungen wie z. B. in Nahrungsketten oder als Ergebnis von Populationsabfolgen bis zu komplexeren Situationen, bei denen enge Assoziationen auf der Basis bestimmter für alle Teile nützlicher Verbindungen zwischen den miteinander interagierenden Populationen bestehen.

Einfache Interaktionsformen sind z. B. autogene Sukzessionen, die die Wechselbeziehung zwischen einer Mikrobe und ihrer Umwelt wiedergeben. Die Umweltbedingungen beeinflussen den zu einer bestimmten Zeit vorhandenen Mikroorganismentyp. Wenn diese Bedingungen nicht mehr für den dominanten Organismus optimal sind, wird eine zweite Art die erste ersetzen. Ein einfacheres Beispiel dafür stellt eine anfangs aerobe Umgebung dar, in der Glukose das Wachstum eines Bakteriums begünstigt, das zur Verringerung des pH-Wertes der Umgebung führt und zur Produktion von Stoffwechselprodukten, die auf den ersten Organismus giftig wirken. Diese Bedingungen sind dann für eine zweite Bakteriengruppe geeignet, deren Stoffwechsel zu anaeroben Bedingungen führt, so daß dann die zweite Gruppe von einer dritten abgelöst wird. In der jeweiligen Umgebung wird die relative Auswahl einer jeden Art durch die herrschenden Bedingungen bestimmt. Wenn die Bedingungen eine bestimmte Art favorisieren, wird diese in der gesamten Population dominieren, und wenn sich die Bedingungen ändern, wird deren Schicksal zur Neige gehen und eine zweite Art wird als dominanter Teil der Population übernehmen. In Tabelle 5.1 sind die Arten von Mikrobengemeinschaften nach ihren besonderen Interaktionen zusammengestellt.

Tabelle 5.1: Interaktionen zwischen Mikrobengemeinschaften (nach Slater & Lovett, 1982)

1. Struktur durch gegenseitige Versorgung mit spezifischen Nährstoffen
2. Struktur durch konzertierte Entfernung hemmender Stoffwechselprodukte
3. Struktur durch Verbesserungen der Wachstumsparameter der einzelnen Bestandteile
4. Struktur durch konzertierte kombinierte Stoffwechselfähigkeiten
5. Struktur durch ein kometabolisches Stadium beim Stoffwechsel
6. Struktur durch Transfer von Wasserstoffionen
7. Struktur durch Primär- und Sekundärnutzer

Bei ausgewogenen Bedingungen wird die Zahl der im Boden gefundenen Mikroorganismen diejenigen in Süßwasser- oder Meerwasserumgebungen übertreffen. Ein artenreiches Spektrum von Bakterien, Pilzen, Algen und Protozoen findet sich in Böden dieser Gruppen. Die Anzahl ist bei den Bakterien mit 10^6-10^9 je g Bodenmasse am größten, obwohl sie aufgrund ihrer Größe in gutdurchlüfteten Böden üblicherweise weniger als die Hälfte deren gesamter Mikrobenmasse ausmachen. Im gleichen Maße, in dem das Redoxpotential jedoch absinkt, sollten die Bakterien fast die gesamte lebende Biomasse in dieser Umgebung darstellen.

Das Schicksal organischer xenobiotischer Verbindungen in der Umwelt

Aufgrund der produzierten Menge und des Potentiales für schädliche Auswirkungen auf die Umwelt stellen die als organisch angesehenen Verbindungen die bedeutendsten Arten an xenobiotischen Stoffen dar. Die in Tabellen 1.1 a und b aufgeführten Verbindungen werden bereits in Bodensystemen nachgewiesen, und von einigen weiß bzw. vermutet man, daß sie karzinogen, teratogen und/oder mutagen (?) sind.

Xenobiotische Verbindungen gelangen in die natürliche Umwelt entweder direkt durch den Einsatz von Pestiziden oder durch versehentliche Verschüttungen oder eher indirekt durch unsachgemäße Entsorgungsverfahren, bei denen Verschmutzungen in Form gasförmiger Emissionen, durch ablaufendes Oberflächenwasser oder durch Sickerwässer auftreten. Das Schicksal einer xenobiotischen Verbindung in der Umwelt wird im wesentlichen durch die chemische Struktur der Verbindung bestimmt und durch die sich daraus ergebenden Reaktionen zwischen der Verbindung und den physikalischen, chemischen und biologischen Parametern des Umfeldes. Dies läßt sich durch die Betrachtung des "Bodenumfeldes" beispielhaft darstellen. Die Bodenart, ihr Gehalt an Mineralien, organischem Material, Feuchtigkeit, Sauerstoff und ihre Temperatur werden die Abbaurate durch abiologische Prozesse wie Oxidation, Photolyse, Hydrolyse oder Adsorption beeinflussen und die Verfügbarkeit exogener organischer Stoffe für die biologische Transformation bestimmen.

Böden fungieren als Empfänger für die meisten organischen Chemikalien, die der Mensch entweder bewußt freisetzt wie z. B. landwirtschaftliche Chemikalien oder die durch Unfall freigesetzt werden, und üben dadurch einen bedeutenden Einfluß auf die Qualität unserer Umwelt aus. Damit wird die Verschmutzung von Böden in konzentrierterer Form auftreten als in anderen Umgebungen, in denen die Schadstoffe weniger mobil sind. Ihre Anwesenheit in Böden führt außerdem zu Reaktionen zwischen den Schadstoffen und höheren Pflanzen. Pflanzen spielen bei der Zufuhr von organischem Material in die Böden eine bedeutende Rolle, und 10-50 % des gebundenen Kohlenstoffes gelangen auf diesem Weg in die Böden. Pflanzen akkumulieren Schadstoffe in ihren Geweben und setzen damit die biologische Anreicherung von Schadstoffen in Nahrungsketten in Gang. Die nach ihrem Absterben einsetzende Zersetzung führt zur erneuten Zufuhr der Schadstoffe in den Boden und dort, wo sie Pflanzenfressern als Nahrung dienen, können sie die weitere Verbreitung der Schadstoffe durch den Tierkot fördern. Das Bodenumfeld wird hauptsächlich durch eine Festphase bestimmt, die sich zusammensetzt aus anorganischen Mineralien, aus organischem Material wie z. B. organischen Bestandteilen von Pflanzen, Tieren und mikrobiellem Leben im Frühstadium der Zersetzung und durch flüssige Komponenten wie z. B. makromolekulare Produkte des Frühstadiums der Zersetzung (Kohlehydrate und Proteine) und komplexe polyaromatische Komponenten aus dem Abbau von Lignin und mikrobieller Biosynthese. Für dieses Material wird der kollektive Ausdruck Humusmaterial gebraucht.

Das Verhältnis zwischen den Mineralien und dem im Boden vorhandenen organischen Material bestimmt die physikochemischen Eigenschaften eines Bodens. Die relativen Gehalte dieser Komponenten definieren die Porosität, das Wasserrückhaltevermögen, die Ionenaustauschraten und die Stabilität des Aggregates. Bei der Aktivität der xenobiotischen Bestandteile im Boden scheinen kolloidal verteilte Mineralien und organisches Material (Humus) von größter Bedeutung zu sein. Dies ist zum Teil auf ihr hohes Oberflächen-Volumen-Verhältnis zurückzuführen sowie auf Ioneneigenschaften und die Affinität zu Wassermolekülen.

Die wässrige Phase in Böden ist dadurch von Bedeutung, daß sie das Wachstum der Mikrobengemeinschaften beeinflußt sowie durch ihre lösenden Eigen-schaften auch das Schicksal der xenobiotischen Stoffe im Boden. Der Wassergehalt steuert hinwiederum den Gasgehalt des Bodens, der seinerseits die Biologie und Chemie des lokalen Umfeldes beeinflußt, sowie die Quellung von Tonmineralien, die das Verhältnis zwischen Oberfläche und Volumen verändert. Soweit bisher bekannt ist, werden bei der Reaktion zwischen Wasser und den Tonoberflächen die Wassermoleküle als Folge eines Ladungsaustausches stark eingeregelt und verringern dadurch die Verfügbarkeit von Wasser für die anwesenden Mikroorganismen. Derartige Prozesse bestimmen das Mikroumfeld, in dem die Mikrobenpopulationen aktiv sind.

Die Gasphase der Böden ist gegenüber der direkt darüberstehenden Atmosphäre als Folge der Pflanzenatmung an CO_2 angereichert, wobei das Ausmaß der

Anreicherung von der Atmungsrate abhängt. Die Sauerstoffkonzentrationen können auf Null absinken und zu anaeroben Mikroumgebungen führen, wo reduzierende Stoffwechselprozesse wie Fermentation, Denitrifikation und Methanbildung vorherrschen.

Als Folge dieser Reaktion zwischen festen, flüssigen und gasförmigen Phasen werden Mikroorganismen, Substrate, Produkte, anorganische Ionen und Wassermoleküle beim Kontakt zwischen der Flüssigkeit und Bodenpartikeln oder Kolloiden (hauptsächlich Humusstoffe, Viren, Bakterien und Tonmineralien (Aluminiumhydrosilikate)) reagieren. Damit deutet sich an, daß die durch Oberflächenreaktionen entstehenden Mikroumgebungen Aktivität und Überleben von Mikroben in einem Boden wesentlich beeinflussen. Dieses Phänomen ist auch in einer Wassersäule ausgeprägt, in der Mikroben an feinverteiltem Material konzentriert sind, an dem die Nährstoffe stärker konzentriert sind als im umgebenden Wasser. Eine solche Konzentration wird in oligotropher Umgebung die Stoffwechselrate von Mikroben stark beeinflussen, wo die bakterielle Wachstumsrate weniger als 1 % der maximalen Raten betragen kann, die in Laborkulturen erreicht werden, da in einer natürlichen oligotrophen Umgebung "Hunger" die Wachstumsrate bestimmt.

In solchen nährstoffarmen Umgebungen, wie sie die meisten Böden und Wässer darstellen, wird angenommen, daß bis zu 90 % der gesamten Bakterienpopulation auf Oberflächen bzw. Kontaktflächen angesiedelt sein kann, wobei die Oberflächen auf Feststoffen wie Tonpartikeln oder "partikelförmigen" einzelligen Algen entwickelt sein können. Es kann sich auch um Kontakte zwischen Luft und Wasser handeln wie z. B. Luftbläschen oder die Oberfläche eines Wasserkörpers. Aus oligotrophen Umgebungen isolierte Bakterien können noch auf Medien wachsen, die um 1-15 mg Kohlenstoff pro l enthalten und damit den Verhältnissen im offenen Meer entsprechen. Physiologische Anpassungen ermöglichen diesen Bakterien ein Überleben. Bei solchen Anpassungsprozessen sind biochemische Vorgänge mit hohen Substratpräferenzen in Kombination mit geringen spezifischen Wachstumsraten von Bedeutung. Solche Mikroben werden als autochthon bezeichnet und ihre relative Bedeutung in natürlichen nicht verunreinigten nährstoffarmen Umgebungen wird deutlich. Im Gegensatz dazu überwiegen in verunreinigter Umgebung sowie im Labor als Folge der üblicherweise eingesetzten nährstoffreichen Isolationsverfahren, bei denen die oligotrophen Konzentrationen um einen Faktor von bis zu 1.000 überschritten werden, zymogene Organismen mit ihren höheren Wachstumsraten und geringeren Substratpräferenzen.

Die Bestandteile natürlicher in Boden vorkommender Mikrobenpopulationen werden durch das gleiche physikochemische Umfeld bestimmt. Eigenschaften wie pH-Wert, Redoxpotential, Feuchtigkeit und Nährstoffkonzentration sowie -verfügbarkeit bestimmen die Selektionsbedingungen und damit die Art der in dieser Umgebung vorhandenen Mikroorganismen. Unterschiedliche Mikrobenpopulationen repräsentieren Gemeinschaften mit unterschiedlichen katabolischen Potentialen, wodurch sich die biologischen Schicksale einer xenobiotischen Verbindung zwischen verschiedenen Umfeldern je nach dem in dem entsprechenden System entwickelten katabolischen Potential unterscheiden werden.

Die Verfügbarkeit der xenobiotischen Verbindungen für die Mikrobenpopulationen wird auch durch Struktur und Mineralgehalt der Böden bestimmt, wobei der Tonmineralgehalt auch die Giftigkeit der anorganischen und organischen xenobiotischen Verbindungen beeinflußt. Während Kolloidoberflächenreaktionen in oligotropher Umgebung einen Konzentrationsmechanismus darstellen, liefert die Adsorptionskapazität von Tonmineralien ein Puffersystem, das hochgradige Voraussetzungen dadurch schafft, daß es die Konzentration der reaktiven Giftstoffe durch Immobilisation herabsetzt und so die empfindlichen Bestandteile der Mikrobenpopulationen im verunreinigten Boden schützt. Eine solche Adsorption macht die xenobiotischen Verbindungen außerdem unzugänglich für mikrobielle Aktivitäten, wofür das Schicksal des Bipyridilium-Herbizides Paraquat ein hervorragendes Beispiel ist. Es ist im Labor zwar gelungen, Mikroben zu isolieren, die Paraquat als Quelle für den zum Wachstum benötigten Kohlenstoff und Stickstoff nutzen. In wässriger Umgebung reagiert Paraquat jedoch ausgeprägt kationisch, und in Böden wird es stark an Humusstoffe gebunden sowie irreversibel an Tone (Abb. 5.3). Diese adsorptive Stabilisierung führt zu einem Pestizid, das nach chemischer Definition biologisch abbaubar ist, in der Praxis jedoch widerstandsfähig reagiert, nur weil es biologischen Prozessen nicht zugänglich ist. Es gibt jedoch auch Beispiele, bei denen Adsorption für den Stoffwechsel bestimmter Verbindungen lebenswichtig ist wie z. B. bei der physischen Anlagerung an Zellulose und beim biologischen Abbau von Bitumen. Organische Stoffe selbst wirken auch als Puffersysteme, indem sie die lösliche Konzentration toxischer organischer Verbindungen durch Prozesse wie Ionenaustausch, Protonenbildung, kovalente Bindungen, Wasserstoffbrücken, van-der-Waals-Kräfte und hydrophobe Reaktionen herabsetzen.

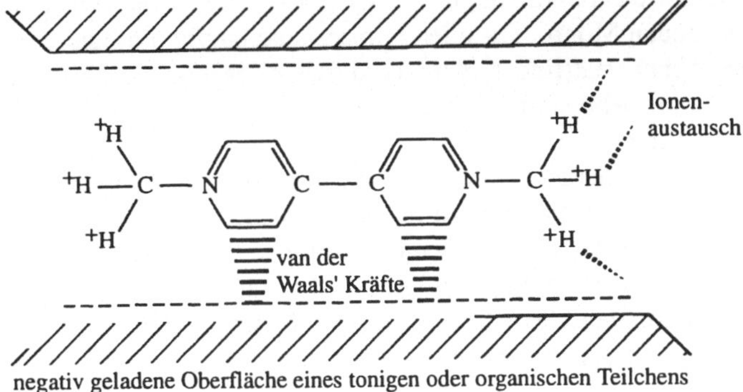

Abb. 5.3: Negativ geladene Oberfläche eines tonigen oder organischen Partikels
Adsorption von Paraquat an Tonen

Biologischer Abbau

Der mengenmäßig bedeutendste Abbau organischer Verbindungen wird in der
natürlichen Umgebung durch biologische Agentien unterstützt. Überlegungen zu
den Abbauraten von Oberflächenverbindungen zeigen, daß diese zu groß sind, als
daß sie nur durch physikochemische Vorgänge katalysiert werden könnten.

Der Strom von Energie durch die Biosphäre ist eng mit der Aufarbeitung von
organischem Material, seinem Abbau und schließlich seiner Mineralisation vorhanden. Dabei werden Abbau- und Mineralisierungsprozesse im wesentlichen von
chemoheterotrophen Mikroorganismen vorangetrieben. Da die Aktivität dieser Organismen von der Verfügbarkeit von Substraten abhängt, leben diese Mikroorganismen in einem Zustand von "Überfluß oder Hunger" und selbst in Böden
scheinbar reich an organischem Material stellen die vorherrschenden Substratkon-
zentrationen üblicherweise Hungerbedingungen dar.

Die Wirksamkeit des biologischen Abbaus wird in der natürlichen Umwelt im
wesentlichen von der Verfügbarkeit bestimmt, allerdings wird der Grad der Widerstandsfähigkeit einer xenobiotischen Verbindung auch durch ihre chemische
Struktur beeinflußt. Wenn die Struktur Ähnlichkeiten mit einem in der verunreinigten Umgebung auftretenden Substrat aufweist und vorhandene katabolische
Pfade, eventuell nach geringfügigen Modifikationen, die Verbindung verstoffwechseln können, dann wird die Verbindung in der Umgebung eher biologisch
abbaubar sein. Bei einer komplexen Struktur wird der Abbau langsamer und sogar
eher unvollständig sein. Das ist umso mehr der Fall, wenn es sich bei der Verbindung um ein unlösliches Polymermaterial wie z. B. Lignin oder Plastik handelt. In

diesen Fällen ist die Polymernatur der Grund für die Widerstandsfähigkeit, denn die entsprechenden Mono-, Di- oder Trimere sind häufig biologisch abbaubar. Wo ein solcher Abbau stattfindet, wird er durch extrazelluläre Enzyme katalysiert. Außerdem ist die Abbaurate negativ mit dem Verzweigungsgrad des jeweiligen Moleküls korreliert.

Der Grad der Widerstandsfähigkeit wird außerdem durch exotische Substituenten verstärkt, die normalerweise in der Umwelt nicht als Folge biologischer Prozesse auftreten. Dies kann an der Komplexität des Substituenten liegen (Abb. 5.4. a) oder an seiner Lage im Molekül (Abb. 5.4 b). In diesen Fällen versagen Enzyme, die unter normalen Umständen das Molekül als Nährboden erkennen würden, da die Anwesenheit der neuartigen Substituenten mit der Katalyse kollidiert (Abb. 5.5).

Die Löslichkeit der Substrate kann die Abbaurate ebenfalls beeinflussen, wobei Verbindungen mit geringer Wasserlöslichkeit langsamer abgebaut werden als solche mit starker Löslichkeit. In gleicher Weise benötigen kristalline Feststoffe wie Zellulose zur Dispersion große Energiemengen und sind damit widerstandsfähiger. Mikroben können die Löslichkeit dadurch erhöhen, daß sie oberflächenaktive Substanzen als Emulgatoren erzeugen oder durch Lösungsvorgänge in den lipidreichen Zellmembranen, in denen membrangebundene Enzyme die Abbaureaktionen katalysieren. Die Konzentration des entsprechenden Stoffes kann sich ebenfalls stark auswirken, wobei höhere Konzentrationen zum Tod empfindlicher Organismen führen können (Abb. 5.2), während im anderen Extremfall Stoffe bei sehr niedrigen Konzentrationen nicht abgebaut werden können, da die Konzentrationen nicht zur Aktivierung der abbauenden Enzyme ausreichen oder das Wachstum der entsprechenden Organismen nicht aufrechterhalten können.

Der Ausdruck Widerstandsfähigkeit scheint zunächst eine vollständige Stabilität in der Umwelt zu bezeichnen. Es gibt jedoch verschiedene Grade der Widerstandsfähigkeit, wenn wir die Zeit als Referenzgröße einführen. Das Herbizid 2,4-D kann leicht als biologisch abbaubar angesehen werden, da es bei den empfohlenen Einsatzmengen über einen Zeitraum von 2-4 Wochen aus der Umwelt entfernt wird. Über denselben Zeitraum muß Monuron als widerstandsfähig angesehen werden, da es je nach Umgebung 22-100 Wochen bestehen bleiben wird. Dichlorodiphenyltrichloräthan (DDT) ist in der Umwelt außerordentlich widerstandsfähig, da es 3-15 Jahre zum Abbau benötigt.

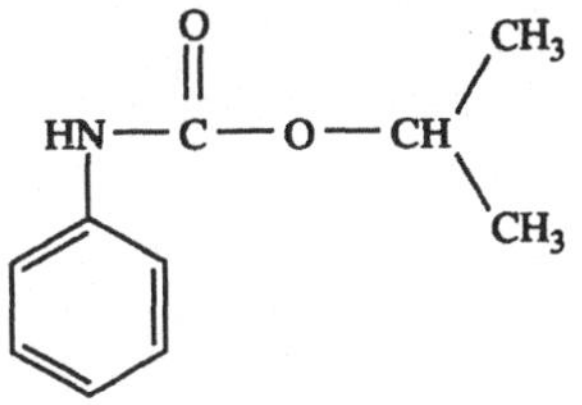

Propham
biozersetzbar

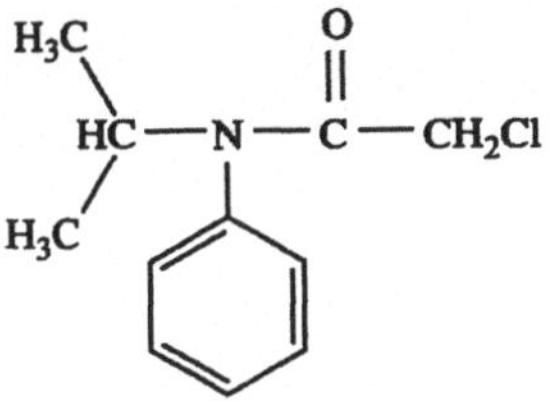

Propachlor
widerstandsfähig

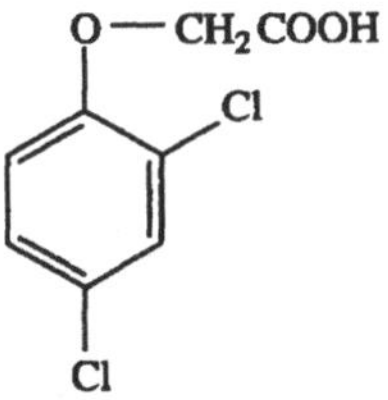

2, 4-D
biozersetzbar

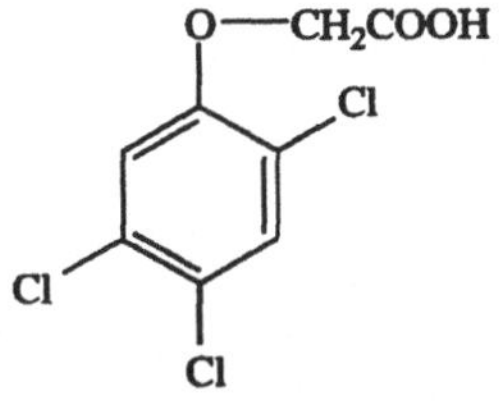

2,4,5-T
widerstandsfähig

Abb. 5.4: Auswirkungen der chemischen Struktur auf die Widerstandsfähigkeit:
(a) Art des Substituenten, Mineralisation über bakteriellen Aromatenstoffwechsel
(b) Position des Substituenten widerstandsfähig gegenüber normalen bakteriellen Aroma tenabbauwegen

Das biologische Schicksal einer in die Umwelt geratenden organischen xenobiotischen Verbindung kann wie in Abb. 5.6 dargestellt betrachtet werden. Das Studium der Umweltmikrobiologie ergab sich als Folge der in Nahrungsketten beobachteten Biomagnifikation und -akkumulation. Die sich daraus ergebenden Beweise ließen Mikrobiologen an dem von Bejenick (s. Alexander, 1965) aufgestellten Prinzip der mikrobiellen Unfehlbarkeit zweifeln, das sich auf die Betrachtung des breiten Abbaupotentiales natürlicher Mikrobengemeinschaften gründete. Man erkannte, daß sich Pestizide wie DDT in Nahrungsketten anreichern, und es ergaben sich eine Vielzahl von Beispielen für schädliche Auswirkungen auf den letzten Räuber in einer Kette. Man sollte im übrigen bedenken, daß die biologische Neubildung komplexer organischer Moleküle nicht unbedingt zu struktureller Vereinfachung führt. Polymerisation als Mittel der Entgiftung wurde z. B. bei der biologischen Neubildung von 3,4-Dichlorophenylproprionamid (Abb. 5.7) beobachtet. Der biologische Abbau kann auf zwei Wegen ablaufen, wobei der erste und, aus Umweltgesichtspunkten wünschenswerteste zur Mineralisierung des Substrates in seine verschiedenen Elemente führt. Dies wird am ehesten stattfinden können, wenn das Molekül von einem kompetenten Orga-nismus als Kohlenstoff- und Energiequelle genutzt werden kann.

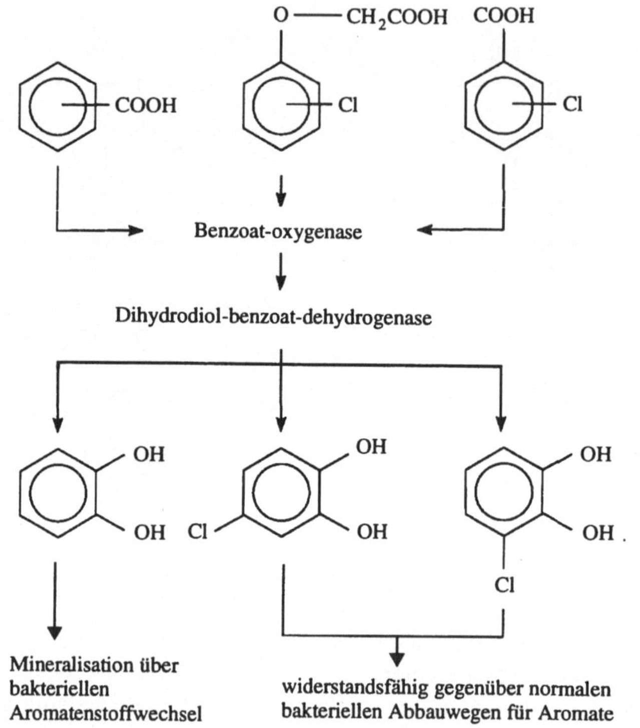

Abb. 5.5: Die Anwesenheit eines Chlorsubstituenten verhindert die enzymatische Katalyse der Katechole

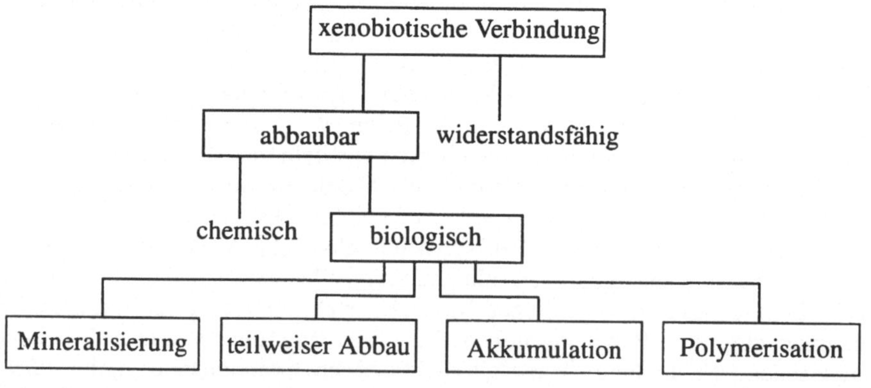

Abb. 5.6: Der Verbleib xenobiotischer Verbindungen in der Umwelt als Folge biologischer Aktivitäten

Wo dies nicht möglich ist, kann sich eine biologische Umbildung als Folge von Kometabolismus einstellen. In solchen Fällen sind die vorhandenen Mikrobenpopulationen nicht in der Lage, die xenobiotische Verbindung als alleinige Kohlenstoff- oder Energiequelle zu nutzen, sie können jedoch die entsprechende xenobiotische Verbindung bei der Verstoffwechselung anderer Substrate mit umbilden. Dort, wo sich die Produkte eines solchen Kometabolismus zu einem weiteren Abbau eignen, können sie auch mineralisiert werden. In vielen Fällen führen solche Prozesse jedoch zu einem unvollständigen Abbau und zur Ansammlung entsprechender Metabolite, die vereinzelt sogar noch giftiger sind als die ursprünglichen xenobiotischen Verbindungen. Ein Beispiel für einen solchen unvollständigen Abbau stellt der anaerobe Abbau von Pechloräthylen dar. Vogel & McCarty (1985) und Fathepure *et al.* (1987) haben vorgeschlagen, daß die reduktive Dechlorierung mit einer Methanogenese einhergeht. Der Reaktionspfad führt zur Produktion von Vinylchlorid, einer Verbindung, die toxischer ist als das Ausgangsmaterial und sich unter anaeroben Bedingungen anreichert, da keine weitere Biotrans-formation stattfindet.

Aufgrund der genetischen Ausstattung von Mikroorganismen (Kap. 4) führt die Anwesenheit eines neuen verstoffwechselbaren Substrates zur Selektion auf einen kompetenten Mikroorganismus oder zu einem Konsortium von Mikroorganismen, die das neue Substrat als Nahrungsquelle nutzen können. Die Zeit, die eine derart strukturierte Gemeinschaft zum Aufbau benötigt, hängt von Art und Komplexität des neuen Substrates ab.

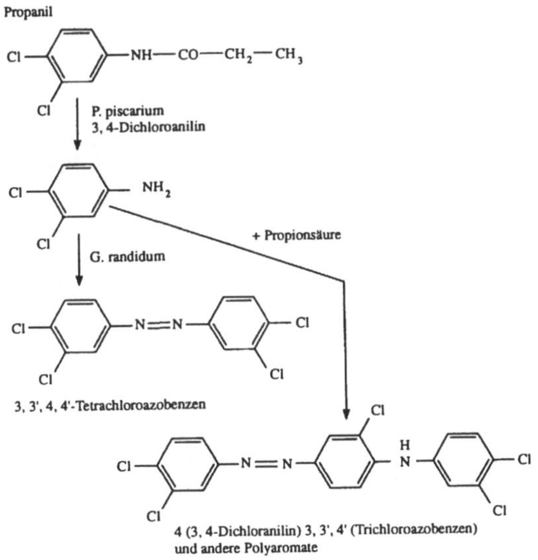

Abb. 5.7: Die Biopolymerisation von 3,4-Dichlorphenylpropionamid

Daher wird sich nach dem ersten Kontakt mit einer xenobiotischen Verbindung stets eine Verzögerungsphase ergeben, bevor die Verbindung abgebaut wird. Sobald sich die entsprechend angepaßten Organismen ausgebreitet haben, verbleiben sie in der Umwelt und bei einer nachfolgenden nochmaligen Zufuhr derselben Verbindung wird sich eine raschere Entfernung aus der Umwelt ergeben (Abb. 5.8).

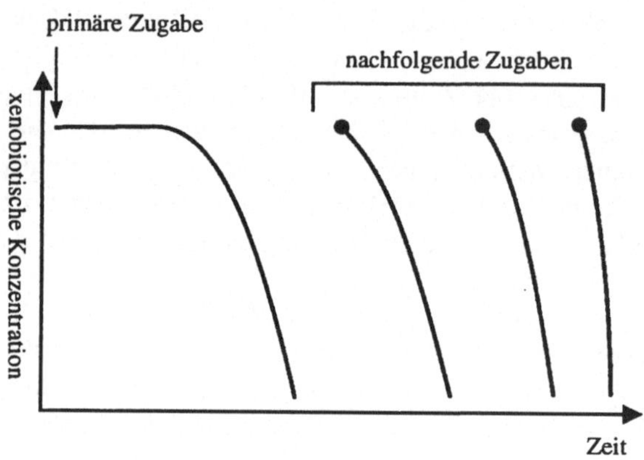

Abb. 5.8: Anpassung natürlicher Mikrobengemeinschaften an die wiederholte Zufuhr einer xenobiotischen Verbindung

Organische Halogenverbindungen in der natürlichen Umwelt

Halogenierte Verbindungen sind als Produkte natürlicher Prozesse in der Biosphäre weit verbreitet. Die durch den Menschen verursachte Zufuhr zum Reservoir der organischen Halogenverbindungen muß vor dem Hintergrund dieser natürlichen Verbindungen und ihrer Abbauprozesse gesehen werden.

Suida & Debernardis (1973) haben in einer Liste 200 organische Verbindungen mit kovalent gebundenen Halogenen zusammengestellt, die sie als aus natürlichen Prozessen entstanden ansahen, wobei es scheint, daß die meisten natürlichen organischen Halogenverbindungen biologischen Prozessen entstammen. Geothermische Prozesse liefern durch passive Entgasung und aktive vulkanische Eruptionen beträchtliche Mengen der weltweiten Gehalte an Wasserstofffluorid und -chlorid, wohingegen die einzigen durch vulkanische Prozesse freigesetzten organischen Halogenverbindungen, die Methylhalogenide, und dabei besonders das Methylchlorid als Folge einer durch Lavaströme ausgelösten Verbrennung von Vegetation entstehen.

Man könnte nun annehmen, daß die Anzahl der chlorhaltigen Verbindungen die der anderen Halogene bei weitem überschreiten, da die Chloridkonzentration in der Umwelt um ein vielfaches höher ist als die der anderen Halogene. Bei 75 % der oben erwähnten organischen Halogenverbindungen handelt es sich um chlorhaltige Stoffe. Es hat sich jedoch gezeigt, daß nahezu alle chlorhaltigen Moleküle aus terrestrischen Organismen und dabei besonders aus Pilzen isoliert wurden, während der größte Teil der bromhaltigen Substanzen aus mariner Umgebung stammt. Eine große Anzahl der halogenhaltigen Verbindungen weist bedeutende biologische Aktivitäten auf. Im allgemeinen zeigen chlorhaltige Stoffwechselprodukte von Bakterien und Pilzen antimikrobielle Auswirkungen und einige dieser Substanzen wie Chlortetracyclin, Chloramphenicol und Grisofulvin werden in der Medizin als Antibiotika eingesetzt. Der am weitesten verbreitete flüchtige halogenierte Kohlenwasserstoff ist das Methylchlorid (CH_3Cl). Aus natürlichen Quellen wie der biologischen Produktion und der Verbrennung von Pflanzen müssen jährlich schätzungsweise 5×10^6 t Chlormethan entstehen. Dem stehen jährlich etwa $2{,}6 \times 10^4$ t gegenüber, die durch industrielle Prozesse in die Umwelt freigesetzt werden.

In der Umwelt stellen natürliche halogenierte Verbindungen, die in vielen Fällen zur Eindämmung des Wachstums konkurrierender oder pathogener Arten erzeugt werden, einen bedeutenden Selektionsdruck für die Entwicklung von Entgiftungsmechanismen dar. Dies läßt sich beispielhaft durch die biologische Enthalogenisierung von 2,4-Dichlorophenyl darstellen, das sich in marinen Sedimenten findet, die natürliche Quellen für als bakterizide Stoffe produzierte Halophenole darstellen (King, 1986, 1988). Es wurden mittlerweile natürliche Organismen isoliert, die ein breites Spektrum von haloaromatischen und -aliphatischen Verbindungen verstoffwechseln können, und es bestehen kaum Zweifel, daß es sich dabei um wichtige Faktoren bei der Bestimmung des Schicksals halogenierter Substanzen in der Umwelt handelt.

Wenn wir uns die EPA-Liste der organischen Schadstoffe anschauen, so können wir erkennen, daß ein großer Teil davon einen oder mehrere Halogensubstituenten enthalten (Kap. 1). Die Bedeutung halogenierter xenobiotischer Verbindungen für die Umwelt steht außer Zweifel. Wenn wir die ökologische Bedeutung, biologische Abbaupfade und technologische Ansätze zur Verhinderung weiterer biologischer Verschmutzung durch diese Verbindungen betrachten, erhalten wir eine Basis für die weitergehende Erörterung der Ökologie und der biologischen Behandlung toxischer organischer Chemikalien.

Literatur

ALEXANDER, M. (1965): Persistence and biological reactions of pesticides in soils. Soil Sci. Soc. Am. Proc., 29, 1-17.

FATHEPURE, B. Z.; NENGA, J. P.; BOYD, S. A. (1987): Anaerobic bacterial that dechlorinate perchloroethylene. Appl. Environ. Microbiol., 53, 2671-2674.

KING, G. M. (1986): Inhibition of microbial activity in marine sediments by a bromophenol from a hemichordate. Nature, 323, 257-259.

KING, G. M. (1988): Dehalogenation in marine sediments containing natural sources of halophenols. Appl. Environ. Microbiol., 54, 3079-3085.

LOVELOCK, J. E. (1975): Natural halocarbons in the air and in the sea. Nature, 256, 193-194.

SLATER, J. H.; LOVATT, D. (1982): The significance of microbial communities in biodegradation. In Gibson, D. T. (ed.): Biochemistry of Microbial Degradation, Marcel-Dekker.

SUIDA, J. F.; DEBERNARDIS, J. F. (1973): Naturally occurring halogenated organic compounds. Lloydia, 36, 107-143.

SYMONDS, R. B.; ROSE, R. I.; REED, M. H. (1988): Contamination of Cl- and F-bearing gases to the atmosphere by volcanoes. Nature, 334, 415-418.

VOGEL, T. M.; MCCARTY, P. L. (1985): Biotransformation of tetrachloroethylene, dichloroethylene, vinyl chloride and carbon dioxide under methanogenic conditions. Appl. Environ. Microbiol., 49, 1080-1085.

Weiterführende Literatur

BULL, A. T. (1980): Biodegradation: some attitudes and strategies of microorganisms and microbiologists. In: Elwood, D. C.; Hedger, J. N.; Latham, M. J.; Lynch, J. M.; Slater, J. H. (eds.): Contemporary Microbial Ecology, pp. 107-136. Academic Press.

BULL, A. T.; SLATER, J. H. (1982): Microbial interactions and community structure. In: Bull, A. T.; Slater, J. H. (eds.): Microbial Interactions and communities, pp. 13-44. Academic Press.

Kapitel 6

Biologischer Abbau organischer Verbindungen

Der Teil des Kohlenstoffkreislaufs mit der größten Dynamik umfaßt den Transfer von CO_2 in die Atmosphäre hinein und aus ihr heraus, der durch die beiden natürlichen und zueinander gegenläufigen Prozesse Photosynthese und Atmung angetrieben wird. Photosynthese stellt den einzigen wichtigen Weg zur Synthese neuen organischen Materials dar und bildet damit das Fundament für den Umlauf des Kohlenstoffs zwischen dem anorganischen und dem organischen Zustand. Obwohl es Organismen gibt, die auch unter anaeroben Bedingungen zur Photosynthese befähigt sind, wird dieser Prozeß hauptsächlich von aeroben phototrophen Organismen eingesetzt und tritt damit in Lebensräumen auf, in denen ausreichend Licht zur Verfügung steht. Die bei diesem Prozess eintretende Fixierung des Kohlenstoffs führt zur Ansammlung von organischem Material, zunächst von Polysacchariden, die dann anabolischen oder katabolischen Stoffwechselprozessen unterliegen können. Im ersten Falle führen die anabolischen Prozesse zur Umbildung einfacher organischer Verbindungen zu komplexeren Molekülen und damit zu den Bausteinen des Lebens. Diese Biopolymere - Proteine, Polysaccharide, Fette und Oligonucleotide - werden dann in der Biosphäre in einer Kombination anabolischer und katabolischer Stoffwechselpfade recycelt. Dieser Umsatz komplexerer Moleküle liefert einfachere, die dann ihrerseits als Vorformen für die Synthese neuer komplexerer Moleküle dienen können, oder der biologische Abbau führt zur Mineralisierung und damit zur Freisetzung von CO_2. Katabolismus stellt somit die abbauende Phase im Stoffwechsel dar und wirkt auf komplexe Nährstoffmoleküle, die endogen in der Zelle produziert werden oder exogen und dann in die Zelle importiert werden. Katabolismus resultiert in der Freisetzung der in der Struktur der Nährstoffe eingebundenen Energie, die in der Form von Adenosintriphosphat (ATP) gespeichert wird, welches das Energietransfermolekül in Zellen darstellt. Auf diesem Weg wird die Energie zur Aufrechterhaltung der Lebenskraft der Zelle erzeugt. Die so produzierte Energie wird dann zum Antrieb der anabolischen Prozesse in der Zelle eingesetzt.

Kohlendioxid wird in die Umwelt durch Atmung abgegeben sowie durch Gärung, wobei die überwiegende Quelle dafür der mikrobielle Abbau toten organischen Materials ist. Wo organisches Material nicht als Folge biologischer oder physikochemischer Prozesse mineralisiert wird, kann es unter dem Einfluß geochemischer oder geophysikalischer Prozesse zu neuen Verbindungen umgebaut werden. Die dabei produzierten Verbindungen erweitern die Anzahl der verschiedenen durch biosynthetische Prozesse gebildeten organischen Moleküle und haben dadurch bei der Schaffung des Spektrums der in der Umwelt angetroffenen organischen Materialien eine bedeutende Rolle gespielt. Und es ist dieses Spektrum organischen Materials, das den Selektionsdruck für die Evolution der katabolischen Vielfalt der Mikroorganismen geliefert hat. Die Mikroben haben sich entwickelt, um neue Nischen durch die Entwicklung von Fähigkeiten zu besetzen, die bisher unerschlossene Kohlenstoffquellen nutzen.

Die gegenläufige Natur von Anabolismus und Katabolismus findet ihren Ausdruck in den jeweiligen Endprodukten. Beim Anabolismus laufen die biosynthetischen Pfade zunehmend auseinander, da komplexe Moleküle synthetisiert und zum Aufbau neuer, noch komplexerer Strukturen eingesetzt werden. Beim Katabolismus laufen die biologischen Abbaupfade zusammen, wenn strukturell komplexe Moleküle zu einer begrenzten Anzahl strukturell einfacher Moleküle umgebaut werden, die in die zentralen Stoffwechselpfade der Zelle aufgenommen werden können.

Der Katabolismus komplexer aliphatischer Moleküle beinhaltet ß-Oxidationsschritte, bei denen eine Reaktionskette zur Entfernung von zwei Kohlenstoffeinheiten in Form von Acetyl-CoA führt und jede Reaktion einzeln die Folge der Oxidation eines ß-Kohlenstoffes ist (als zweitem aus dem Carboxyl-Kohlenstoff). Eine Wiederholung der Reaktionsabfolgen führt zu einer Verkürzung der Länge der Kohlenstoffskelette der Moleküle bis die Reaktionsprodukte in die zentralen Stoffwechselpfade des Tricarboxylsäure (TCA)-Zyklus Eingang finden können. Bei aromatischen Molekülen folgt auf das Aufbrechen der Ringe eine ß-Oxidation zu Succinat und Acetyl-CoA, den Zwischenprodukten des TCA-Zyklus (Harayama & Timmis, 1989).

Die Bedeutung der Ringaufspaltung für die Aufrechterhaltung des Kohlenstoffzyklus sollte dabei nicht übersehen werden, denn nach den Glukosylrückständen stellt der Benzenring die in der Biosphäre am weitesten verbreitete Struktur dar.

Der erste Schritt auf dem Weg zum Abbau aromatischer Verbingungen ist die Einführung von zwei Hydroxylgruppen in den aromatischen Ring, wobei diese entweder an zwei benachbarten Kohlenstoffatomen angelagert werden (ortho-) oder an einander gegenüberliegenden (para-).

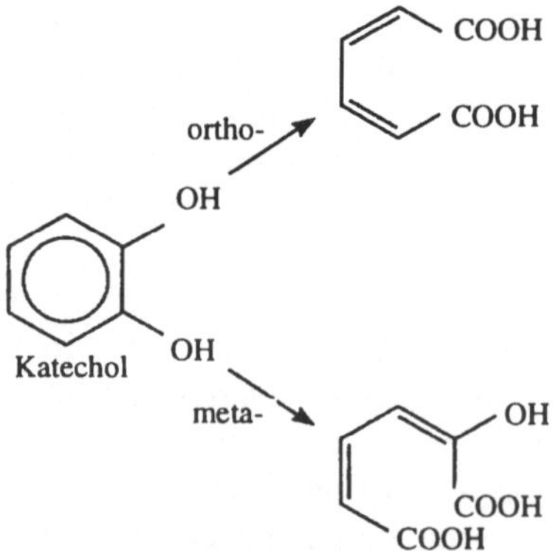

Abb. 6.1: Wege zur Spaltung aromatischer Ringe: Ortho-Spaltung zwischen zwei Hydroxylgruppen, meta-Spaltung angrenzend an eine der Gruppen

Wenn die Struktur bereits eine Hydroxylgruppe enthält, wird die zweite durch eine Monooxygenase eingeführt oder, wenn noch keine solche Gruppe vorliegt, führt eine Dioxygenase beide Gruppen ein. Die Anwesenheit der beiden Hydroxylgruppen destabilisiert die aromatische Ringstruktur und erfüllt eine wichtige Vorbedingung für die Aufspaltung des Ringes.

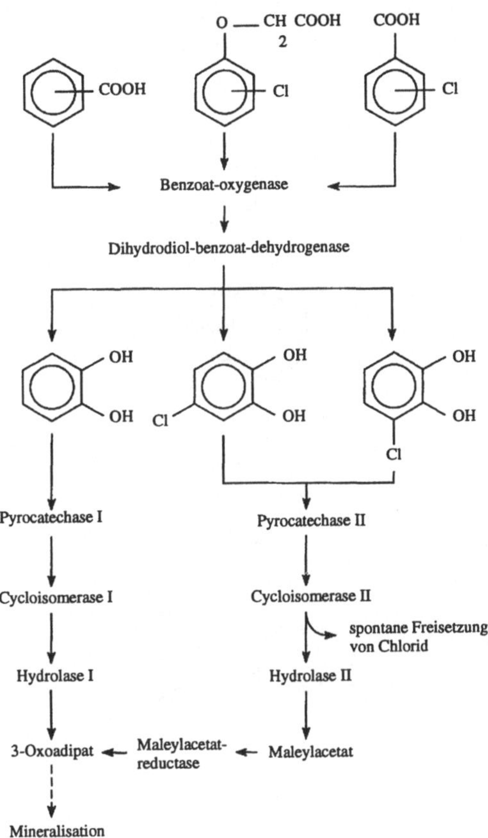

Abb. 6.2: Katabolismus aromatischer Verbindungen mit bzw. ohne Chlorsubstitution

Diese setzt entweder als ortho-Spaltung zwischen den beiden Hydroxylgruppen ein oder in der meta-Spaltung neben einer der beiden Gruppen. Wenn die Hydroxylgruppen in der para-Position auftreten wie bei Gentisat oder Homogentisat, führt die Wirkung der Dioxygenase zu einem der meta-Form ähnlichen Art der Ringspaltung (Abb. 6.1).

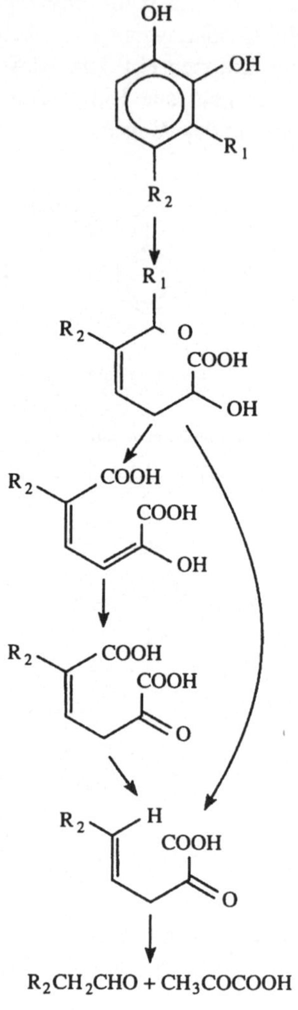

$$R_2CH_2CHO + CH_3COCOOH$$

Abb. 6.3: Alkylaromatischer Stoffwechsel über den Weg der meta-Spaltung

Nach dem Aufbrechen des Ringes richtet sich der Katabolismus auf die Bildung von Stoffwechselprodukten, die in den TCA-Zyklus Eingang finden können. Haloaromatische Verbindungen werden normalerweise durch ortho-Spaltung (ß-Ketoadipat) abgebaut, bei dem von Hydroxybenoaten stammendes Protocatechuat und von Benzoat herrührendes Catechol durch Protocatechuat-3,4 Dioxygenase bzw. durch Katechol-1,2-Dioxygenase aufgespalten werden. Beide Pfade führen zu dem gleichen Stoffwechselprodukt ß-Ketoadipat-Enollacton, das dann zu Succinat und Acetyl-CoA verstoffwechselt wird. Der Weg der ortho-Spaltung wirkt nicht bei alkylaromatischen Verbindungen, jedoch haben einige Bakterien zur Überwindung dieses Problems einen modifizierten ortho-Weg entwickelt (Abb.

6.2). Bei diesen Organismen, deren Laborvertreter *Pseudomonas* sp. B 13 (Dorn et. al., 1974) ist, bestehen zwei parallele ortho-Wege. Diese werden durch isomere Proteine katalysiert, die unterschiedliche Substrate bevorzugen. Bei diesem Isolat hat sich gezeigt, daß es 3-Chlorbenzoat verwenden kann, worauf wir später in diesem Kapitel noch zurückkommen werden.

Im allgemeinen werden Alkylaromate über den *meta*-Pfad wie beim Abbau von Toluen verstoffwechselt (Abb. 6.3). Es hat sich gezeigt, daß der *meta*-Pfad und auch der modifizierte ortho-Pfad durch Plasmide kodiert werden und damit "aufgepfropfte" Pfade darstellen, die die katabolischen Fähigkeiten derjenigen Wirtsstämme erweitert haben, die über solche extrachromosomalen genetischen Elemente verfügen.

Bei polyzyklischen aromatischen Verbindungen wird der Katabolismus durch eine anfängliche Destabilisierung eines der Ringe durch Dihydroxylierung ausgelöst und durch die von einer Dioxygenase unterstützte Ringspaltung. So beinhaltet z. B. der Abbau von Naphthalen die Bildung von Salicilat, das dann zu Katechol verstoffwechselt wird. Wir erkennen hier wieder den modularen Aufbau der Pfade und die Erweiterung der Stoffwechselfähigkeiten mittels des jeweils angefügten Moduls.

Biologischer Abbau xenobiotischer Verbindungen

Die ökologische Bedeutung von in die natürliche Umwelt eindringenden Schadstoffen leitet sich aus der Reaktion dieser Verbindungen mit den die Biosphäre antreibenden Stoffwechselprozessen her. Die bedeutendsten Auswirkungen entstehen als Folge der Vergiftung dieser Prozesse durch die Zufuhr giftiger Verbindungen oder in umgekehrter Richtung durch außergewöhnlich verstärkte biologische Aktivität als Folge der Zufuhr einer neuen, räumlich begrenzten Kohlenstoffquelle, die anschließend verstoffwechselt wird. Widerstandsfähigkeit (Beständigkeit in der Umwelt) stellt die Folge der Unfähigkeit endogener Stoffwechselsysteme dar, die betreffende Verbindung umzubilden. Es kann sich dabei um das Ergebnis verschiedener Situationen handeln: (I) die Verbindung kann nicht mit einer Abfolge von zu ihrer Umbildung fähigen Biokatalysatoren in Kontakt gebracht werden, da solche extra- oder intrazellulären Enzymsysteme in der betreffenden Umgebung nicht vorhanden sind, (II)- es fehlen geeignete Aufnahmemechanismen, wodurch der Transport der, Verbindung in das Innere der Zelle nicht möglich ist oder (III) die Verbindung reagiert nicht mit den biokatalytischen Regelmechanismen, die die Produktion des oder der benötigten Enzyme steuern. Bei dem dies verhindernden Substituenten kann diese Eigenschaft aufgrund seines komplexen Aufbaues entstehen oder als Folge einer "Neuartigkeit" hinsichtlich seiner Zusammensetzung oder seiner Position am Molekül. Die Anwesenheit des Substituenten kann dazu führen, daß die üblichen katabolischen Enzyme das substituthaltige Molekül nicht als mögliches Substrat erkennen oder die substituierende(n) Komponente(n) die Wirksamkeit eines Enzymes verhindern.

Da der Abbau organischer Verbindungen bei Aliphaten durch ß-Oxidation und bei Aromaten durch Aufspaltung des Ringes und nachfolgende ß-Oxidation eingeleitet wird, führen neue Substituenten, die die Enzymsysteme für die Ringspaltung und ß-Oxidation entweder stören oder unwirksam machen, dazu, daß das entsprechende Molekül eine größere Widerstandskraft aufweist. Wenn solche Verbindungen durch biologische Prozesse abgebaut werden sollen, müssen entweder alternative Enzyme aktiviert oder komplette neue Pfade entwickelt werden. Diejenigen, die die substituierten Moleküle als Substrate erkennen können, müssen zusammen mit den neuartigen Substituenten entfernt werden, damit die normalen katabolischen Pfade auf den unsubstituierten Substraten ablaufen können. Trotz der grossen Vielzahl natürlicher aromatischer Verbindungen wird der Umsatz dieser Verbindungen durch eine begrenzte Anzahl katobolischer Pfade bewerkstelligt. Die substituierten Moleküle werden dergestalt umgeformt, daß eine begrenzte Anzahl dihydrierter Phenole (Katechole) entsteht, die dann der Ringaufspaltung unterliegt. Es gibt insgesamt weniger als 12 Pfade, die den Abbau solcher Verbindungen zu Katecholzwischenstufen steuern.

Die Biochemie der Aufspaltung der Kohlenstoff-Halogen-Bindung

Die biologische Abbaubarkeit haloorganischer Moleküle wird durch die Art des vorhandenen Halogens, durch die Anzahl der Halogene im Molekül und durch die Position der Substitution bestimmt. Die Mechanismen, die bei der Aufspaltung der Kohlenstoff-Halogen-Bindung die substituierten Verbindungen dem weiteren Stoffwechsel zugänglich machen, liefern ein gutes Beispiel für die Wege, auf denen Mikroorganismen ihre Stoffwechselprozesse an die Nutzung xenobiotischer Verbindungen als Wachstumsnährböden anpassen können und damit die Mineralisation einer Gruppe organischer Schadstoffe katalysieren, die in der natürlichen Umwelt potentiell toxisch, karzinogen und teratogen wirken.

Wie oben beschrieben, läuft der Katabolismus aromatischer Verbindungen wie Benzoat, Benzen, Anilinen und Phenooxyazetaten in einer zweistufigen Reaktion zu Katechol ab (Abb. 6.7), der dann einer durch Katechol-1,2-Dioxygenase katalysierten Ringspaltung unterliegt. Die bei der Ringspaltung aktive Dioxygenase erkennt die Chlorkatechole nicht als Substrate, und während die ersten beiden enzymkatalysierten Reaktionen ablaufen, d. h. die Benzoat-Oxygenase und die Dihydrodiol-Benzoat-Oxygenase die chlorhaltigen aromatischen Verbindungen als Substrate erkennen, trifft dies für die 1,2-Dioxygenase und die nachfolgenden Pyrokatechase, Cycloisomerase und Hydrolase nicht zu, so daß sich Chlorkatechole als partielle Abbauprodukte des Stoffwechsels ansammeln. Somit wird die Widerstandsfähigkeit dieser Stoffwechselprodukte durch die Unfähigkeit der über den katabolischen Pfad der ortho-Spaltungen verfügenden Mikroorganismen verursacht, Chlorkatechol abzubauen.

Die Fähigkeit von Mikroben, sich an derartige Situationen anzupassen, wird bildhaft durch die Isolierung einer Pseudomonade illustriert, die 3-Chlorbenzoat zum Wachstum verwenden konnte. Wie schon beschrieben, *verfügt Pseudomonas* sp. B13 (Dorn *et al.,* 1974) über einen doppelten Enzymsatz, der einen alternativen Pfad zur *ortho* -Spaltung ermöglicht. Es besitzt zwei Katechol-1,2-Dioxygenasen, von denen die eine auf Katechol wirkt, während die andere 3-Chlorkatechol umbilden kann. Außerdem verfügt dieser Organismus über jeweils eine zweite Pyrocatechase, Cycloisomerase und Hydrolase (Abb. 6.2), und diese vier isofunktionalen Enzyme sind grundlegend für die Fähigkeit dieses Organismus verantwortlich, die chlorhaltigen Substrate durch eine Ergänzung der Aktivität hochgradig spezifischer Enzyme für ß-Ketoadipat-Pfade zu nutzen. Die Dioxygenasen, Pyrocatechasen und Cycloisomerasen erkennen die halogenhaltigen Stoffwechselprodukte als Substrate, und das subsituierende Halogen wird spontan durch eine als Folge der Isomeraseaktivität einsetzende Labilisierung entfernt.

Die Wirkung der Substratspezifität wird auch aus der Betrachtung des Abbaus von 4-Chlorbenzoat (4-cba) deutlich. Wenn der Halogensubstituent entlang des Ringes verschoben wird, verliert *Pseudomonas sp.* B13 seine Fähigkeit, die neue Verbindung als Nährboden zu nutzen, da der katabolische Pfad von B13 das neue Substrat nicht erkennen kann. Die neue Stoffwechselfähigkeit wurde B13 durch einen plasmidgestützten genetischen Austausch zugeführt, bei dem B13 einen Teil eines toluenabbauenden Plasmids erwarb (Reinicke & Knackmuss, 1978). Der neue Stamm kann nun 4-cba nutzen, da die Toluen-1,2-Dioxigenase als isofunktionales Enzym zu dem endogenen Enzym von B13 fungiert. Das exogene Enzym katalysiert die Umwandlung von 4-cba zu 4-Chlordihydro-1,2-Dihydrobenzoat, die durch das endogene Enzym nicht ausgelöst werden konnte. Nachdem der erste katabolische Schritt getan ist, kann der modifizierte ortho-Pfad (Abb. 6.2) die Mineralisation dieses substituierten Benzoates katalysieren.

Mikrobielle Dehalogenasen

Die biochemischen Pfade von *Pseudomonas* sp. B13 führen zur spontanen Dehalogenierung haloaromatischer Verbindungen. Es gibt jedoch auch Enzyme, die "Dehalogenasen" von Jensen (1960), die speziell das Aufbrechen der Kohlenstoff-Halogen-Bindung katalysieren. Die Anwesenheit solcher Enzyme in natürlichen Mikroben und die Beobachtung, daß in vielen Abbaupfaden eine Dehalogenierung der erste katabolische Schritt zur Mineralisation von Organohalogenen ist, bedeutet, daß solche Enzyme von großem wissenschaftlichen und praktischen Interesse für die Verhinderung oder Rehabilitation von durch toxische halogenhaltige xenobiotische Verbindungen verursachte Verunreinigungen sind.

Mikrobielle Dehalogenasen spalten die Kohlenstoff-Halogen-Bindungen durch Katalyse mittels oxygenolytischer, reduktiver und hydrolytischer Reaktionen, und die Enzyme wirken auf substituierte aromatische und aliphatische Verbindungen, obwohl einzelne Enzyme spezifisch entweder auf haloaliphatische Säuren, Alkane, Alkohole oder aromatische Substrate ansprechen. Die auf Halosäuren reagierenden Enzyme wirken somit nicht auf Haloalkane oder Haloaromate und umgekehrt. Eine Epoxidasereaktion stellt einen vierten Enzymmechanismus dar, der zur Dehalogenierung von Haloalkoholen führt. Diese Enzyme wirken spezifisch auf Haloalkohole und sind wirkungslos gegenüber Haloalkanen, während die hydrolytischen Haloalkan-Dehalogenasen über eine gewisse Wirksamkeit gegenüber Haloalkoholen verfügen.

Oxygenolytische Dehalogenierung: Wie oben gezeigt, kann die Aktivität von Dehalogenasen als Folge der Ringspaltung zu spontaner Dehalogenierung führen. Diese Enzyme wurden jedoch auch dabei beobachtet, daß sie als Dehalogenasen wirkten, indem sie aktiv den Dehalogenisationsschritt katalysierten. Unter anaeroben Bedingungen wird die Verstoffwechselung halogenierter Kohlenwasserstoffe durch streng anaerobe methanogene Bakterien gestützt (Bouwer & McCarty, 1983; Belay & Daniels, 1987). Diese Bakterien nutzen zwar H_2 und CO_2 oder Formiat, Azetat oder Methanol zum Wachstum, können jedoch gleichzeitig Haloalkane bis zur kompletten Mineralisation verstoffwechseln. Reduktive sowie auch Dehydro-Halogenierung wurden jeweils alleine oder in kombinierter Vorgehensweise bei der Umwandlung von Bromäthan zu Äthylen bzw. Äthan beobachtet (Vogel & McCarty, 1985). Während Perchloräthylen und Trichloräthan gegenüber aerobem Stoffwechsel resistent sind, soweit nicht methanogene Organismen bei Zufuhr von Erdgas auftreten, werden beide unter anaeroben Bedingungen durch sequentielle reduktive Dechlorierung zu toxischem Vinylchlorid als endgültigem Stoffwechselprodukt abgebaut. Im allgemeinen sind die dechlorierten Produkte der stärker substituierten Verbindungen anschließend aerobem biologischem Abbau zugänglicher.

Die Isolierung aerober Haloalkane als Kohlenstoff- und Energiequelle nutzende Mikroorganismen war bedeutend schwerer, was als Beweis dafür angesehen wurde, daß diese Substrate in cometabolischen Prozessen wie unter anaeroben Bedingungen umgebildet werden. Jedoch wurden schließlich durch den zunehmenden Forschungsaufwand zur Isolation kompetenter Aerobier auch derartige Mikroben gefunden. Frühe Untersuchungen der Enzymologie der Spaltung der Kohlenstoff-Halogen-Bindung bei Haloalkanen hatten gezeigt, daß Prokaryonten und Enkaryonten über zwei katalytische Mechanismen mit entweder oxidativen oder reduktiven Reaktionen verfügen, die durch Cytochrom P_{450} und andere Monooxygenasen katalysiert werden oder durch einen glutathionabhängigen nukleophilen Ersatz der durch Gluthation-S-Transferase katalysiert wird (Jakoby & Habig, 1980; Stucki *et al.*, 1981).

Oxigenasen sind auf breiter Substratbasis multifunktionelle Enzyme, die in Gegenwart einer **n**-Alkan-Baueinheit eine ganze Reihe von Reaktionen, wie z. B.

Oxidationen, Kondensationen und Dehalogenierungen katalysieren. So katalysieren z. B. üblicherweise Methan-Monooxygenasen die Oxidation von Methan zu Methanol über eine sauerstoffabhängige NADH-Reaktion. Halomethane fungieren allerdings ebenfalls als Substrate für diese Enzyme, und Alkane mit bis zu fünf Kohlenstoffatomen im Strang (Pentan) werden mit vergleichbaren Raten wie Methan oxidiert, obwohl eine Zunahme der Größe des Halogens oder der Anzahl der substituierenden Halogene einen gegenteiligen Einfluß auf die Oxidationsraten ausübt.

Methan-Monooxygenasen aus verschiedenen methanogenen Organismen katalysieren in Gegenwart von Haloalkanen als Substrate für die Enzyme unterschiedliche Reaktionen. So oxidierte z. B. der methanoxidierende Bakterienstamm 46-1 (Little *et al.*, 1988) Trichloräthan zu den entsprechenden Säuren und Halosäuren, die in der natürlichen Umwelt dann als Substrate für 2-Halosäure-Dehalogenasen dienen können. Einige Monooxygenasen wirken als terminale Alkan-Hydroxylasen, während andere aus n-Alkanen eine Mischung aus 1- und 2-Alkoholen bilden. *Metizylococcus capsulatus* produzierte aus Bromomethan über die vermutliche Zwischenstufe Bromäthanol Formaldehyd (Stirling & Dalton, 1980). Außerdem wurde beobachtet, daß Dibromomethan zu Äthylen mit Bromomethanol als Zwischenstufe in einer monooxygenase -gesteuerten reduktiven Dehalogenierung durch ein methanogenes Konsortium umgebildet wurde. Diese Enzyme wurden auch zur Erklärung der Dehalogenierung von Chloräthylenen herangezogen und ein methanoxidierendes methanotrophes Bakterium war das erste zum axenischen biologischen Abbau von Trichloräthylen fähige Isolat.

Der Abbau war das Ergebnis einer durch das Wachstum auf Methan oder Methanol unterstützten kometabolischen Aktivität. Die begleitende Ansammlung von Stoffwechselprodukten ließ vermuten, daß die axenische Kultur das Halosubstrat nicht vollständig verstoffwechseln konnte. Dies könnte die beobachtete Rolle von Mikrobengemeinschaften bei der Mineralisation von Chloräthylenen erklären. Der in Abb. 6.4 aufgezeigte Mechanismus wurde als Erklärung für den Abbaupfad der Verstoffwechselung von Trichloräthylen vorgeschlagen, wobei sich Glyoxylat und Dichloracetat ansammeln (Little *et al.*, 1988).

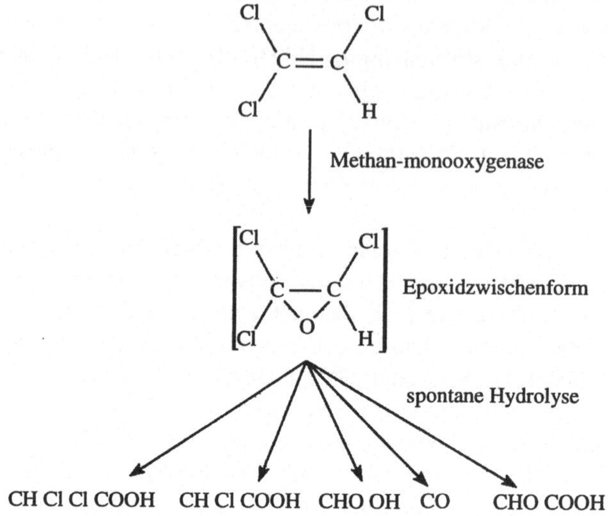

Abb. 6.4: Methanotropher Pfad zum Abbau von Trichloräthylen

Die Beteiligung von Cytochrom-Monooxygenasen war vermutet worden, da es sich gezeigt hatte, daß Säugetiersysteme die Entgiftung von halogenierten Kohlenwasserstoffen steuern. Das Wachstum eines Stammes *von Pseudomonas putida* auf Kampfer hatte zu hohen Gehalten an Cytochrom P_{450} geführt (Lam & Wilker, 1987). Der Einsatz von Ruhezellen zur Untersuchung der aus Bromtrichlormethan stammenden Dehalogenierungsprodukte hatte gezeigt, daß die Spaltung der C-Br-Bindung aus einem reduktiven Dehalogenierungsmechanismus stammt:

$$2\,Pfe'' + R_2CX_2{}^+H^+ \quad zu \quad 2\,Pfe'' + 2\,R_2CHX + X'',$$

während das stickstoffbindende Bakterium *Nitrosomonas europea* in der Lage ist, eine Anzahl aliphatischer Verbindungen abzubauen. Dabei wird der Abbau anscheinend dergestalt durch eine Ammon-Monooxygenase katalysiert, daß die Abbauaktivität durch die Anwesenheit von Ammoniak angezeigt wird (Vanelli *et al.*, 1990).

Es wurde ebenfalls berichtet, daß der Abbau von Trichloräthylen Enzyme des aromatischen Abbaupfades einbindet. So erforderte z. B. der Abbau von Trichloräthylen (TCE) durch einen *Pseudomonas cepacia*-Stamm die Zugabe von Enzymen aus dem aromatischen meta-Spaltungspfad (Abb. 2a; Nelson *et al.*, 1987). Untersuchungen der darin verwickelten Enzyme zeigten, daß der TCE-Abbau durch Toluen-Dioxygenase katalysiert wird. *Alcaligenes eutrophicus* JMP 134 verfügt über zwei Pfade zum TCE-Abbau (Harker & Kim, 1990). Der erste und schnellste von beiden ist ein phenolabhängiger chromosomenkodierter Pfad, während es sich bei dem anderen um einen plasmidkodierten Pfad handelte, der von der Anwesenheit von 2,4-Dichlorphenoxyessigsäure abhing. Es handelt sich hierbei wieder um einen cometabolischen Prozeß, was die Beobachtung erklären könnte, warum TCE in Böden in der Rhizosphäre, der Zone der Pflanzenwurzeln in der Bodenumgebung, wo zusätzliche Nährstoffe durch Pflanzenexudate zur Verfügung gestellt werden, schneller auftritt als in der Edaphosphäre.

Dioxygenaseaktivitäten wurden auch für die mikrobielle Verstoffwechselung polychlorierter Biphenyle (PCB's) angenommen. Die wesentlichen Stoffwechselpfade katalysieren die Hydroxylisierung der unsubstituierten Kohlenstoffatome an den Positionen 2 und 3 oder 3 und 4. In beiden Fällen scheint der Mechanismus die Anwesenheit benachbarter nicht chlorierter Kohlenstoffatome zu erfordern. Das Verhältnis zwischen der PCB-Struktur und dem Grad der Widerstandsfähigkeit wird durch den Substitutionsgrad bestimmt: Der Abbau nimmt in dem Maße ab, in dem die Chlorsubstitution zunimmt. Die Anwesenheit von zwei Chloratomen in der *ortho*-Position eines einzigen oder beider Ringe verstärkt die Widerstandsfähigkeit bedeutend. Wenn sich die Chlorsubstitution auf einen einzigen Ring beschränkt, ist das PCB weniger widerstandsfähig und die Spaltung des Ringes wird bevorzugt am nicht- oder weniger chlorierten Ring ansetzen.

Der Abbau von PCB's wurde bereits für eine Vielzahl von Bakteriengattungen berichtet. Die meisten aerobischen PCB-abbauenden Bakterien können Mono-, Di- und Trichlorbiphenyle verstoffwechseln und einige können sogar gleichzeitig erzeugte Verbindungen mit bis zu fünf Chlorsubstituenten umsetzen (Clark *et al*, 1977; Furakawa *et al.*, 1979). Der weiße Fäulnispilz *Phanerochaetes chrysosporium* kann sogar noch einen Schritt weitergehen und Hexachlorbiphenyle vermutlich als Folge einer Katalyse durch mehrere extrazelluläre Ligninperoxidasen abbauen (s. unten).

Reduktive Dehalogenierung: Reduktive Dehalogenierung führt zur direkten Substitution des Halogensubstituenten durch Wasserstoff und wurde sowohl von aeroben als auch anaeroben Organismen beschrieben. Der anaerobe Abbau von meta-Chlorbenzoaten wurde zuerst von einer anaeroben aus Klärschlamm isolierten Mikrobengemeinschaft berichtet, und es hat sich anschließend erwiesen, daß es sich dabei um den ersten Schritt beim anaeroben Abbau vieler aromatischer Verbindungen handelt (Quenson *et al.*, 1988). Methanogene Gemeinschaften aus Seesedimenten und Klärschlamm können Halobenzoate mineralisieren, wenn sie durch Anreicherung zum Wachstum auf 3-Chlorbenzoat isoliert wurden. Solche Gemeinschaften können alle Mono-, Jod- und Brombenzoate dehalogenieren und anschließend die unsubstituierten Benzoate mineralisieren. Es können jedoch nur die in der meta-Position substituierten Chlorbenzoate dehalogeniert werden: 3-Chlorbenzoat konnte mineralisiert werden, 2- oder 4-Chlorbenzoat hingegen nicht. Für solche Mikrobengemeinschaften waren meta-Halogene anfälliger als die ortho- und para-Isomere. Unter anaeroben und aeroben Bedingungen ändert sich der Grad der Widerstandsfähigkeit für die verschiedenen isomeren Reihen der Halobenzoate. So hat sich beim Abbau von Monochlorphenolen in nicht akklimatisierten Klärschlammproben ebenfalls eine abnehmende Reihenfolge der Widerstandsfähigkeit von *para- zu meta-* und schließlich zu ortho-substituierten Phenolen ergeben. Zu weiteren Informationen über reduktive Dehalogenierung wird auf die zusammenfassende Arbeit von Reinecke & Knackmuss (1988) über den mikrobiellen Abbau von Haloaromaten verwiesen.

Hydrolytische Dehalogenierung: Zwei Gruppen von Enzymen katalysieren die hydrolytische Dehalogenierung haloorganischer Verbindungen, die glutathion-abhängigen Dehalogenasen und die Halidohydrolasen (Hardman, 1991).

Die glutathionabhängige Umbildung von Dichlormethan zu Formaldehyd wurde durch zellfreie Extrakte eines *Hyphomicrobium* sp. katalysiert. Die Aktivität der Dehalogenase wurde stark angeregt und hing streng von GSH ab, ohne daß dieses dabei verbraucht wurde. Der für die Dehalogenierung von Dichlormethan vorge-schlagene Mechanismus ist analog dem des Systems der Rattenleber (Abb. 6.5). Dieser Mechanismus erfordert eine nichtenzymatische nukleophile Substitution der Kohlenstoff-Halogen-Bindung nach der Bildung eines S-Glutathion-Konjugates, womit diese Dehalogenasen eine Art von Glutathion-S-Transferase darstellen.

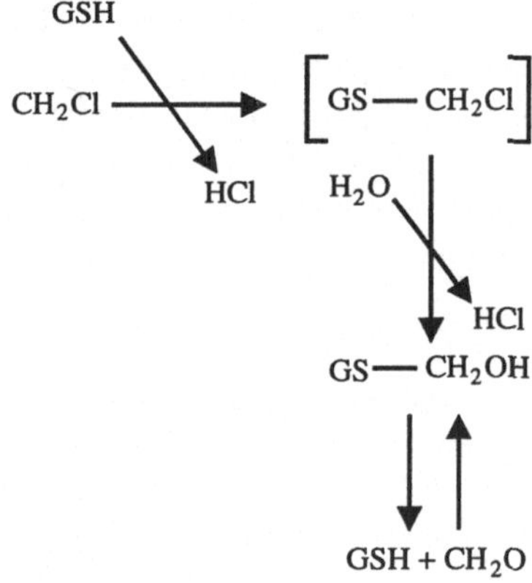

Abb. 6.5: Glutathionabhängige Umwandlung von Dichlorrnethan zu Formaldehyd durch eine *Hyphomicrobium*-Art.

Dehalogenasen vom Halidohydrolase-Typ wurden als wirksam sowohl auf ali-phatische als auch auf aromatische Verbindungen isoliert, wobei jedoch die ali-phatischen, und dabei besonders die haloaliphatischen Säure-Halidohydrolasen am eingehendsten untersucht wurden. Während natürliche haloalkanische Säuren iden-tifiziert wurden, treten viele davon wahrscheinlich auch als Zwischenprodukte beim Abbau komplexerer natürlicher halogenierter organischer Verbindungen auf.

Die Dehalogenierung stellt den wichtigsten Schritt beim Abbau von 2-Halosäu-ren dar und ist üblicherweise der erste Schritt auf einem Abbaupfad. Sobald der Halogensubstituent entfernt ist, kann die alkanisehe Säure durch den zentralen Stoffwechsel des Organismus assimiliert werden. Halohydrolasen katalysieren die Spaltung der Kohlenstoff-Halogen-Bindung, wodurch sich hydroalkanische Säuren aus monosubstituierten Verbindungen bilden und oxoalkanische Säuren aus den disubstituierten Verbindungen. Die haloaliphatischen Säure-Halidohydrolasen unterteilen sich je nach der Bandbreite ihrer Substrate in zwei Gruppen. Die Haloazetat-Halidohydrolasen sind durch ihre relative Inaktivität gegenüber Halopropionaten gekennzeichnet und können je nach ihrer Aktivität gegenüber der Kohlenstoffbindung in Fluorazetaten in zwei Arten unterteilt werden. Die 2-Halosäure-Halidohydrolasen wirken auf Haloazetate und -propionate. Die Physiologie der diese 2-Halosäure-Halidohydrolase produzierenden Mikroben und die Biochemie und Genetik der entsprechenden Enzymsysteme wurde in großem Detail von Hardman (1991) untersucht, wodurch eine beträchtliche Bandbreite der mit Halidohydrolase isofunktionellen Enzyme in natürlichen Organismen herausgearbeitet werden konnte.

Obwohl diese Enzyme für den Umweltbiotechnologen kaum von großer Bedeutung sind, stellen sie doch Modelle dar, mit Hilfe derer katabolische dehalogenierende Systeme untersucht werden können. Zu einzelnen Bakterienisolaten wurden bereits mehr als eine Halidolase nachgewiesen, und es wird angenommen, daß die Ausbildung der einen oder anderen Form von der Wachstumsumgebung abhängt. Die reversible Natur dieses Befundes zeigt, daß Wechsel in den Enzymprofilen die physiologische Antwort auf Veränderungen in der Umwelt darstellen. Jede Enzymform zeigt unterschiedliche Substratbevorzugungen und vermutlich unterschiedliche Affinitäten für Wachstumssubstrate. Änderungen im Grad der Ausbildung der einzelnen Enzymformen könnten somit eine physiologische Modifizierung der Ausbildung des Bestandes eines Organismus an katabolischen Enyen darstellen, mit denen er seine Konkurrenzfähigkeit in einer sich wandelnden Umwelt aufrechterhalten kann.

Die Halidohydrolasen können als die Wachstumsrate begrenzende Enzyme angesehen werden, wenn der Organismus eine haloalkanische Säure als Wachstumssubstrat nutzt. Somit dürfte ein Mechanismus, der die generelle halidohydrolasespezifische Aktivität eines Organismus verstärkt, diesem während der Anreicherungskultur einen Selektionsvorteil verschaffen und dies besonders in geschlossenen Kulturen, die das bevorzugte Selektionsverfahren darstellen. Eine solche Verstärkung der spezifischen Aktivität könnte sich als das Ergebnis der Selektion konstitutiver Mutanten einstellen, durch die Verdoppelung vorhandener Halidohydrolasegene, die Ausprägung vorher verborgener Gene oder durch das Zusammentreten heterologer Halidohydrolasegene innerhalb eines Organismus. Mit diesen Mechanismen ließe sich die Selektion von Organismen erklären, die haloalkanische Säuren nutzen können, sowie auch die Selektion von Stämmen, die über mehr als nur eine Enzymform verfügen.

Die Bedeutung der Halidosäure-Halidohydrolasen als Enzyme in einem katabolischen Pfad zum Abbau von Umweltchemikalien zeigt sich beim Abbau von 1,2-Dichloräthan durch *Xanthobacter autotrophicus* (Janssen *et al.*, 1985). Diese Fähigkeit ergab sich durch die Anwesenheit von zwei Halidohydrolasen. Die erste spaltete ein substituierendes Chloratom aus dem 1,2-Dichloräthan, während die zweite das Chlor aus dem Monochlorazetat entfernte, das, wie vermutet wurde, ein Zwischenprodukt auf dem katabolischen Pfad darstellte (Abb. 6.6). Die Haloalkan-

Halidohydrolase wurde als größenähnlich mit den vorher untersuchten 2-Halosäure-Halidohydrolasen angesehen, es bestanden jedoch keine Substratgemeinsamkeiten und immunologische Ähnlichkeiten zwischen den beiden Enzymen. Ein zweites Beispiel sind wiederum die Produkte des Abbaus von TCE durch die in einer methanotrophen Gemeinschaft auftretenden Methan-Monooxygenasen (Abb. 6.4; Little *et al.*, 1988). In diesem Falle entstehen einfach und zweifach substituierte Halosäuren über Epoxide als Zwischenstufe, die anschließend durch die Wirkung einer Halosäure-Halidohydrolase mineralisiert werden können.

Die auf Haloalkane wirkenden Halidohydrolasen sind nicht so häufig wie die auf Halosäuren wirkenden, und die Abbaupfade für die Haloalkane hängen von der Länge der Kohlenstoffketten ab. Wo die Substrate über Ketten mit mehr als fünf bis sechs Kohlenstoffen verfügen, wird die Dehalogenierung bevorzugt durch eine Oxygenase gesteuert, während bei C1- bis C4-Verbindungen Halidohydrolaseenzyme aktiv werden. Das *Xanthobacter*-Enzym konnte C1-C4-α-Halo- oder α,w-Dihalo-*n*-Alkane direkt hydrolytisch dehalogenieren, obwohl diese Bandbreite an Substraten im Vergleich zu anderen, aus auf Chlorbutan wachsenden Organismen isolierten Haloalkan-Halidohydrolasen begrenzt ist (Hardman, 1991).

Der für den Abbau von 1,2-Dichloräthan vorgeschlagene katabolische Pfad bildet ein Beispiel für ein wichtiges physiologisches oder biochemisches Verfahren, das von Bakterien angewandt wird, um sich in die Lage zu versetzen, neuartige organische Verbindungen abzubauen. Es handelt sich dabei um die sogenannte "Enzymrekrutierung". Auf diesem katabolischen Pfad werden zwei Dehydrogenasen bei der Katalyse des chlorierten Alkohols und der Aldehydstoffwechselprodukte zu Monochlorazetat eingesetzt. Diese Enzyme reagieren auf einer Zufallsbasis während der Verstoffwechselung des 1,2-Dichloräthans und ermöglichen dadurch einen vollständigen Abbau, obwohl es sich bei den normalen Substraten dieser Enzyme um nichthalogenierte Verbindungen handelt. Eine solche Enzymrekrutierung mit dem Ziel, ein Substrat zu mineralisieren, zeigt sich auch beim Abbau von Dichlormethan als primären Substrat nach einerglutathionsabhängigen Dehalogenierung. Der betreffende Organismus schien dabei für die Nutzung des neuartigen Substrates Enzyme zu rekrutieren, die normalerweise beim Abbau von Methanol sowie bei Hydrooxypryruvat-Reductase und Serin-Glyoxylat-Aminotransferase auftreten. Der Einsatz von Enzymen mit einer breiten Substratspanne ist für die Vervollständigung von Stoffwechselpfaden von Bedeutung, wenn sich die Stoffwechselzwischenprodukte aus den xenobiotischen Ausgangsmaterialien nicht ansammeln sollen.

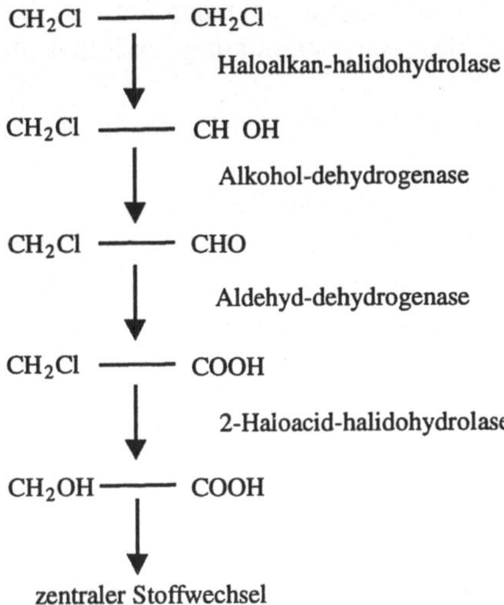

Abb. 6.6: Hydrolytische Dehalogenierung von 1,2-Dichloräthan durch *Xantho-bacter autotrophicus.*

Eine alternative Reaktion für haloaromatische Verbindungen, die sich aus der Hydroxylierung des aromatischen Ringes bei gleichzeitiger Freisetzung des Halogensubstituenten ergibt, stellt der durch eine halidohydrolaseartige Dehalogenase katalysierte Weg dar (Ydages & Lingens, 1979). Bei dieser hydrolytischen Reaktion stammt die Hydroxylgruppe aus dem Wasser und nicht von molekularem Sauerstoff wie im Falle des Oxygenasesystems (Abb. 6.7).

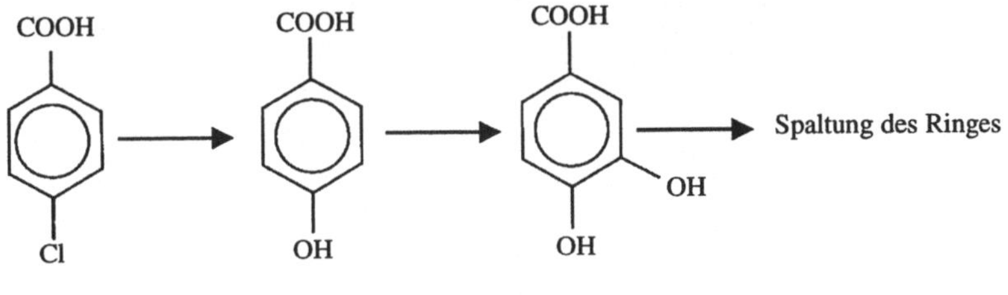

Abb. 6.7: Hydrolytische Dehalogenierung von 4-Chlorbenzoat

Von verschiedenen Bakterienisolaten wurde berichtet, daß sie 4-Chlorbenzoat über 4-Hydroxybenzoat und Protocatechuat abbauen können, wobei die Entfernung des Chlors den ersten Schritt auf dem Abbaupfad darstellt. Es ist dabei bemerkenswert, daß in einigen Fällen das entstandene Protocatechuat über eine *meta*-Spaltung verstoffwechselt wurde, während in anderen Fällen der Abbau über eine *ortho*-Spaltung ablief. Dadurch wurde die Verstoffwechselung des 4-Chlorbenzoates von der des Benzoates getrennt, was bei der ß-oxygenolytischen Spaltung von Chlor- und Fluorbenzoaten nicht der Fall ist. Bei letzteren entstanden Halokatechole, was auf eine enge Verbindung zwischen diesen beiden katabolischen Prozessen hinweist.

Der weitverbreitete Einsatz von Chlorphenolen als Herbizide und Fungizide sowie die damit einhergehende Verschmutzung der Umwelt führten dazu, daß der biologische Abbau dieser Gruppe von Verbindungen intensiv untersucht wurde. Der Abbau geringer (mono- und di-) substituierter Phenole umfaßt die Aufspaltung des Ringes und eine nachfolgende spontane Entfernung des Chlors aus den Spaltprodukten. Für eine Anzahl dieser Verbindungen wurde mittlerweile der komplette katabolische Pfad bestimmt. Bei den höher substituierten Phenolen (Pentachlorphenol oder PCP) müssen einige der Chlorsubstituenten entfernt werden bevor der Ring aufgebrochen werden kann, da die Halogene den aromatischen Kern gegenüber dem elektrophilen Angriff durch die Dioxygenase unempfindlich machen.

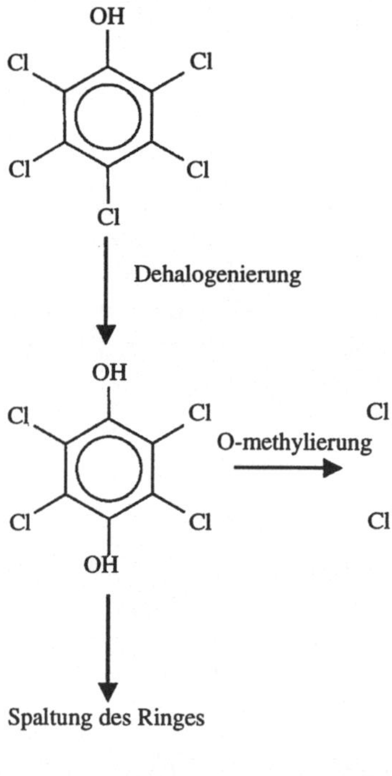

Abb. 6.8: *Para*-Hydroxylierung von Chlorphenolen durch *Rhodococcus chlorophenolicus.*

Eine Anzahl von Bakterien und Bakteriengemeinschaften haben sich in der Lage gezeigt, PCP zu mineralisieren. Der Actinomycete *Rhodococcus chlorophenolicus,* der als Organismus isoliert wurde, der 11 verschiedene Chlorphenole mineralisieren kann, ist im Detail untersucht worden. Dabei zeigte sich, daß er in Relation zur vorhandenen Hydroxylgruppe die para-Position hydroxyliert, unabhän gig davon, ob die 4-Position mit Chlor besetzt ist oder nicht. Diese para-Hydroxylierung ist eine hydrolytische Reaktion und es scheint sich dabei um ein Beispiel einer spezifischen Hydroxylase zu handeln, die ebenfalls als para-spezifische Dehalogenase wirkt und als solche einen ersten Evolutionsschritt zur Produktion einer aromatischen Selektion bei der Evolution neuer katabolischer Fähigkeiten darstellt.

Abbau von Haloalkoholen: Haloalkan-Halidohydrolasen wirken nicht nur auf Haloalkane, sondern katalysieren auch die Dehalogenierung von Haloalkoholen. Es wurde jedoch kürzlich eine neue Gruppe von Dehalogenasen beschrieben, die ausschließlich auf Haloalkohole wirken und als Haloalkohol-Wasserstoff-Halid-Lyasen definiert werden. Bakterien der Gattungen *Flavobacterium, Pseudomonas, Arthrobacter und Corynebacterium* können Verbindungen wie 1,3-Dichlor-2-Propanol, 3-Chlor-1,2-Propandiol, 1-Chlor-2-Propanol und in einigen Fällen auch Epichlorhydrin als Kohlenstoff- und Energiequellen nutzen (Castro & Bartnicki, 1965; von der Wijgaard *et al.*, 1989; Kasai *et al.*, 1990; Kagasawa *et al.*, 1992). Der Stoffwechselpfad (Abb. 6.9) enthält eine Epoxid-Hydrolase und eine Haloalkohol-Dehalogenase zur Umwandlung der halogenierten organischen Verbindungen in Stoffwechselprodukte, die dann in den TCA -Zyklus aufgenommen werden können.

Ligninasen: Die oben beschriebenen Dehalogenasen weisen im allgemeinen ein begrenztes Substratspektrum auf, obwohl die Oxygenasen auf grund einer gewissen Aufweichung der Beschränkung auf bestimmte Substrate als Dehalogenasen wirken. Im Gegensatz dazu verfügen Ligninasen über ein außergewöhnlich breites Substratspektrum. Die Bedeutung von Ligninasen für den Kohlenstoffkreislauf ist offensichtlich, sie sind jedoch auch für die Eindämmung und Rehabilitierung von Umweltverschmutzungen von Interesse.

Lignin ist ein Zellwandpolymer in der Holzfaser und in Leitungsgeweben höherer Pflanzen und Farne, wo es 20-30 % dieser Materialien aufbaut. Es bildet sich durch eine enzymkatalysierte freiradikale Copolymerisation von Coumaryl-, Coniferyl- und Sinapyl-Alkoholen, die zur Bildung eines Polymers aus Phenylpropaneinheiten führt. Die komplexe Struktur des Lignins bedingt, daß die ersten Abbauschritte extrazellulär, nichtspezifisch und nichthydrolytisch ablaufen müssen. Lignin wird nicht anaerob abgebaut und selbst unter stark aeroben Bedingungen ist die Abbaurate gering. Zu den Actinomyceten gehörende Bakterien und zu den Ascomyceten und Fungi Imperfecti gehörige Pilze können Lignin in gewissem Umfang abbauen. Die Weißfäule *Basidiomycetes* ist jedoch der einzige Organismus, der dieses natürliche Polymer nachhaltig abbauen kann. Diese Organismen bringen hier ihr gesamtes Arsenal an Ligninasen, Cellulasen und Hemicellulasen zur Wirkung und können damit als einzige Mikroben Lignin mineralisieren. Es sollte jedoch berücksichtigt werden, daß die extrazelluläre Depolymerisierung von Lignin als ein sekundärer Stoffwechselprozeß angesehen wird. Der Ligninabbau wird durch die primäre Nutzung von Zellulosen und anderen Kohlehydraten unterstützt.

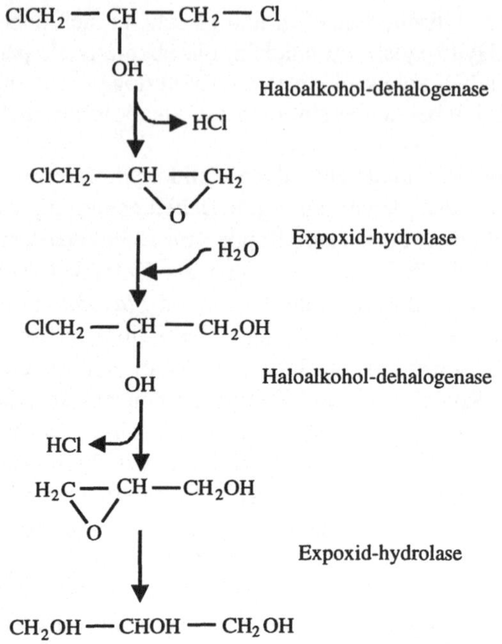
ClCH2 — CH — CH2 — Cl
OH
Haloalkohol-dehalogenase
HCl
ClCH2 — CH — CH2
O
H2O
Expoxid-hydrolase
ClCH2 — CH — CH2OH
OH
Haloalkohol-dehalogenase
HCl
H2C — CH — CH2OH
O
Expoxid-hydrolase
CH2OH — CHOH — CH2OH

Abb. 6.9: Dehalogenierung von Haloalkoholen

Bei Ligninasen handelt es sich um eine Gruppe extrazellulärer Enzyme, die den Abbau von Lignin katalysieren. Sie umfassen Lignin-Peroxidasen, Aryl-Methony-Demethylasen und Phenoloxidase, wobei Lignin-Peroxidase eines von etwa 15 extrazellulären Enzymen des am meisten untersuchten Weißfäulepilzes *Phanerochaetes chrysosporium* ist. Dieses peroxidaseabhängige Enzym ist die am besten bekannte Ligninase, obwohl es erst 1983 erstmals erwähnt wurde. Das Enzym benötigt H2O2 als Oxidans. Die Einzelheiten seiner Wirkungsweise sind immer noch nicht ausreichend gut bekannt, aber der Einsatz von Modellverbindungen mit geringem Molekulargewicht zeigt, daß die Reaktion die Bildung instabiler Arylkationenradikale als Folge einer direkten Oxidation umfaßt, die dann einer Anzahl nichtenzymatischer sekundärer Reaktionen unterliegen. Diese Reaktionen führen zur Depolymerisierung des Lignins bei gleichzeitiger Bildung kleiner wasserlöslicher Produkte, die dann durch das Ligninasesystem weiter umgewandelt werden. Bei diesen Reaktionen läuft auch die Aufspaltung aromatischer Ringstrukturen ab, wobei jedoch nicht bekannt ist, ob dies vor oder nach der Depolymerisation geschieht. Die Produkte dieser Reaktion finden dann Eingang in die Zellen, wo die intrazellulären Komponenten des TCA-Kreislaufes den Mineralisationsprozeß vollenden.

Zusätzlich zu Lignin und mit diesem verwandten aromatischen Verbindungen oxidieren Ligninasen auch eine Vielzahl strukturell unterschiedlicher organischer

Schadstoffe, die üblicherweise als widerstandsfähig gegenüber mikrobiellen Angriffen angesehen werden. So wurde nachgewiesen, daß Ligninasen polyaromatische Kohlenwasserstoffe oxidieren können. Dazu gehören (I) Biphenyle wie Pyren, Anthracen, Dibenzo(p)dioxin, (II) chlorierte Aromate wie 4-Chlorbenzoat, Pentachlorphenol, und 2,4,5-Trichlorphenoxy-Essigsäure, (III) polyzyklische chlorierte Aromate wie z. B. bei der Oxidation von DDT (1,1,1 Trichlor-2,-2bi(4-Chlorphenyl) Äthan) sowie Arachlor 1254 und 1242, und (IV) chlorierte Alkylhalide wie Lindan, Chlordan und eine Reihe von Triphenylmethan-Farbstoffen.

Die Natur der Ligninasesysteme zeigt, daß der Einsatz von Ligninasen außerhalb der sie produzierenden Organismen nur von geringem Wert sein dürfte, insbesondere in Anbetracht der Vielgestaltigkeit der enzymatischen Formen im Ligninase-"Komplex" und der Kombination von intra- und extrazellulären Prozessen, die zur Vollendung des Mineralisierungsprozesses erforderlich sind. Da der Erfolg eines Organismus beim Abbau einer xenobiotischen Verbindung daran gemessen wird, ob das Katabolismusprodukt einem weiteren Abbau zugänglich ist, können Weißfäulepilze auch als Bestandteil eines Konsortiums mikrobieller Biokatalysatoren zum Abbau komplexen xenobiotischer Verbindungen Anwendung finden. Die Art der Ligninasereaktionen befähigt diese Enzyme zur Katalyse des ersten und schwierigsten Oxidationsschrittes, wodurch die dabei entstehenden Stoffwechselprodukte anschließend für katabolische Prozesse anderer Mikroben des Konsortiums zugänglicher werden.

Biochemie der Entgiftung organischer Quecksilberverbindungen

Während die enzymatische Wirkung bei organischen Ouecksilberverbindungen hauptsächlich auf ihre Entgiftung ausgerichtet ist, kann der organische Bestandteil des entsprechenden Moleküls nach Abtrennung des Metalles als Kohlenstoff- und Energiequelle genutzt werden.

In Kapiteln 13 und 14 werden die ökologischen Auswirkungen der Biomethylieung im Detail beschrieben. Die zweiwertige Form des Quecksilbers, Hg^{2+} wird in die wesentlich giftigere organische Quecksilberverbindung überführt:

$$CH_3Co$$

$$Hg^{2+} + CH_3Co \longrightarrow Hg^+CH_3 \longrightarrow Hg(CH_3)_2$$

Der Methyllieferant bei dieser Methylierung des Hg^{2+} ist Methylcobalamin, das üblicherweise mit der Umbildung von Homocystein zu Methionin zusammenhängt. Die entstehenden organischen Quecksilberverbindungen sind flüchtig und giftig.

Es gibt zwei Arten von enzymkatalysierten Entgiftungsreaktionen: Die erste wird als "Breitband"-System angesehen. In einem zweistufigen Prozeß wird zunächst das Ouecksilber hydrolytisch vom organischen Bestandteil abgespalten, was zu Benzen aus Phenylquecksilber führt sowie zu Äthan und Methan aus Äthyl- bzw. Methylquecksilber. Der zweite Schritt umfaßt die Reduktion zu metallischem Quecksilber, das flüchtig und im wesentlichen ungiftig ist. Als Ergebnis der Verflüchtigung geht dieses dann aus der direkten Umgebung verloren. Die erste Reaktion wird durch eine Organoquecksilber-Lyase katalysiert, die zweite durch eine Quecksilberreductase (Abb. 6.10). Die Biochemie der Stoffe, die die Widerstandsfähigkeit des Quecksilbers in dem System mit geringer Bandbreite bestimmen, ist nicht bekannt. Diese Widerstandsfähigkeit umfaßt anscheinend nicht einen Abbau der organischen Ouecksilberverbindungen, sondern dürfte auf ein wirksames System von Durchlässigkeitsbarrieren zurückzuführen sein.

Organoquecksilber-Lyase

Phenylquecksilber   ----> Benzen + Hg^{2+} ---->

Methylquecksilber   ----> Methan + Hg^{2+} ---->   Quecksilberreductase

Äthylquecksilber   ----> Äthan   + Hg^{2+} ----> HG^O

Abb. 6.10: Enzyrnatische Urnbildung organischer Quecksilberverbindungen

Ausnutzung der biochemischen Vielseitigkeit von Mikroorganismen

Die sich als Folge ihrer genetischen Plastizität (Kap. 4) ergebende biochemische Vielseitigkeit von Mikroorganismen und ihre Fähigkeit, ihre Physiologie so zu verändern, daß sie stets über die größtmögliche Konkurrenzfähigkeit in einer sich ständig ändernden Umwelt verfügen, ist eine der wichtigsten Antriebskräfte für die organischen und atmosphärischen Reservoirs im Kohlenstoffkreislauf, wenn nicht die wichtigste Kraft überhaupt dabei. Die vorangegangene Beschreibung der Mechanismen, mit Hilfe derer Mikroben halogenierte organische Verbindungen nutzen können, unterstreicht diese Vielseitigkeit.

Mikrobentechnologen sind bisher kaum unter die Oberfläche des natürlichen "Meeres" der mikrobiellen Vielfalt eingetaucht. Wenn neue Mikroorganismen isoliert wurden, die sich als fähig erwiesen, spezifische Schadstoffe abzubauen, dann hat sich stets auch herausgestellt, wie immens ihre biochemische Vielseitigkeit ist. Das wahre Ausmaß dieser unerschlossenen Vielfalt ist augenblicklich überhaupt noch nicht bekannt und alle Versuche, Indices zur mikrobiellen Vielfalt in natürlichen Umfeldern zu bestimmen, werden durch die Unfähigkeit der Mikrobiologen verhindert, überhaupt alle in einer bestimmten Umweltprobe vorhandenen Mikroben heranzuzüchten. Es wird vermutet, daß bisher weniger als 10 % aller Bodenmikroben und nur 0,1-0,001 % aller marinen Mikroben im Labor herangezüchtet werden konnten. Während das wahre Ausmaß dieser Vielseitigkeit zur Zeit nur vage geschätzt werden kann, führt unser augenblicklicher Wissensstand der biochemischen Vielseitigkeit von Mikroben zu der Vermutung, daß es für jeden Schadstoff einen natürlichen Organismus geben wird, der diesen verstoffwechseln kann. Die Isolierung einer solchen speziellen Mikrobe wird jedoch häufig einen gezielten intelligenten Ansatz zur Durchmusterung der Biosphäre nach ihr erfordern. Vor diesem Hintergrund wollen wir uns im letzten Kapitel dieser Abteilung mit der technologischen Anwendung von Biokatalysatoren bei der Eindämmung und Rehabilitation von organischen Schadstoffen befassen.

Literatur

APAJALAHTI, J. H. A.; KARPANOJA, P.; SALKINOJA-SALONEN, M. S. (1986): Rhodococcus chlorophenolicus sp. nov., a chlorophenol-mineralizing Actinomycete. Int. J. System. Bact., 36(2), 246-251.

BELAY, N.; DANIELS, L. (1987): Production of ethane, ethylene and acetylene from halogenated hydrocarbons by methanogenic bacteria. Appl. Environ. Microbiol., 53, 1604-1610.

BOUWER, E. J.; MCCARTY, P. L. (1983): Transformations of halogenated organic compounds under denitrification conditions. Appl. Environ. Microbiol., 45, 1295-1299.

CASTRO, C. E.; BARTNICKI, E. W. (1965): Biological cleavage of carbonhalogen bonds. Metabolism of 3-bromopropanol by Pseudomonas sp. Biochim. Biophys. Acta, 100, 384-392.

CLARK, R. R.; CHIAN, E. S. K.; GRIFFEN, R. A. (1979): Degradation of polychlorinated biphenyls by mixed microbial cultures. Appl. Environ. Microbiol., 37(4), 680-685.

DORN, E.; HELLWIG, M.; REINEKE, W.; KNACKMUSS, H. J. (1974): Isolation and characterization of a 3-chlorobenzoate degrading pseudomonad. Arch. Microbiol., 99, 61-70.

FURUKAWA, K.; TOMIZUKA, N.; KAMIBAYASHI, A. (1979): Effect of chlorine substitution on the bacterial metabolism of various polychlorinated biphenyls. Appl. Environ. Microbiol. , 38(2), 301-310.

HARAYAMA, S.; TIMMIS, K. N. (1989): Catabolism of aromatic hydrocarbons by Pseudomonas. In: Hopwood, D. A.; Chater, K. E. (eds.): Genetics of Bacterial Diversity, pp. 152-175, Academic Press.

HARDMAN, D. J. (1991): Biotransformation of halogenated compounds. Crit. Rev. Biotechnol., 11(1), 1-40.

HARKER, A. R.; KIM, Y. (1990): Trichlorethylene degradation by two independent aromatic-degrading pathways in Alcligenes eutrophus JMP104. Appl. Environ. Microbiol., 56, 1179-1181.

JAKOBY, W. B.; HABIG, W. H. (1980): Glutathione transferase. Enzymatic Basis of Detoxification, 11, 63-64.

JANSSEN, D. D.; SCHEPER, A.; DIJHUIZEN, L.; WITHOLT, B. (1985): Degradation of halogenated aliphatic compounds by Xanthobacter autotrophicus GJ10. Appl. Environ. Microbiol., 49, 673-677.

JENSEN, H. L. (1960): Decomposition of chloroacetates and chloropropionates by bacteria. Acta Agricult. Scand., 10, 83-103.

KASAI, N.; TSUJIMUA, K.; UNOURA, K.; SUZUKI, T. (1990): Degradation of 2,3-dichloro-1-propanol by a Pseudomonas sp. Agricult. Biol. Chem., 54(12), 3185-3190.

KLAGES, U.; LINGENS, F. (1979): Degradation of 4-chlorobenzoic acid by a Nocardia species. FEMS Micro. Letts., 6, 201-203.

LAM, T.; VILKER, V. L. (1987): Biodehalogenation of bromotrichloromethane and 1,2-dibromo-3-chloropropane by Pseudomonas putida PpG-786. Biotech Bioeng, 24, 151-159.

LITTLE, C. D.; PALUMBO, A. V.; HERBES, S. E.; LIDSTROM, M. E.; TYNDALL, R. L.; GLIMER, P. J. (1988): Trichloroethylene biodegradation by a Methaneoxidizing bacterium. Appl. Environ. Microbiol., 54, 951-956.

NAGASAWA, T.; NAKAMURA, T.; YU, F.; WATANABE, I.;YAMADA, H. (1992): Purification and characterization of halohydrin hydrogen halide lyase from a recombinant Escherichia coli containing the gene from a Corynebacterium sp. Appl. Microbiol. Biotechnol, 36, 478-482.

NELSON, M. J. K.; MONTGOMERY, S. O.; MAHAFFEY, W. R.; PRITCHARD, P. H. (1987): Biodegradation of trichloroethylene and involvement of an aromatic biodegradative pathway. Appl. Environ. Microbiol., 53, 949-954.

QUENSEN, J. F. I.; TIEDJE, J. M.; BOYD, S. A. (1988): Reductive dechlorination of polychlorinated biphenyls by anaerobic microorganisms from sediments. Science, 242, 752-754.

REINEKE, W.; KNACKMUSS, H. J. (1978): Chemical structure and biodegradability of halogenated aromatic compounds: Substituent effects on 1,2-dioxygenation of benzoic acid. Bochimica Biophysica Acta., 542, 412-423.

REINEKE, W.; KNACKMUSS, H. J. (1988): Microbial degradation of haloaromatics. Ann. Rev. Microbiol., 42, 263-287.

STIRLING, D. I.; DALTON, H. (1980): Oxidation of dimethyl ether, methyl formate and bromomethane by Methyloccus capsulatus (Bath). J. Gen. Microbiol., 116, 277-283

STUCKI, G.; GALLI, R.; EBERSOLD, H.-R.; LEISINGER, T. (1981): Dehalogenation of dichloromethane by cell extracts of Hyphomicrobium DM2. Arch. Microbiol., 130, 366-371.

VAN DEN WIJNGAARD, A. J.; JANSSEN, D. B.; WITHOLT, B. (1989): Degradation of epichlorohydrin and halohydrins by bacterial cultures isolated from freshwater sediment. J. Gen. Microbiol., 135, 2199-2208.
VANNELLI, T.; LOGAN, M.; ARCIERO, D. M.; HOOPER, A. B. (1990): Degradation of halogenated aliphatic compounds by the ammmonia oxidizing bacterium Nitrosomonas europaea. Appl. Environ. Microbiol., 56, 1169-1171.
VOGEL, T. M.; MCCARTY, P. L. (1985): Biotransformation of tetrachloroethylene to trichloroethylene, dichloroethylene, vinyl chloride and carbon dioxide under methanogenic conditions. Appl. Environ. Microbiol., 49, 1080-1083.

Kapitel 7

Der Einsatz von Biotechnologien bei der Behandlung von organischen Schadstoffen

Einleitung

Toxische organische Verbindungen, die Produkte unserer modernen Gesellschaft, werden zunehmend als extreme Bedrohungen der Selbstregulierungsfähigkeit der Biosphäre angesehen. Die komplexen, in Kapitel 5 beschriebenen Kreisläufe des organischen Materials, die die uns bekannte bewohnbare Umwelt herausgebildet und aufrechterhalten haben, werden anscheinend zunehmend überlastet. Ein wachsendes öffentliches und politisches Bewußtsein über diese Probleme hat zu der Erkenntnis geführt, daß ein großer Bedarf dafür besteht, Umweltverschmutzungen zu verhindern bzw. zu rehabilitieren.

Es besteht jedoch ein zweifaches Problem: Zum ersten verfügen wir über ein gefährliches Erbe von Abfallstandorten, Deponien und Halden, die Folgen einer jahrzehntelangen Wegwerfmentalität, und haben damit ein Problem vor uns, das einer Lösung bedarf. Und zweitens müssen wir verhindern, daß die Probleme noch weiter zunehmen. Die Behandlung toxischer organischer Verbindungen im Verlaufe oder am Ende eines Prozesses mit anfallenden Abwässern würde absichtliche Einleitungen oder teure Transporte dieser giftigen Substanzen auf Deponien vermeiden helfen. Bei der Betrachtung von Umweltverschmutzungen ist Vermeidung billiger als nachträgliche Reparatur. So hat z. B. das amerikanische Amt für Technologiebeurteilung geschätzt, daß die Rehabilitation von 600 Giftmüllstandorten in den USA bis zu 100 Milliarden kosten könnte.

Biotechnologien zur Verhinderung von Umweltverschmutzung durch giftige organische Verbindungen

Der Einsatz biologischer Mittel bei der Entfernung organischer Verbindungen aus Abwässern ist eine anerkannte und bewährte Technologie. Kommunale Kläranlagen sind in Europa seit mehr als 100 Jahren im Betrieb. Die Geschichte der Abwasserbehandlung geht zurück bis 1850, als es noch üblich war, Abwässer durch Versprühen auf Feldern zu behandeln. Diese Methoden wurden durch Tropfkörperfilter ersetzt, und mit Zunahme der Abwassermengen wurden intensivere Methoden in Betracht gezogen, während die Theorie des aktivierten Klärschlamms erstmalig 1914 in einem Bericht der Society of Chemical Industry beschrieben wurde. Damit ist die aerobe Abwasserbehandlung über 100 Jahre alt. Anaerobe Behandlungsverfahren für suspendierte Feststoffe wurden zuerst in Frankreich etwa zur gleichen Zeit entwickelt und großtechnisch in Großbritannien um die Jahrhundertwende eingeführt.

Diese biologischen Systeme beweisen ihre Wirksamkeit beim Abbau einfach strukturierter Kohlenstoff- und Ammoniumverbindungen und schützen die Vorfluter durch eine Verringerung des organischen Gehaltes und damit des biologischen und chemischen Sauerstoffbedarfes (BSB und CSB) der in die Umwelt eingeleiteten Abwässer. Anaerobe Systeme weisen Vorteile bei der volumetrischen Belastung und dem Energiebedarf auf und liefern weniger Klärschlamm. Aerobe Systeme lassen sich jedoch auf eine größere Zahl von Abwässern ansetzen, ermöglichen eine stärkere Herabsetzung der BSB sowie der Stickstoff- und Phosphorgehalte und sind weniger anfällig für Vergiftungseffekte durch in das System eintretende toxische organische Verbindungen.

In Großbritannien umfaßt die Abwasserbehandlung heute mindestens eine erste Stufe und üblicherweise auch eine zweite, die das Abwasser beim BSB zu 95 % klären soll, bevor es in den Vorfluter abgelassen wird. Strenge Auflagen sollen erfüllt werden, damit der BSB einen Wert von 20 mg l^{-1} nicht überschreitet, die Schwebfracht im Abwasser unter 30 mg l^{-1} bleibt und der Vorfluter das Abwasser um den Faktor 8 verdünnt.

Behandlung kommunaler Abwässer

Kommunale Abwässer setzen sich zusammen aus häuslichem Abwasser und Fäkalwässer sowie Niederschlagswasser. Es können auch industrielle Abwässer enthalten sein, jedoch wird streng darauf geachtet, daß dort, wo in einzelnen Fabriken übermäßige Mengen erzeugt werden oder wo toxische Bestandteile im Abwasserstrom enthalten sind, die Abwässer vor der Einleitung in das öffentliche System vor Ort behandelt werden. Es gibt zwei Arten von Sammelverfahren: Das kombinierte System, bei dem häusliche Abwässer mit Niederschlagswasser zusammen abgeführt werden, wie es in den frühesten Netzen der Fall war. In den späteren Systemen werden die beiden Abwasserarten getrennt gesammelt. Damit ließ sich der Nachteil der kombinierten Systeme vermeiden, bei denen während starker Regenperioden ein Teil der großen Wassermenge direkt in die Vorfluter abgegeben werden muß.

Ein typisches, in Kläranlagen anfallendes Abwasser weist einen BSB von 275-300 mg l^{-1} auf und eine Schwebfracht von 300-350 mg l^{-1}. Kommunale Kläranlagen sind für die Verringerung dieser beiden Größen ausgelegt und reduzieren außerdem die Zahl der pathogenen Keime und den Gehalt an anorganischen zu

Eutrophierung führenden Nährstoffen, d. h. an Phosphor und Stickstoff. In Dürrezeiten wird der sparsame Umgang mit Wasser als einer natürlichen Ressource von großer Bedeutung sein; jedoch auch bei zunehmender Industrialisierung und Verbrauchernachfrage wird das Recycling von Wasser aus kommunalen Kläranlagen zunehmend interessanter.

Die Behandlung kann drei Stufen umfassen, jedoch wird das Rohwasser je nach den vorherrschenden Bedingungen und geographischen Gegebenheiten in unterschiedlichem Maße vorbehandelt. In der ersten Stufe wird das Rohwasser durch Siebe von groben Bestandteilen befreit, um dann durch Sandfänge in die primären Absetzbecken zu gelangen, in denen sich ein Teil der Biomasse und der ausgeflockten organischen Bestandteile absetzt. In einer Anzahl von Küstenstädten ist damit die Behandlung beendet, und das Abwasser wird dann direkt ins Meer geleitet, während der Rohschlamm anaerob zur Gewinnung von Methan ausgefault wird. Der getrocknete Schlamm kann dann als Dünger ausgebracht werden oder wurde z. T. bisher im Meer verklappt. Die zunehmende Umweltgesetzgebung hat dazu geführt, daß Schlamm, der nur eine erste Behandlung erfahren hat, nur noch selten im Meer verklappt wird. Bei der zweiten Stufe wird das abgesetzte Abwasser durch Tropf- oder Durchströmfilter geführt, wobei das Abwasser durch Biofilme, die auf den Schüttkörpern im Filter aufgebracht sind, oxidiert wird, oder es wird in ausgeflocktem Zustand in Suspension in Belebtschlammsystemen weiterbehandelt. Die bei diesem Behandlungsverfahren entstandene Biomasse wird wieder in Absetzbecken von der flüssigen Phase getrennt, in anaerobe Faultürme verbracht oder deponiert. Der deutlich verbesserte Überlauf kann dann in die Umwelt abgegeben oder der dritten Stufe zugeführt werden. Diese letzte Stufe verringert die Möglichkeit einer zunehmenden Eutrophierung der entsprechenden Vorfluter (Kapitel 8). Dort, wo Wasser für den menschlichen Gebrauch wiederverwendet werden soll, wird eine letzte Stufe zur Sterilisation eingeschaltet, in der vor der Übergabe an eine Wasserrückgewinnungsanlage Chlor zugesetzt wird.

Im Laufe der Zeit haben sich die kommunalen Anlagen weiterentwickelt und die Technologie ist soweit fortgeschritten, daß viele Anlagen sich mittlerweile durch das in den anaeroben Faultürmen produzierte Methan mit Energie selbst versorgen. Die Mikrobiologie hat sich allerdings gleichzeitig nicht wesentlich weiterentwickelt. Die hier ablaufenden biologischen Prozesse sind die gleichen wie wir sie in einer mit abbaubaren organischen Verbindungen überlasteten aquatischen Umgebung antreffen würden. Die heterotrophen Bakterien verstoffwechseln das organische Material und setzen dabei Kohlendioxid, Wasser und Ammoniak frei, womit eine Abnahme der Sauerstoffkonzentration einhergeht, die ohne mechanische Belüftung zu anaeroben Bedingungen führen würde. Im Laufe der Zeit beginnen Ciliaten sich von den Bakterien zu ernähren und eine durch andere Mikroben gesteuerte Nitrifizierung wandelt den Ammoniak zunächst in Nitrit und anschließend in Nitrat um. Algen und Diatomeen nutzen die Nitrate dann als Stickstoffquellen und führen damit zu einer Zunahme der Artenvielfalt im System.

Als Folge der Nährstoffbasis dieses Systems und der darin lebenden Mikroorganismen können kommunale Kläranlagen viele der in Gewerbeabwässern enthaltenen giftigen Umweltchemikalien nicht verkraften. Wenn derartige Chemikalien in kommunale Anlagen geraten, können sie die Biomasse der biologischen Systeme solcher Anlagen vergiften, an die Biomasse gebunden oder nur teilweise abgebaut werden. Damit ist der Grad ihrer Abscheidung wesentlich weniger steuerbar. Die Kontrolle von Gewerbeabwässern kann die Konzentration solcher Stoffe begrenzen, als Folge eines möglichen Überlaufs in einen Vorfluter stellen sie jedoch eine Gefährdung der Umwelt dar. Bisher bestand ein wesentlicher Teil der Antwort auf dieses Problem darin, daß man sie verdünnte, d. h. toxische Abwässer in vorher als zulässig definierten Konzentrationen kontrolliert einleitete, sie zum Zweck der Ablagerung auf Deponien verbrachte oder verbrannte. Diese Handlungsweisen werden jedoch zunehmend als unannehmbare Lösungen des Problems angesehen. Der gleiche Einsatz neuartiger Abbaufähigkeiten ausgewählter Mikroben in solchen Kläranlagen als Folge von Auslegungen für kommunale Kläranlagen stellt die einfachste Form eines biologischen Behandlungsschrittes am Ende eines Verfahrens dar. Selbst mit den modernsten   Erkenntnissen ist es wirtschaftlich nicht möglich, wirksame Behandlungsanlagen zu entwickeln, die nicht zur Konzentration dieser toxischen Bestandteile in den dabei entstehenden Schlämmen führen. Klärschlämme werden daher immer in der einen oder anderen Form entsorgt werden müssen (s. Kap. 3).

Die naturgemäß großen Mengen und der außergewöhnlich geringe Wert der Abfälle bedeutet, daß neue Behandlungsverfahren einfach und kostengünstig sein müssen. Nach den bisher vorliegenden Daten kann man gesichert voraussagen, daß sich der Einsatz neuer oder verbesserter Biokatalysatoren mit Fortschreiten der Entwicklung im industriellen Abfallmanagement breit durchsetzen wird. "Supermikroben", d. h. universell einsetzbare Biokatalysatoren zum Abbau aller toxischen Substanzen können nicht hergestellt werden und die verschiedenen Schadstoffklassen werden unterschiedliche Verfahren erfordern. Somit sind für die Behandlung spezifischer Umweltchemikalien die Entwicklung und Einsatz maßgeschneiderter Biokatalysatoren nötig und, wo erforderlich, neuartige Auslegungen von Bioreaktoren.

In gleichem Maße, in dem Wissenschaftler und Ingenieure die kommunalen Behandlungsverfahren für neue Anwendungen bei Gewerbeabfällen und für Umweltdekontamination erweiterten, mußten sie die Schwierigkeiten erkennen, die sich ergeben, wenn man vom Labor in den echten Einsatz vor Ort übergeht.

In Belebtschlammsystemen mit ihren großen Belüftungsraten zeigte sich, daß die Giftstoffe aus den Abwässern durch Biotransformation, Adsorption an der Biomasse oder durch Luft-Stripping entfernt werden können. Letzteres Verfahren, in Verbindung mit den Stoffwechselprodukten CO_2 und CH_4, trägt zu einem Problem bei, das erst in jüngster Zeit voll erkannt wurde, nämlich zur Freisetzung von Treibhausgasen und flüchtigen toxischen Verbindungen in die Atmosphäre. Die Adsorption toxischer anorganischer Substanzen wie Schwermetallen, oder von strukturell sehr komplexen oder hochsubstituierten organischen Verbindungen an der Biomasse stellte sich spätestens bei der Entfernung der Biomasse aus der Anlage als Problem heraus. Die Anwesenheit der adsorbierten Chemikalien und solcher, die durch katalysierte Umbildungen bei den Entwässerungsphasen des Prozesses entstehen, die ihrerseits durch die Zufuhr von Wärme oder weiteren Chemikalien hervorgerufen werden, führt zu beträchtlichen Konzentrationen von Umweltchemikalien in den Schlämmen. Die Entsorgung derartiger Schlämme führt dann zu unerwünschten Umweltverschmutzungen.

Eine teilweise Mineralisation der toxischen organischen Verbindungen (anstatt CO_2, dem erwünschten Endprodukt der biologischen Aktivität, wurde die Ansammlung von Stoffwechselzwischenprodukten in den behandelten Wässern registriert) wurde z. B. bei der Bildung des biologisch toxischen Vinylchlorid aus Trichloräthylen unter anaeroben Bedingungen beobachtet (Kap. 6). Die teilweise Verstoffwechselung unter aeroben Bedingungen führt zu oxidierten Intermediaten, die zwar meist weniger toxisch als die Ausgangsstoffe, dafür aber mobiler in der Umwelt sind. Solche Verbindungen können bei normalen Analyseverfahren übersehen werden und den falschen Eindruck erwecken, daß die Giftstoffe mineralisiert wurden. Dies unterstreicht, warum die Erstellung von Verlust- und Mengenbilanzen so wichtig ist.

Biotechnologien zur Beseitigung von Umweltverschmutzungen durch toxische organische Verbindungen

Bodenbehandlung

Die Verunreinigung von Böden stellte bisher das größte Anwendungsfeld dar. Die angewandten Reinigungsstrategien basieren auf zwei Ansätzen: (I) solche, die bei der Rehabilitation von Grundstücken eingesetzt werden, auf denen die Verunreinigung auf die obersten Bodenzonen beschränkt sind und (II) Festkörperverfahren und dabei z. B. Bodenumpflügung mit konventionellem landwirtschaftlichem Gerät, das sogenannte "Land-farming".

Wenn die Verunreinigung in tiefere Bodenschichten vorgedrungen ist, d. h. unterhalb von Tiefen, bei denen eine Ausbaggerung noch wirtschaftlich ist, können *in situ*-Rezirkulationssysteme eingesetzt werden, die die Zugabe und Zirkulation von Nährstoffen oder von Nährstoffen und angepaßten kompetenten Mikroben umfassen. Eine solche Bioaugmentation kann auf drei Wegen stattfinden: (I) Anregung der vorhandenen Organismen im Boden oder Aquifer durch Nährstoffe, (II) Entfernung von Organismen aus verunreinigten Standorten zur Anreicherung und Selektion im Labor, gefolgt von der Rückführung eines Cocktails von Organismen zum verunreinigten Standort und (III) Bioaugmentation mit genetisch veränderten Mikroben (GEM's). Die letzte Methode befindet sich aufgrund der Besorgnis über die Freisetzung solcher Mikroben in der Umwelt noch im Laborstadium von Mikrokosmosstudien. Die Stimulation existierender Mikrobenpopulationen oder die Augmentation mit angepaßten Stämmen wurde in den USA und Europa mit Erfolg bei der Dekontaminierung von Standorten mit giftigen oder gefährlichen Materialien eingesetzt. Keines dieser beiden Verfahren beruht auf DNS-Rekombinationstechniken und das erste führt nicht einmal zu den Mutationsveränderungen, die sich bei *in vitro*-Kulturen einstellen. Die ausschließliche Zugabe von Nährstoffen befördert das Wachstum von Mikroben *in situ* und beruht auf der Annahme, daß sich im Verlauf der Zeit, über die Mikrobenkonsortien den Schadstoffen ausgesetzt waren, eine Subpopulation gebildet haben wird, die diese Verbindungen nutzen kann. Somit befördert die Unterstützung mit wachstumsfördernden Nährstoffen, unter denen sich auch Sauerstoff und Methan befinden können, die mikrobielle Aktivität im allgemeinen und stimuliert besonders die kompetenten Subpopulationen. Methan ist enthalten, da es den metha-nogenen bakteriellen Abbau von haloorganischen Verbindungen anregt (Kap. 6). Sauerstoff kann ein weiterer begrenzender Nährstoff sein. Dies wird einfach dadurch erreicht, daß man Luft in das Wasser eines im verschmutzten Gebiet liegenden Brunnens einpreßt. Die Konzentration an gelöstem Sauerstoff läßt sich noch zusätzlich durch das Einpressen von Sauerstoff erhöhen bzw. drittens durch die Zugabe von H_2O_2. Dabei besteht jedoch die Gefahr, daß Sauerstoffkonzentrationen erreicht werden, die auf die im System vorhandenen Mikrobenpopulationen giftig wirken können.

Nachdem die *Exxon Valdez* 1989 im Prinz-William-Sund auf Grund gelaufen war, verschmutzten etwa 40 Millionen Liter Schweröl die Umwelt Alaskas. Es wurde geschätzt, daß insgesamt etwa 500 km der Küste mit Öl verschmutzt wurden, das sich auf Geröllstränden sowie Felsen und Klippen ablagerte. Bei der natürlichen Verwitterung gingen 15-20 % des Öls durch Verdunstung verloren, während der Rückstand auf den Stränden verblieb. Zunächst wurden mechanische Reinigungsverfahren eingesetzt wie z. B. periodische Flutung und Einsatz von Heißwasser unter hohem Druck, gefolgt von Vakuumextraktion und Abschöpfen des freigesetzten Öls. Damit konnte zwar die Oberflächenverschmutzung entfernt werden, nicht aber das unter der Gerölloberfläche festgehaltene Öl. Dieser Verschmutzungsunfall lieferte die langersehnte Gelegenheit, die Wirkungsweise der biologischen Behandlungsverfahren bei der Reinigung eines Ölunfalls zu vergleichen. Diese wurden zwar als zusätzliche ergänzende Technologien angesehen, jedoch war dieser Unfall bisher das weiteste Feld, in dem diese Verfahren eingesetzt wurden. Das Umweltamt der USA empfahl zwei Düngemittel zum Einsatz an den Stränden, um den natürlichen biologischen Abbau des Öls zu unterstützen. Innerhalb weniger Wochen nach Einsatz der Dünger waren die entsprechenden Strände deutlich sauberer als unbehandelte Vergleichsstrände. Obwohl eine wissenschaftliche Bestätigung schwierig war, bestand Einigkeit darüber, daß sich biologische Behandlungsverfahren auf die eine oder andere Art als erfolgreich erwiesen und eine Technologie repräsentierten, die auf die Umwelt deutlich weniger störend wirkte als die alternativen physikalischen oder chemischen Verfahren.

Die biologische Verstärkung durch Zugabe kompetenter, im Labor selektierter Mikroben beschleunigt wirkungsvoll das, was sich als Ergebnis der "eingeborenen" Mikrobenpopulation schließlich auch eingestellt hätte (Abb. 7.1). Die Laborstämme haben Anreicherungs- und Selektionsstrategien durchlaufen, wodurch sich Stämme herausbildeten, die eine größere Wirksamkeit beim und Befähigung für den Abbau der fraglichen Schadstoffe aufweisen. Diese Stämme wurden von Bewly *et al.* (1989) Vanguard- oder "Pfadfinder"-Mikroben genannt. Nach der Isolierung wird üblicherweise statt einer einzigen Art ein Cocktail von Mikroben zum verschmutzten Standort zurückgebracht und dort zusammen mit wachstumsfördernden Nährstoffen ausgebracht, um die Entfernung der Schadstoffe zu unterstützen. Es gibt allerdings Mängel bei der Anwendung biologischer Behandlungsverfahren: Sie sind nicht in der Lage, die 9x9-Wirksamkeit der anderer Verfahren zu erreichen, und einige der biologischen Abbaureaktionen sind aufgrund ihrer geringen Wirksamkeit nicht wirtschaftlich. Insgesamt ist jedoch die biologische Behandlung, besonders in Kombination mit anderen Verfahren, ein nachweislich wirksamer Ansatz zur Rehabilitation.

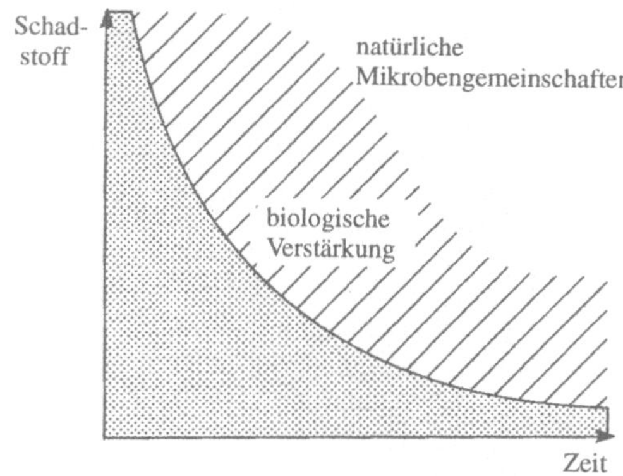

Abb. 7.1: Bioaugmentation verstärkt Rate und Umfang des Schadstoffabbaus

Wir verfügen über eine große Anzahl von Beispielen für die Behandlung verunreinigter Standorte mit Hilfe von *in situ*-Verfahren. Darunter sind Projekte zur Beseitigung von Benzin und Kohlenwasserstoffbrennstoffen nach Brüchen von Rohrleitungen, Leckagen von Lagertanks und Verschüttungen sowie von Gemischen aus organischen Chemikalien oder aus Lösungsmitteln und Brennstoffen. In der hierzu angegebenen weiterführenden Literatur finden sich Einzelheiten zu den verschiedenen Fallbeispielen. Die Verfahren reichen von echten *in situ*-Behandlungen zu vor-Ort-Verfahren wie verstärktem Umpflügen des Bodens oder des Aufbaus von Kompostierungsmieten (Abb. 7.2) bis zum vor-Ort-Einsatz von Bioreaktoren zur Behandlung von Waschwässern, Sickerwässern oder verunreinigten Oberflächen- oder Grundwässern. Um einen Überblick über die gewählten Ansätze zu geben, sollen zwei Verfahren, über die viel geschrieben wurde, im Detail vorgestellt werden. Das erste ist ein Bodenwaschsystem zur Entfernung des Holzschutzmittels Pentachlorphenyl (PCP) und Kreosot aus verunreinigten Böden, das zweite ein kombinier-tes Verfahren zur Behandlung von Gaswerksstandorten.

Das Bodenwaschsystem wurde von Biotrol^R entwickelt und basiert auf einer Reihe von Wasch- und physikalischen Trennungsschritten mit Wasser als Trägermedium. Ausgehend davon, daß der Großteil der Verunreinigungen mit der Ton- und Schlufffraktion der Böden vergesellschaftet ist, werden die Bodenpartikel durch Waschverfahren aufgebrochen, damit die kleineren Teilchen zugänglich werden. Der Boden wird dann in Schlamm überführt und durch mehrere Wasch- und Siebschritte geführt. Die feinen, im Prozeßwasser suspendierten Bodenteilchen werden dann mit dem hydrophobe Verbindungen enthaltenden Schaum der Siebphase vermischt, damit sie ausflocken und sich absetzen können.

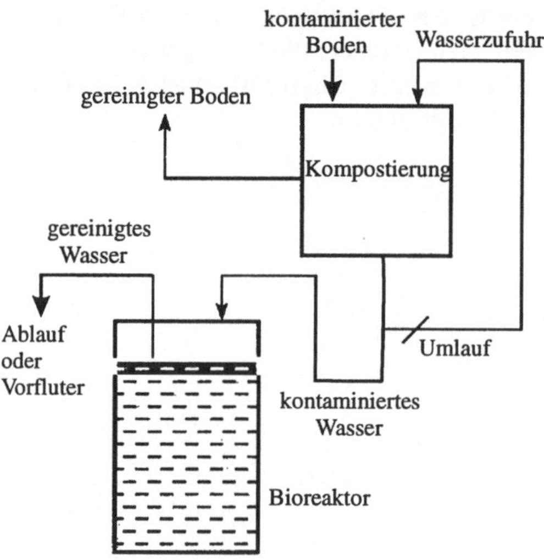

Abb. 7.2: Kombination von Kompostierung und Bodenwäsche vor einem Bioreaktor zur Behandlung verunreinigter Böden

Die stark verunreinigten Feinstoffe werden dann entwässert und einer biologischen Behandlung unterzogen, verbrannt oder an anderer Stelle deponiert. Das Prozeßwasser läuft dann in eine Wasserbehandlungsanlage, einen Festfilm-Bioreaktor mit einer kompetenten Mikrobenpopulation. Der CSB und die polyaromatischen Kohlenwasserstoffe (PAK) mit niedrigem Molekülgewicht werden von im verunreinigten Standort heimischen Mikroben abgebaut. Diese Mikroben werden aus Bodensickerwässern des entsprechenden Standortes entnommen und dem Bioreaktor zugeführt. Sobald sich aus diesen Mikroben ein Biofilm gebildet hat, wird ein zum Abbau von PCP befähigtes *Fluorbacterium* (Pflug & Burton, 1988) hinzugelegt, das im Reaktor Fuß faßt. Bei dem Bioreaktor handelt es sich um einen Mehrzellen-Tauchreaktor mit Füllkörpern aus Kunststoff. Als Teil des Vorbehandlungsverfahrens wird das Wasser auf 25°C erwärmt, der pH auf 7,2 eingestellt und anorganische Nährstoffe zur Lieferung von Stickstoff und Phosphor beigefügt. Die Behandlung des Wassers kann kontinuierlich zusammen mit dem Bodenwaschprozeß ablaufen oder es wird zwischengelagertes Waschwasser gereinigt.

Eine mobile Pilotanlage war 1987-8 an einem "Superfond"-Standort im Einsatz, wobei die beiden Stufen des Verfahrens auf Sattelanhängern getrennt transportiert wurden. Ihre stündliche Leistung betrug 250 kg Boden und es zeigte sich, daß 85-99 % des PCP (von 1.997 ppm im verunreinigten Boden auf 115 ppm im behandelten Boden) und des Kreosotes beseitigt wurden, während man 73-83 % des behandelten Bodens zurückgewann.

Es zeigte sich, daß die Wirksamkeit des Biotrol^R-Systems von der PCP-Konzentration im Boden abhing und stärker verunreinigte Böden wirksamer behandelt werden konnten. Eine ähnliche nicht mobile, von der ECOVA Corporation entwickelte Aufbereitungsanlage zeigte ebenfalls eine konzentrationsabhängige Wirksamkeit. Es ergab sich, daß die Behandlungsrate bei Verschmutzungskonzentrationen von 400-700 ppm etwa 3 ppm täglich betrug, während sie bei 700-1.000 ppm auf 7,8 ppm täglich anstieg. Dies könnte durch die Art der Adsorption des PCP in Böden verursacht werden, durch Auswirkungen anderer im verunreinigenden Material vorhandener Stoffe oder dadurch, daß die höheren Konzentrationen zu einer verstärkten Aktivität der PCP-abbauenden Bestandteile der Mikrobenpopulationen führen. ECOVA hat außerdem ein Bodenwaschverfahren mit zwei Reaktionen entwickelt, eines für die Behandlung des Schlammes und das zweite für die Behandlung der Wässer aus der Bodenwäsche.

In Großbritannien war die biologische Behandlung bisher weniger häufig angewandt worden. Es gibt jedoch einige bemerkenswerte Beispiele für den wirtschaftlichen Erfolg dieses Ansatzes bei der Reinigung von Standorten. Am besten wurde dabei die Reinigung des Gaswerksstandortes Greenbank in Blackburn (Lancashire) beschrieben (Bewley *et al.*, 1989, 1991). Hier bestanden über einen Zeitraum von 70 Jahren ein Gaswerk und eine Teerdestillationsanlage, und nachdem diese stillgelegt worden waren, konnte der Standort wegen der dort vorhandenen toxischen Verbindungen nicht einer weiteren Verwendung zugeführt werden. Daraufhin wurde ein Plan zum Einsatz einer Mischung aus konventionellen und biologischen Verfahren aufgestellt. Dadurch konnte die Verbringung großer Mengen toxischen Bodenmaterials zu einer Deponie verhindert werden. Nach einer Bestandsaufnahme des Standortes wurden 30.500 m^3 von mit Kohleteer und Phenolen verunreinigtem Boden mit Mikroben behandelt, während die restlichen, mit Metallen und Cyanidkomplexen verunreinigten 12.000 m^3 an Ort und Stelle verkapselt wurden.

Zum Abbau von Kohleteer, PAK und Phenolen fähige Organismen wurden durch diskontinuierliche Anreicherungsverfahren im Labor aus Bodenproben vom Standort Greenbank selektiert. In Labor- und Geländeuntersuchungen wurde die optimale Mischung aus Mikroben, Nährstoffen und oberflächenaktiven Stoffen bestimmt, die zur Optimierung der Behandlungsstrategie dem verunreinigten Boden zuzuführen war. Die oberflächenaktivierenden Stoffe wurden zur Erhöhung der Verfügbarkeit der Schadstoffe für die Aktivität der Mikroben zugesetzt. Beim eigentlichen Prozeß wurde der Boden in Schichten behandelt und voraufbereitet, um die größtmögliche Homogenität vor Einsatz der Mischungen aus Mikroben, Nährstoffen und oberflächenaktivierenden Stoffen sicherzustellen. Die Mischungen wurden auf die einzelnen Bodenschichten mit einer landwirtschaftlichen

Sprühvorrichtung aufgetragen, und die Bodenschichten wurden anschließend zur Erreichung einer ausreichenden Verteilung der Additive durchgepflügt. Während der Behandlungsperiode wurde der Boden umgegraben und zusätzliche Nährstoffe, Wasser und zur "Nachimpfung" frische Mikroben wurden zugesetzt. Das Behandlungsverfahren reduzierte in den meisten Teilen des Standortes PAK's und Phenole auf Gehalte unterhalb der Zielwerte und ermöglichte somit die Nutzung einer Fläche, die bis dahin eine Industriebrache war. Während das aus der Anwendung der verschiedenen Verfahren sich ergebende Kosten/Nutzen-Verhältnis für jeden Standort anders sein wird, ergaben sich in diesem Falle Einsparungen von etwa 11 % der Gesamtkosten im Vergleich zu Optionen, die ohne den Einsatz von Bioaugmentationsverfahren ausgekommen wären.

Die bei verschmutzten Böden und Wässern angesetzten biologischen Behandlungsverfahren und Bioreaktionen lassen sich auch bei der Behandlung von Schlämmen anwenden, wobei die Systeme aus kommunalen Belebtschlammsystemen abgeleitet werden. Die Rehabilitation von Hafen-, Fluß-, Buchten- und Seesedimenten mit biologischen Agentien *in situ* stellt ebenfalls ein vielversprechendes Entwicklungsfeld dar. Solche vor-Ort-Strategien vermeiden eine Störung des jeweiligen Sedimentes, die ihrerseits zu einer Ausbreitung des Verschmutzungsproblems beitragen würde. Derartige Einsatzmöglichkeiten sind noch nicht weit entwickelt, jedoch arbeitet General Electric an anaeroben Verfahren zum mikrobiellen Abbau von PCB's im Hudson River.

Grundwasserrehabilitation

Ein wichtiges Feld für Entwicklungen stellt die biologische Behandlung von mit chlorierten Lösungsmitteln verunreinigten Wässern dar. Die Besorgnis über diese Art der Verunreinigung nimmt zu, da deren Konzentrationen im Trinkwasser allmählich unannehmbare Werte erreichen. Bei Untersuchungen in Großbritannien wurden für Trichloräthan (TCE) Werte von bis zu 5,5 ppm festgestellt, was dem 200fachen des von der Weltgesundheitsorganisation für Trinkwasser als sicher angesehenen Wertes entspricht. Es müssen jedoch bei der Behandlung dieser höher substituierten Verbindungen noch beträchtliche Probleme überwunden werden, die z. T. auf den geringen Konzentrationen dieser Stoffe beruhen, aber auch auf der Tatsache, daß der Abbau einiger dieser Stoffe von Mikroben gesteuert wird, die auf einer zweiten C-Quelle wachsen. Ein bedeutender Teil der industriellen Abwässer enthält Tetra- und Trichloräthylene, Lösungsmittel, die zu den am weitesten verbreiteten Grundwasserschadstoffen gehören. Untersuchungen der reduktiven Dehalogenierungsraten dieser Verbindungen in anaeroben Aquiferen unter methanogenen oder sulfatreduzierenden Bedingungen haben ergeben, daß bei unterschiedlichen Umweltbedingungen Art und Umfang der biologischen Umbildung der einzelnen Schadstoffe voneinander abweichen. TCE wurde zwar unter methanogenen Bedingungen schneller zu Dichloräthylen umgesetzt, die weitere Dehalogenierung wurde jedoch stark eingeschränkt. *In situ*, bei vorwiegendem Fluß von

Kohlenstoff und Energie durch Methanogenese und Sulfatreduktion, könnte der Einsatz anaerober, zur reduktiven Dehalogenierung geeigneter Mikroorganismen vorteilhaft sein, da die Behandlung großer Mengen von Grundwasser mit Mikroschadstoffen große technische Probleme mit sich bringen würde. Die oligotrophen Bedingungen ermöglichen keine großen Populationen und bei der Dekontaminierung würde es sich somit nicht um einen schnellen Prozeß handeln, obwohl sie durch Zuführung zusätzlicher einfacher C-Quellen wie Azetat oder Methanol beschleunigt werden könnte. Die Zugabe leicht zersetzbarer natürlich vorkommender Kohlenstoffsubstrate wird den Abbau der Schadstoffe durch kompetente Mikrobengemeinschaften nicht nur anregen, sondern sie bewirkt auch eine Erhöhung der Toxizitätsschwelle bei vielen toxischen organischen Verbindungen. Ein großes Problem beim anaeroben Katabolismus von Chloräthylenen ist jedoch der unvollständige Abbau, der zur Bildung toxischer Metabolite wie Vinylchlorid führt.

Ein weiteres Problem bei der biologischen *in situ*-Rehabilitation ist unter diesen Umständen, daß die sich aus dem biologischen Abbau ergebende Zunahme der Biomasse zu einer Verstopfung der Böden und damit zu einer Verringerung des Wasserdurchlaufes führt. Die Zuführung von Nährstoffen kann auch die am Ort vorkommenden Oberflächenwässer beeinflussen, und die Behandlung kann zu Geruchs- und Geschmacksbelästigungen führen. *In situ*-Verfahren werden zwar eingesetzt, aber oft mit "Abpumpen und Behandeln"-Strategien kombiniert, bei denen die verschmutzten Wässer über Brunnen abgepumpt und dann einer Filtration, Luftstripping oder einer Behandlung in oberirdischen Bioreaktoren zugeführt werden, um anschließend wieder in den Aquifer zurückgeleitet zu werden. Diese Verfahren wurden bei der Behandlung von Petrolkohlenwasserstoffen und -alkoholen sowie von Ketonen und organischen Säuren eingesetzt. Toxizitäten bei hohen Verschmutzungsgraden oder Prozeßinstabilitäten bei niedrigen oder schwankenden Schadstoffkonzentrationen führen zu Problemen bei der Auslegung der Reaktoren.

Biorehabilitation von durch eine Vielzahl von Schadstoffen verunreinigten Grundwässern hat sich nachweislich als Mittel zur Reinigung der Umwelt erwiesen. Dieser Ansatz war von BioTrol[R] zur Rehabilitation von mit Phenolen und PAKs verunreinigten Wässern gewählt worden. Das BioTrol-Wasserbehandlungssystem (BATS) läuft als kontinuierlicher Bioreaktor mit Mikrobenkonsortien, die wegen ihrer Fähigkeit, die gewünschten Schadstoffe abzubauen, ausgewählt wurden. Solche Systeme sind in der Lage, mit einer Vielzahl von Schadstoffen verunreinigte Grundwässer zu behandeln, wobei für die jeweilige Art von Verbindung ein anderes geeignetes Konsortium ausgewählt werden kann. Ein zweistufiger biologischer Prozeß mit einem Belebtschlammsystem und zwei BATS wurde erfolgreich zur Behandlung von etwa 10 Millionen l mit Holzschutzmittel verunreinigtem Wasser eingesetzt; anschließend wurden diese Systeme bei einer Vielzahl von Rehabilitationsprojekten benutzt. Dabei hat sich dieses Vorgehen als kostengünstige Methode zur Behandlung von phenolverunreinigten Wässern ergeben, das mit einem Durchsatz von etwa 75 l/min läuft und Phenolkonzentrationen von weniger als 0,1 ppm im Ablauf erreicht, bei Betriebskosten von 0,20-0,75 $ pro 1.000 l.

Das BATS arbeitet dabei eigentlich als Abwasserbehandlungsanlage, während das Bodenwaschsystem ein submerser Festfilm-Pfropfenfluß-Reaktor ist. Bei diesem Reaktor ist die Aufenthaltszeit länger als in einem Tropfkörpersystem. Der Ausdruck Pfropfenfluß bedeutet, daß unterschiedliche Teile des Reaktors unterschiedlichen Nährstoff- und Schadstoffkonzentrationen ausgesetzt sind, d. h. am Anfang des Reaktors wird der Biofilm höheren Schadstoff- und Nährstoffkonzentrationen ausgesetzt als am Ende (Abb. 7.4). Dadurch stellt sich ein Selektionsdruck auf Änderungen der im Biofilm der unterschiedlichen Reaktorteile vorhandenen Mikrobenkonsortien ein, was wiederum dazu führt, daß das Grundwasser bei seinem Lauf durch den Reaktor mit den unterschiedlichen Teilen des Biofilms in Kontakt kommt, der aus Mikroben besteht, die an die Verwendung der im Wasser vorhandenen Schadstoffe am besten angepaßt sind, selbst wenn die jeweiligen Konzentrationen beim Durchlauf durch den Reaktor abnehmen. Dies führt zur Entwicklung eines mehrstufigen Behandlungssystems innerhalb eines Reaktors. Die Konzentration vieler Schadstoffe nimmt in einem direkt proportionalen Verhältnis zur Konzentration ab. Eine solche Kinetik erster Ordnung bedeutet, daß Pfropfenflußsysteme mit höheren Abbauraten betrieben werden können als Mischtanksysteme.

Biofilmreaktoren bieten bei der Behandlung von Abwässern gegenüber Reaktoren und suspendierter Biomasse mehrere Vorteile. Zunächst reduziert das Biofilmsystem im Vergleich zum Belebtschlammsystem die Menge der produzierten Biomasse und verringert damit auch die Notwendigkeit für den Abtrennungsaufwand der Biomasse nach der Behandlung. Ein besonderes Merkmal der Biofilme liegt in ihrer Fähigkeit, Schockbelastungen zu überstehen, wobei vorübergehende höhere Konzentrationen für die Biomasse toxisch sein und die äußere Oberfläche des Films abtöten können, während die darunterliegenden Zonen vor den toxischen Einflüssen geschützt sind. Wenn die abgetöteten Lagen abgewaschen werden, kann der verbleibende Film die Wirkung des Reaktors aufrechterhalten. Diese Reaktoren erweisen sich als wirksam bei der Entfernung von Schwebstoffen. Ein weiterer Vorteil liegt darin, daß Biofilme nach ihrer Bildung auch Wässer behandeln können, die mit minimalen Schadstoffkonzentrationen verunreinigt sind, die normalerweise ein Zellwachstum nicht aufrechterhalten könnten. Der Bestand des Biofilms kann durch die periodische Zufuhr einer C-Quelle unterstützt werden. Dieses Vorgehen eignet sich auch zur sekundären Nutzung halogenierter Substanzen durch methanogene Bakterien, wobei der Biofilm durch die Zugabe von Azetat aufgebaut und unterstützt wird. Die Entwicklung von Biofilmen mit verschiedenen heterogenen Inokulaten wurde im Labormaßstab in einem methanogenen Fließbettreaktor untersucht. Die Entfernung niedermolekularer haloaliphatischer Verbindungen (10-30 mg l^{-1}) und die Bildung des Biofilm bei Wachstum auf Azetat wurde unter methanogenen Bedingungen nachgewiesen, während Spuren von chlorierten Benzenen (10 mg l^{-1}) unter aeroben Bedingungen als Sekundärsubstrate verwandt werden konnten.

Die Behandlung halogenierter Verbindungen mit immobilisierten Zellen wurde im Labormaßstab auf Unterlagen wie Alginat untersucht bzw. wie im Falle der Immobilisierung eines 4-chlorphenol-abbauenden *Alcaligenes sp.* auf Blähtonpartikeln (Lecaton) in einem Festbettreaktor zur Behandlung steriler und nichtsteriler Kommunalabwässer (Westmeier & Rehm, 1987). Während bei den eingesetzten BATS kompetente Mikrobenkonsortien ausgewählt wurden, zeigte sich bei der Untersuchung mit Blähton ein Problem, das beim Einsatz spezialisierter Laborstämme bei der Abfallbehandlung auftreten kann. Wenn der mit *Alcaligenes sp.* A7-2 besetzte Fermenter zur Behandlung eines mit 4-Chlorphenol verunreinigten kommunalen Abwassers eingesetzt wurde, wurde das Wasser mit einer Rate von 300 mmol $l^{-1}h^{-1}$ dekontaminiert. Wenn der Fermenter jedoch mit der natürlich auftretenden Population besetzt und der Reaktor mit nichtsterilen kommunalen Abwasser beaufschlagt wurde, wurde das 4-Chlorphenol nur teilweise verstoffwechselt, und es zeigte sich, daß es nicht möglich war, den A7-2-Stamm der Schüttschicht als stabiles Mitglied der Gemeinschaft zu etablieren.

Aktivkohle wird bei der Reinigung von Wasser als Adsorptionsmaterial eingesetzt, was jedoch bei mit Haloverbindungen verunreinigtem Wasser ein sehr teures Verfahren darstellt. Die Kosten für Aktivkohleadsorption betragen etwa 2-3 £ je 1.000 l und sind damit 5-10mal teurer als biologische Alternativen. Und außerdem führt das Adsorptionsverfahren nur zu einer Phasenverschiebung und nicht zu einer Zerstörung des Schadstoffes: Die verbrauchte Kohle muß entweder regeneriert oder verbrannt werden. Die beiden auf Aktivkohle immobilisierten Bakterien *Pseudomonas putita* P8 und *Cryptococcus elinovic* Hl beleuchteten das Potential einer solchen Kombination von Unterlage und Biokatalysator (Mosen & Rehm, 1987). Die kohlenstoffimmobilisierte Mischkultur konnte Phenol in Konzentrationen bis zu 17 g l^{-1} abbauen. Die Aktivkohle wirkte als Puffer und Konzentrator, wodurch die Bakterien bei Phenolkonzentrationen noch aktiv blieben, die 10mal höher als die für freie Zellen toxischen waren. Bei einer solchen Kombination könnte der Kohlenstoff die Organohalogene aus großen Wassermengen konzentrieren, die mit Mikroschadstoffkonzentrationen verunreinigt sind, und die immobilisierten Bakterien können die adsorbierten Organohalogene mineralisieren und damit die Adsorptionsdauer der Aktivkohle verlängern.

Die gleiche Art Bioreaktor kann bei der biologischen Behandlung von Sickerwässern aus Müllkippen, Deponien und Bergbauhalden eingesetzt werden, die eine bedeutende Quelle der Verunreinigung von Oberflächen- und Grundwässern darstellen. Wenn die Sickerwässer eingedämmt und gesammelt werden können, erweisen sie sich häufig als einer Biorehabilitation zugänglich. Die Schadstoffe umfassen eine große Bandbreite an Chemikalien in den verschiedensten Konzentrationen. Bioreaktoren können als letzter Schritt in einem Verfahren (end-of-pipe) operieren und wurden bereits unter aeroben, anaeroben oder kombinierten Bedingungen zur Beeinflussung der Behandlung betrieben.

Luftbehandlung

Biofiltration wurde bisher schon bei der Eindämmung von Gerüchen aus Kläranlagen, Kompostierungsanlagen usw. eingesetzt. Solche Systeme verwenden Filterschichten aus organischen Materialien wie z. B. Kompost oder Torf. Entwicklungen in der Steuerung der Kompostbedingungen und neue hochporöse Packungsmaterialien haben dieser Technologie den Weg zu weiteren Anwendungen eröffnet. Der Einsatz von Mikroben (die xenobiotische Verbindungen abbauen können) in solchen Filtersystemen ermöglicht die Entwicklung von Biofiltern zur Entfernung flüchtiger organischer Verbindungen aus der Luft.

Die Technologie kann entweder als Stufe in einem Herstellungsprozeß eingesetzt werden, oder als Mittel zur Filterung von Luft, die bei einem Luftstrippungsverfahren zur Reinigung verschmutzter Wässer verunreinigt wurde. Sogenannte Biowäscher können zur Entfernung solcher flüchtigen Bestandteile aus der Luft entwickelt werden. Als Weiterentwicklung von Tropfkörper- oder getauchten Filmreaktoren besteht das Prinzip hier in der Züchtung eines Biofilms kompetenter Mikroben auf Unterlagen mit großer Oberfläche. Der Biofilm wird durch die Befeuchtung des eintretenden Gases mit Nährstoffen und Feuchtigkeit versorgt, wodurch ein dünner Wasserfilm auf der Biomasse aufrechterhalten wird. Die kontaminierte Luft wird über den Biofilm geführt, wobei die flüchtigen Bestandteile vom Wasserfilm aufgenommen und anschließend vom Biofilm abgebaut werden.

Die Fähigkeit von Biofiltern, eine ganze Reihe von flüchtigen organischen Verbindungen wie z. B. Dichlormethan und 1,2-Dichloräthan abzubauen, ist mehrfach untersucht worden. Für leicht abbaubare Verbindungen wie Alkohole u. s. w. haben Proben aus Belebtschlamm geeignete Organismen zur Impfung der Reaktoren geliefert. Bei hartnäckigeren Stoffen wie haloorganischen Verbindungen wurden die Unterlagen mit speziellen Organismen geimpft, die vorher in Anreicherungskulturen isoliert worden waren.

Da die Emissionsgrenzwerte für Behandlungsanlagen herabgesetzt werden, wird der Einsatz der direkten Luftstrippung für flüchtige organische Verbindungen verboten. Der Einsatz konventioneller Adsorptionsverfahren, bei denen z. B. Luft über Aktivkohle geführt wird, stellt eine teure Alternative dar und hat den großen Nachteil, daß es sich dabei nur um eine Phasenverschiebung und nicht um einen Beseitigungsprozeß handelt, da der verbrauchte Kohlenstoff immer noch entsorgt werden muß. Das Zusammenschalten eines Biowäschers mit einer Luftstrippungsanlage (Abb. 7.3) stellt eine Kombination zweier Verfahren dar, die sich als eine lebensfähige Strategie zur Behandlung von mit flüchtigen Verbindungen verunreinigten Wässern darstellt.

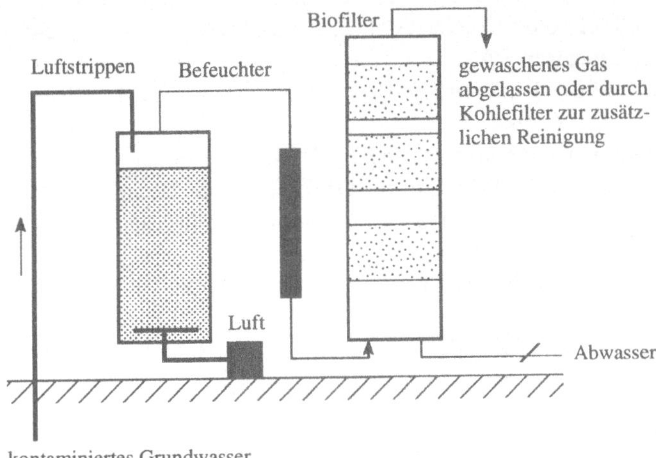

Abb. 7.3: Kombinationsverfahren zur Behandlung von mit organischen flüchtigen Verbindungen verunreinigtem Grundwasser

Literatur

BEWLEY, R.; ELLIS, B.; THEILE, P.; VINEG, I.; REES, J. (1989): Microbial clean up of contaminated soil. Chem. Ind., 23, 778-783.

BEWLEY, R. J. K.; SLEAT, R.; REES, J. F. (1991): Waste treatment and pollution clean-up. In: Moses, V.; Cape, R. E. (eds.): Biotechnology: The Science and the Buisiness, pp. 507-520. Harwood Acad. Publishers, London.

PFLUG, A. D.; BURTON, M. B. (1988): Remediation of multimedia contamination from the wood preserving industry. In: Omenn, G. S. (ed.): Environmental Biotechnology. Plenum.

WESTMEIER, F.; REHM, H. J. (1987): Degradation of 4-chlorophenol in municipal wastewater by absorptive immobilized Alcaligenes sp. A 7-2. Appl. Microbiol. Biotechnol., 26, 78.

Weiterführende Literatur

ANDERSON, G. K.; PESCOD, M. B. (1992): Degradation of organic wastes. In: Bradshaw, A. D.; Southwood, R.; Warner, F. (eds.): The Treatment and Handling of Wastes, pp. 167-189. Chapman and Hall for The Royal Society, London.

FREEMAN, H. M.; SFERRA, P. R. (eds.)(1991): Innovative Hazardous Waste Treatment Technology Series, Vol. 3, Biological Processes. Technomic Publishing Co., Lancaster, PA.

HALL, J. E. (1992): Treatment and use of sewage sludge. In: Bradshaw, A. D.; Southwood, R.; Warner, F. (eds.): The Treatment and Handling of Wastes, pp. 63-82. Chapman and Hall for The Royal Society, London.

KAMELY, D.; CHAKRABARTY, A.; OMENN, G. S. (eds.)(1990): Biotechnology and Biodegradation: Advanced in Applied Biotechnology Series, Vol. 4. Gulf Publishing Co., Houston.

MOSES, V.; CAPE, R. E. (eds.)(1991): Biotechnology: The Science and the Business Harwood, London.

SAYLER, G. S.; FOX, R.; BLACKBURN, J. W. (eds.)(1991): Environmental Biotechnology for Waste Treatment. Plenum.

Nitrat- und Phosphatverunreinigungen

Kapitel 8

Stickstoff und Phosphor in der Umwelt

Das Umweltverhalten von Stickstoff und Phosphor

Stickstoff und Phosphor liegen auf der Erde zum größten Teil in Formen vor, die der Lebewelt nicht ohne weiteres zugänglich sind. Stickstoff tritt hauptsächlich in molekularer Form als N_2 in der Atmosphäre auf, während der Nachschub des Phosphors in den Gesteinen und Böden der Erde fixiert ist. Nachschub und Umweltkreisläufe der verfügbaren Formen dieser Nährstoffelemente hängen im wesentlichen von der biologischen Zersetzung der N- und P-enthaltenden Verbindungen ab, die sich in der Lebewelt angesammelt haben. Wegen der Bedeutung der Zersetzung laufen die Kreisläufe von in der lebenden Biomasse angesammelten Elementen nicht unabhängig voneinander ab. Umsetzung und Zersetzung von Biomasse schwanken zwischen den einzelnen Lebensräumen stark und hängen von Größe und Aktivität der jeweiligen Mikroben- und Pilzgemeinschaften ab. In feuchtwarmen oxidierenden Umgebungen laufen Zersetzung und Freisetzung von Nährstoffen schnell ab. In tropischen Regenwäldern beträgt die Verweilzeit von Kohlenstoff in der Laubstreu nur etwa 3 Monate, in gemäßigten Wäldern hingegen 4-16 Jahre, und in borealen Systemen kann sie sogar über 100 Jahre betragen (Recklefs, 1990). Die bakterielle Zersetzung wird häufig durch die Verfügbarkeit von Stickstoff begrenzt. Das durchschnittliche C:N-Verhältnis in bakterieller Biomasse beträgt etwa 10:1, d. h. für 11 g mikrobieller Biomasse wird 1 g N benötigt. Dieser Wert kann als Maß für den Bedarf der Mikroben an diesen beiden Elementen gelten. Typische Pflanzenmaterialien weisen C:N-Verhältnisse von 40-80:1 auf und damit ein Defizit an N, weshalb eine rasche Zersetzung von Pflanzenmaterialien von der Verfügbarkeit externer N-Quellen abhängt. Überreste von Tieren, deren C:N-Verhältnis dem der sie abbauenden Organismen ähnlich ist, werden rasch abgebaut (Swift *et al.*, 1979; Begon *et al.*, 1990). Die Zersetzung tierischer Biomasse wird auch durch das Fehlen nicht leicht aufzubrechender Polymere wie Lignin und Zellulose erleichtert, sowie durch die Tatsache, daß dabei ein großer Teil der Biomasse anfänglich in flüssiger Form vorliegt. Das C:N-Verhältnis ist mit einem Wert um 10 erstaunlich konstant, obwohl der Wert in wassergesättigten oder sauren Böden, in denen die Zersetzung behindert wird, bis auf 17 steigen kann. Begon *et al.* (1990) bemerkten, daß das System der Bodenabbauer außergewöhnlich stabil ist und wiesen darauf hin, daß im allgemeinen bei einer Zugabe von Material mit weniger als 1,2-1,3 % N zu Böden alle verfügbaren Ammoniumionen adsorbiert werden, während bei Materialien mit mehr als 1,8 % N Ammoniumionen zunehmend freigesetzt werden.

Stickstoff findet Eingang in den biologischen Stickstoffkreislauf hauptsächlich durch die stickstoffbindende Wirkung bestimmter freilebender Bakterien, Blaugrünalgen und symbiontischer Bakterien, die mit den Wurzeln bestimmter Pflanzen vergesellschaftet sind. So ist z. B. *Rhizobium* in Wurzelknöllchen einiger Leguminosen vorhanden. Diese Organismen können N_2 zu NH_4 reduzieren. Obwohl die Stickstoffbindung nur einen kleinen Teil des jährlichen weltweiten Stickstoffkreislaufs darstellt, ist dieser Prozeß doch die ursprüngliche Quelle des Stickstoffs in aquatischen und terrestrischen Lebensräumen. Stickstoff in dieser Form, d. h. als NH_4^+, kann nur von einer begrenzten Anzahl von Pflanzen verwandt werden, sammelt sich aber am leichtesten als Nitrat an.

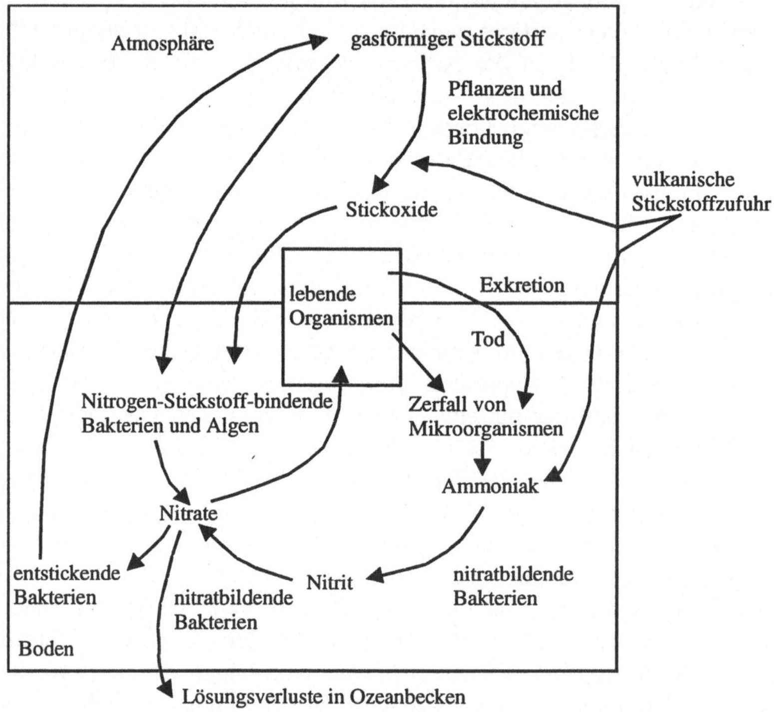

Abb. 8.1 (a): Schematische Darstellung der Umbildung der Bestandteile des Stickstoffkreislaufes (nach Etherington, 1975)

Daher wird die Produktivität terrestrischer und aquatischer Systeme häufig durch die Verfügbarkeit von Nitrat beschränkt. Organisch gebundener Stickstoff ist eine weitere Quelle für Ammonium-Stickstoff.

Die Umbildung organischen Stickstoffs beinhaltet eine Ammonifizierung, d. h. die Hydrolyse von Proteinen und die Oxidation von Aminosäuren, einen Prozeß der von allen Organismen leicht dargestellt wird. Freie Ammoniumionen können von freilebenden Bakterien in Böden (*Nitrosomonas*) und im Meer (*Nitrosococ-*

cus) aus N^{3-} zu N^{3+} oxidiert und damit zu Nitrit (NO_2^-) umgebildet werden, das weiter durch *Nitrobacter* in Böden und durch *Nitrococcus* im Meer zu Nitrat (NO_3^-) und damit zu N^{5+} oxidiert wird. In dieser Form wird Stickstoff leicht von terrestrischen und aquatischen Pflanzen aufgenommen. Unter anoxischen Bedingungen, d. h. in wassergesättigten Böden und Sedimenten kann eine Denitrifizierung eintreten, bei der Nitrat und Nitrit von Bakterien als Elektronenakzeptoren (Oxidantien) genutzt werden (Abb. 8.1). Nahe der Bodenoberfläche fixierter Stickstoff kann durch Denitrifizierung verlorengehen, wenn er in tiefere anaerobe Schichten ausgewaschen wird. Bei Redoxpotentialen von weniger als 0,2 V kann eine Denitrifizierung in Böden durch Bakterien wie *Pseudomonas denitrificans* erreicht werden. Auf der Ebene lokaler Lebensräume befinden sich die mit Fixierung und Denitrifizierung verbundenen Stickstoffströme häufig nicht im Gleichgewicht. Auf einer weltweiten Basis, bei der diese Prozesse etwa 2 % des gesamten umgewälzten Stickstoffes ausmachen, ist dies jedoch der Fall (s. Kapitel 9) (Hardy & Hardka, 1975).

Außer bei sehr begrenzten mikrobiellen Umbildungen tritt Phosphor in der Umwelt nur als Orthophosphat (PO_4^{3-}) und damit fünfwertig auf. In dieser Form wird Phosphor leicht von aquatischen und terrestrischen Pflanzen aufgenommen. Tiere scheiden überschüssigen Phosphor aus der Nahrung in Form von Phosphatsalzen mit ihrem Urin aus. In der Lebewelt gebundener Phosphor wird bei der Zersetzung durch phosphatisierende Bakterien freigesetzt, die organische Phosphatverbindungen abbauen und Phosphationen liefern. Flüchtige Verbindungen spielen beim geochemischen Kreislauf des Phosphors keine Rolle. Der Umlauf findet im wesentlichen im Boden- und Wasserkompartiment der Biosphäre statt; in der Atmosphäre tritt Phosphor in Verbindung mit staubförmigem Material auf (Recklefs, 1990).

Die biologische Verfügbarkeit von Phosphat hängt hauptsächlich vom pH ab. Im sauren Bereich ist Phosphor stark an Tonpartikel gebunden und bildet leicht mit dreiwertigem Eisen unlösliche Verbindungen wie Strengit ($Fe(OH)_2H_2PO_4$) oder mit Aluminium Mineralien wie Variscit ($Al(OH)_2H_2PO_4$). Wegen der weiten Verbreitung von dreiwertigem Eisen (Fe^{3+}) und Aluminium in Böden, Sedimenten und Wässern treten bei niedrigem pH-Wert nur geringe Konzentrationen an gelöstem Phosphat auf. Unter anoxischen Bedingungen kann der in unlöslichen Ferri-Verbindungen gebundene Phosphor freigesetzt werden, wenn Fe^{3+} zu Fe^{2+} reduziert wird und dann Eisensulfid bildet (Edzward, 1977). Unter alkalischen Bedingungen bildet Phosphat andere unlösliche Verbindungen, und dabei insbesondere mit Kalzium den Hydroxylapatit ($Ca_{10}(PO_4)_6(OH)_2$).

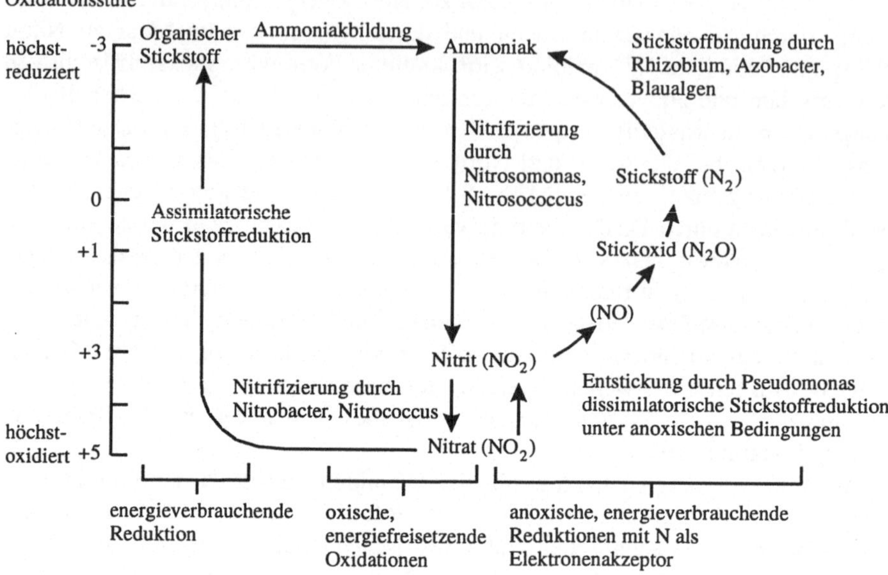

Abb. 8.1 (b): Schematische Darstellung der Oxidationsstufen der Verbindungen des Stickstoffkreislaufes (Recklefs, 1990)

In Gegenwart von Kalzium, Aluminium und zweiwertigem Eisen ist die gelöste Phosphatkonzentration unter aeroben Bedingungen bei pH-Werten von 6-7 am höchsten. Aufgrund der Reaktivität des Phosphates weist Phosphor in Böden nur eine geringe Mobilität auf. Dies steht in starkem Kontrast zur hohen Mobilität des Nitrates, das rasch aus Böden herausgelöst wird. Die Mobilität der wichtigsten Anionen in Böden steigt in folgender Reihenfolge:

$$PO_4^{2-} < SO_4^{2-} < NO_3^- < Cl^-$$

Obwohl Phosphat in Böden üblicherweise als nicht mobil angesehen wird, wird Phospor im Falle der Überschreitung der Bodensorptionskapazität an Phosphat rasch in die tieferen Bodenzonen transportiert und im unterirdischen Ablauf konzentriert. Ausmaß und Geschwindigkeit der Bewegung hängen von der Heterogenität der betroffenen Böden ab und von der Art des Phosphates, z. B. von der Zusammensetzung des Mistes (Unuk, 1991).

Die gleichen biologischen Prozesse und physikochemischen Faktoren, die für den Kreislauf von Stickstoff und Phosphor in terrestrischen Systemen verantwortlich sind, wirken auch in aquatischer Umgebung. Wegen der Abnahme der Lichtstärke mit der Tiefe und der Schichtung in Wasserkörpern laufen die biologischen Prozesse der Nahrungsaufnahme und Regeneration häufig in verschiedenen Tiefen ab. Schichtung bildet sich dort aus, wo sich stabile Unterschiede der Wasserdichte als Folge der Oberflächenerwärmung und Einstellung einer Thermokline oder durch Salinitätsunterschiede des Oberflächenwassers ergeben, d. h. in letzterem

Falle durch die Ausbildung einer Halokline in Folge eines Süßwasserzuflusses. Sobald sich innerhalb eines Wasserkörpers Schichtung etabliert hat, findet nur noch wenig Materialvermischung zwischen den oberen und unteren Lagen statt. Die Thermokline bildet eine bedeutende Sperre für Dispersion und Transfer von Substanzen zwischen den beiden Wasserschichten. Als Folge davon kann die obere Schicht an Nährstoffen verarmen und damit die Algenproduktivität beschränken. Die Einstellung einer Thermokline ist bei Wässern gemäßigter Breiten ein jahreszeitliches Phänomen. Es tritt im Frühling und Frühsommer auf, wenn sich das Oberflächenwasser erwärmt und wird im Winter durch Abkühlung des Oberflächenwassers und Durchmischung des Wasserkörpers bei Stürmen wieder aufgehoben. Die winterliche Durchmischung und die erneute Suspendierung der Bodensedimente frischen den Nährstoffgehalt des Oberflächenwassers wieder auf. In stabilen Tiefseesystemen und tropischen Gewässern kann die Thermokline ein gut ausgebildetes stabiles Merkmal darstellen. In Küstengewässern und Seen ist die Thermokline weniger beständig und unterliegt zeitweiliger Aufhebung durch Gezeitenströme und andauernde starke Winde. In Polargebieten ist nur selten eine geringe Schichtung ausgebildet.

Die Intensität des Lichtes nimmt mit der Tiefe nahezu exponentiell ab. Photosynthese bleibt auf die photische Zone beschränkt, innerhalb derer die Durchlichtung stark genug ist, damit Photosynthese gegenüber der Veratmung überwiegen kann. In den Ozeanen kann sich die photische Zone bis zu einer Tiefe von 100 m erstrecken, während sie in Küstengewässern wegen deren hoher Silt- und Schwebstoffgehalte üblicherweise mit 6-48 m wesentlich geringer ist (Dring, 1982). Unter diese Tiefen absinkendes Phytoplankton findet Eingang in den Detrituspfad. In flachen Gewässern gelangt der Phytoplanktonabfall bis zu den Bodensedimenten, in denen Abbau und Freisetzung der Nährstoffe meist ohne große Veränderungen ablaufen. In Bereichen tieferer Gewässer wird ein beträchtlicher Anteil von etwa 18 % des an der Oberfläche umlaufenden biotischen Materials in größere Tiefen als teilchenförmiges Material, meist Kotkügelchen des Zooplanktons, verfrachtet. Die Nahrungsaufnahme des Zooplanktons ist ein wirkungsvoller Weg, Phytoplankton in schnell absinkende Kotkügelchen umzubilden. Der bakterielle Abbau des absinkenden Detritus führt häufig zu einem Sauerstoffminimum zwischen Tiefen von 500-1.000 m (Collier & Edmonds, 1984; Whitfield & Turner, 1987). Wegen der aktiven Aufnahme von Stickstoff und Phosphor in die Lebewelt weisen die ozeanischen Konzentrationsprofile dieser beiden Elemente eine ausgeprägte Oberflächenanreicherung auf, gefolgt von einem allmählichen Konzentrationsanstieg durch die Oxidation des absinkenden biologischen Detritus (Whitfield & Turner, 1987).

Umweltbedenken

Umweltbedenken betreffend die Konzentration von Stickstoff und Phosphor in aquatischen Systemen richten sich insbesondere auf zwei Aspekte: die Eutrophierung von Wasserkörpern und die möglichen Gesundheitsrisiken durch den Verbrauch von Trinkwasser mit hohen Nitratbelastungen.

Eutrophierung

Der Einfluß von organischen Abwässern auf Flüsse ist mittlerweile eindeutig belegt. Organische Schadstoffe regen mikrobielle Aktivitäten an und werden durch diese allmählich abgebaut. Die verstärkte Mikrobenaktivität entzieht dem Wasser unterhalb der Einleitungsstelle schnell den Sauerstoff und führt damit zu einem Sauerstoffminimum. Das Ausmaß des Sauerstoffentzugs hängt von einer Anzahl Faktoren ab und dabei namentlich von der Verdünnung des Abwassers nach Eintritt in den Fluß und von der Menge biologisch oxidierbaren Materials im Wasser. Letztere wird durch die Bestimmung des biochemischen Sauerstoffbedarfs (BSB) des Abwassers ausgedrückt, d. h. der Sauerstoffmenge, die von einer Probe des Wassers innerhalb einer Inkubationszeit von 5 Tagen bei 20° C verbraucht wird. Die Bestimmung des chemischen Sauerstoffbedarfes (CSB), die auf der Messung des bei der Oxidation der vorhandenen organischen Verbindung durch $K_2Cr_2O_7$ oder $KMnO_4$ verbrauchten O_2 beruht, liefert ein weiteres Maß für die Konzentration der organischen Schadstoffe im Abwasser. Abwässer mit hohen BSB oder CSB können einen beträchtlichen Sauerstoffmangel in den entsprechenden Vorflutern verursachen. Aus diesem Grunde beruhen amtliche Standards für die Abwasserbehandlung und Einleitungsgrenzwerte auf einem maximal zulässigen BSB. Der Einfluß organischer Einleitungen auf die Flüsse ist häufig vorübergehender Natur, und Wasserqualität und Sauerstoffgehalt nehmen im Abstrom unterhalb der Einleitungsstelle wieder zu. Die damit einhergehenden Änderungen in der Wasserqualität sind an der Lebewelt abzulesen. In der Nähe der Einleitungsstelle verarmt die Lebewelt und wird von Arten dominiert, die niedrige Sauerstoffgehalte tolerieren können. Die normale Lebewelt und Artenvielfalt eines Flusses stellen sich in einiger Entfernung stromabwärts wieder ein (Abb. 8.2).

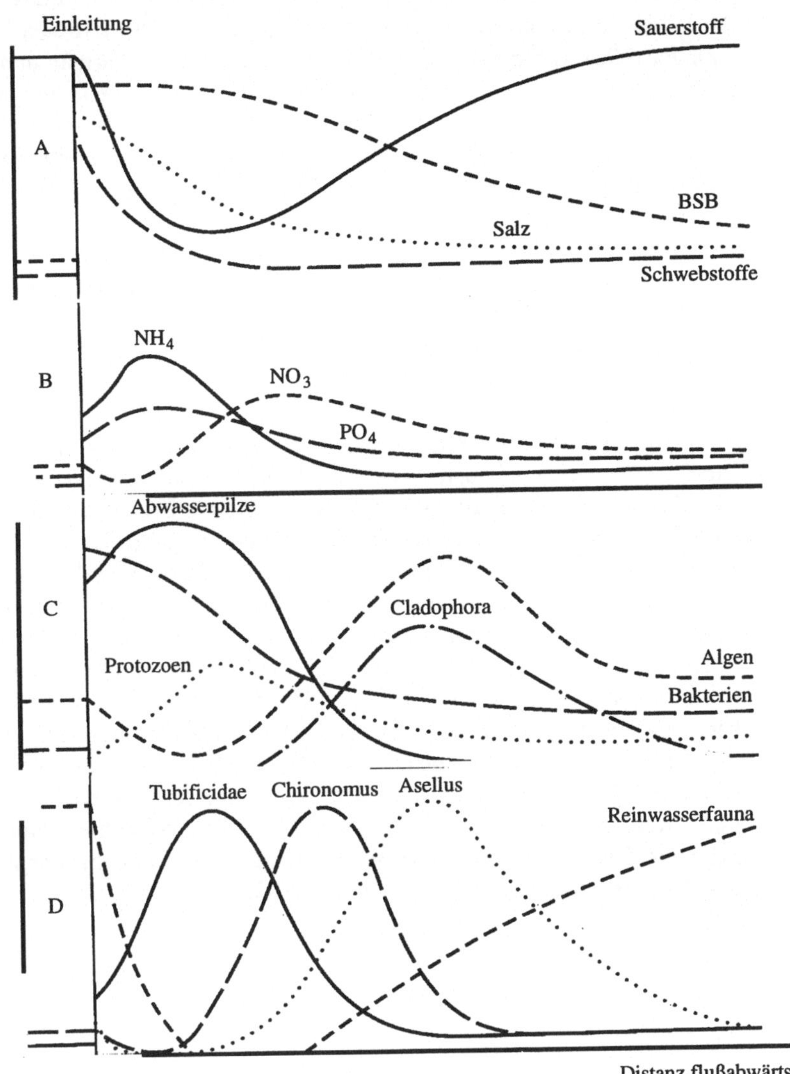

Abb. 8.2: Schematische Darstellung der Änderungen der Wasserqualität und der Organismenpopulationen in einem Fluß unterhalb der Einleitungsstelle organischer Abwässer. A. Physikalische Veränderungen. B. Chemische Veränderungen. C. Veränderungen unter den Mikroorganismen. D. Veränderungen unter den Makroinvertebraten (Hynes, 1960)

Große Einleitungen oder Zuflüsse aus vielen Quellen können zu einer permanenten Eutrophierung eines Wassersystems führen. Wasserkörper lassen sich nach ihrem Nährstoffgehalt einteilen (Tabelle 8.1). Der "natürliche" Nährstoffstatus wird im wesentlichen durch die Fruchtbarkeit des Einzugsgebietes und das "ökologische Alter" des Wasserkörpers bestimmt. Oligotrophe Zustände treten häufig bei relativ jungen Wasserkörpern auf, deren Zuflüsse aus nährstoffarmen und häufig sauren Schichten stammen. Wenn sich ein solches System weiterentwickelt, nimmt sein Nährstoffstatus durch die allmähliche Ansammlung von Biomasse, Detritus und Sediment zu. Die Primärproduktion in einem aquatischen Ökosystem ist häufig nährstoffbegrenzt. In Süßwasserlebensräumen ist Phosphat üblicherweise der begrenzende Nährstoff, während in marinen Gewässern Stickstoff der Hauptgrenzfaktor ist, obwohl in beiden Fällen auch andere Elemente wie z. B. Si begrenzend wirken können (Barnes & Mann, 1991). Die anthropogene Nährstoffzufuhr führt zu einer kulturbedingten Eutrophierung von Gewässern. Die Auswirkungen werden anfangs nur gering sein und sich z. B. in einer Zunahme der Biomasseproduktion zeigen. Mit Fortschreiten des Prozesses wird jedoch die Ökologie des gesamten Systems gestört (Tabelle 8.1). Es treten Änderungen in der Artenzusammensetzung des Phytoplanktons auf, das zunehmend von rasch wachsenden "Blüte"-Arten und dabei auch toxischen Blaugrünalgen dominiert wird. Mit zunehmender Produktion steigt die Wassertrübung, und die Luftdurchdringung nimmt ab, was zu einem Verlust an submersen Makrophyten führt. Diese Pflanzen stellen wichtige Bestandteile von Süßwassersystemen dar, da sie Kleinlebensräume für Wirbellose und Fische bereitstellen. Mit ihrem Zurücktreten verarmt die Wirbellosenfauna und die Zusammensetzung der Fischgemeinschaft erfährt einen Wandel. In flachen europäischen Seen, die der Eutrophierung unterliegen (nahezu frei von Makrophyten, Chlorophyll-a > 100 mg l^{-1}), verschwindet der Hauptträuber, der Hecht (*Esox lucius*) und mit Trübwasserbedingungen vergesellschaftete Arten wie Brassen (*Abramis brama L.*) und Rotaugen (*Rutilus rutilus L.*) dominieren in den Fischgemeinschaften. Die benthosfressende Verhaltensweise von Brassen und Karpfen (*Cyprinus carpio*) helfen zusammen mit der windverursachten Resuspendierung von Algendetritus und Bodensediment, die Trübung des Wassers aufrechtzuerhalten (Unuk, 1991).

Tabelle 8.1: Vorgeschlagene Grenzwerte für tropische Kategorien von Inlandseen und Speicherbecken

trophische Kategorie	mittleres jährliches Gesamt-P	mittleres jährliches Chlorophyll $(mg\ m^{-3})$	Chlorophyll-maximum $(mg\ m^{-3})$	mittlere jährliche Transparenz (m)	jährliche Mindest-transparenz
Ultraoligotroph	< 4.0	< 1.0	< 2.5	> 12	> 6
Oligotroph	< 10	< 2.5	< 8	> 6	> 3
Mesotroph	10-35	2.5-8	8-25	3-6	1.5-3
Eutroph	35-100	8-25	25-75	1.5-3	0.7-1.5
Hypertroph	> 100	> 25	> 75	< 1.5	< 0.7

a) Chlorophyllkonzentration und Secchi-Transparenz sind Indices für die vorhandene Phytoplanktonbesetzung. Die Maximalwerte entsprechen dem Zustand der Sommer-"Blüte". Abgewandelt aus Vollenweider & Vereskes (1982)

Tabelle 8.2: Merkmale und Auswirkungen kulturbedingter Eutrophierung

Biologische Faktoren
1. Primärproduktion: normalerweise wesentlich höher als in nicht verschmutztem Wasser; Algenblüten; anfangs erhöhte pflanzliche und tierische Biomasse.
2. Vielfalt der Primärproduzenten: Artenvielfalt der Grünalgen kann anfänglich zunehmen, aber Blaugrünalgen dominieren rasch und die Vielfalt nimmt ab. Ähnliche Entwicklungen zeigen sich bei aquatischen Makrophyten.
3. Artenvielfalt heterotropher Organismen (Makro- und Mikroinvertebraten und Fische) nimmt ab, die Gemeinschaft wird zunehmend von Arten dominiert, die ungünstige Wasserqualitäten tolerieren können.

Chemische Faktoren
1. Anoxische Bedingungen können sich ausbilden, insbesondere nachts, wenn die Algen nicht photosynthetisieren oder nach Algenblüten.
2. Chemische Zusammensetzung und pH-Wert des Wassers können sich ändern.

Physikalische Faktoren
1. Mittlere Tiefe des Wassers nimmt mit steigenden Sedimentationsraten ab und verkürzt so die Lebenserwartung des Sees.
2. Trübheitsgrad steigt, wodurch die Durchlichtung und damit auch die primäre Pflanzenproduktion abnehmen.

Probleme

1. Behandlung für Trinkwasser kann sich als schwierig erweisen, und das Produkt kann inakzeptablen Geschmack oder Geruch annehmen.
2. Wasser kann für Menschen und Haus- bzw. Nutztiere schädlich werden.
3. Nutzwert des Wasserkörpers kann abnehmen.
4. Zunehmende Vegetation kann Wasserströmungen und Schiffbarkeit behindern.
5. Wirtschaftlich wichtige Fische wie Salmoniden und Weißfische können verschwinden.

Wegen ihres Nährstoffzustandes neigen eutrophierte Wasserkörper zu massiven Phytoplanktonblüten (üblicherweise Blaugrünalgen oder Dinoflagellaten), insbesondere im Frühling, wenn sich durch Zunahme der Temperatur und der Lichtintensität eine Schichtung des Wassers einstellt. Die Algenbiomasse steigt rasch an, bis sie durch die Verfügbarkeit der Nährstoffe, meist Phosphor oder Stickstoff, begrenzt wird. Auf das rasche Wachstum folgt ein Absterben, das häufig zu einem grünen Schleim sich zersetzender Algen an der Wasseroberfläche führt. Die schnelle Zersetzung der Algenbiomasse senkt den Sauerstoffgehalt des Wassers stark ab und verursacht häufig ein umfangreiches Fischsterben. Da die eine solche Blüte verursachenden Arten häufig für Mensch und Tier giftig wirken, muß verhindert werden, daß die Tiere Zugang zum Wasser gewinnen können und daß die Trinkwasserversorgung nicht durch Verunreinigung mit Wasser aus betroffenen Seen oder Speicherbecken geschädigt wird. In den Niederlanden wurden die 1979 für die Gesellschaft entstandenen Kosten durch (I) Verlust an Nutzart, (II) Zusatzkosten für Wasserreinigung, (III) Zusatzkosten für Verwaltung der betroffenen Wasserkörper und (IV) Schäden für die Fischerei auf etwa 600 Millionen DM geschätzt (Unuk, 1991).

Die Auswirkungen der Eutrophierung der großen Seen der USA und Kanadas in den späten sechziger und frühen siebziger Jahren sind allgemein bekannt und dokumentiert. In vielen Fällen hat sich mittlerweile durch eine Verringerung des Eintrags von Abwässern und Nährstoffen eine Erholung eingestellt. Dabei ist eine Beschränkung der Phosphatzufuhr besonders wichtig (Lesht *et al.*, 1991). Die Entwicklungsmöglichkeiten beruhen auf der Einhaltung oder Erreichung "zulässiger" Phosphor- und Stickstoffkonzentrationen. Diese Schwellenwerte werden entweder empirisch oder aus Modellen abgeleitet (Tabelle 8.3). Vollenweider (1975) hat nachgewiesen, daß die Nährstoffgehalte von Seen bei Annahme eines stabilen Zustandes der Zu- und Abfuhren mit folgendem Modell angegeben werden können:

$$P = \frac{L}{2(r_s + r_f)}$$

Dabei wird P als Gesamtphosphor in g m^{-3} häufig im Frühling bei der Umschichtung des Sees gemessen, L ist die Phosphorbelastung des Sees in g m^{-2} pro Jahr, Z die mittlere Seetiefe in m, r_s der Sedimentationskoeffizient, d. h. der jährlich an die Sedimente verlorene Anteil P, und r_f die Umwälzungsrate, die Anzahl der jährlichen Erneuerungen des Wassers im See.

Aus diesem Gesamtmodell wurden zulässige Belastungen für Seen verschiedener Tiefen abgeleitet. Empirische Korrelationen wurden zwischen den Chlorophyll-a-Konzentrationen, der mit einer einfachen Secchi-Scheibe gemessenen Wassertransparenz und der Phosphatbelastung festgestellt (OECD, 1982). Eine Secchi-Scheibe ist eine alternierend mit schwarzen und weißen Quadranten versehene Scheibe, die in das Wasser gesenkt wird, bis die weißen Sektoren nicht mehr erkennbar sind. Die entsprechende Tiefe wird als Secchi-Tiefe bezeichnet. In logarithmischer Darstellung weisen Secchi-Tiefe und Chlorophyll-a-Konzentration eine lineare Korrelation mit der ebenfalls logarithmisch dargestellten Phosphorkonzentration auf. Diese Verbindungen können zur Voraussage der Verringerung der Nährstoffbelastung benutzt werden, die nötig ist, um die gewünschte Wasserqualität zu erreichen. In der Praxis sind die erforderlichen Absenkungen der Phosphat- und Stickstoffeinträge jedoch größer als sich nach diesen einfachen Relationen und Modellen ergibt. Die Situation wird zusätzlich kompliziert durch die Mobilisierung von Phosphat und Nährstoffen aus den Sedimenten, die Wirksamkeit, mit der Blaugrünalgen den verfügbaren Phosphor umsetzen können und durch die Resuspendierung von Algendetritus und Sediment durch Wind und/oder Bioturbation (Lijklemma, 1991; Uunk, 1991).

Tabelle 8.3: Vollenweiders zulässige Belastungswerte für Gesamtstickstoff und -phosphor (biochemisch aktiv) in $m^{-2}a^{-1}$.

mittlere Tiefe (m)	zulässige Belastung		gefährliche Belastung	
	N	P	N	P
5	1.0	0.07	2.0	0.13
10	1.5	0.10	3.0	0.20
50	4.0	0.25	8.0	0.50
100	6.0	0.40	12.0	0.80
150	7.5	0.50	15.0	1.00
200	9.0	0.60	18.0	1.20

Bis vor kurzem nahm man an, daß kulturbedingte Eutrophierung nur bei Binnengewässern auftritt. Die Zunahme von Algenblüten in Küstengewässern zeigt jedoch deutlich, daß dies nicht länger der Fall ist (Paerl, 1988, GESAMP, 1990; Barnes & Mann, 1991). Die systematische Beobachtung der Ostsee seit 1980 belegt eine allmähliche Zunahme von Nährstoffkonzentration und Produktion bei gleichzeitiger Herabsetzung des Sauerstoffgehaltes im Wasser. Zwischen 1930 und 1980 vervierfachte sich die Stickstoffkonzentration des Meerwassers vor der niederländischen Küste, während sich der Phosphatgehalt verdoppelte. In den küstennahen Gewässern der Deutschen Bucht verdreifachten sich die winterlichen Nitratgehalte zwischen 1964 und 1984 von 5,6 µg l^{-1} auf 16,5 µg l^{-1} als Folge des Eintrages durch die Elbe und die anderen in die Nordsee mündenden Flüsse. Barnes & Mann (1991) sind der Ansicht, daß in Folge der anthropogenen Nährstoffzufuhr das Phytoplankton in der Nordsee nicht länger durch die Nährstoffe begrenzt wird. Das Auftreten von Algenblüten entlang der Küsten der Nordsee und in anderen Küstenregionen hat als Folge der Nährstoffanreicherungen zugenommen. Im Jahre 1988 hat eine Blüte der kleinen Flagellatenalge *Chrysochromulina polylepis* Seetang, Wirbellose und Fische entlang eines 200 km langen Küstenstreifens in Dänemark, Norwegen und Schweden geschädigt. Die durch die Algen produzierten Toxine verursachten bei der norwegischen Lachszuchtindustrie Schäden von mehr als 10 Millionen US-$. Das immer noch nicht identifizierte Toxin fand sich angereichert in Schalentieren, wo es eine Gefährdung der menschlichen Gesundheit darstellt und eine wirtschaftliche Verwertung der entsprechenden Tiere verhindert (GESAMP, 1990). Anthropogene Anreicherung stellt einen wichtigen Beitrag zum Auftreten von Algenblüten dar, aber bei weitem nicht den einzigen. Blüten treten am ehesten dort auf, wo der Wasserkörper geschichtet, horizontale Bewegung oder Durchmischung begrenzt, die Durchlichtungsintensität hoch und die Tage lang sind (Paerl, 1988).

Nitrat und Trinkwasserversorgung

Während der vergangenen 30 Jahre ist die Nitratbelastung von Trinkwasserquellen ständig gestiegen. Dies wird populärerweise auf den zunehmenden Einsatz anorganischer Stickstoffdünger und die nachfolgende Auslaugung des Nitrates in das Grundwasser zurückgeführt. Mittlerweile besteht eine beträchtliche Besorgnis in der Öffentlichkeit über mögliche Gesundheitsrisiken durch erhöhte Nitratgehalte im Trinkwasser (Addiscot *et al.*, 1991). EU-Richtlinien begrenzen den Nitratgehalt in Trinkwasser auf ein Maximum von 50 ppm. Dies entspricht dem von der Weltgesundheitsorganisation empfohlenen Wert, der die Höchstgrenze auf 100 ppm festlegt. In den USA liegt der amtliche Grenzwert bei 45 ppm. Nitrat stellt zwar selbst keine Gefahr für die Gesundheit dar, es wird jedoch leicht durch das in Pflanzen und Mikroorganismen weit und reichlich verbreitete Enzym Nitratreduktase zu Nitrit (NO_2^-) reduziert (Glidewell, 1990). Nitrit verursacht zwei Arten von Gesundheitsschädigungen, es ist karzinogen und kann bei Kleinstkindern zu Blausucht (Methämoglobinämie) führen.

Methämoglobinämie (Blausucht). In Gebieten mit hohem Nitratgehalt im Trinkwasser sind mit der Flasche genährte Kleinstkinder besonders durch Blausucht gefährdet. Während des ersten Lebensjahres sind Kleinstkinder wegen des Fortbestehens des fötalen Hämoglobins und wegen des geringen Säuregehaltes ihrer Magensäfte, der nicht ausreicht, die mikrobielle Umwandlung von Nitrat zu Nitrit zu verhindern, besonders anfällig. Fötales Hämoglobin weist eine höhere Affinität zu NO-Liganden als normales Hämoglobin auf. Im Magen gebildetes Nitrit geht leicht in den Blutstrom über, wo es mit Oxyhämoglobin durch Oxidation des zweiwertigen Eisens zu Methämoglobin reagiert, in dem das Eisen in dreiwertiger Form auftritt. Diese Umwandlung von Oxyhämoglobin zu Methämoglobin senkt die Sauerstofftransportkapazität des Blutes. Der Tod tritt dann durch eine "chemische Erstickung" ein. Glücklicherweise treten dieses Problem und entsprechende Todesfälle selten auf. In Großbritannien wurde der letzte Fall 1972 beobachtet und der letzte Todesfall trat 1951 auf. Der größte Teil der mehrere tausend betragenden, weltweit beobachteten Fälle tritt in Verbindung mit Brunnenwasser auf, wobei die Brunnen häufig in ungünstiger Lage privat angelegt und durch häusliche oder tierische Exkremente verunreinigt wurden (Addiscott *et al.*, 1991). Der sichere Nitratgehalt im Trinkwasser wird bei 100 ppm angesetzt. In Gebieten mit hohen Nitratgehalten in der Trinkwasserversorgung wird üblicherweise in Flaschen abgefülltes Wasser mit niedrigeren Nitratgehalten zur Flaschenernährung von Kleinstkindern eingesetzt.

Krebs. Unter den im Magen herrschenden sauren Bedingungen (pH etwa 1,0) wird Nitrit zu salpetriger Säure HONO umgewandelt, die im Gleichgewicht mit dem Ion der salpetrigeren Säure H_2ONO^+ steht. Dieses Ion stellt ein starkes Nitrosierungsmittel dar, das leicht mit einer Reihe von Nahrungsmittelbestandteilen reagiert und dabei auch mit Aminosäuren und Eisen-Porphyrin-Komplexen, die von dem Protein Myoglobin abstammen, das als wichtiger Sauerstoffspeicher in den Muskeln fungiert. Verschiedene aus Aminosäuren gebildete N-nitroso-Produkte wie z. B. Nitrosodimetylamin $(CH_3)_2NNO$ wirken bei einer Vielzahl von Tierarten krebserregend. Paramagnetische Dinitrosyl-Eisen-Komplexe der Struktur $[Fe(NO)_2X_2]^{x+}$, wobei X z. B. Cysteinat sein kann, die durch die Reaktion von Nitrit mit den Eisenschwefel-Zentren der Enzyme und Proteine entstehen, werden ebenfalls als mögliche Karzinogene verdächtigt. Verbindungen dieser Art wurden aus Organen von Ratten isoliert, denen man Futter mit hohen Natriumnitritgehalten gegeben hatte und aus der Leber von Ratten nach der Anwendung von bekannten chemischen Karzinogenen (Glidewell, 1990). Es besteht jedoch kein eindeutiger epidemologischer Beweis für eine Verbindung zwischen dem Nitratgehalt des Trinkwassers und dem Auftreten von Magenkrebs. Die entsprechenden Untersuchungen werden dadurch kompliziert, daß Trinkwasser nur einen Teil der täglichen Aufnahme an Nitrat und Nitrit mit der Nahrung liefert. Die wichtigste Nitratquelle in der Nahrung stellen Gemüse dar. Der Nitratgehalt von Salat, Spinat, Sellerie und Roter Beete liegt üblicherweise bei etwa 1.000 ppm, während Erbsen, Bohnen, Zwiebeln und Kartoffeln meist weniger als 200 ppm enthalten. Diese Konzentrationen schwanken mit der Jahreszeit und den Anbaubedingungen und dabei besonders mit der den Pflanzen angebotenen Nitratmenge. Nitrat findet sich auch in gepökeltem Fleisch, wo es als Zusatzmittel eingesetzt wird. Die normalen Zubereitungsverfahren umfassen häufig das Pökeln des rohen Fleisches in Salzlösungen, die neben anderen Inhaltsstoffen auch Natrium- und Kaliumnitrat enthalten. In Großbritannien beträgt die gesetzliche Obergrenze für Schinken- und Speckprodukte zur Zeit 500 ppm für Natriumnitrat oder das Äquivalent von 595 ppm Kaliumnitrat. Die durchschnittliche tägliche Aufnahme von Nitrat mit der Nahrung liegt in Europa und Nordamerika bei etwa 95 mg (Knight *et al.*, 1987). Bei einigen Menschen kann Bier die wesentliche Nitratquelle darstellen, denn vier "halbe" Bier mit einem durchschnittlichen Nitratgehalt reichen aus, um die normale tägliche Nitrataufnahme durch die Nahrung zu verdoppeln (Ministry of Agriculture, Food and Fisheries, 1987). Da der Magen eines Erwachsenen einen deutlich höheren Säuregrad aufweist als der eines Kindes, ist die Umwandlung von Nitrat zu Nitrit weniger stark ausgebildet. Es wir geschätzt, daß nur etwa 5 % des mit der Nahrung aufgenommenen Nitrates zum toxischen Nitrit reduziert wird, was etwa 4,75 mg zu der durchschnittlich mit der Nahrung aufgenommenen Nitritmenge hinzufügt und damit in der Größenordnung einiger Milligramm täglich liegt (Knight *et al.*, 1987). Wie beim Nitrat sind auch beim Nitrit die wesentlichen Quellen bei der Nahrung Gemüse und gepökeltes Fleisch, während die Gehalte im Trinkwasser vernachlässigbar sind. Bei Gemüse sind die Nitritkonzentrationen mit üblicherweise etwa 1 ppm in frischen Produkten gering. Wegen der aufgenommenen Mengen und der begleitenden hohen Nitratgehalte stellen sie jedoch die bedeutendste Gesamtquelle an Nitrit dar, indem sie etwa 75 % der Gesamtmenge liefern. Bei gepökeltem Fleisch darf Nitrit bis zu einem Maximalgehalt von 200 ppm zugesetzt werden; oder es bildet sich durch die Zugabe von Nitrat. Typische Schweineprodukte enthalten zwischen 14-40 ppm. Obwohl Kalium- und Natriumnitrit gepökeltem Schweinefleisch die charakteristische rosa Farbe verleihen und seinen Geschmack verstärken, ist ihre Hauptfunktion jedoch die Verhinderung des Schlechtwerdens. Die Zugabe von Nitrit zu Fleisch verhindert das Wachstum möglicherweise schädlicher Bakterien und insbesondere des anaeroben *Clostridium botulinum*, das Botulismus verursacht und sich in versiegelten Nahrungsbehältern leicht vermehren würde. Es wird vermutet, daß die wesentliche Ursache für die biozide Wirkung nicht auf den Nitriten selbst beruht, sondern auf dem bzw. den Produkten, die sich bei der Wärmebehandlung des Fleisches aus einer Reaktion zwischen dem Nitrit und Bestandteilen des Fleisches bilden (Glidewell, 1990).

Es ist offensichtlich, daß der Nitratgehalt des Trinkwassers in den meisten Fällen nur einen geringen Beitrag zu der mit der Nahrung aufgenommenen Nitritmenge liefert. Er kann jedoch dort von Bedeutung sein, wo die Aufnahme mit der sonstigen Nahrung bereits hoch ist. Bei seiner epidemologischen Untersuchung der geographischen Verteilung von Krebshäufigkeiten in China ergab sich, daß Kehlkopfkrebs in einem bestimmten Gebiet der Provinz Henan besonders verbreitet ist. Diese Beobachtung wurde auf ernährungsbedingte Faktoren zurückgeführt und dabei insbesondere auf den lokalen Brauch, Gemüse durch wochenlange Lagerung in Wasser zu konservieren und auf den Verbrauch beträchtlicher Mengen Maisbrotes. Das lokale Wasser ist reich an Nitrit und Nitrat, und somit weisen die in Wasser gelagertem Gemüse ebenfalls hohe Gehalte an diesen beiden Verbindungen auf. In derartig behandelten Gemüsen fand sich auch der Eisen-Nitrosylkomplex $Fe_2(SCH_3)_2(NO)_4$, eine Verbindung, die zwar nicht karzinogen und nur schwach mutagen ist, aber die karzinogene Wirkung anderer Verbindungen verstärken kann. Bei Tierversuchen wurde beobachtet, daß es die tumorbildenden Eigenschaften von N-Nitrosaminen und aromatischen Kohlenwasserstoffen beträchtlich erhöht. Maisbrot ist oft mit dem Schimmelpilz *Fusarium moniliforme* verunreinigt, der eine Reihe von Nitrosaminen bilden und damit die Einwirkung potentieller Karzinogene verstärken kann (Glidewell, 1990).

Aus obiger Darstellung wird deutlich, daß die mögliche Verbindung zwischen dem Auftreten von Krebs, den Nitratgehalten im Trinkwasser und dem durch die Nahrung aufgenommenen Nitrat bzw. Nitrit sehr komplex ist. Es gibt genügend Beweise dafür, daß die mit Nitrat verbundenen Gefahren für die Gesundheit ernst genommen werden müssen. Andererseits ist es auch schwierig, die Kosten für die Verringerung der Nitratgehalte im Trinkwasser mit diesem vermuteten Gesundheitsrisiko in Einklang zu bringen. Die Reduzierung der Nitratgehalte von Trinkwässern, in denen die entsprechenden Konzentrationen über den amtlichen Grenzwerten liegen, ist sowohl schwierig als auch teuer. Häufig liegt die einzig mögliche Option in einer Vermischung der nitratreichen Wässer mit dem aus alternativen, nitratarmen Quellen. Während Anstrengungen unternommen werden, den Einsatz von Nitrat und Nitrit in der Nahrungsmittelindustrie zu verringern, sollte anerkannt werden, daß die positiven Auswirkungen des Einsatzes von Nitrit wie z. B. die Verhinderung des Schlechtwerdens und von Nahrungsmittelvergiftungen bei Menschen bedeutend sind. Forderungen nach umfangreichen Verminderungen des Einsatzes von stickstoffhaltigen Düngern zur Reduktion hoher Nitratgehalte im Grundwasser könnten wahrscheinlich fehl am Platz sein. Erhöhte Nitratgehalte in Grundwasseraquiferen hängen mit der Störung etablierter stabiler Vegetations/-Boden-Systeme zusammen und nicht nur einfach mit dem Einsatz entsprechender Dünger.

Quellen und Belastungen

Die Anreicherung von Nährstoffen im Süßwasser und marinen Küstensystemen geht auf anthropogene Einflüsse zurück. Stickstoff und Phosphor werden durch Rohwasser, Ablauf aus Kläranlagen, als Teil von Gewerbeabwässern, städtischen und ländlichen Oberflächenabflüssen und als Folge landwirtschaftlicher Einsätze in Gewässerläufe eingetragen. Die bedeutendste punktförmige Quelle organischer Verschmutzung stellen jedoch zweifelsohne die Ableitungen aus Kläranlagen dar.

Abwasser

Eine detaillierte Beschreibung und Erörterung der Klärung von Abwässern findet sich bei Gray (1987) und in Kapitel 7. Die Behandlung von Abwässern umfaßt im wesentlichen vier Stufen (Abb. 8.3).

1. **Vorklärung:** Aus dem Rohwasser werden die groben Bestandteile abgesiebt, Steine und grober Sand werden dadurch entfernt, daß das Abwasser

durch Kanäle mit konstanter Geschwindigkeit geleitet wird oder durch einen Sandfang.

2. **Erste Stufe:** Die Suspensionsfracht wird in großen Absetzbecken um bis zu 50 % reduziert. Der dabei entstehende Rohschlamm wird in Faultürme verbracht, wo er zusammen mit dem Schlamm aus der zweiten Behandlungsstufe anaerobisch ausgefault und abgebaut wird, wobei das entstehende Methan häufig die Energiequelle für die Kläranlage darstellt. Das sich über dem Schlamm ansammelnde Wasser (primärer Überlauf) geht in die zweite Behandlungsstufe. In der ersten Stufe werden üblicherweise 5-15 % des Nährstoffgehaltes entfernt.

3. **Zweite Stufe:** Organische Bestandteile werden mit biologischer Unterstützung oxidiert und zersetzt, wobei im allgemeinen drei Verfahren eingesetzt werden. (I) Tropfkörperfilter: Diese bestehen aus großen kreisförmigen oder rechteckigen 1-3 m tiefen Tanks, die mit korngrößenabgestuftem Kies aus natürlichen Mineralien oder Plastik gefüllt sind. Dies führt zu einer guten Sauerstoffdiffusion und zu einer großen Oberfläche (80-110 m^2 m^{-3}), auf der sich nach Impfung mit abgesetztem Abwasser eine komplexe artenreiche biologische Gemeinschaft einstellt, die den von oben aufgegebenen primären Überlauf auf seinem Weg durch den Tank abbauen kann. (II) Beim Belebtschlammverfahren wird der primäre Überlauf mit einer ausgeflockten Suspension von Mikroorganismen in einem belüfteten Tank vermischt. Während der 1-20 Stunden dauernden Belüftung verbessert die Aktivität der Mikroben die Qualität des Überlaufes und erhöht gleichzeitig den Schlammgehalt, der anschließend durch Sedimentation entfernt wird. Ein Teil des Schlammes wird in den Belüftungstank zurückgeführt und reinfiziert ihn wirkungsvoll wieder mit geeigneten Mikroorganismen. (III) In warmen Klimaten können Oxidations- oder Stabilisierungsteiche eingesetzt werden. Diese bestehen meist aus großen Flächen, im Mittel 1 m tiefen Lagunen, in die der primäre Überlauf eingeleitet wird. Die Einleitungsrate wird so eingestellt, daß die Verweilzeit des Wassers 2-3 Wochen beträgt. Dies reicht normalerweise zur Algenakkumulation und zur bakteriellen aeroben oder anaeroben bakteriellen Zersetzung und damit zur angemessenen Behandlung der Zufuhr aus. In der zweiten Stufe werden die Nährstoffe um 30-50 % reduziert.

4. **Dritte Stufe:** Diese kann die Kosten der Abwasserbehandlung beträchtlich erhöhen. Sie wird dort eingesetzt, wo der Vorfluter den Sekundärüberlauf nicht ausreichend auf die erforderliche Wasserqualität verdünnen kann. Eine Reihe von Verfahren kann bei der zweiten Stufe bzw. beim "Feinschliff" des Abwassers eingesetzt werden, wie z. B. die chemische Fällung bestimmter Substanzen,   eine   Verlängerung   der   Sekundärstufenbehandlung,

Stabilisierungsteiche, künstliche Feuchtgebiete (Kapitel 10) oder Fließbett-
filtersysteme (Mason, 1991).

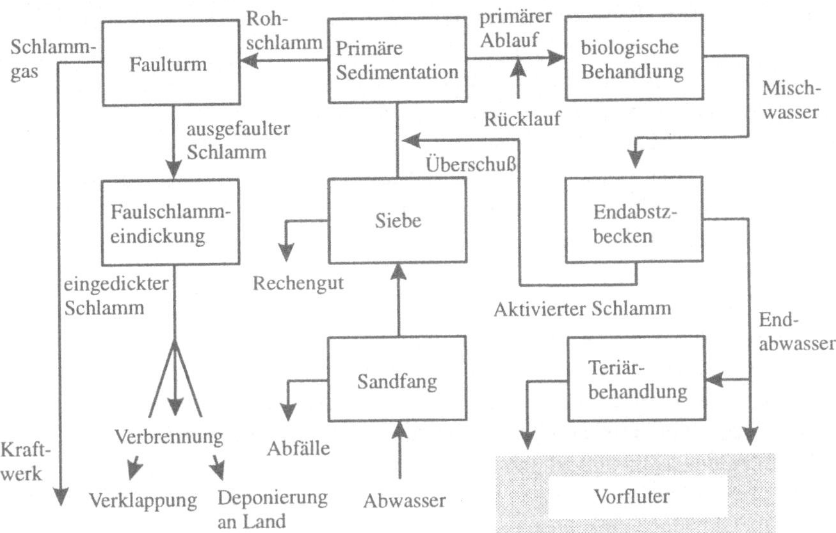

Abb. 8.3: Fließdiagramm einer normalen Kläranlage (aus Wood, 1982)

In England und Wales kommt der größte Teil der täglich produzierten 12 Millionen m^3 Abwasser aus häuslichen Quellen. Etwa 80 % davon werden in der
zweiten Stufe behandelt, deren Überlauf in Flüsse und Kanäle durch 4.500 Einleiter erfolgt (Department of the Environment, 1984). Zum Zeitpunkt der Privati-
sierung der öffentlichen Wasserwerke in Großbritannien im September 1989 zeigten regierungsamtliche Erhebungen, daß 22 % der Kläranlagen die amtlichen
Qualitätsanforderungen für das Ablaufwasser nicht erfüllten. Kläranlagenüberlauf
wird in die Küstengewässer Großbritanniens durch etwa 2.000 Einleiter eingebracht, von denen 90 % weniger als 100 m unter der Niedrigwassermarke liegen.
Unbehandeltes Abwasser wird von 45 % der Einleiter eingebracht, was zu grober
Verschmutzung und mikrobieller Verunreinigung der Küsten führt (National Rivers Authority, 1991; Water Research Council, 1991). Mehr oder weniger ähnliche
Zustände finden sich auch in anderen entwickelten Ländern. Es gibt jedoch
Hinweise, daß sich die Situation im Laufe des nächsten Jahrzehntes deutlich verbessern wird. Die Regierung Großbritanniens hat sich dazu verpflichtet, die Wasserqualität der Badezonen entlang der Küsten zu verbessern. Diese Verbesserung
soll durch Anlage neuer und durch die Verlängerung bestehender Einleitungsquel-
len erreicht werden, sowie durch den vermehrten Einsatz von Behandlungen mit
einer ersten Stufe vor der Einleitung (National Rivers Authority, 1991). Da jedoch
die "marine Behandlung" von Abwässern, die als "der Einsatz natürlicher Prozesse
in Küstengewässern oder Mündungsgebieten zur Verdünnung, Dispersion und
Assimilation von Abwässern nach geeigneter Behandlung an Land" definiert wird,

noch weiterlaufen bzw. sogar noch zunehmen wird (Water Research Council, 1991), werden weiterhin beträchtliche Mengen an Stickstoff und Phosphat in Küstengewässer eingeleitet werden. In den USA hat sich die Situation in den vergangenen 20 Jahren deutlich verbessert. Weniger als 1 % der Kommunalabwässer werden noch ohne Behandlung in einer zweiten Stufe abgelassen, und als Folge davon bilden Verschmutzungen durch nicht punktförmige Quellen und dabei insbesondere aus landwirtschaftlichem oder städtischem Oberflächenabfluß die größte Bedrohung der Oberflächenwasserqualitäten (Baker, 1992).

Abwassereinleitungen aus landwirtschaftlicher Tierhaltung stellen ebenfalls eine starke Gefährdung der Wasserqualität dar. Etwa 17 % der insgesamt 1988 gemeldeten 24.153 Fälle von Verschmutzungen durch Einleitung in englische und walisische Gewässer betrafen Einleitungen aus der Landwirtschaft. Zwischen 1979 und 1988 nahmen diese Verstöße um 179 % zu. Die häufigsten Gründe waren dabei das Ablassen von Gülle, Einleitungen von Silageabfluß und Ablauf von Bauernhofflächen insbesondere nach starken Regenfällen (Water Authorities Association, 1988). Fischzucht in Süß- und Meerwasser trägt ebenfalls zur Nährstoffbelastung der entsprechenden Gewässer bei. In Großbritannien hat sich die Produktion der Süßwasserfischzuchtanlagen allein bei Regenbogenforellen beständig von 2.000 t in 1976 auf 17.000 t in 1988 erhöht (British Ecological Society, 1990). Die Einleitungen aus einer "durchschnittlichen" Fischzucht entspricht in BSB ausgedrückt dem geklärten Abwasser von etwa 10.590 Einwohnern und bei der Schwebfracht dem von etwa 46.000 Einwohnern (British Ecological Society, 1990).

Landwirtschaftliche Zufuhren

Der Einsatz von Düngemitteln und dabei besonders von stickstoffliefernden hat im Verlauf der letzten 50 Jahre dramatisch zugenommen, wodurch eine beträchtliche Steigerung der tierischen und pflanzlichen Produktion möglich wurde (Tivy, 1990). Ohne Einsatz der "künstlichen" anorganischen Dünger wäre die Landwirtschaft nicht mehr wirtschaftlich. In Großbritannien kann der Einsatz von Stickstoffdüngern bei Getreiden den Ertrag um bis zu 20 kg pro kg eingebrachtem Stickstoff erhöhen. Übermäßige Anwendungen insbesondere während der Wintermonate bringen jedoch nur noch wenig zusätzliche Erträge.

Verluste aus Weideflächen: Nach der Atmosphäre und den Ozeanen bildet totes organisches Material in Böden mit $1,5 \times 10^{11}$ t (Jenkinson, 1990) das drittgrößte Reservoir an weltweit vorhandenem Stickstoff. Sogar gut bewirtschaftete Böden, die meist nur geringe Gehalte an organischem Material aufweisen, enthalten 2.000-3.000 kg N ha^{-1}, wovon der größte Teil in den obersten 25 cm des Bodenprofils, d. h. bis Pflugschartiefe, auftritt. Umpflügen und Störung des Bodens stimuliert die mikrobielle Ammoniumbildung aus dem Zerfall von Wurzeln stammenden organischem Stickstoff im Boden. Daran anschließende Nitrifizierung bildet Nitrat, das bei Fehlen eines Pflanzenbewuchses leicht herausgelöst wird. Aufgrund der stickstoffbindenden Wirkung von Klee enthalten alte Weideflächen mit Gras und Klee beträchtliche Mengen an Stickstoff. Werden Dauerweiden umgepflügt, können sich die Stickstoffverluste über 20 Jahre auf 4 t N ha^1 summieren. Man hat geschätzt, daß durch das Umpflügen von Dauerweiden in den 40er Jahren in den landwirtschaftlichen Gebieten von England und Wales der Nitratgehalt der entsprechenden Gewässer von weniger als 5 ppm l^1 auf über 50 ppm l^1 angestiegen ist. In vielen Gebieten wird der Niederschlag, der von solchen Landoberflächen in den 40er Jahren abfloß, erst heute dem Grundwasser entnommen (Addiscott *et al.*, 1991).

Die Nährstoffverluste aus ungenutzten Weideflächen, die für Heu und Silage gemäht werden, sind minimal. Das Wachstum des Grases im Herbst und zu Beginn des Frühjahrs reicht aus, um allen aufgebrachten Stickstoff zu nutzen. Zahlen aus Großbritannien zeigen, daß bis zu 40 kg N ha^1 ausgebracht werden können, ohne daß es zu bedeutenden Stickstoffverlusten kommt. Das ist das Doppelte der Menge, die bei Getreiden möglich ist. Im Gegensatz dazu verlieren beweidete Systeme große Mengen Stickstoff. Zwischen 75-90 % des von Weidetieren aufgenommenen Stickstoffs wird in Form von Kot und Urin rasch in die Böden zurückgeführt, aus denen dann Stickstoff und Phosphat leicht ausgelaugt werden. Diese Rückführungen sind sehr hoch konzentriert und werden auf sehr kleine Flächen ausgebracht. So uriniert eine Kuh jedes Mal etwa 2 l über eine Fläche von 0,4 m'' und Kot, dessen Stickstoffgehalt etwa der Hälfte desjenigen des Urins entspricht, betrifft ebenfalls nur eine sehr kleine Fläche. Typische Perioden der Ablagerung von Kot und Urin entsprechen einer Ausbringung von 400-1.000 kg N ha^1 als Stickstoffdünger und übertreffen damit beträchtlich den *jährlichen* Höchstwert an ausgebrachtem Stickstoff von 400 kg N ha^1, der im Boden zurückgehalten werden kann. Urin und Kot werden nicht gleichmäßig über die ganze Fläche ausgebracht: Urin betrifft 12-20 % eines Feldes, Dung 7-10 %. Die Fähigkeit, Nährstoffe zu assimilieren, wird bei Kot- und Urin-aufnehmender Vegetation und entsprechenden Böden stark überschritten. Die Überschußmengen an Stickstoff und Phosphat gehen im wesentlichen mit dem Ablauf und durch Auslaugung verloren. Untersuchungen mit Rinderurin, das mit N^{15} markiert wurde, haben erwiesen, daß die entsprechenden Anfangsverluste hoch sein können. Beträchtliche Urinmengen versickern rasch nach unten entlang von Spalten und durch Makroporen im Boden. Bei einer Untersuchung wurde festgestellt, daß 26 % des ausgebrachten Stickstoffes herausgelöst wurden, 18 % durch Ammoniakverflüchtigung verloren gingen und 7 % durch Denitrifizierung (Whitehead & Poristow, 1991). Stark beweidete Systeme, die eine Stickstoffgabe von 400 kg N ha^{-1} erhalten, können etwa 75 % davon hauptsächlich durch Nitratauslaugung verlieren. Um diesen Verlust so zu verdünnen, daß das ablaufende Wasser dem EU-Standard von 50 ppm bzw. 11,3 mg^{-1} Nitratstickstoff entspricht, muß der Gesamtablauf einen Niederschlag von 2.600 mm jährlich übersteigen (Addiscott *et al.*, 1991). Es ist zu bedenken, daß der Großteil der Stickstoffzufuhr zu Weidesystemen aus Futtermittelzusätzen stammt und nicht als Dünger direkt auf die Weideflächen aufgebracht wird.

Vieh wird häufig während eines Teils des Jahres in Ställen gehalten, und die Entsorgung der dabei entstehenden Gülle und Abwässer bildet eine weitere Quelle der Wasserverunreinigung. Der Ablauf von Hofflächen, Leckagen in Lagertanks und die Ausbringung von Gülle auf die Felder führen häufig zu lokaler Wasserverschmutzung. Die Ausbringung von Gülle auf den Feldern ist ein bedeutendes landwirtschaftliches Verfahren, da die Gülle sowohl Nährstoffe liefert und auch die Bodenstruktur aufrecht erhält und verbessert. Ein Großteil des ausgebrachten Stickstoffes liegt nicht in mineralischer Form vor und neigt daher nicht sofort zur Auslaugung. Wenn der Mist im Boden aufgenommen und zersetzt wird, werden zunehmende Mengen für die Pflanzen verfügbar, während ein Teil durch Denitrifizierung und Verdunstung an die Atmosphäre verlorengeht. Tierische Exkremente sind sehr unterschiedlich in ihrer Zusammensetzung und in der Rate, mit der sie Stickstoff abgeben. Aufgrund dieser Schwankungen ist es schwierig, die Ausbringung eines Nährstoffüberschusses zu verhindern (Addiscott *et al.*, 1991).

Verluste aus Ackersystemen. Die Nitratverluste aus Äckern sind während der Wachstumsphasen gering. Untersuchungen haben gezeigt, daß etwa 6 % des ausgebrachten Stickstoffs ausgelaugt werden, während die doppelte Menge durch Denitrifizierung verloren geht und nur etwa 1 % nach der Ernte im Boden verbleiben. Bei einem durchschnittlichen Dünger-einsatz von 190 kg N ha^{-1} betragen die Verluste durch Auslaugung etwa 11 kg ha^{-1}. In der Praxis liegen die Verluste jedoch mit einer Größenordnung von 54 kg ha^{-1} deutlich höher. Die zusätzlichen Verluste treten im Herbst nach der Ernte auf, wenn die Böden warm und feucht sind. Die mikrobielle Zersetzung der organischen Bestandteile der Böden setzt Nitrat frei, das wegen des fehlenden Pflanzenbewuchses schnell aus den Böden ausgelaugt wird. Das Verhältnis zwischen ausgebrachtem Dünger und der im Boden verbleibenden Menge ist daher von größter Bedeutung. Bei Getreide bleibt nur etwa 1 % des ausgebrachten Düngers zurück, bei Kartoffel und Raps jedoch ein großer Teil (Addiscott *et al.*, 1991).

Aus natürlichen Ökosystemen wird nur wenig Stickstoff ausgelaugt, da die meisten Nährstoffe zurückgehalten werden und im System zirkulieren. Wie bei landwirtschaftlichen Grasflächen, führen Störungen jedoch zu verstärkter Auslaugung der mobilen Nährstoffe. In Wald- und Buschgebieten führen Rodungen zu einer stärkeren Durchlichtung der Bodenoberfläche und die daraus resultierende Erwärmung führt zu einer Stimulation der mikrobiellen Aktivitäten. Die Verhinderung eines erneuten Bewuchses oder bei forstwirtschaftlich genutzten Flächen der Einsatz von Herbiziden nach Pflanzung neuer Bäume verstärken die Nährstoffverluste (Begon *et al.*, 1990; Cuttle & Gill, 1991).

Es ist klar, daß die Auslaugung von Düngern nur *eine* landwirtschaftliche Quelle für Nährstoffe in Oberflächen- und Grundwässern darstellt, daß es sich dabei aber um eine bedeutende Quelle handelt. Allerdings ist die Situation wesentlich komplexer als üblicherweise angenommen. Eine sofortige drastische Verringerung der Ausbringung von Düngemitteln würde nur wenig direkten Einfluß auf die Nitratkonzentrationen im Grundwasser ausüben, würde jedoch weitere Verschlechterungen verhindern und helfen, die mit der Eutrophierung von Oberflächenwässern verbundenen Probleme zu lindern. Dabei müssen die Verluste aus landwirtschaftlichen Systemen verringert werden. Dazu wird es nicht nur nötig sein, Dünger effizienter einzusetzen, sondern auch, die Nutzung landwirtschaftlicher Flächen besser zu steuern, um Abfluß und Auslaugung zu verringern.

Relative Bedeutung von Stickstoff- und Posphatquellen

Die relative Bedeutung der einzelnen Stickstoff- und Phosphatquellen schwankt beträchtlich und hängt von der Art des Einzugsgebietes und der Intensität und Dichte der Nutzung durch den Menschen ab. In der Chesapeake Bucht im Osten der USA stammen 35-39 % der gesamten Stickstoffbelastung aus atmosphärischen Ablagerungen, 52 % aus der direkten Einlagerung von NH^+ und NO_3^- in das Oberflächenwasser, während der Rest aus der Ablagerung von Stickstoff im Einzugsgebiet stammt, von dem wiederum 10 % durch Flüsse in die Bucht transportiert werden (Barnes & Mann, 1991; Baker, 1992). Im Gegensatz dazu macht in der Narragansett Bucht (Rhode Island) der atmosphärische Eintrag weniger als 1 % der Gesamtjahresmenge aus. Die Hauptquellen für Stickstoff und Phosphat sind hier Abwässer und Eintrag durch Fließgewässer. Abwässer liefern 42,5 % der Stickstoffzufuhr und Fließgewässer 50 %, während die entsprechenden Werte für Phosphor 30 % bzw. 69 % sind (Nixon, 1981; Barnes & Mann, 1991).

Von den 32.000 t Phosphor, die niederländische Oberflächenwässer aus binnenländischen Quellen erreichen, stammen 40,9 % aus Hausabwässern und dabei besonders aus dem Einsatz von Waschmitteln, 36,6 % aus der Herstellung von Phosphatdüngemitteln und 16,9 % aus Oberflächenablauf und Auslaugung. Bei Stickstoff ist die Bedeutung von Abfluß und Auslaugung wesentlich höher, diese tragen mit 68 % der schätzungsweise 250.000 t Stickstoff bei, die insgesamt jährlich in Oberflächenwässer eingebracht werden. Mit 20×10^6 kg N a^{-1} liefert atmosphärische Ablagerung etwa 8 % der gesamten Stickstoffmenge (Uunk, 1991). Atmosphärischer Eintrag von Stickstoff stammt hauptsächlich aus der Verbrennung fossiler Brennstoffe, zusammen mit landwirtschaftlichen Ammoniakemissionen aus der Verflüchtigung von Stickstoff aus auf Feldern ausge-brachter Gülle. Aus dieser Quelle stammten 1985 etwa 277.000 t NH_3 a^{-1} (Uunk, 1991). Die Emission von Stickoxiden aus dem Einsatz fossiler Brennstoffe hat sich seit 1900 erhöht und wird in den nächsten 40 Jahren noch um 40-60 % zunehmen, wodurch die Nährstoffbelastung und die Eutrophierung der Gewässer weiter steigen wird (Barnes & Mann, 1991; Baker, 1992). Die Nährstoffanreicherung in Küstengewässern wird im gleichen Maße anwachsen, in dem Küstenregionen zunehmend entwickelt werden und der Einsatz fossiler Brennstoffe fortschreitet. Es wird geschätzt, daß in den USA im Jahr 2000 mehr als die Hälfte der Bevölkerung innerhalb eines Streifens von 100 km von der Küste entfernt leben wird. Nicht alle Ursachen einer Eutrophierung sind allerdings auf anthropogene Einflüsse zurückzuführen. Die Eutrophierung des Hickling Brad Sees in Großbritannien während der 60er Jahre konnte auf eine Zunahme der Populationen an Lachmöven (*Larus rididundus*) zurückgeführt werden, die sich auf diesem See aufhalten (Moss, 1978).

Literatur

ADDISCOTT, T. M.; WHITMORE, A. P.; POWLSON, D. S. (1991): Farming, Fertilizers and the Nitrate Problem. CAB International, Wallingford.

BAKER, L. A. (1992): Introduction to nonpoint source pollution in the United States and the prospects for wetland use. Ecol. Eng., 1, 1-26.

BARNES, R. S. K.; MANN, K. H. (1991): Fundamentals of Aquatic Ecology. Blackwell Scientific Publications, Oxford.

BEGON, M.; HARPER, J. L.; TOWNSEND, C. R. (1990): Ecology, Individuals, Populations and Communities. Blackwell Scientific Publications, Oxford.

BRI'TISH ECOLOGICAL SOCIETY (1990): River Water Quality. Ecological Issues No. 1. British Ecological Society, London.

COLLIER, R.; EDMONDS, J. (1984): The trace element geochemistry of marine biogenic particulate material. Prog. Oceanogr., 13, 113-199.

CUTTLE, S. P.; GILL, E. K. (1991): Conccntration of nitrate in soil water following herbicide treatment of tree planting in an upland agroforestry system. Agroforest. Sys., 13, 225-234.

DEPARTMENT OF THE ENVIRONMENT (1989): Digest of Environmental Protection and Water Statistics. HMSO, London.

DRING, M. J. (1982): The Biology of Marine Plants. Edward Arnold, London.

EDZWARD (1977): Phosphorus in aquatic systems: the role of the sediments. In: Suffet, 1.H. (ed.): Fate of Pollutants in the Air and Water Environments. John Wiley and Sons, Chichester.

ETHERINGTON, J. R. (1975): Environment and Plant Ecology. John Wiley & Sons, Chichester.

GESAMP (GROUP OF EXPERTS ON THE SCIENTIFIC ASPECTS OF MARINE POLLUTION) (1990): The State of the Marine Environment. (Joint Group of Experts on Scientific Aspects of Marine Pollution.) Blackwell Scientific Publications, Oxford.

GLIDEWELL, C. (1990): The nitrate/nitrite controversy. Chem. Brit., 26(2), 137-140.

GRAY, N. F. (1989): Biology of Wastewater Treatment. Oxford University Press, Oxford.

HARDY, R. W.; HAVELKA, U. D. (1975): Nitrogen fixation research: a key to world food? Science, 188, 633-642.

HYNES, H. B. N. (1960): The Biology of Polluted Waters. Liverpool University Press, Liverpool. 156 Nitrogen and phosphorus in the environment

JENKINSON, D. S. (1990): An introduction to the global nitrogen cycle. Soil Use Manag., 6, 5"1.

KNIGHT, K. M.; FORMAN, D.; ALDABBAGH, S. A.; DOLL, R. (1987): Estimation of dietary intake of nitrate and nitrite in Great Britain. Food Chem. Toxicol., 25(4), 277-285.

LESHT, B. M.; FONTAIN III, T. D.; DOLAN, D. M. (1991): Great Lakes total phosphorous model: post audit and regionalized sensitivity analysis. J. Great Lakes Res., 17(1), 3-17.

LIJKLEMMA, L. (1991): Response of lakes to the reduction of phosphorus load. Hydrobiol. Bull., 24(2), 165-170.

MASON, C. F. (1991): Biology of Freshwater Pollution, 2nd edn. Longmans Scientific and Technical, Harlow.

MINISTRY OF AGRICULTURE, FISHERIES AND FOOD (1987): Food Surveillance Paper No. 20. HMSO, London.

MOSS, B. (1978): The ecologiual history of a medieval man-made lake, Hickling Broad, Norfolk, United Kingdom. Hydrobiologia, 60, 23-32.

NATIONAL RIVERS AUTHORITY (1991): Bathing Water Quality in England and Wales-1990. Water Ouality Series No. 3, National Rivers Authority, Bristol.

NIXON, S. W. (1981): Remineralization and nutrient cycling in coastal marine ecosystems. In: Nielson, B. J., Cronin, L. E. (eds.): Estuaries and Nutrients, pp. 111-138. Humana Press, New Jersey.

ORGANISATION FOR ECONOMIC COOPERATION AND DEVELOPMENT (1982): Eutrophication of Waters: Monitoring, Assessment and Control. OECD, Paris.

PAERL, H. W. (1988): Nuisance phytoplankton blooms in coastal, estuarine, and inland waters. Limnol. Oceanogr., 33(4), 823-847.

REKLEFS, R. E. (1990): Ecology, 3rd edn. W. H. Freeman and Company, New York.

SWIFT, M. J.; HEAL, O. W.; ANDERSON, J. M. (1979): Decomposition in Terrestrial Ecosystems. Blackwell Scientific Publications, Oxford.

TIVY, I. (1990): Agricultural Ecology. Longman Scientific and Technical, Harlow.

UUNK, E. J. K. (1991): Eutrophication of Surface Waters and the Contribution of Agriculture. Paper read before the Fertiliser Society, London, 11 April 1991. The Fertiliser Society, Greenhill House, Peterborough.

VOLLENWEIDER, R. A. (1975): Input-output models with special reference to the phosphorus loading concept in liminology. Schweiz. Z. HydroL, 37, 53-84.

VOLLENWEIDER, R. A.; KEREKES, J. J. (1982): Eutrophication of Waters: Monitoring Assessment and Control. Organization for Economic Cooperation and Development, Paris.

WATER AUTHORITIES ASSOCIATION (1988): Water Pollution from Farms Waste, England and Wales. Water Authorities Association, London.

WATER RESEARCH COUNCIL (1991): Design Guide for Marine Treatment Schemes. Water Research Council, Watford.

WHITEHEAD, D. C.; BRISTOW, A. W. (1990): Transformations of nitrogen following the application of ^{15}N-labelled cattle urine to an established grass sward. J. Appl. Ecol., 27(2), 667-678.

WHITFIELD, M.; TURNER, D. R. (1987): The role of particles in regulating the composition of seawater. In Stumm, W. (ed.): Aquatic Surface Chemistry: Chemical Processes at the Particle-Water Interface, pp. 457-493. John Wiley, New York.

WOOD, L. B. (1982): The Restoration of the Tidal Thames. Hilger, Bristol.

Weiterführende Literatur

ADDISCOTT, T. M.; WHITMORE, A. P.; POWLSON, D. S. (1991): Farming, Fertilizers and the Nitrate Problem. CAB International, Wallingford.

BARNES, R. S. K.; MANN, K. H. (1991): Fundamentals of Aquatic Ecology. Blackwell Scientific Publications, Oxford.

GESAMP (1990): The State of the Marine Environment (Joint Group of Experts on Scientific Aspects of Marine Pollution). Blackwell Scientific Publications, Oxford.

MANNION, A. M.; BOWLBY, S. R. (1992): Environmental Issues in the 1990s. John Wiley and Sons, Chichester.

MASON, C. F. (1991): Biology of Freshwater Pollution, 2nd edn. Longman Scientific and Technical, Harlow.

Kapitel 9

Beseitigung von Nitrat durch Mikroben

Einführung

Die Einleitung von stickstoffhaltigen Abfällen durch die Industrie in Luft und Wasser sowie die Deponierung fester, Stickstoffverbindungen enthaltender Abfälle können zu erhöhten Nitratgehalten in der Umwelt führen. Dies geschieht entweder durch die direkte Einleitung von Nitraten oder durch die Umwandlung anderer stickstoffhaltiger Abfälle zu Nitraten durch physikalische oder mikrobielle Prozesse in der Biosphäre. So wie die Quellen der stickstoffhaltigen Abfälle sind auch die Arten der eingeleiteten Verbindungen vielfältig (Robertson & Kuenen, 1993). Die Photoindustrie produziert beträchtliche Mengen an ammonthiosulfathaltigen Abwässern, während eine Vielzahl anderer Industrien ammoniakreiche Abfälle produzieren, die in Aufbereitungsanlagen zu Nitraten umgewandelt werden. Durch die Erdölindustrie und die Verbrennung fossiler Brennstoffe werden große Mengen stickstoffhaltiger Verbindungen in die Biosphäre eingebracht. Ironischerweise kommt es dabei vor, daß Prozesse, die die Einleitung des einen Schadstoffes in die Umwelt herabsetzen sollen, vereinzelt die Zufuhr eines anderen Schadstoffes erhöhen. Ein gutes Beispiel dafür sind Rauchgasentschwefelungsanlagen, mit deren Hilfe die Freisetzung von Schwefel in die Umwelt herabgesetzt wird, während dabei gleichzeitig Abwässer mit hohen Nitratgehalten (150-300 mg N l^1) entstehen (Holm Kristensen & Jepsen, 1991).

Die Herstellung von Nahrungsmitteln trägt ebenfalls zur Nitratbelastung der Umwelt bei. Bei der Nahrungsmittelproduktion wie z. B. in der Milchindustrie entstehen beträchtliche Mengen an organischen und nitratreichen Abfällen. Die Tierzucht, und dabei besonders die Massentierhaltung führt dazu, daß große Mengen stickstoffreicher organischer Abfälle in Form von Gülle entsorgt werden müssen. Außerdem werden große Mengen industriell hergestellter Nitrate routinemässig auf Ackerflächen als Dünger ausgebracht, um das Wachstum der Pflanzen und damit die Erträge zu verbessern. Ein verhältnismäßig großer Teil der Nitratdünger wird aus den entsprechenden Flächen in Oberflächen- und Grundwassersystemen ausgelaugt (Kap. 8).

Die Auswirkungen dieser Verunreinigungen wurden in Kapitel 8 beschrieben, sie lassen sich jedoch unter zwei Aspekten zusammenfassen: Eutrophierung von Gewässern und Algenblüten. Die Wasserversorgung aus Aquiferen wird ebenfalls durch Verunreinigung mit Nitraten gefährdet. In England und Wales wiesen 142 Grundwasserquellen der öffentlichen Versorgung Nitratgehalte von mehr als 11,3 mg N l^{-1} auf (House of Lords, 1989) und lagen damit über dem Höchstwert der

EU (Council of European Communities, 1980). Die amerikanische Umweltschutz-behörde EPA hat die Grenze bei 10,0 mg l^{-1} Nitratstickstoff festgesetzt, einem Wert, der in vielen Gebieten der USA überschritten wird (Mateju *et al.*, 1992). Diese Richtwerte wurden in Anbetracht der Gesundheitsrisiken aufgestellt, die mit der Aufnahme von stickstoffreichem Wasser verbunden zu sein scheinen, d. h. Methämoglobinämie bei Kindern und Magenkrebs.

Ein weiterer, in einer Vielzahl von Abfällen wie tierischen Abfällen oder Ab-wasser vorhandener Nährstoff ist das Phosphat, das ebenfalls als Dünger auf land-wirtschaftlichen Flächen ausgebracht wird. Dadurch daß das so ausgebrachte Phosphat zur Eutrophierung beiträgt, ist es von herausragender Bedeutung für die Umwelt. Das konventionelle Verfahren zur mikrobiellen Entfernung von Phos-phat stellt die Belebtschlammbehandlung in Kläranlagen dar. Dies wird im Detail an anderer Stelle erörtert (Horan, 1990) und wurde hier bereits kurz in Kapitel 7 beschrieben. Eine Reihe von Forschern haben die verstärkte biologische Phos-phatabscheidung in Belebtschlamm untersucht. Diese beruht auf einer Steuerung der Umweltbedingungen innerhalb des Belebtschlammes, d. h. vereinfacht gesagt, in der Abfolge der anaeroben und aeroben Mengenströme. Es konnten bisher aus Belebtschlämmen keine reinen Bakterienkulturen isoliert werden, die verstärkt Phosphat abscheiden können, allerdings wird vermutet, daß *Acinetobacter* der wahrscheinlichste Teilnehmer an der Reaktion ist (Jenkins & Tandoi, 1991). Da der Prozeß auf bestehenden Technologien beruht, konnte es bisher für reine Isolate nicht nachgewiesen werden ·und selbst *in situ* handelt es sich um ein etwas un-zuverlässiges Verfahren. Die Entfernung von Phosphat durch Mikroben soll hier nicht erörtert werden; eine hervorragende Zusammenfassung geben Jenkins & Tandoi (1991). Die Rolle von Wasserpflanzensystemen bei der Entfernung von Phosphat wird in Kapitel 10 beschrieben.

Es ist das Ziel dieses Kapitels, die Biochemie und Physiologie der mikrobiellen Entfernung von Nitrat aus Abwässern und Grundwasser zu beschreiben. Außerdem werden vorhandene und mögliche zukünftige Technologien für diesen Prozeß betrachtet.

Mikrobielle Entfernung von Nitrat aus Abfällen und Grund-wasser: Biokatalysatoren und Mechanismen

Der Beitrag von Mikroben zum biochemischen Stickstoffkreislauf wurde intensiv untersucht. Mikroorganismen, die die Umwandlung von den Stickstoffkreislauf aufbauenden Stickstoffverbindungen bewerkstelligen, gehören zu einer großen Bandbreite physiologischer Typen. Darunter sind stickstoffbindende, ammoniak-bildende, nitrifizierende und denitrifizierende Bakterien. In groben Zügen beruht die Rolle der denitifizierenden Bakterien beim Stickstoffkreislauf auf der Rück-führung des Stickstoffs in die Atmosphäre; so wandeln sie das Nitrat durch eine

Reihe von Reaktionen (s. unten) in gasförmigen molekularen Stickstoff um. Gasförmig ist Stickstoff im wesentlichen lebenden Organismen nicht zugänglich, außer im Falle der stickstoffbindenen Prokaryonten, wodurch der schädigende Einfluß hoher Nitratgehalte in der Umwelt abgemildert wird. Heterotrophe dissimilatorische Nitratreduzierer können ebenfalls zur Umwandlung von Nitrat zu anderen Stickstoffverbindungen wie Nitrit oder möglicherweise auch Ammoniak beitragen. Diese Organismen katalysieren jedoch nicht die Freisetzung von Stickstoff in die Atmosphäre. Ein möglicher Weg zur Eindämmung der Verunreinigung durch Nitrate liegt in der Nutzung der katalytischen Fähigkeit nitratumwandelnder Bakterien und dabei insbesondere die der denitrifizierenden Bakterien.

Denitrifizierung und denitrifizierende Bakterien

Reaktionen und Enzymsysteme: Die Denitrifizierung verläuft in der folgenden Reihe von Reaktionen

$$NO_3^- \rightarrow NO_2^- \rightarrow NO_{(Gas)} \rightarrow N_2O_{(Gas)} \rightarrow N_{2(Gas)}$$

Während der Denitrifizierung fungieren Stickstoffverbindungen statt Sauerstoff bei der Veratmung als terminale Elektronenakzeptoren. Im allgemeinen, jedoch nicht ausschließlich (s. unten), tritt Denitrifikation auf, wenn Sauerstoff für aerobe Atmung begrenzt wird. Nach der Verarmung an Sauerstoff ist Nitrat die erste Verbindung, die als terminaler Elektronenakzeptor wirkt. Es gibt eine Reihe von Arten aus mehreren verschiedenen Gattungen, von denen bekannt ist, daß sie bei der Denitrifizierung mitwirken. Einige Bakterien wie z. B. *Paracoccus denitrificans* können die gesamte Umbildung von NO_3^- zu molekularem Stickstoff katalysieren. Viele andere Bakterien sind jedoch nur in der Lage, bestimmte Stufen in der Reaktionskette zu katalysieren (Tabelle 9.1), weshalb die Denitrifikation des Nitrates zu molekularem Stickstoff üblicherweise eine gemischte Gemeinschaft von Mikroorganismen mit einander ergänzenden Stoffwechseln erfordert. Da angenommen wird, daß Stickoxide zum Treibhauseffekt beitragen, sollte jeder Denitrifizierungsprozeß so ausgelegt werden, daß ein einziger Organismus oder eine Gemeinschaft den gesamten Prozeß bis zum Ende katalysieren können.

Jede Stufe der Abfolge wird von einem anderen Enzymsystem katalysiert: NO_3^- zu NO_2^- durch Nitratreduktase, ein membrangebundenes Enzym, NO_2^- zu NO und N_2O durch Nitritreduktase und Stickoxid-(NO)-Reduktase, beides membrangebundene zytoplasmische Enzyme, und N_2O zu N_2 durch Stickoxid (N_2O)-Reduktase, ein präplasmisches Enzym (Payne, 1981; Hochstein & Tomlinson, 1988; Robertson & Kuenen, 1992). Arten, denen eines dieser Systeme fehlt, sind nicht in der Lage, alle entsprechenden Reaktionen zu katalysieren. So verfügt *Pseudomonas aweofaciens* nicht über N_2O-Reduktase und kann daher kein N_2

bilden (Robertson & Kuenen, 1992). Es wird angenommen, daß die Enzyme induzierbar statt konstitutiv sind. In Anbetracht der genetischen und metabolischen Vielfalt der verschiedenen bei der Denitrifizierung mitwirkenden Organismen ist es unwahrscheinlich, daß Induktion und Repression der Enzyme bei allen gleich ablaufen (Hochstein & Tomlinson, 1988; Mateju *et al.*, 1992).

Tabelle 9.1: Beispiele für denitrifizierende bzw. dissimmilatorisch nitratreduzierende Bakterien

Chemolithotrop	heterotroph	Denitrifizierungsreaktionen unter optimalen Bedingungen	
Thiobacillus thiporus	Hysobacter antibioticum	NO_3^-	NO_2^-
	Pseudomonas Achromobacter	NO_3^-	N_2O
Paracocus denitrificans Thiobacillus denitrificans	Hyphonicrobium Pseudomonas Halobacterium Alcaligenes eutropha	NO_3^-	N_2
	Klebsiella aerogenes Escherichia coli	NO_3^-	NH_3
	Flavobacterium sp.	NO_2^-	NO_2
	Vibro succinogenes	NO_2^-	N_2

Chemolithotrophe Denitrifizierer: Einige der Denitrifizierer sind obligat oder fakultativ chemolithotroph und benutzen Wasserstoff oder reduzierten Schwefel als Energiequellen, d. h. als Elektronendonatoren, wie z. B. *Thiobacillus denitrificans* (fakultativ chemolithotroph) und *Ferrobacillus ferrooxidans* (obligat chemolithotroph). Chemolithotrophe Denitrifizierung umfaßt die Oxidation eines reduzierten anorganischen Substrates wie z. B. Pyrit (Gleichung 9.2):

$$2\tfrac{1}{2}\,FeS_2 + 7\,NO_3^- + 2\,H^+ \rightarrow 3\tfrac{1}{2}\,N_2 + 5\,SO_4^{2-} + 2\tfrac{1}{2}\,Fe^{2+} + H_2O \quad (9.2)$$

Dissimilatorische Nitratreduktion: Bakterien, die die dissimilatorische Nitratreduktion katalysieren können, verfügen über ein Nitratreduktasesystem, das in groben Zügen dem der Denitrifizierer ähnlich ist. Das dissimilatorische Nitratreduktionssystem weicht von dem der Denitrifizierung beim zweiten Reaktionsschritt ab, in dem Nitrit zu NO statt zu Ammoniak umgewandelt wird (Robertson &

Kuenen, 1992). Beim ersten Schritt der dissimilatorischen Nitratreduktion, d. h. bei der Umwandlung von NO_3^- zu NO_2^-, scheint das Nitrat als terminaler Elektronenakzeptor zu fungieren. Bei der Produktion von Ammoniak aus Nitrit scheint es sich jedoch um ein Verfahren zur Beseitigung von überschüssiger Reduktionsfähigkeit zu handeln (Cole, 1987).

Einflußfaktoren bei der Denitrifizierung

Es sind eine Vielzahl von Einflußfaktoren bei der Denitrifizierung bekannt, darunter die Verfügbarkeit von Sauerstoff und Nährstoffen, der pH-Wert, Temperatur sowie die Anwesenheit behindernder Verbindungen.

Sauerstoff: Der Einfluß der Sauerstoffverfügbarkeit ist beträchtlich und einige Arten stellen in Gegenwart von Sauerstoff sofort die Denitrifizierung ein. Dies wurde bisher als unausweichlich angesehen, da das Nitrat als alternativer Elektronenakzeptor statt Sauerstoff während der Atmung angesehen wurde. Es hat sich jedoch erst kürzlich herausgestellt, daß die Rolle des Sauerstoffes wesentlich komplizierter ist. Bei der aeroben Denitrifizierung (Robertson & Kuenen, 1992) laufen Sauerstoffveratmung und Denitrifizierung gleichzeitig ab (Robertson & Kuenen, 1990). Die Fähigkeit, auch in Gegenwart von Sauerstoff mit der Denitrifizierung fortzufahren, schwankt von Art zu Art (Robertson & Kuenen, 1992). So denitrifizieren z. B. *Thiofera pantotrophe* und *Alcaligenes sp.* bei Sauerstoffkonzentrationen von 80 % bzw. 50 % der Luftsättigung (Robertson & Kuenen, 1930). In Gegenwart von Sauerstoff läuft die Denitrifizierung jedoch wesentlich langsamer ab als bei Abwesenheit dieses Gases.

Zusätzlich zu physiologischen Unterschieden in der Reaktion auf Sauerstoff hat auch die physikalische Struktur der Umgebung einen bedeutenden Einfluß auf eine anscheinend unter aeroben Bedingungen ablaufende Denitrifizierung. So sind z. B. Bodenpartikel häufig zu von wassergefüllten Poren durchzogenen Aggregaten zusammengeballt. Diese Poren sind häufig anaerob und stellen damit eine Mikroumgebung dar, in der eine rasche Denitrifizierung ablaufen kann, obwohl diese Poren zwischen den Aggregaten aerob sind.

Energiequellen: Kohlenstoff und anorganische Verbindungen. Es scheint, als ob Nitrat bevorzugt über den dissimilatorischen Nitratreduktasepfad reduziert wird, wenn das Verhältnis zwischen Elektronendonator, d. h. der organischen Verbindung, und dem Elektronenakzeptor, dem Nitrat, hoch ist. Bei entgegengesetzten Verhältnissen wird Denitrifizierung bevorzugt (Tiedje *et al.*, 1982). Organische Substrate spielen bei der Denitrifizierung mehrere Rollen. Sie wirken als Elektronendonatoren und tragen zur Zellsynthese bei. Damit steht nicht aller Kohlenstoff zur Denitrifizierung zur Verfügung, und zusätzlich kann weiterer Kohlenstoff bei Anwesenheit von Sauerstoff verlorengehen.

Veröffentlichte stöchiometrische Gleichungen für die heterotrophe Denitrifizierung mit einer Vielzahl von Kohlenstoffquellen wurden von Mateju *et al.* (1992) zusammengestellt und ausgewertet (Tabelle 9.2). Die Menge des denitrifizierten Stickstoffes weist eine lineare Abhängigkeit von der Kohlenstoffkonzentration auf. Das gewichtsmäßige C:N-Verhältnis bei der Denitrifizierung mit verschiedenen Kohlenstoffquellen wurde nach Versuchsergebnissen abgeschätzt. So beträgt z. B. das C:N-Verhältnis bei Methanol 0,93 für Nitrat bzw. 0,57 für Nitrit, während sie bei Azetat 1,32 bzw. 0,83 betragen (Mateju *et al.*, 1992). Es wurde angegeben, daß für eine Denitrifizierung um 80-90 % ein C:N-Verhältnis von 1,0 vorliegen muß.

Für die chemolithotrophe Denitrifizierung bei Oxidation verschiedener anorganischer Energiequellen sind ebenfalls stöchiometrische Formeln (Tabelle 9.2) entwickelt worden (Mateju *et al.*, 1992). Es erscheint dabei, daß die chemolithotrophe Denitrifizierung eine ähnliche Abhängigkeit von der Elektronendonatorenkonzentration aufweist wie die heterotrophe Denitrifizierung.

Tabelle 9.2: Stöchiometrisches Verhältnis bei der Denitrifizierung mit verschiedenen Elektronendonatoren

Elektronen-Lieferant	Stöchiometrisches Verhältnis
Wasserstoff	$2,5\ H_2 + NO_3^- \ ---\ 0,5\ N_2 + 2\ H_2O + OH-$
Sulfid	$2,5\ FeS_2 + 7\ NO_3^- + 2\ H^+ \ ---> 3,5\ N_2 + 5\ SO_4^{2-} + 2,5\ Fe^{2+} + H_2O$
zweiwertiges Eisen	$10\ Fe^{2+} + 2\ NO_3^- \ ---> N_2 + 10\ FeOOH + 18\ H^+$
Methan	$2,5\ CH_4 + 4\ NO_3^- + 4\ H^+ \ ---> 2\ N_2 + 2,5\ CO_2 + 7\ H_2O$
Methanol	$2,5\ CH_3OH + 3\ NO_3^- \ ---> 1,5\ N_2 + 2,5\ CO_2 + 3,5\ H_2O + 0,5\ O_2$
Essigsäure	$2,5\ CH_3COOH + 8\ NO_3^- \ ---> 2\ CO_2 + 8\ HCO_2 + 6\ H_2O + N_2$
Zellulose	$2,5\ (C_6H_{10}O_5)_n + 12n\ NO_3^- \ ---> 3n\ CO_2 + 6,5n\ H_2O + 6_n\ N_2 + 12n\ HCO_3^-$

Es hat sich klar erwiesen, daß das S:N-Verhältnis einen starken Einfluß ausübt. Bei niedrigen S:N-Verhältnissen ist die Umwandlung von Nitrat zu N_2O begrenzt und Nitrit sammelt sich an. Wenn Thiosulfat als Elektronendonator für die Denitrifizierung wirkt, scheint ein S:N-Verhältnis von mindestens 4,3 erforderlich zu sein. Darüber sammelt sich kein Nitrit an. Das Verhältnis hängt von der Schwefelquelle ab, z. B. Thiosulfat, elementarer Schwefel, u. s. w. Zweifelsohne treten ähnliche Effekte auch bei anderen oxidierbaren anorganischen bei der Denitrifizierung eingesetzten Substraten wie z. B. H_2 und Fe^{2+} auf.

Temperatur und pH: Temperatur und pH beeinflussen die Denitrifizierung. Obwohl sich gezeigt hat, daß diese auch bei Temperaturen von 0-5° C ablaufen kann, nimmt die Denitrifizierungsrate im allgemeinen mit der Temperatur ab. Dafür sind 2 Effekte ursächlich. Zum ersten ist die Mehrzahl der die Denitrifizierung dominierenden Heterotrophen mesophil und weist bei geringeren Temperaturen niedrige Stoffwechselraten auf, und zum zweiten beeinflußt die Temperatur die Löslichkeit des Sauerstoffes. Bei hohen Temperaturen sinkt die Löslichkeit des Sauerstoffes, was zu einem Anstieg der Denitrifizierungsrate führt. Gauntlett & Craft (1979) schätzen, daß sich die Denitrifizierungsrate bei jedem Anstieg der Temperatur um 10° C verdoppelt, bis zu einem Maximum von z. B. 50° C, oberhalb dessen keine Denitrifizierung mehr abläuft (Holm Kristensen & Jepsen, 1991). Das Optimum für chemolithotrophe Denitrifizierung liegt bei einem pH von 7-8, während die Denitrifizierung durch Chemolithotrophe auch bei niedrigeren pH-Werten ablaufen kann.

Inhibitoren: Die Denitrifizierung kann auch durch andere Substanzen als Sauerstoff behindert werden. Azetylen und Sulfid behindern die NO_2-Reduktase und verhindern damit die Reduktion von N_2O zu N_2 (Robertson & Kuenen, 1987). Nitrat selbst wirkt als Behinderung in der Schlußphase der Abfolge der Denitrifizierungsreduktionen, da das die Umwandlung von NO zu N_2O katalysierende Enzym durch NO_3^- unterdrückt wird (Goering, 1972). Schwefelverbindungen scheinen bei der Behinderung der Denitrifizierung eine bedeutende Rolle zu spielen und es hat sich gezeigt, daß sowohl Sulfide als auch Sulfate die Denitrifizierung bremsen. Dabei wird interessanterweise die Denitrifizierung in Gegenwart von Sulfid herabgesetzt, während die Reduktion von Nitrat zu Ammoniak durch Sulfid gefördert wird (Kowalenko, 1979). Dies deutet an, daß die dissimilatorische Nitratreduktion in Gegenwart von Sulfid verstärkt wird. Schwermetalle in Konzentrationen von 25-200 µg l^{-1} können die Nitratreduktion um bis zu 50 % bremsen. Die wirklichen Konzentrationen und Auswirkungen sind bei den einzelnen Schwermetallen verschieden. So ergab sich in Wasser aus Seen und in künstlichem Wasser folgende Toxizitätsreihe: Cu > Cd = Pb > Zn (Waara, 1992). Anwesenheit anorganischer Verbindungen wirkt nicht unbedingt behindernd. So ergab sich z. B. eine stabile konstante Denitrifizierung selbst bei hohen Chloridkonzentrationen von 30 g l^{-1} (Holm Kristensen & Jepsen, 1991).

Aufbereitungsverfahren

Die mikrobielle Aufbereitung von stark nitratbelasteten Wässern kann in zwei Arten unterteilt werden: (I) die Behandlung von Abwässern mit hoher Stickstoffbelastung und (II) die Behandlung von für Trinkwasserzwecke entnommenen Wässern entweder *in situ* im Grundwassersystem oder nach den Entnahme.

Verfahren zur Denitrifizierung von Abwässern

Konventionelle Behandlung: Bei konventionellen biologischen Abwasseraufbereitungssystemen läuft die Denitrifizierung zur Aufrechterhaltung anaerober Bedingungen bevorzugt in geschlossenen Bioreaktoren mit anaerobem Belebtschlamm, Festkörperfüllungen oder Fließbetten ab. Diese werden an anderer Stelle erschöpfend behandelt (Horan, 1990), und es sollen hier nur einige der wesentlichen, die Aufbereitung beeinflussenden Faktoren angesprochen werden. Die Auswirkungen der Umweltbedingungen auf die Denitrifizierung in solchen Reaktoren folgen im wesentlichen den obigen Ausführungen (Wartchow, 1990; Holm Kristensen & Jepsen, 1991). Die Auswahl des Elektronendonatoren hängt von der physiologischen Art der Denitrifizierer ab. So wurde z. B. Schwefel bei den Verfahren eingesetzt, die sich der Bakterien wie *Thiobacillus denitrificans* zur Denitrifizierung bedienen (Batchelor & Lawrence, 1978). Eine Vielzahl organischer Substrate wie Azetat und Methanol wurden bei der heterotrophen Denitrifizierung eingesetzt. Die Auswahl der Elektronendonatoren wird nicht nur durch die Anforderungen der Bakterienphysiologie und die Erlangung einer wirksamen Umwandlung bestimmt (s. oben), sondern auch durch Kostenüberlegungen. Billige Substrate werden zur Sicherung der Wirtschaftlichkeit der biologischen Denitrifizierung bevorzugt. Im Idealfall enthält der Abfall selbst oxidierbare organische Substanzen, die Energie liefern können.

Biologische Adsorption und Einfangung: Bakterielle Immobilisierung stellt ein Verfahren dar, das sowohl bei konventionellen Aufbereitungsanlagen als auch in neuartigen Systemen eingesetzt wird. Sie erfolgt entweder durch bakterielle Oberflächenadsorption und Ausbildung eines Biofilms, einem komplexen, durch Characklis & Marshall (1990) ausgiebig beschriebenen Prozeß, oder durch bakterielle Einfangung in Trägermatrices (s. Kap. 15 für eine kurze Erörterung der Immobilisierung). Der Vorteil der Immobilisierung liegt darin, daß Bakterien in einem Reaktor bei Durchflußraten zurückgehalten werden können, die über ihren eigenen Wachstumsraten liegen. Außerdem ist die immobilisierte Biomasse dicht gepackt und bietet damit Einsparungen an Platzbedarf (Robertson & Kuenen, 1992).

Aufstromluft- und Fließbettreaktoren mit oberflächenimmobilisierten Zellen (Jimenez *et al.*, 1990) stellen altbekannte Verfahren dar. In Bioreaktoren mit fester Oberfläche beeinflussen Oberflächeneigenschaften die Denitrifizierung. So betragen die Denitrifizierungsraten z. B. bei einem mit Bims gefüllten Fließbettreaktor 1,882 kg N m^{-1} d^{-1}, bei einem sandgefüllten hingegen 0,898 kg N m^{-1} d^{-1} (Jiminez *et al.*, 1990). Dies beruht nicht nur auf den Prozeßmerkmalen der Füllung, sondern stellt auch die Auswirkung der festen Oberfläche auf die Bakterienaktivität dar (Fletcher, 1985). Idealerweise sollte das Füllmaterial preiswert und leicht zu beschaffen sein sowie über die benötigten Eigenschaften zum Einsatz im Reaktor verfügen (Jimenez *et al.*, 1990).

Zur Denitrifizierung wurden auch neuartige Immobilisierungsreaktoren eingesetzt. Diese umfassen rotierende Scheiben (Winkler, 1981), in flüssigen oberflächenaktiven Membranen gefangene Zellen (Mohan & Li, 1975) und in einer kombinierten zweilagigen Struktur eingebundene Denitrifizierer, wobei eine Gelschicht an eine mikroporöse Membranstruktur grenzt (Lemoine *et al.*, 1991). Dieses zweilagige System wurde bei der kontinuierlichen Denitrifizierung durch immobilisierte *Pseudomonas denitrificans* eingesetzt, wobei Azetat bei einem molaren C:N-Verhältnis von 3 als Kohlenstoffquelle wirkte. Das hoch mit Nitrat belastete Wasser (2,5 mM $NaNO_3$) wurde mit einer Rate von 10 cm^{+3} h^{-1} zugeführt. Die erreichten Denitrifizierungsraten betrugen 15-25 µg NO_3^- h^{-1} je cm Membranoberfläche, entsprechend einer Wirksamkeit bei der Nitratentfernung von 20-50 % (Lemoine *et al.*, 1991).

Die Eignung von Bodenkolonnen und anaeroben Kontaktkolonnen mit einer Vielzahl unterschiedlicher Festkörper für die Denitrifizierung wurde ebenfalls untersucht, wobei wiederum die Eigenschaften der Unterlagen die Denitrifikation beeinflussen, was zum Teil auf ihre physikalischen Eigenschaften zurückzuführen ist. So stellt z. B. die Permeabilität ein wichtiges Kriterium dar. Mit Holzkohlenschnitzeln besetzte Kolonnen sind für den Zulauf durchlässiger als mit vulkanischer Asche besetzte, die dadurch niedrigere Denitrifikationsraten aufweisen (Abe *et al.*, 1991).

Denitrifizierende Bakterien wurden durch Einkapselung in Matrices wie z. B. Kalziumalginat, Polyelektrolyten, Carreeganan, Chitosan (Robertson & Kuenen, 1992) und Agar (Lemoine et al., 1991) immobilisiert. Eine interessante Möglichkeit zur Aufbereitung stickstoffhaltiger Abwässer ergibt sich aus den Eigenarten der immobilisierenden Matrices. Bei der Gelimmobilisierung werden die Bakterien häufig in Gelkügelchen eingeschlossen, wobei die Umgebungsbedingungen innerhalb eines Kügelchens von denen auf seiner Oberfläche abweichen. So ist z. B. Sauerstoff innerhalb größerer Kügelchen nur beschränkt verfügbar. Hunik & Tramper (1991) haben gezeigt, daß es möglich ist, eine Lage denitrifizierender Bakterien auf der Oberfläche eines Kügelchens anzusiedeln, während der Kern Bakterien enthält, die unter sauerstoffarmen Bedingungen denitrifizieren. Nitrifizierende Bakterien können reduzierte Stickstoffverbindungen möglicherweise zu Nitrit oder Nitrat oxidieren. Hieraus ergibt sich offensichtlich die Möglichkeit, komplexe nitrathaltige Abwässer mit in einer einzigen Matrix eingekapselten nitrifizierenden und denitrifizierenden Mikroorganismen aufzubereiten.

Bodenaufbereitungssysteme: In jüngster Zeit hat sich zunehmendes In-teresse an einer Stickstoffentfernung aus Abwässern durch Denitrifizierung in Bodenbehandlungssystemen und schnellen Infiltrationssystemen (RI-Systeme) eingestellt (Iskander, 1981). Bei den RI-Systemen handelt es sich üblicherweise um eingefaßte aber unabgedeckte Bodensysteme, die von grobkörnigen Böden mit einem kleinen Anteil feinerer Materials aufgebaut werden. Das Abwasser wird auf der Bodenoberfläche mit einer Rate von 15-350 mm d^{-1} ausgebracht, wobei der Zulauf einen Gesamtstickstoffgehalt von 13-30 mg l^{-1} aufweist. Diese Systeme werden häufig alternierend geflutet und dann trockenfallen gelassen, wodurch sich abwechselnd anaerobe und aerobe Bedingungen einstellen, die Nitrifizierung und Denitrifizierung ermöglichen. Es handelt sich um ein in Abwasseraufbereitungsanlagen verhältnismäßig verbreitetes Verfahren. Wie auch bei anderen Denitrifizierungsverfahren, muß die Bandbreite der Umweltbedingungen gesteuert werden, damit eine optimale Denitrifizierung erreicht wird. Zu beachten sind dabei die Ausbringung des Zulaufs, die Zugabe der Kohlenstoffquellen und die Art des porösen Mediums, in diesem Falle von Bodenpartikeln wie Sand, gebrochenem Granit oder Ackerboden.

Bakterielle Gemeinschaften und Denitrifizierung: Die Kombination von Nitrifizierung und Denitrifizierung in konventionellen Abfallbehandlungssystemen ist eine verbreitete Praxis und beruht auf der Einstellung geeigneter Bedingungen zur Anregung beider Arten von Bakteriengemeinschaften, d. h. der nitrifizierenden und der denitrifizierenden. So führt z. B. in Belebtschlammsystemen die Ausbildung dicker Biofilme auf festen Unterlagen dazu, daß in der Basis des Biofilms aufgrund der bakteriellen Aktivität und Beschränkungen bei der Diffusion die Verfügbarkeit von Sauerstoff begrenzt wird. Eine Verbindung von anhaftender mit suspendierter belüfteter Biomasse ermöglicht den gleichzeitigen Ablauf von Nitrifikation und Denitrifikation (Winkler, 1981). Der jüngst erfolgte Nachweis, daß einzelne Bakterien gleichzeitig nitrifizieren und denitrifizieren können (Robertson & Kuenen, 1990, 1992), eröffnet die Möglichkeit, daß ein Aufbereitungsverfahren für stark mit Stickstoff belastete Abwässer entwickelt werden kann, das sich eines einzigen Organismuses bedient. Obwohl die aerobe Denitrifizierung verhältnismäßig langsam abläuft, wird zur Zeit eine Studie zum Entwurf eines Bioreaktors und zur Optimierung der Prozeßmerkmale für die Nitrifizierung und Denitrifizierung mittels einer einzigen Art erarbeitet (Pot *et al.*, 1991).
Eine neuartige Zusammenarbeit zwischen Bakterien wurde kürzlich vorgeschlagen, durch die Methan, ein Abfallprodukt der Abwasserbehandlung, als billige Kohlenstoffquelle bei der Denitrifizierung eingesetzt werden kann. Methanotrophe, d. h. methanoxidierende Bakterien, oxidieren Methan zu CO_2 und H_2O, wobei Methanol als Zwischenstufe entsteht. Eine sorgfältige Steuerung der Umgebungsbedingungen kann zur Ansammlung von Methanol führen, der wiederum als Kohlenstoffquelle bei der Denitrifizierung dienen kann (Werner & Kayser, 1991).

Denitrifizierung von Trinkwasser

Zur Denitrifizierung von Trinkwasser, d. h. von zum Verbrauch entzogenem Wasser verfügbare Verfahren gleichen im wesentlichen den oben beschriebenen. Eine Zusammenfassung der oberirdischen Denitrifizierungsverfahren wurde von Hiscock et al. (1991) veröffentlicht. Für den Einsatz von Bioreaktoren zur Denitrifizierung von Trinkwasser ergeben sich jedoch einige Einschränkungen, die in zwei Kategorien unterteilt werden können: bakterielle Verunreinigung und die Eigenschaften des Elektronendonatoren bei der Denitrifizierung.

Es muß vermieden werden, daß heterotrophe Bakterien das Trinkwasser verunreinigen, da sie eine Gefährdung der Gesundheit darstellen können. Dies läßt sich in gewissem Umfang durch den Einsatz immobilisierter Bakterien bei der Denitrifizierung vermeiden. Damit ist jedoch kein absoluter Schutz möglich. Es geht bei Bioreaktoren immer etwas Material aus dem Biofilm in die Flüssigphase verloren, sei es durch Abtragung, Desorption oder den Verlust von Tochterzellen aus dem Biofilm (Characklis & Marshall, 1990). In gleicher Weise geraten auch im Kalziumalginat immobilisierte Zellen in das Wasser (Nilsson & Olsen, 1982). Eine vorgeschlagene Lösung für dieses Problem beruht auf dem Einsatz von Filtern zur Entfernung der Zellen aus dem aufbereiteten Trinkwasser.

Die Auswahl des Elektronendonatoren ist nicht nur zur Steuerung der Wirksamkeit der Denitrifizierung und aus Kostengründen von Bedeutung, sondern auch wegen der damit verbundenen potentiellen Gesundheitsrisiken. Dies läßt sich an zwei Beispielen zeigen. Methanol und Formaldehyd, das erste Produkt der Oxidation von Methanol, sind beide toxisch. Daher muß beim Einsatz von Methanol, einem wirksamen Substrat bei der Denitrifizierung, als Elektrodonator dafür Sorge getragen werden, daß es komplett zu CO_2 und H_2O oxidiert wird. Andernfalls müssen in der Aufbereitungsanlage Vorkehrungen zur völligen Entfernung des restlichen Methanols und Formaldehyds aus dem Trinkwasser getroffen werden (Robertson & Kuenen, 1992). Der Einsatz eines anorganischen Elektronendonatoren kann ebenfalls problematisch sein. Schwefel wurde als möglicherweise dafür brauchbarer vorgeschlagen, da er fest ist und daher als Unterlage für chemolithotrophe Denitrifizierer eingesetzt werden kann, die kein Gesundheitsrisiko darstellen. Leider wirkt das Endprodukt der Oxidation des Schwefels, ein Sulfat, als Abführmittel (Robertson & Kuenen, 1992).

Denitrifizierung von Grundwasser in situ

Die unterirdische Denitrifizierung von Grundwasser weist zwei Vorteile auf. Erstens wird das Verfahren nicht durch jahreszeitliche Temperaturschwankungen gestört, wodurch Systeme zur Temperaturregelung entfallen. Zweitens kann es mit anderen sekundären Behandlungen innerhalb des Aquifers wie z. B. Abbau organischer Schadstoffe, Wiederbelüftung und Filtration kombiniert werden (Hiscock et al., 1991). Ein häufig angetroffenes Problem bei der unterirdischen Aufbereitung liegt in der Verstopfung des Porenraumes im Aquifer (Hijnen et al.,, 1988). Dies läßt sich auf zwei Ursachen zurückführen: (I) Wachstum von Mikroben zusammen mit der möglichen Produktion bakterieller Exopolymere und (II) Blokkierung der Poren durch NO, N_2O oder N_2, den bei der Denitrifizierung entstehenden Gasen.

Zur unterirdischen Denitrifizierung bieten sich drei unterschiedliche Methoden an (Hiscock *et al.*, 1991):

1. Das Zwillingsbrunnen-System stellt das einfachste Verfahren dar, da es nur einen Brunnen (Injektionsbrunnen) für die Zufuhr der Nährstoffe in den Aquifer benötigt und einen weiteren, den Abpumpbrunnen, zum Abzug des aufbereiteten Wassers (Abb. 9.1 a).

2. Das "Daisy"- oder "Gänseblümchen"-System besteht aus einem Abpumpbrunnen, der von mehreren Injektionsbrunnen umgeben ist (Abb. 9.1 b).

3. Im kombinierten System wird die Denitrifizierung in einem oberirdischen Bioreaktor mit der unterirdischen Aufbereitung verbunden. Unaufbereitetes Wasser aus dem Aquifer wird zur Denitrifizierung an der Oberfläche durch den Bioreaktor geleitet. Dieses Wasser wird dann in den Untergrund zurückgeführt, wo weitere Denitrifizierung stattfindet und das Wasser gereinigt wird (Abb. 9.1 c).

Die Einflußfaktoren für die *in situ*-Denitrifizierung von Grundwasser sind die gleichen wie die für auf Bioreaktoren basierenden Systeme und dabei besonders bei den Reaktoren mit festen Unterlagen, wie z. B. der Einfluß der Kohlenstoffzusätze (Hiscock et al., 1991; Obenhuber & Lawrence, 1991) und die Permeabilität. Die Umsetzungsraten und Wirksamkeiten der beiden Systeme Bioreaktor bzw. unterirdische Behandlung werden in Tabelle 9.3 gegenüber gestellt.

(a) Doppelbrunnen-System

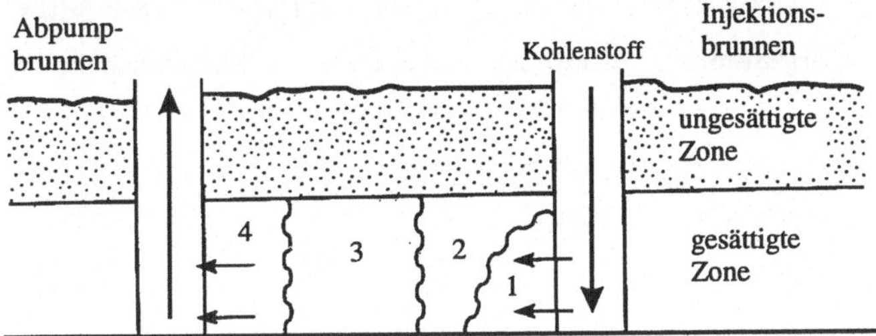

(b) "Stern"-System

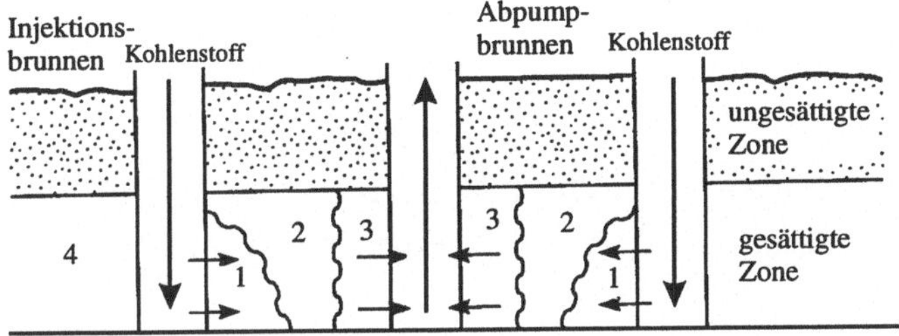

(c) Kombinationssystem

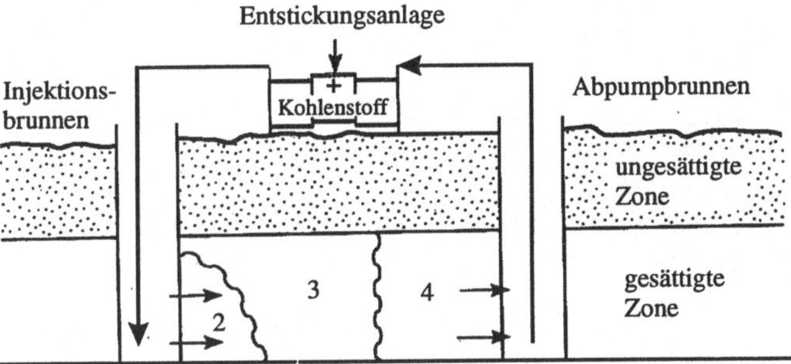

1. Zone der natürlichen Denitrifizierung, verstärkt durch Zufuhr von Kohlenstoff und anderen Nährstoffen durch den Injektionsbrunnen
2. Zone der Filtration und Wiederbelüftung
3. Zone mit denitrifiziertem Grundwasser
4. Unaufbereitetes, d. h. nitratreiches Grundwasser

Abb. 9.1: Schematische Darstellung der Systeme zur Denitrifizierung von Grundwasser *in situ*

Tabelle 9.3: Vergleich der Wirksamkeit und Umsetzungsraten der Denitrifizierung in Bioreaktoren und *in situ*-System der Grundwasseraufbereitung

Verfahren	Organismen	Elektronen donator	Abbaurate für NO_3^-	Wirksamkeit des NO_3^- Abbaus	verbleibendes NO_3^-
Festbett-filter	heterotrophe	Ethanol	80kg NO_3^--Nd^{-1}	95,0	10,0
Fließbett-filter mit Sand	heterotrophe	Methanol	-	75,0	25,0
gekapselte Zellen in Kolonnen-reihen	*Pseudomonas denitrificans*	Ethanol	3,54 NO_3^- je kg Gel (feucht) je Std.	99,9	0,1
Aufstrom-reaktoren mit Schwefel und Kalzium-karbonat als Unterlage	*Thiobazillus denitrificans*	Schwefel	4,8kg $NO_3^-m^{-3}J^{-1}$	-	-
Zwillings-brunnen-system	natürliche Gemeinschaften	Ethanol	-	97,0	0,2-0,3
"Gänseblüm-chen"-System	natürliche Gemeinschaften	Zukrose	-	40,0	8,7

Zu Detailinformationen zu den Verfahren s. Robertson & Kuenen (1992) und Hiscock *et al.* (1991)

Literatur

ABE, K.; OZAKI, Y.; MORO-OKA, M. (1991): Advanced treatment of livestock wastewater using an aerobic soil column and an anaerobic contact column. Soil Sci. Plant Nutrit., 37, 151-157.

BATCHELOR, B.; LAWRENCE, A. W. (1978): Autotrophic denitrification using elementar sulphur. J. Water Pollut. Control Fed., 5, 1986-2001.

CHARACKLIS, W. G.; MARSHALL, K. C. (eds.)(1990): Biofilms. Wiley Interscience, Chichester.

COLE, J. A. (1987): Assimilatory and dissimilatory reduction of nitrate to ammonia. In: Cole, J. A., Ferguson, S. J. (eds.): The Nitrogen and Sulphur Cycles, pp. 281-330. Cambridge University Press, Cambridge.

COUNCIL OF EUROPEAN COMMUNITIES (1980): Directive of 15 July 1980 relating to the quality of water intended for human consumption. EC Official Journal, L229/1 1.

FLETCHER, M. (1985): Effect of solid surfaces on the activity of attached bacteria. In: Bacterial Adhesion. Mechanisms and Physiological Significance, pp. 339-362. Plenum Press, New York.

GAUNTLETT, R. B.; CRAFT, D. G. (1979): Biological removal of nitrate from river water. Rep. TR 98. Water Research Centre, Medmenham.

GOERING, J. J. (1972): The role of nitrogen in the eutrophic process. In: Mitchel, R. (ed.): Water Pollution Microbiology, pp. 43-68. Wiley Interscience, New York.

HIJNEN, W. A. M.; KONIG, D.; KRUITHOF, J. C.; VAN DER KOOIJ, D. (1988): The effect of biological nitrate removal on the concentration of bacterial biomass and easily assimilable organic carbon compounds in groundwater. Water Supply, 6, 265-273.

HISCOCK, K. M.; LLOYD, I. W.; LERNER, D. N. (1991): Review of natural and artificial denitrification in groundwater. Water Res., 25, 1099-1111.

HOCHSTEIN, L. I.; TOMLINSON, G. A. (1988): The enzymes associated with denitrification. Ann. Rev, Microbiol., 42, 231-261.

HOLM KRISTENSEN, G.; JEPSEN, S. E. (1991): Biological denitrification of waste water from wet lime-gypsum flue gas desulphurization plants. Water Sci. Technol., 23, 691-700.

HORAN, N. J. (1990): Biological Wastewater Treatment Systems. Theory and Operation. John Wiley and Sons, Chichester.

HOUSE OF LORDS (1989): Nitrate in water. 16th Report Session 1988-4989 of the Select Committee on the European Communities. HMSO, London.

HUNIK, J. H.; TRAMPER, J. (1991): Abrasion of x-caregeenan gel beads in bioreactors. In: Verachtert, H.; Verstraete, W. (eds.): Proc. Int. Symp. Environ. Biotechnol., Vol. 2, pp. 487-490. The Royal Flemish Society of Engineers.

ISKANDER, I. K. (ed.)(1981): Modeling Wastewater Renovation: Land Treatment. John Wiley and Sons, New York.

JENKINS, D.; TANDOI, V. (1991): The applied microbiology of enhanced biological phosphate removal-Accomplishments and needs. Water Res., 25, 1471-1478.

JIMENEZ, B.; BECERRIL, E.; SCOLA, I. (1990): Denitrification in a fluidized bed system using low cost packing material. Environ. Technol., 11, 409-420.

KOWALENKO, C. G. (1979): The influence of sulphur anions on denitrification. Can. J. Soil Sci., 59, 221-223.

KUENEN, J. G.; ROBERTSON, L. A. (1987): Ecology of nitrification and denitrification. In: Cole, J. A.; Ferguson, S. J. (eds.): The Nitrogen and Sulphur Cycles, pp. 161-218. Cambridge University Press, Cambridge.

LEMOINE, D.; JOUENNE, T.; JUNTER, G.-A. (1991): Biological denitrification of water in a two chambered immobilized-cell bioreactor. Appl. Microbiol. Biotechnol., 36, 257-264.

MATEJU, V.; CIZINSKA, S.; KREJCI, I.; JANOCH, T. (1992): Biological water denitrification - a review. Enzyme Microbial Technol., 14, 170-183.

MOHAN, R. R.; LI, N. N. (1975): Nitrate and nitrite reduction by liquid membrane encapsulated whole cells. Biotechnol. Bioeng., 17, 1137-1156.

NILSSON, I.; OLSEN, S. (1982): Columnar denitrification of water by immobilized Pseudomonas denitrificans cells. Eur. J. Appl. Microbiol. Biotechnol., 14, 86-90.

OBENHUBER, D. C.; LAWRENCE, R. (1991): Reduction of nitrate in aquifer microcosms by carbon additions. J. Environ. Qual., 20, 255-258.

PAYNE, W. J. (1981): Denitrification. John Wiley and Sons, Chichester.

POT, M. A.; VAN LOOSDRECHT, M. C.; HEIJNEN, J. I.; ROBFRTSON, L. A. (1991): Development of a process for removal of ammonia from waste water based on heterotrophic nitrification and aerobic denitrification. In: Verachtert, H., Verstraete, W. (eds.): Proc. Int. Symp. Environ. Biotechnol., Vol. 2, pp. 583-584. The Royal Flemish Society of Engineers.

ROBERTSON, L. A.; KUENEN, J. G. (1990): Combined heterotrophic nitrification in Thiosphaera pantotropha and other bacteria. Antonie van Leeuwenhoek, 57, 139-152.

ROBERSON, L. A.; KUENEN, J. G. (1992): Nitrogen removal from water and waste. In: Fry, F. C.; Gadd, G. M.; Herbert, R. A.; Jones, C. W.; Watson-Craik, I. A. (eds.): Microbial Control of Pollution, pp. 227-267, Cambridge University Press, Cambridge.

TIEDJE, J. M.; SEXSTONE, A. J.; MYROLD, D. D.; ROBINSON, J. A. (1982): Denitrification: ecological niches, competition and survival. Antonie van Leeuwenhoek, 48, 569-583.

WAARA, K.-O. (1992): Effects of copper, cadmium, lead and zinc on nitrate reduction in a synthetic water medium and lake water from northern Sweden (1992). Water Res., 26, 355-364.

WARTCHOW, D. (1990): Nitrification and denitrification in combined activated sludge systems. Water Sci. Technol., 22, 199-206.

WERNER, M.; KAYSER, R. (1991): Denitrification with biogas as external carbon source. Water Sci. Technol. 23 (Kyoto), 701-708.

WINKLER, M. (1981): Biological Treatment of Waste-water. Ellis Horwood, Chichester.

weiterführende Literatur

COLE, J. A.; FERGUSON, S. J. (eds.)(1987): The Nitrogen and Sulphur Cycles. Cambridge University Press, Cambridge.

HISCOCK, K. M.; LLOYD, I. W.; LERNER, D. N. (1991): Review of natural and artificial denitrification of groundwater. Water Res., 25, 1099-1111.

KNOWLES, R. (1982): Denitrification. Microbiol. Rev., 46, 43-70.

MATEJU, V.; CIZINSKA, S.; KREJCI, J.; JANOCH, T. (1992): Biological water denitrification - a review. Enzyme Microbial Technol., 14, 170-183.

PAYNE, W. J. (1981): Denitrification. John Wiley and Sons, Chichester.

VERACHTERT, H.; VERSTRAETE, W. (1991): Proc. Int. Symp. Environ. BiotechnoL, Vol. 2. The Royal Flemish Society.

Kapitel 10

Makrophytensysteme zur Entfernung von Nitrat und Phosphat

Einführung

Die Einleitung von Abwässern in natürliche Feuchtgebiete und Teiche oder auf ebene bis nur gering geneigte Flächen wurde bereits seit alter Zeit als Mittel zur Entsorgung angewandt. Eine solche Oberflächenaufbereitung erweist sich als überaus effektiv, solange die Einleitungen die Kapazität des aufnehmenden Systems zur Assimilation, Absorption und Entgiftung der vorhandenen Verunreinigungen nicht übersteigt (Bayer *et al.*, 1989). In dem Maße, in dem die Weltbevölkerung anwuchsund sich zunehmend in Städten konzentrierte, wurde die Fähigkeit dieser Systeme, häusliche Abwässer zu bewältigen, rasch überschritten, wodurch der Bau großer Kläranlagen erforderlich wurde und der Anstoß zur Entwicklung moderner Aufbereitungsmethoden kam (Mason, 1991).

In letzter Zeit hat das Interesse an dieser Art von Entsorgung, und dabei besonders am Einsatz natürlicher oder künstlicher Feuchtgebiete, wieder zugenommen. Der Grundgedanke dabei ist frappierend einfach. Die Schadstoffe in dem auf oder in diesen Feldern ausgebrachten Abwasser werden durch normale physikalische und biologische Prozesse immobilisiert und abgebaut, die im Ökosystem von Feuchtgebieten ablaufen (Abb. 10.1). Eine wirkungsvolle Aufbereitung wird dadurch erreicht, daß Bau und Betrieb der Feuchtgebiete so ausgelegt werden, daß die Umweltbedingungen raschen Abbau und Reinigung des Abwassers fördern (Reddy & De Busk, 1987; Reddy & Smith, 1987).

In den frühen 60er Jahren begann die NASA mit aktiven Forschungen zum Einsatz von Wasserpflanzen zur Aufbereitung von Abwasser. Dabei richtete sich das Interesse zunächst auf die Nutzung der Wasserpflanzen als Teil eines lebensunterstützenden Systems, das Abwasser aufbereiten und die Konzentration atmosphärischen Sauerstoffs und Kohlendioxids in geschlossenen Systemen aufrechterhalten kann. Im Jahr 1975 wurde ein auf der Wasserhyazinthe *Eichhornia cassipes* basierendes System von den Nationalen Raumtechnologielaboratorien (NSTL) in Mississippi beschrieben, das aus einer einzigen 2,02 ha großen und im Mittel 1,22 m tiefen Lagune bestand. Dieses System wird mittlerweile seit mehr als einem Jahrzehnt erfolgreich betrieben und behandelt einen Abwasserfluß von 600 m^3d^{-1} mit einer BSB_5-Belastung von 33,7 kg ha^{-1}. Nach der Errichtung dieses Klärsystems wurde 1976 eine ähnliche Anlage zur Entsorgung und Aufbereitung von Abwässern aus photographischen und chemischen Labors gebaut. Wie bei

vielen künstlichen Feuchtgebieten in tropischen und subtropischen Klimaten benutzte dieses System anfangs eine mit schwimmenden Wasserpflanzen, den Wasserhyazinthen, besetzte Lagune. Der Betrieb der Anlage, besonders während der
kälteren Jahreszeit wurde 1980 dadurch verbessert, daß man ein künstliches
Schilfbeet mit temperaturtoleranteren, gemäßigttemperierten auftauchenden Wasserpflanzen wie dem gemeinen Schilf (*Phragmites communis*) und *Typha latifolia*
hinzufügte. Das Schilfbeet wirkt dabei als ausgezeichneter mikrobenbesetzter
Substrat- und Pflanzenfilter (Wolverton, 1987). Nach den grundlegenden Arbeiten
in Deutschland, und dabei besonders im Max-Planck-Institut/Krefeld, konzentrierte sich die Aufmerksamkeit in Europa auf den Einsatz von Schilfbeeten
und die Nutzung des "Wurzelraum"-Aufbereitungsverfahrens, wie dieser Prozeß
mittlerweile genannt wird (Schiechtl, 1980; Bayer *et al.*, 1989). Hierfür muß eine
horizontale Strömung des Abwassers durch den Wurzelbereich der eingesetzten
auftauchenden Wasserpflanzen, meist *Phragmites communis*, eingestellt werden.
Während das Abwasser so durch den Wurzelraum strömt, führen mikrobielle Prozesse zur Zersetzung des organischen Materials und zur Denitrifizierung der
Stickstoffverbindungen. Je nach Wurzelmedium kann auch ein großer Teil der
Phosphorbestandteile im Bodenmedium gebunden werden (Brix, 1987 a). Eine
große Wurzelraumkläranlage war bereits 1974 in Othfresen (Deutschland) errichtet worden. Diese nutzte ein altes Absetzbecken von 22,5 ha, das mit *Phragmites
communis* besetzt und mit einer Belastung von etwa 5.000 EGW (Einwohner-
gleichwert) bei einer aktiven Schilffläche von etwa 5 m² EGW beaufschlagt wurde
(Brix, 1987 b).

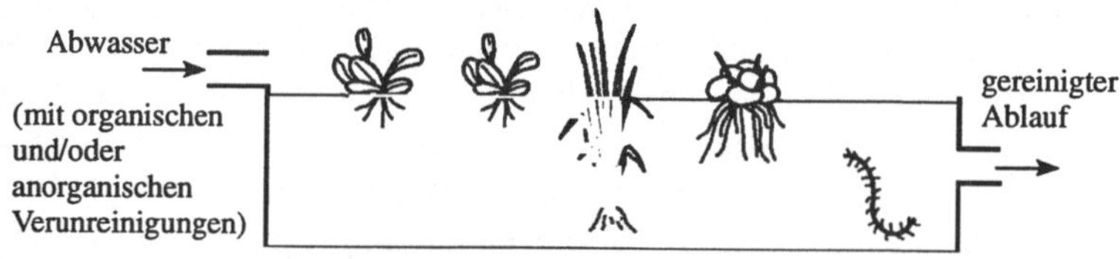

Abb. 10.1: Wasserpflanzen zur Abwasserbehandlung (aus Reddy & De Busk,
1987)

Obwohl das Wurzelraumverfahren sehr wirkungsvoll sein kann und für die gesamte Schwebfracht, BSB, Gesamtstickstoff und -phosphor Reduktionsraten von
92-99 % berichtet wurden (Reddy & Smith, 1987), haben sich jedoch beim Betrieb
der Othfresen-Anlage im Laufe der Jahre eine Reihe von Betriebsproblemen
herausgestellt.

Den oberflächlichen Ablauf des Abwassers, die Herausbildung bevorzugter Ent-
wässerungsbahnen sowie schlechte bzw. unregelmäßige Durchdringung des
Bodens durch das Abwasser haben zu Problemen geführt, die die Wirksamkeit der

Abwasseraufbereitung sehr stark einschränken können (Brix, 1987 b). Diese Probleme lassen sich jedoch durch sorgfältige Auslegung der Anlage, die Anordnung der Zu- und Abläufe und Auswahl des Pflanzsubstrates minimieren (Alexander & Wood, 1987; Bucksteeg, 1987; Tchabanoglous, 1987).

Zur Zeit laufen in 19 Ländern aktive Forschungsprogramme zum Einsatz von Pflanzen zur Eindämmung der Wasserverschmutzung. Im Jahre 1990 waren in Deutschland bereits über 300 Pflanzenkläranlagen in Betrieb (Bucksteeg, 1991), in Dänemark liefen 130 Anlagen (Schierup *et al.*, 1991) und in Großbritannien 27 (Findlater *et al.*, 1991). Die meisten davon beruhen auf dem Wurzelraumkonzept in Böden, die mit *Phragmites* besetzt sind und horizontal durchflossen werden. Sie unterscheiden sich jedoch in Auslegung und Größe (Abb. 10.2). Systeme mit künstlichen Feuchtgebieten haben sich als wirtschaftlich attraktives, energiesparendes Verfahren zur Erreichung hoher Standards in der Abwasserklärung insbesondere bei isolierten Bevölkerungszentren erwiesen, das aber dennoch in der Lage ist, den Nutzwert eines Gebietes zu verstärken oder wenigstens zu erhalten. Für Entwicklungsländer verfügen sie außerdem über den Vorteil, daß es sich dabei um einfache Technologien handelt, mit Hilfe derer das Abwasser größerer und kleinerer isolierter Bevölkerungszentren aufbereitet werden kann. Leider konnte der Betrieb vieler dieser Systeme die an sie gestellten Hoffnungen nicht erfüllen. Zur Erklärung dieses Versagens müssen wir den Ansatz und die Theorie zu ihrer Auslegung und ihrem Betrieb betrachten.

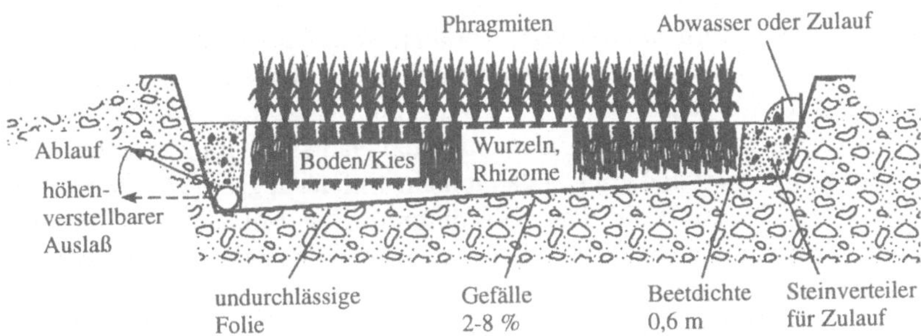

Abb. 10.2: Typische Anordnung einer Wurzelraumanlage (aus Baynes et al., 1989)

Konzepte und Verfahren zur Entfernung von Schadstoffen

Unabhängig von der Art der Pflanzenkläranlage, ob es sich dabei um ein natürliches Feuchtgebiet oder ein künstliches, mit einer Monokultur oder Polykultur mit schwimmenden oder auftauchenden Pflanzen bestücktes System handelt, wird davon ausgegangen, daß die Betriebsverfahren mehr oder weniger gleich sind (Abb. 10.1.). Zusätzlich zur direkten Aufnahme und Akkumulation der Verunreinigungen kann eine Beseitigung der Schadstoffe durch eine komplexe Folge chemischer und physikalischer Prozesse erreicht werden, die an der Grenze zwischen Wasser und Sediment, Sediment und Wurzeln sowie Pflanzen und Wasser ablaufen (Good & Patrick, 1987; Reddy & DeBusk, 1987; Richardson & Davis, 1987).

Akkumulation von Schadstoffen durch Pflanzen

Wasserpflanzen, und dabei besonders schwimmende Arten wie die Wasserhyazinthe und Entengrütze, weisen sehr hohe Wachstumsraten von bis zu 10 g m^{-2}d^{-1} auf. Mit so hohen Raten geht eine starke Nährstoffaufnahme und -erfordernis insbesondere nach Stickstoff und Phosphor einher. Reddy & DeBusk (1987) schätzen, daß Wasserhyazinthen durch direkte Aufnahme aus dem Wasser etwa 5.850 kg N ha^{-1} a^{-1} entfernen und in ihrer Biomasse zwischen 300-900 kg N ha^{-1} speichern können. In gleicher Weise können beträchtliche Mengen Phosphor entfernt (350-1.125 kg P ha^{-1} a^{-1}) und angesammelt werden (20-57 kg P ha^{-1}). Trotz ihrer Fähigkeit, beträchtliche Mengen an Stickstoff (200-1.560 kg N ha^{-1}) und Phosphor (40-375 kg P ha^{-1}) zu speichern, sind verwurzelte auftauchende Wasserpflanzen bei der Absenkung der Stickstoff- und Phosphorgehalte von Abwässern durch direkte Aufnahme weniger wirkungsvoll. Dies liegt zum Teil an ihren üblicherweise geringeren Wachstumsraten und daran, daß sie Stickstoff und Phosphat eher aus dem Wachstumssubstrat als aus dem Wasser aufnehmen. Außerdem werden häufig mehr als 50 % der akkumulierten Nährstoffe im unterirdischen Teil der Pflanze gespeichert und können damit nicht einfach abgeerntet werden. Um die Entfernung von Stickstoff und Phosphor durch direkte Aufnahme zu maximieren, sind hohe Wachstumsraten und eine große anstehende Biomasse erforderlich. Häufiges Abernten kann erforderlich sein, um die angesammelten Nährstoffe zu entfernen, neues Wachstum anzuregen und die Freisetzung von Schadstoffen aus seneszentem Pflanzenmaterial zu verhindern.

Direkte Aufnahme und Akkumulation durch Pflanzen kann auch die Konzentration anderer Verunreinigungen im Abwasser deutlich herabsetzen. Natürliche und künstliche Feuchtgebiete haben sich außerdem bei der Verringerung der Schwermetallgehalte (z. B. Cu, Zn, Pb, Hg und Ni) von Abwässern bewährt, was sich zum Teil auf aktive und passive Aufnahme und Akkumulation durch die Pflanzen zurückführen läßt (Kleinmann & Grits, 1987; Cooper & Findlater, 1991).

Durch Bakterien unterstützte Zersetzung

Organischer Kohlenstoff

Bakterien, die im Sediment an Pflanzenoberflächen gebunden oder im Wasserkörper dispergiert sind, werden den organischen Kohlenstoff des Abwassers als Energiequelle nutzen (Kap. 5 und 6). Unter oxischen Bedingungen, z. B. in den oberen Lagen des Sedimentes und in der Wurzelzone der Pflanzen wird Sauerstoff bei der Zersetzung der Kohlenstoffquellen als Elektronenakzeptor benutzt. In biologisch aktiven Sedimenten wird Sauerstoff rasch abgereichert, was zu einer entsprechenden Absenkung des Sauerstoffpartialdruckes in der Tiefe führt. Mit abnehmendem Redoxpotential nehmen die fakultativ und obligat anaeroben Bakterien zu, die eine Reihe terminaler Elektronenakzeptoren nutzen können. Bei Redoxpotentialen von 220 mV wird Nitrat reduziert, bei 120 mV dreiwertiges Eisen und zwischen -75 und -150 mV auch Sulfat (Good & Patrick, 1987). Die Fähigkeit eines Systems aus Wasser, Sediment und Pflanzen zur Entfernung von organischem Kohlenstoff wird durch die Gegenwart von Pflanzenarten aus natürlichen Feuchtgebieten verstärkt. Aerenchymgewebe, d. h. Gewebe mit großen extrazellulären Luftporen in Wurzeln und Stielen der Pflanzen aus Feuchtgebieten, ermöglichen den Transfer von Sauerstoff aus den an der Luft stehenden Teilen der Pflanze in die unter Wasser stehenden Teile (Abb. 10.3).

Bis zu 50-60 % des die unter Wasser stehenden Teile erreichenden Sauerstoffes entweichen in das Umgebungsmedium und führen dort zu einer aeroben Umgebung für Bakterien, die auf den Pflanzenoberflächen oder im Sediment in der Umgebung der Wurzeln leben. Auf diese Art freigesetzter Sauerstoff wird die Möglichkeit zum aeroben Zerfall von organischem Kohlenstoff verstärken. Beträchtliche Sauerstoffmengen können durch Wasserpflanzen transportiert werden. Reddy & De Busk (1987) gaben Werte von 3,95 $\pm$ 1,86 O_2 g^{-1} h^{-1} für *Hydrocolyte umbellata* an, 1,29 $\pm$ 1,18 für *Eichhornia crassipes*-Pflanzen und Werte zwischen 0,19 $\pm$ 0,15 und 1,39 $\pm$ 1,49 für *Typha* ssp. Diese Autoren wiesen außerdem nach, daß der durch Wasserpflanzen transportierte Sauerstoff auch den Sauerstoffgehalt des Abwassers und damit die biologische Abbaurate des organischen Kohlenstoffs erhöhte. Sie berichteten, daß bei Systemen mit Wasserhyazinthen oder Entengrütze der Sauerstofftransfer durch diese Wasserpflanzen 90 % der Absenkung des BSB im Abwasser verursachte. Reed *et al.* (1988) schätzten, daß für eine angemessene Entfernung des organischen Kohlenstoffes die verwurzelte Vegetation einen Sauerstoffstrom von etwa dem 1,5fachen der organischen Belastung (BSB) des Abwassers ermöglichen muß.

Die Fähigkeit von Pflanzen aus Feuchtgebieten, Sauerstoff in ihre unter Wasser liegenden Teile zu transportieren, erklärt ihre Toleranz gegenüber Staunässe und die damit einhergehenden anoxischen Bedingungen. Dies ermöglicht der Pflanze den Einsatz aerober Atmung und liefert einen Mechanismus zur Entgiftung von Bodentoxinen wie H_2S sowie reduziertem Eisen und Mangan durch Oxidation im Wurzelraum.

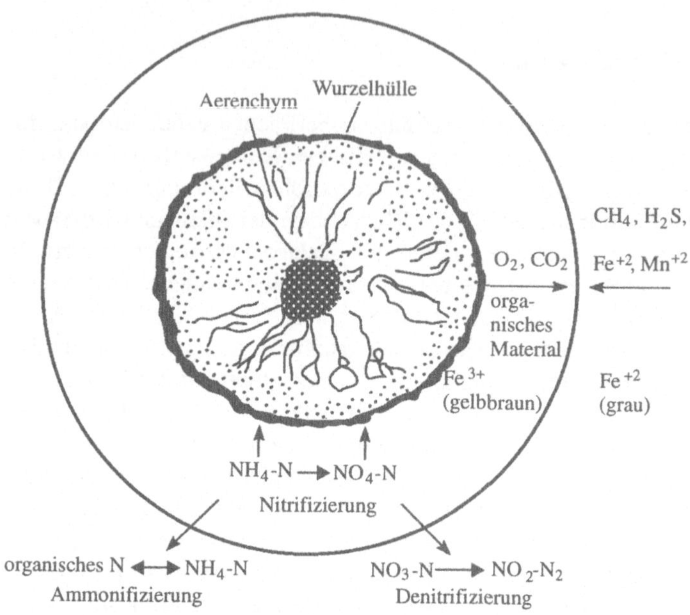

Abb. 10.3: Schnitt durch eine oxidierende Wurzel, die in einem reduzierenden Sediment wächst. Gezeigt wird oxidierte Rhizosphäre zusammen mit einigen der Prozesse, die als Folge dieser Grenzschicht zwischen aerobem und anaerobem Bereich ablaufen (nach Mendelsohn & Pastek, 1982)

Stickstoff: Obwohl einiges an Stickstoff als Ergebnis der direkten Aufnahme durch die Pflanze entfernt wird, sind normalerweise mikrobielle Nitrifizierung und Denitrifizierung wichtiger. Nitrifizierung des Ammoniaks in Abwasser im Wurzelraum liefert Nitrit (NO_2^-) und Nitrat (NO_3^-), von denen einiges durch die Pflanzen assimiliert werden kann. Die endgültige Entfernung des Stickstoffes hängt jedoch von der nachfolgenden anaeroben Denitrifizierung von NO_3^- und NO_2^- zu gasförmigem N_2 ab, der in die Atmosphäre entweicht (Kapitel 9). Für eine wirksame Entfernung des Stickstoffs aus dem Abwasser muß in der Kläranlage ein feines Gleichgewicht zwischen aeroben und anaeroben Nitroumgebungen aufrecht erhalten werden (Abb. 10.3; Baier *et al.*, 1989).

Obwohl hohe Denitrifizierungsraten in der Größenordnung von $1 \text{ g m}^{-2} \text{ d}^{-1}$ von Pflanzenkläranlagen berichtet wurden, hängt das Ausmaß der Stickstoffentfernung von der Auslegung des Systems ab, sowie von Art und Menge des im Abwasser vorhandenen Stickstoffes. Bei mit Wasserhyazinthen besetzten Teichen, die mit

Ablauf aus einer zweiten Klärstufe beaufschlagt werden, wird angenommen, daß 40-50 % des einlaufenden Stickstoffes durch Denitrifizierung ausgeschieden werden. Ähnliche Werte wurden auch aus Süßwassermarschen berichtet, obwohl hier ein beträchtlicher Teil des Stickstoffes in den Pflanzen zurückgehalten werden dürfte. Die bakterielle Nitrifizierung und Denitrifizierung im Wurzelraum der Pflanzen wird durch die Verfügbarkeit von Stickstoff beeinflußt. Wenn der Stickstoffgehalt des Zulaufs gering ist, werden die Pflanzen des Feuchtgebietes direkt mit nitrifizierenden und denitrifizierenden Bakterien in Konkurrenz um NH_4^+ und NO_3^- treten, wohingegen ein hoher Gehalt an Stickstoff und insbesondere an Ammoniak nitrifizierende und denitrifizierende Aktivitäten anregen wird (Good & Patrick, 1987).

Physikalisch-chemische Prozesse

Phosphat: Die Entfernung von Phosphaten ergibt sich im wesentlichen aus der pH-abhängigen Bildung von Komplexen und gemeinsamen Fällungsreaktionen mit Ca, Fe und Al. Obwohl die Aufnahme durch Pflanzen beträchtlich sein kann, scheint der wichtigste Prozeß auf einer Sorption des Phosphors durch anaerobe reduzierende Sedimente zu beruhen. Die Absorptionsfähigkeit von Feuchtgebieten für Phosphor ist positiv mit der Konzentration des extrahierbaren amorphen Eisens und Aluminiums im Sediment korreliert. Es wird vermutet, daß in solchen Sedimenten gelförmige hydratisierte Hydroxide des zweiwertigen Eisens und gleichzeitig Aluminiumkomplexe die Sorptionspunkte für Orthophosphat-P liefern (Richardson, 1985).

Pathogene Keime: Im Zulaufwasser vorhandene Viren und Bakterien werden im wesentlichen durch Adsorption an Bodenpartikeln und durch die antimikrobielle Wirkung der Mikroflora im Boden/Wurzel-System entfernt. Zur wirkungsvollen Entfernung potentiell pathogener Keime muß ein langsamer gleichmäßiger Fluß des Abwassers durch das System aufrecht erhalten werden (Reddy & Smith, 1987; May *et al.*, 1991).

Planung und Betrieb künstlicher Feuchtgebiete

Obwohl die grundlegenden biologischen Prozesse zur Entfernung von Schadstoffen durch Pflanzenkläranlagen hinreichend bekannt sind, wurden ihre Planung und Errichtung bisher kaum standardisiert. Es wurde häufig von einem "Black-Box"-Ansatz ausgegangen, wobei kleinere Versuchsanlagen mit zunehmender Erfahrung modifiziert und vergrößert wurden (Athie & Cerri, 1987; Bayer *et al.*, 1989; Wood, 1991). Leider hat dies nicht überall zur Entwicklung wirksamer Systeme geführt (Brix, 1987 a; Bucksteeg, 1991; Findlater *et al.*, Schierup *et al.*, 1991). Ausgehend vom Wurzelraumkonzept beginnt sich jedoch ein Kodex allgemeiner Planungskriterien und Prinzipien zum Bau von Schilfbeetsystemen abzuzeichnen (Wood, 1991). Unter den wichtigen Faktoren, die die Leistungsfähigkeit von Pflanzenkläranlagen und ihre Kapazität zur Entfernung von Schadstoffen bestimmen, sind u. a.

* Auswahl der Pflanzenart

* Substrat

* Fläche des Schilfbeetes

* Art, Aufgabe und Verteilung des Abwassers.

Auswahl der Pflanzenart

In Pflanzenkläranlagen eingesetzte Pflanzen müssen vier Hauptfunktionen erfüllen: (I) Feststoffe aus der Suspension ausfiltrieren, (II) Oberfläche zum Wachs-tum der Bakterien liefern, (III) Sauerstoff in die Wurzelzone transportieren, damit die Wirkung des bakteriellen Abbaus der Schadstoffe erhöht wird, und (IV) die hydraulische Durchlässigkeit der Substrate erhalten. Die Erfahrung hat gezeigt, daß das gemeine Schilf (*Phragmites communis*) eine besonders geeignete Art ist, da es schnelles Wachstum mit einem ausgedehnten tiefen Rhizom und Wurzelsystem verbindet, wodurch sich eine große Oberfläche für das Wachstum der Bakterien ergibt. Die Durchdringung des Bodens durch Wurzeln und Rhizome erhöht seine Porosität. Nach dem Zerfall verbleibt ein horizontales Netz feiner Kanäle, das die hydraulische Leitfähigkeit des Systems stabilisieren hilft und eine gute Infiltration des Abwassers in die aktive Wurzel/Boden-Matrix ermöglicht.

Es wurde behauptet, daß sich etwa 2-5 Jahre nach der erfolgreichen Etablierung des Schilfs die hydraulische Leitfähigkeit in der Zone der Rhizosphäre derjenigen eines groben Sandes annähert, wobei die anfängliche Porosität des Bodens unerheblich ist (Kickuth, 1980).

Obwohl aufwachsende Pflanzen wie *Phragmites* im Winter absterben, wird die Wirksamkeit eines solchen Systems nicht unbedingt stark verringert. Die toten Stiele bieten nach wie vor einen wirksamen Weg für die Wanderung von Sauerstoff in die Rhizosphäre und die Auswirkungen der geringen Lufttemperatur werden zum Teil durch die relativ hohe Temperatur des eingeleiteten Abwassers und die Wärmeproduktion aus den bakteriellen Prozessen abgemildert sowie durch eine isolierende Schutzschicht aus Vegetation und abgestorbenem Pflanzenmaterial. Dadurch werden eine verhältnismäßig hohe Temperatur und eine starke mikrobielle Aktivität aufrechterhalten. Im Wurzelraum und in der Bodenmatrix von

Pflanzenkläranlagen findet sich eine große Anzahl aktiver Bakterien (Reddy & Smith, 1987; May et al., 1991; Hofmann, 1991).

Substrat

Die richtige Wahl der Substrate ist kritisch. Neben Kies, Flußsand und gemahlener Brennstoffasche wurde bisher eine Vielzahl von Böden mit sehr unterschiedlichem Erfolg eingesetzt. Welches Medium eingesetzt wird, hängt häufig von der Verfügbarkeit und der Auswahl lokaler Substrate ab. Diese müssen jedoch hinsichtlich ihrer hydraulischen Durchlässigkeit und ihrer Fähigkeit zur Adsorption von Nähr- und Schadstoffen bewertet werden (Wood, 1991). Das Substrat muß ein geeignetes Medium für ein erfolgreiches Pflanzenwachstum darstellen und eine gleichmäßige Infiltration und Wanderung des Abwassers ermöglichen. Für einen erfolgreichen Betrieb muß eine hydraulische Leitfähigkeit von etwa 10^{-3} - 10^{-4} m^{-1} s^{-1} sichergestellt werden. Eine schlechte hydraulische Leitfähigkeit führt zu Abfluß an der Oberfläche und zur Ausbildung von Abwasserkanälen, wodurch die Wirksamkeit eines Systems stark eingeschränkt wird.

Die chemische Zusammensetzung übt ebenfalls einen Einfluß auf die Wirkung des Systems aus. Böden mit geringem Nährstoffgehalt verstärken die direkte Aufnahme von Nährstoffen durch die Pflanzen aus dem Wasser. Aufgrund der physikalisch-chemischen Mechanismen bei der Entfernung von Phosphat sind Substrate mit hohen Al- oder Fe-Gehalten besonders dazu geeignet, Phosphat aus dem Abwasser zu entfernen. Schwermetalle werden besonders gut beim Einsatz von Substraten mit einem hohen Anteil an organischem Material oder an Tonmineralien entfernt. In Systemen zur Aufbereitung landwirtschaftlicher Abwässer, die häufig bei einem BSB bis zu 3.000 mg l^{-1} wesentlich stärker belastet und auch saurer sind als häusliche Abwässer, wurde gebrochener Kalksteinsplitt eingesetzt (Gray *et al.*, 1991). Dieser bildet ein sehr poröses Substrat, das den pH-Wert regulieren und die Ausfällung von Phosphaten anregen kann.

Beetgröße

Die Fläche, die für eine traditionelle Aufbereitung von Abwasser auf Landflächen erforderlich ist, läßt sich mit Hilfe eines flächenlimitierenden Bestandteiles (LLC) des entsprechenden Abwassers berechnen (Bayer *et al.*, 1989). Es handelt sich dabei um denjenigen Schadstoff im Abwasser, der von der entsprechenden Landfläche am wenigsten assimiliert werden kann. Die erforderliche Fläche ergibt sich dabei aus:

$$\text{erforderliche Fläche (ha)} \;=\; \frac{\text{Zufuhr des LLC (kg a}^-\text{)}}{\text{Kapazität der Fläche zur Assimilation der LLC (kg ha}^- \text{a}^-\text{)}}$$

In einem ähnlichen Ansatz läßt sich die angenäherte Größe des erforderlichen Beetes (A_h) mit Hilfe der zuerst von Kickuth (1983) empirisch abgeleiteten Formel zur Senkung des BSB im Abwasser berechnen: $A_h \;=\; KQ_d\,(\ln C_0 - \ln C_t)$
Dabei gilt:

A_h = geschätzte erforderliche Beetgröße

K = Konstante = 5,2

Q_d = durchschnittlicher Abwasserzulauf ($m^3 d^{-1}$)

C_0 = durchschnittlicher BSB_5 des Zulaufs (mg l^{-1})

C_t = durchschnittlicher BSB_5 des Ablaufs (mg l^{-1}).

Die Konstante $K = 5,2$ ergab sich bei einer 0,6 m dicken Schicht, die bei einer Temperatur von mindestens 8°C betrieben wurde. Bei biologisch weniger abbaubaren Abwässern können K-Werte bis zu 15 angemessen sein. Mit Hilfe dieser Formel ergibt sich eine Mindestfläche von 2,2 m² EGW^{-1} für die Aufbereitung häuslicher Abwässer, wobei die meisten Planungen in der Praxis allerdings einen Wert von 3-5 m² EGW^{-1} ansetzen.

Art, Aufgabemenge und Verteilung des Abwassers

Vorbehandlung: Obwohl Pflanzenkläranlagen bei der Aufbereitung abgesiebten Ablaufes der primären Klärstufe eingesetzt werden, wird ihre langfristige Wirksamkeit verbessert, wenn das Abwasser durch 24stündige Lagerung in einem Absetzbecken oder Teich vorbehandelt wird, bevor es in die aktiven Beete oder die Behandlungslagunen abgelassen wird. Während der Lagerung kann der BSB des primären Überlaufes durch Ausfällung der suspendierten Bestandteile um 40 % verringert werden. Die Abscheidung eines Teiles der suspendierten Feststoffe verhindert außerdem, daß sich die Aufbereitungsanlage vorzeitig zusetzt.

Belastung und Verteilung des Abwassers: Der Hauptunterschied zwischen konventionellen Abwasseraufbereitungsanlagen und Pflanzenkläranlagen besteht darin, daß das Abwasser in konventionellen Systemen schnell auf eine genau geregelte und energieintensive Art behandelt wird, während Pflanzenkläranlagen einen langsamen Fluß des Abwassers durch das System mit entsprechend langen Verweilzeiten erfordern. Der Zufluß des Abwassers zu Pflanzenkläranlagen und sein Durchfluß durch diese müssen so eingestellt werden, daß die Verweilzeiten lang genug sind, um die Schadstoffe wirksam abzuscheiden. Für die Herabsetzung

des BSB_5, CSB und TOC wurden Zerfallsgleichungen der ersten Ordnung entwickelt (Tchabanoglous, 1987):

$$C_t = C_o\, e^{-kt}$$

wobei:

C_t = zum Zeitpunkt t verbleibende Restmenge (mg l^{-1})

C_o = zum Zeitpunkt t = 0 vorhandene Konzentration (mg l^{-1})

k = die spezifische Abbaukonstante eines bestimmten Bestand-
teils bei 20°C (d^{-1}) und

t = die Verweilzeit

Für BSB_5 liegt k bei schätzungsweise etwa 0,3 d^{-1}, woraus sich bei einer Verweilzeit (t) von 10 Tagen eine Reduktion des BSB_5 um 95 % ergibt.

Der jeweilige k-Wert hängt von der Temperatur ab und wird zwischen verschiedenen Anlagen schwanken. Der Temperatureinfluß kann mit folgender Gleichung abgeschätzt werden:

$$kt = k_2\, a^{(r-2o)}$$

wenn

kt = die Abbaukonstante bei Temperatur t (d^{-1}),

k_2 = die Abbaukonstante bei 20°C (d^{-1}),

a = der Temperaturkoeffizient, eine Konstante seit dem Wert 1,1
und

T = die Wassertemperatur des Systems (°C).

Der k-Wert hängt zum Teil auch von der hydraulischen Durchlässigkeit des Systems ab. Reed *et al.* (1988) gaben an, daß die betriebliche Abbaurate von Schilf-
beetanlagen aus obiger Gleichung und dem nachstehenden Ausdruck abgeleitet
werden kann:

$$k_2 = K_0\, (37{,}31\, b^{4{,}172})$$

wenn

k_o = "optimale" Konstante eines Mediums mit voll ausgebildeter Wurzelzone (d-1) und

b = als Dezimalfunktion ausgedrückte Gesamtporosität des Mediums.

Bei typischen Kommunalabwässern beträgt k_o = 1,839 d^{-1}, während die Ent-
fernungsraten für BSB_5 in industriellen Abwässern mit hohem CSB mit 0,198 d^{-1}
wesentlich niedriger sind. Um effektiv 95 % des BSB_5 aus solchen Abwässern zu
entfernen, müßte die Verweilzeit etwa 15 Tage betragen.

Die Art des Zulaufs des Abwassers in aktive Schilfbeete hängt davon ab, ob die Aufbereitung bei horizontalem oder vertikalem Fluß durch den Wurzelraum erfolgen soll. In beiden Fällen muß der Zulauf gleichmäßig über die gesamte Breite des Beetes erfolgen und "Kurzschlüsse" sowie die Bildung stagnierender oder "toter" Bereiche müssen vermieden werden. Bei horizontalen Systemen können Gräben und mehrfache Ausläufe aus einer Vielzahl von Zulaufrohren eingesetzt werden. Bei Vertikalsystemen ist ein zentraler Zulauf möglich, in Fischgrätmuster verlegte landwirtschaftliche Röhrensysteme über der Oberfläche oder Berieselungssysteme. In jedem Fall muß das Zulaufsystem so ausgelegt werden, daß der Wasserspiegel an oder gerade unter der Beetoberfläche gehalten werden kann. Während sich die aktive Vegetation etabliert, kann es erforderlich werden, den Wasserspiegel zur Anregung des Wachstums von Wurzeln und Rhizomen abzusenken. Um die Anlage herum sind Schutzdämme vorzusehen, sowie auch Möglichkeiten, die Zuflußrate zu regulieren, damit bei Gewittern eine Überflutung oder ein unkontrollierter Zustrom zum Wassereinlaß oder in die Umgebung verhindert werden können. Während der Sommermonate kann der Wasserverlust durch Evapotranspiration, d. h. die Verdunstung von Wasser aus Böden, Wässern und Pflanzenoberflächen, die Niederschlagsmenge übersteigen. In solchen Fällen muß die Zulaufmenge erhöht werden, um eine Austrocknung zu vermeiden, die die Vegetation schädigen und damit die hydraulische Durchlässigkeit des Beetes durch eine Störung der Boden/Substrat-Struktur verändern könnte.

Nachfolgender Betrieb

Schlamm und Stroh sammeln sich mit einer Rate von 1,5-2,5 cm a^{-1} an. Dieses Material verringert die Wirksamkeit des Systems und muß daher entfernt werden. Während es sich ansammelt, kann es zu Veränderungen im hydrologischen Verhalten des Beetes führen und damit die Stärke des Schilfwachstums stören. Es kann außerdem höhere Schwermetallgehalte ansammeln, die häufig in häuslichen Abwässern enthalten sind. Wenn die Wirksamkeit des Systems mit zunehmendem Alter absinkt, kann eine Neubepflanzung erforderlich werden oder ein Durchspülen mit frischem Wasser, um die angesammelten Schadstoffe zu entfernen. Ein Abbrennen oder Abernten der Vegetation kann auch angeraten sein. Beide Methoden sind in gleicher Weise bei der Entfernung überschüssiger Biomasse (Kohlenstoff) wirkungsvoll. Das Abbrennen ist jedoch nicht nur aus Umweltgesichtspunkten unerwünscht, sondern es entfernt auch nicht die Nährstoffe aus dem System, da die im oberirdischen Teil der Vegetation vorhandenen Nährstoffe dem System wieder zugeführt werden.

Die Notwendigkeit des Aberntens wurde insbesondere bei Anlagen mit schwimmenden Wasserpflanzen als potentieller wirtschaftlicher Nachteil angesehen, da die Aufnahme durch die Pflanzen hier ein wesentliches Mittel zur Entfernung der Schadstoffe darstellt und die Biomasse deshalb häufig entfernt werden muß. Die überschüssige Biomasse kann jedoch von großem wirtschaftlichem Wert sein. In verschiedenen Wirtschaftlichkeitsstudien war der mögliche wirtschaftliche Wert des Einsatzes dieser Biomasse zur Produktion von Methan, Alkohol oder Viehfutter untersucht worden. Sie wird bereits zur Bodenverbesserung eingesetzt und als organischer Kompost und Dünger verkauft (Reddy & Smith, 1987).

Bewertung künstlicher Schilfbeete

Jüngste Auswertungen einer Reihe von europäischen Systemen haben die Wirksamkeit des Wurzelraumkonzeptes in Zweifel gezogen. Es trifft sicher zu, daß viele Anlagen ihre ursprünglichen Auslegungsdaten nicht erfüllt haben. Obwohl BSB, Gesamtschwebfracht und TOC des Ablaufs in der Regel deutlich reduziert werden, verringern sich die Gesamtgehalte an Stickstoff und Phosphor häufig nur um 25-50 % (Bucksteeg, 1991; Findlater *et al.*, 1991; Schierup *et al.*, 1991). In einigen Fällen findet nur eine außergewöhnlich geringe Durchdringung der Bodenmatrix durch das Abwasser statt, und es stellt sich als Ergebnis dieser Situation keine merkliche horizontale Durchströmung des Wurzelraumes ein. Der größte Teil der Abwasserbewegung (90 %) findet an der Oberfläche des Beetes innerhalb der Laubstreulage statt (Schierup et al., 1991). Bei Tracerstudien mit LiCl ergab sich bei zwei reifen Pflanzenkläranlagen in Dänemark, daß die Verweilzeit im Mittel 6,1 bis 7,3 Tage betrug. Diese Werte stehen in Übereinstimmung mit Werten, die mit einer Bodenporosität von 40 % errechnet wurden. Lithium ließ sich jedoch im Ablauf bereits 1-2 Stunden nach Zugabe in den Zulaufkanal nachweisen. Obwohl Lithium im Auslauf über 25 Tage nachzuweisen war, traten die höchsten Konzentrationen während der ersten beiden Untersuchungstage auf. Der Fluß durch diese Systeme besteht daher aus einer Kombination von oberflächlichem Ablauf und unterirdischer Bewegung, wobei die Abtrennung der Schadstoffe im wesentlichen bei der Sedimentation der Schwebfracht im Oberflächenablauf stattfindet. Bei geringer Durchdringung der Bodenmatrix durch das Abwasser kann die Entfernung der Schadstoffe nicht auf Prozesse zurückgeführt werden, die an der Wurzeloberfläche oder innerhalb der Bodenmatrix vor sich gehen. In solchen Situationen hängt die Leistung des Systems davon ab, ob eine einheitliche Durchströmung der Laubstreulage mit Abwasser erreicht wird (Bucksteeg, 1991). Der gleiche Autor regte an, daß die Mindestgröße der Beete ungeachtet ihres Substratmaterials unter der Annahme völliger Verstopfung berechnet werden sollte. Für diesen "schlechtesten Fall" empfahl er eine Mindestfläche von 5 m^2 EGW^{-1} und dort, wo das Abwasser an der Oberfläche sichtbar bleibt, wie z. B. in flachen bepflanzten Lagunen, eine Mindestfläche von 10 m^2 EGW^{-1}.

Der Transport von Sauerstoff durch die Pflanzen in die Bodenmatrix wird als zentraler Faktor für einen wirkungsvollen Betrieb von Schilfbeeten betrachtet. Für die Bewegung von Sauerstoff in mit *Phragmites* besetzte Beete hinein wurden Werte in der Größenordnung von 5 g m^2 d^{-1} beobachtet (Gray *et al.*, 1991; Brix & Schierup, 1991). Wenn der in Wurzeln und Rhizomen durch Atmung verbrauchte Anteil abgezogen wird, verbleibt nur ein kleiner Teil von etwa 0,02 g m^{-2} d^{-1}. Bei einer solchen Menge wären die Auswirkungen auf das Ausmaß der Bodennitrifizierung vernachlässigbar. Andere Untersuchungen haben jedoch wesentlich höhere Werte für den Strom von Sauerstoff in die Bodenmatrix ergeben. Gray *et al.* (1991) fanden Werte von 24,2 g O$_2$ m^{-2} d^{-1} und Hofmann (1991) berichtete, daß die Bodenredoxpotentiale von mit *Phragmites* bepflanzten Klärschlammbehandlungsbeeten zwischen 94,3-170 mV schwankten, während sich in unbepflanzten Kontrollbeeten Werte von -60 bis 60 mV ergaben.

Es wird deutlich, daß bei der Wahl des Substrates und der Etablierung der Vegetation mit großer Sorgfalt vorgegangen werden muß, damit eine angemessene Durchdringung mit Abwasser und ein ausreichender Sauerstofftransfer ermöglicht werden. Der unkritische Einsatz von Anlagen mit einem horizontalen Durchfluß durch Böden ist in keiner Weise gerechtfertigt. Obwohl Böden wegen ihrer grossen Fähigkeit zur Rückhaltung von Phosphat und Schwermetallen bevorzugt werden, ist die Ausbildung des Wurzel- und Rhizomsystems nicht verläßlich genug für die Aufrechterhaltung einer angemessenen hydraulischen Durchlässigkeit und Sauerstoffaufnahme. Einige neuere Untersuchungen haben gezeigt, daß sich mit Kies als Substrat und durch eine vertikale Beaufschlagung mit Abwasser ein verbesserter Betrieb erreichen läßt (Cooper & Findlater, 1991).

Künstliche Feuchtgebiete stellen eine praktische Option zur Aufbereitung von Abwasser dar. Sie wurden bisher, und werden sicher auch noch weiter, erfolgreich in vielen Ländern zur Behandlung häuslicher Abwässer und zur Entfernung von Schwermetallen aus verunreinigten Wässern benutzt. Sie können jedoch nach den Ausführungen von Bucksteeg (1991) nicht als "innerhalb der allgemein akzeptierten Regeln der Technik liegend" betrachtet werden. Ihre Leistungen können nicht verläßlich vorhergesagt werden, und in vielen Fällen wurden bisher Pilotanlagen mehr aus Bequemlichkeit errichtet, ohne daß vorangegangene Erfahrungen oder Ergebnisse wissenschaftlicher Untersuchungen berücksichtigt wurden. Wenn sich die zweifelsfreie Fähigkeit natürlicher Feuchtgebietsökosysteme zum Einfangen und Abbauen von Schadstoffen in der Leistungsfähigkeit künstlicher Systeme widerspiegeln soll, dann ist wesentlich mehr Grundlagenforschung nötig und die Errichtung kleiner Systeme für experimentelle Untersuchungen muß gefördert werden.

Künstliche Feuchtgebiete können allerdings bei der Eindämmung von Verunreinigungen aus diffusen Quellen eine Rolle spielen. Es ist durchaus vorstellbar, daß schmale Streifen aus Feuchtgebieten z. B. eingesetzt werden, um den Ablauf von Pestiziden und Kunstdünger von landwirtschaftlich genutzten Flächen und den Ablauf von Schwermetallen von Straßenflächen einzudämmen. Das Potential von Feuchtgebieten zur Akkumulation und Eindämmung synthetischer organischer Schadstoffe ist im wesentlichen noch genauso unerschlossen wie die Möglichkeit, die Leistung von Pflanzenkläranlagen durch selektive Zufuhr erwünschter Bakterienstämme zu verbessern, die bestimmte Schadstoffe abbauen können.

Literatur

ALEXANDER, W. V.; WOOD, A. (1987): Experimental investigations into the use of emergent plants to treat sewage in South Africa. Water Sci. Technol., 19(I0), 51-59.

ATHIE, D.; CERRI, C. C. (1987): The use of macrophytes in water pollution controi. Water Sci. Technol., 19(10).

BAYES, C. D.; BACHE, D. H.; DICKSON, R. A. (1989): Land-treatment: design and performance with special reference to reed beds. Journal of the Institute of Water and Environmental Management, 3, 588-598.

BRIX, H. (1987a): Treatment of wastewater in the rhizosphere of wetland plants-the root-zone method. Water Sci. Technol., 19(10), 107-118.

BRIX, H. (1987b): The applicability of the wastewater treatment plant in Othfresen as scientific documentation of the root-zone method. Water Sci. Technol., 19(10), 19-24.

BRIX, H.; SCHIERUP, H. H. (1991): Soil oxygenation in constructed reed beds: the role of macrophytes and soil-atmosphere interface oxygen Transport. In: Cooper, P. F.; Findlater, B. C. (eds.): Constructed Wetlands in Water Pollution Control. Pergamon Press, Oxford. BUCKSTEEG, K. (1987) Sewage treatment in helophyte beds-first experiences with a new treatment procedure. Water Sci. Technol., 19(10), 1-10.

BUCKSTEEG, K. (1991): Treatment of domestic sewage in emergent helophyte beds-German experiences and AVT-guidelines H262. In Cooper, P. F.; Findlater, B. C. (eds.): Constructed Wetlands in Water Pollution Control. Pergamon Press, Oxford.

COOPER, P. F.; FINDLATER, B. C. (eds.)(1991): Constructed Wetlands in Water Pollution Control. Pergamon Press, Oxford.

FINDLATER, B. C.; HOBSON, A. J.; COOPER, P. F. (1991): Reed bed treatment systems: performance evaluation. In: Cooper, P. F.; Findlater, B. C. (eds.): Constructed Wetlands in Water Pollution Control. Pergamon Press. Oxford.

GOOD, B. J.; PATRICK, JR, W. H. (1987): Root-water-sediment interface processes. In Reddy, K. R.; Smith, W. H. (eds.): Aquatic Plants for Water Treatment and Resource Recovery. Magnolia Publishing Inc., Orlando, Florida.

GRAY, K. R.; BIDDLESTONE, A. J.; JOB, G.; GALANOS, E. (1991): The use of reed beds for the treatment of agricultural effluent. In Cooper, P. F.; Findlater, B. C. (eds.): Constructed Wetlands in Water Pollution Control. Pergamon Press, Oxford.

HOFMANN, K. (1991): Use of Phragmites in sewage sludge treatment. In: Cooper, P. F.; Findlater, B. C. (eds.): Constructed Wetlands in Water Pollution Control. Pergamon Press, Oxford.

KICKUTH, R. (1980): Abwassereinigung in Mosaikmatnizen aus aeroben and anaeroben Teilbezirken. Verhandl. Verein Osterreichischen Cemiken, Abwassertechniches Symp., Graz, pp. 639-665.

KICKUTH, R. (1983): Einige Dimensionierungsgrundsätze für das Wurzelraumfahren. In: Sekovlov, I.; Wildere, P. (eds.): Abwasserreinigung mit Hilfe von Wasserpflanzen. Techn. Univ., Hamburg-Harburg.

KLEINMANN, R. L. P.; GIRTS, M. A. (1987): Acid mine water treatment in wetland: an overview of an emergent technology. In: Reddy, K. R.; Smith, W. H.; (eds.): Aquatic Plants for Water Treatment and Resource Recovery. Magnolia Publishing Inc., Orlando, Florida.

MASON, C. F. (1991): Biology of Freshwater Pollution, 2nd edn. Longman Scientific and Technical, Harlow.

MAY, E.; BUTLER, J. E.; FORD, M. G.; ASHWORTH, R., WILLIAMS, I.; BAHGAT, M. M. M. (1991): Chemical and microbiological processes in gravel-bed hydroponic (GBH) systems for sewage treatment. In: Cooper, P. F.; Findlater, B. C. (eds.): Constructed Wetlands in Water Pollution Control. Pergamon Press, Oxford.

MENDELSSOHN, I. A.; POSTEK, M. T. (1982): Elemental analysis of deposits on the roofs of Spartina alterniflora Loisel. Amer. J. Botany, 69, 904-12.

REDDY, K. R.; DEBUSK, T. A. (1987): State-of-the-art utilization of aquatic plants in water pollution control. Water Sci. Technol., 19(I0), 61-79.

REDDY, K. R.; SMITH, W. H. (eds.)(1987): Aquatic Plants for Water Treatment and Resource Recovery. Magnolia Publishing Inc., Orlando, Florida.

REED, S. C.; MIDDLEBROOKS,. E. J.; CRITES, R. W. (1988): Natural Systems for Waste Management and Treatment. McGraw-Hill, New York. RICHARDSON, C. J. (1985) Mechanisms controlling phosphorus retention capacity in freshwater wetlands. Science, 228, 1424-1427.

RICHARDSON, C. J.; DAVIS, J. A. (1987): Natural and artificial wetlands ecosystems: ecological opportunities and limitations. In: Reddy, K. R.; Smith, W. H. (eds.): Aquatic Plants for Water Treatment and Resource Recovery. Magnolia Publishing Inc., Orlando, Florida.

SCHIERUP, H.; BRIX, H.; LORENZEN, B. (1991): Wastewater treatment in constructed reed beds in Denmark-state of the art. In: Cooper, P. F.; Findlater, B. C. (eds.): Constructed Wetlands in Water Pollution Control. Pergamon Press, Oxford.

SCHIECHTL, H. (1980): Bioengineering for Land Reclamation and Conservation. University of Alberta Press, Alberta, Canada.

TCHOBANOGLOUS, G. (1987): Aquatic plant systems: engineering considerations. In Reddy, K. R.; Smith, W. H. (eds.): Aquatic Plants for Water Treatment and Resource Recovery. Magnolia Publishing Inc., Orlando, Florida.

WOLVERTON, B. C. (1987): Artificial marshes for wastewater treatment. In: Reddy, K. R.; Smith, W. H. (eds.): Aquatic Plants for Water Treatment with Resource Recovery. Magnolia Publishing Inc., Orlando, Florida.

WOOD, A. (1991): Constructed wetlands for wastewater treatment-engineering considerations. In: Cooper, P. F.; Findlater, B. C. (eds.): Constructed Wetlands in Water Pollution Control. Pergamon Press, Oxford.

Weiterführende Literatur

ATHIE, D.; CERRI, C. C. (eds.)(1987): The use of macrophytes in water pollution control. Water Sci. Technol., 19(10)

COOPER, P. E.; FINDLATER, B. C. (eds.)(1991): Constructed Wetlands in Water Pollution Control. Pergamon Press, Oxford.

MASON, C. F. (1991): Biology of Freshwater Pollution, 2nd edn. Longman Scientific and Technical, Harlow.

REDDY, K. R.; SMITH, W. H. (eds.)(1987): Aquatic Plants for Water Treatment and Resource Recovery. Magnolia Publishing Inc., Orlando, Florida.

REED, S. C.; MIDDLEBROOKS, E. J.; CRITES, R. W. (1988): Natural Systems for Waste Management and Treatment. McGraw-Hill, New York.

Schwefel und Stickoxide

Kapitel 11

Der Einfluß von Schwefel und Stickoxiden auf die Umwelt

Einleitung

Die möglichen Gesundheitsrisiken beim Einatmen von mit SO_2 und NO_x, den Stickoxiden NO und NO_2, verunreinigter Luft sind eindeutig belegt und verfügen über eine lange Geschichte, die sich bis zur Einführung der Kohle als allgemeinem Brennstoff für Haushalte und Industrie zurückverfolgen läßt. Wegen des unangenehmen Geruchs wurde das Verbrennen von "seale coal", einer Kohle mit hohem Schwefelgehalt in der Stadt London 1306 durch König Edward I von England verboten. In dieser Zeit war die Qualität der Luft in London so schlecht, daß das Verbrennen von Kohle während der Parlamentssitzungen völlig verboten war. Zur Einhaltung der das Verbrennen von Kohle regelnden Gesetze wurde sogar die Todesstrafe eingeführt. Es wird vermutet, daß mindestens ein unglücklicher Bürger hingerichtet wurde, weil er während einer Parlamentssitzung Kohle verbrannt hatte. Das bei der Verbrennung schwefelhaltiger Brennstoffe wie besonders Kohle und Öl entstehende Schwefeldioxid führt zu Atembeschwerden. In der Atmosphäre wird es rasch zu Schwefelsäure umgebildet, die sich häufig auf Ruß- und Rauchpartikeln anreichert. Eingeatmet wirken solche Teilchen stark korrodierend und schädigen das Lungengewebe. An vier Tagen im Dezember 1952 führte in London ein strenger Smog, eine Mischung aus Rauch (*smoke*) und Nebel (*fog*) aus der Verbrennung von Kohle zum verbreiteten Auftreten von Atemwegsbeschwerden bzw. zu deren Verschärfung und zum Tod von schätzungsweise 4.000 Menschen. Es war im wesentlichen auf diesen Vorfall zurückzuführen, daß 1956 das Gesetz zur Reinhaltung der Luft (Clean Air Act) erlassen wurde, das die Verbrennung von Kohle in Haushalten und der Industrie dadurch regelte, daß es rauchfreie Zonen einführte, in denen nur "rauchfreie" Brennstoffe zum Einsatz kommen durften. Glücklicherweise sind heutzutage in den meisten Industrieländern Smog-Vorfälle ein Ding der Vergangenheit. Gesundheitsrisiken sind heute meist nur noch an Arbeitsstätten zu finden, an denen sie auf hohe Freisetzungsraten über kurze Zeiträume zurückzuführen sind oder auf geringere Expositionsraten über längere Zeiträume. In den USA liegt die empfohlene Arbeitsplatzkonzentration bei < 2 ppm SO_2 bzw. bei 5 ppm bei entsprechend kürzerer Exposition. Allerdings liegen auch Beweise dafür vor, daß längere Exposition bei Konzentrationen von weniger als 1 ppm SO_2 Atembeschwerden bei empfindlichen Personen verursachen können, die eine Vorbelastung durch Asthma oder andere Krankheiten der Atemorgane aufweisen (Goldsmith, 1986).

Zur Zeit richten sich die wesentlichen Umweltbesorgnisse betreffend SO_2 und NO_x auf den sauren Regen und seine Rolle bei der Versauerung von Böden und Oberflächenwässern sowie beim Waldsterben. Die neueren Untersuchungen zum "sauren Regen" begannen in den frühen 60er Jahren, als skandinavische Wissenschaftler zunehmend eine Verbindung zwischen der über die Luft aus Großbritannien über die Nordsee und vom europäischen Festland herangetragenen Verschmutzung und der Versauerung von Seen und der Abnahme und dem schlußendlichen Verschwinden von Fischen in den betroffenen Gewässern herstellten. Wir wissen mittlerweile, daß die Einflüsse der SO_2- und NO_x-Emissionen und des sauren Regens auf die Umwelt komplex sind und auf Reaktionen zwischen den verschiedenen physikalischen und biologischen Komponenten eines Ökosystems beruhen. Zusätzlich zu den direkten toxischen Wirkungen auf Tiere und Pflanzen führen hohe H^+-Konzentrationen zu einer Herabsetzung der mikrobiellen Zersetzung und Stickstoffbindung sowie zu einer Zunahme der Löslichkeit und Mobilität toxischer Schwermetalle und des Aluminiums in der Umwelt.

Chemie des sauren Regens

Als saurer Niederschlag kann Regenwasser mit einem pH-Wert von weniger als 5,65 bezeichnet werden. Dieser Wert entspricht dem destillierten Wassers, das sich mit Luft mit einem CO_2-Gehalt von 340 ppm CO_2 im Gleichgewicht befindet. Der pH-Wert eines solchen Wassers ist aufgrund der Bildung von Kohlensäure sauer:

$$CO_2 + H_2O \quad \overset{\longrightarrow}{\longleftarrow} \quad H_2CO_3$$

Natürliches Regenwasser weist normalerweise einen pH-Wert von etwa 5,6 auf, obwohl lokal die Werte dort darüberliegen, wo Spurenkonzentrationen an bodengebundenen Kationen wie Ca^{2+} und Mg^{2+} im Niederschlag auftreten. Über weiten Teilen Nordamerikas und Nordwest- und Mitteleuropa schwanken die pH-Werte des Niederschlages zwischen 4,0-5,0. In Pennsylvanien wurde in einem Fall ein Wert von 2,31 festgestellt (Lynch & Corbett, 1980).

Selbst wenn berücksichtigt wird, daß der pH-Wert mit einer logarithmischen Skala ausgedrückt wird, zeigen diese Zahlen doch, daß das Regenwasser in diesen Gebieten deutlich saurer als erwartet ist. Wegen der geringeren Volumina ist bei Nebel der Säuregrad häufig höher als in Regenwasser. In Kalifornien liegt der pH-Wert des Regenwassers üblicherweise über 4,4, wohingegen im Wasser aus Nebel Werte von 2,3 beobachtet wurden.

A. Schweflige Säure und Schwefelsäure

SO_2 wird aus natürlichen und anthropogenen Quellen emittiert und im Wasser der Wolken gelöst, wo dann schweflige Säure gebildet wird:

$$-------\!>$$

$$SO_2 + H_2O \rightarrow H_2SO_3 \qquad\qquad H^+ + HSO_3^-$$

$$<\!-------$$

Schweflige Säure kann in der Gasphase oder in wäßriger Phase durch verschiedene Oxidantien oxidiert werden:

$$\text{Oxidans}$$
$$SO_2 \qquad -----------\!> \qquad SO_3$$

Wäßriges gelöstes Schwefeltrioxid bildet Schwefelsäure:

$$<\!----- \qquad\qquad -----\!>$$

$$SO_2 + H_2O \;----\!> \; H_2SO_4 \qquad H^+ + HSO_4^- \qquad 2H^+ + SO_4^{2-}$$

$$-----\!> \qquad\qquad <\!-----$$

B. Salpetrige Säure und Salpetersäure

NO_2 wird bei der Denitrifizierung freigesetzt und ist trotz seiner inerten Natur ein Treibhausgas.

NO und NO_2, die zusammen als NO_x bezeichnet werden, entstehen bei Verbrennungsprozessen und Blitzentladungen

$$O_3 + NO \qquad -------\!> \qquad NO_2 + O_2$$

Andere chemische Prozesse können in der Troposphäre Ozon bilden und damit photochemischen Smog auslösen:

$$2\,NO_2 + H_2O \qquad -------\!> \qquad HNO_3 + HNO_2$$

Diese Säuren sind zusammen mit schwefliger Säure und Schwefelsäure Bestandteile des sauren Regens.

Abb. 11.1: Prozesse bei der Bildung und Ablagerung von Säureverunreinigungen (aus Mannion & Bowbly, 1992)

Üblicherweise liegt der pH-Wert von Nebelwasser zwischen 3,0-3,5 (Friedmann, 1989). Die Zunahme des Säuregrades im Regenwasser wird hauptsächlich auf die Anwesenheit von schwefeliger Säure (H_2SO_3), Schwefelsäure (H_2SO_4), salpetriger Säure (HNO_2) und Salpetersäure (H_2NO_3) zurückgeführt, die sich bei der Oxidation von SO_2 und NO_x bilden und auf die Reaktion dieser Verbindungen mit Wasser in Gegenwart von Oxidantien wie hauptsächlich dem Hydroxylradikal OH^- oder einatomigem Sauerstoff (Abb. 11.1; Mannion, 1992).In Nordwesteuropa ist Schwefelsäure für etwa 70 % des mittleren jährlichen Säureniederschlages verantwortlich, im östlichen Nordamerika für etwa 60 %. In beiden Fällen verursacht im wesentlichen Salpetersäure die restlichen 30-40 %. Die Umwandlungsrate von SO_2 und NO_x kann sehr hoch sein. Bei feuchtem Sommerwetter können 100 % der Emissionen innerhalb einer Stunde in Säure umgewandelt werden. Im Winter liegen die Raten üblicherweise mit etwa 20 % pro Stunde darunter. In trockener Atmosphäre läuft die Umwandlung langsamer ab und bedient sich in hohem Maße photochemischer Reaktionen und der Anwesenheit oxidierender Stoffe. Im Sommer wurden Werte von 16 % täglich beobachtet, im Winter jedoch nur von 3 % täglich (Mason, 1991).

Quellen

Anthropogene Emissionen von NO_x und SO_2 entstammen im wesentlichen der Verbrennung von Kohle und Öl. In Großbritannien kommen zur Zeit etwa 60 % der SO_2-Emissionen aus Kraftwerken und 30 % aus Industrieanlagen. Während die Schwefelemissionen seit den frühen 70er Jahren kontinuierlich zurückgegangen sind, nehmen die Stickstoffemissionen, im wesentlichen aufgrund der Zunahme an Kraftfahrzeugen zu. Etwa 45 % der Stickstoffemissionen stammen aus Kraftwerken, 30 % von Autoabgasen und der Rest aus einer Vielzahl industrieller und landwirtschaftlicher Quellen (Kap. 8; Mason, 1989). Es ist daher nicht erstaunlich, daß saure Niederschläge in den Industrieländern der Nordhalbkugel besonders ausgeprägt sind. Allerdings können saure Niederschläge in einem Land durchaus ausländischer Herkunft sein. So stammt z. B. von dem über Norwegen und Schweden abgesetzten Schwefel weniger als 20 % aus heimischen Quellen (McCormick, 1989). Ein auffälliges Merkmal der sauren Niederschläge ist ihr großes regionales Ausmaß: weite Gebiete werden von ihnen betroffen. Im Gegensatz zu den staubförmigen Emissionen nimmt die Ablagerung mit zunehmendem Abstand von den größeren punktförmigen Quellen nicht deutlich ab. Da häufig hohe Schornsteine errichtet werden, damit in unmittelbarer Nachbarschaft der entsprechenden Quellen keine übermäßigen Schadstoffkonzentrationen auftreten, werden die sauren Emissionen durch Wind, atmosphärische Vermischung und Verdünnung rasch von der Quelle wegtransportiert und verteilt. Von den gesamten Schwefelemissionen von 0,4-0,9 x 10^6 t jährlich aus dem 381 m hohen Schornstein der Kupferhütte Copper Cliff im kanadischen Sudbury werden nur 1,3 % innerhalb eines Umkreises von 40 km abgelagert. Innerhalb dieser Entfernung vom Werk überschreitet die Schwefelablagerung die Hintergrundwerte nur um 16 % (Freedman, 1989). Entfernungseffekte treten meist nur auf, wenn die Gesamtablagerung berücksichtigt wird. Dies umfaßt die Anteile der trockenen Ablagerung zwischen Niederschlagsperioden und ist auf die direkte Aufnahme von gasförmigem SO_2 und NO_x durch Vegetation, Böden und Wasseroberflächen

zurückzuführen sowie auf schwerkraftbedingte Absetzung und Filtration partikel-
förmiger Aerosole. Die Raten feuchter und trockener Ablagerung weisen beträchtliche räumliche und zeitliche Schwankungen auf. Im allgemeinen überwiegt die
trockene Ablagerung in der Nähe der einzelnen Quellen und nimmt mit der Entfernung ab. Der relative Umfang der feuchten und trockenen Ablagerung hängt
vom Abstand von der Quelle ab, von der Art der Vegetation, von den vorherrschenden Winden und von den Wetterbedingungen. Jedoch selbst an Standorten,
die weiter von offensichtlichen SO_2- und NO_x-Quellen entfernt liegen, kann trok-
kene Ablagerung zwischen 30-60 % des gesamten Stickstoff- oder Schwefelein-
trages liefern (Eaton *et al.*, 1980; Lindberg *et al.*, 1986). Wegen des Verhaltens
von SO_2 und NO_x in wässrigen Lösungen sind die Auswirkungen der trockenen
Ablagerung auf Böden und Wässer ähnlich denen des sauren Niederschlages. Dies
trifft nicht auf die direkte Aufnahme von SO_2 und NO_x durch Pflanzen zu, die
60 % der gesamten trockenen Ablagerung betreffen kann. Gasförmiges NO_x und
SO_2 wirken auf die Vegetation toxisch, indem sie die Produktivität der Pflanzen
herabsetzen und zum Verlust empfindlicherer Arten führen.

Reaktion von Pflanzen auf SO_2 und NO_x

Gasförmige Schadstoffe gelangen im wesentlichen durch die Stomata in die Pflanzen. Aus diesem Grunde schwanken Aufnahme von SO_2 und NO_x durch die
Pflanze und ihre Reaktion darauf während des Tages und je nach ihrem Wasser-
status. Nachts und bei Trockenperioden, wenn die Stomata geschlossen sind, ist
die Aufnahme auf die Mengen beschränkt, die die wächserne Kutikala des Blattes
durchdringen können (Mansfield, 1976). Die Kutikala gilt üblicherweise als für
SO_2 und NO_x undurchlässig, jedoch können saurer Niederschlag oder die Ausbildung eines Wasserfilters Aufnahmeraten und Mengen eines durch die Kutikala in
die Pflanze eindringenden Schadstoffs stark erhöhen (Filter & Hay, 1987). Nach
dem Eindringen löst sich SO_2 im Wasserfilm auf den Zelloberflächen des Apopla-
stes und des Mesophylls und bildet hydratisiertes SO_2 ($SO_2.H_2O$). Hydratisiertes
SO_2 wirkt als starke Säure und dissoziert zu HSO_3^- und SO_3^{2-}, wobei die Pro-
portionen vom pH der Lösung abhängen (pK_a für HSO_3^- ---> $SO_3^{2-}+H^+$ = 7,2).
Die Wanderung des SO_2 in die Zellen hinein scheint passiv abzulaufen. Wegen
der negativen Nettoladung auf der Zellwand kann nur das ungeladene $SO_2.H_2O$ in
die Zelle gelangen, wo es dann zum phytotoxischen SO_3^-Ion dissoziert (pH des
Zytoplasmas > 7,0). Ein Teil der SO_3-Ionen kann im wesentlichen durch Chloroplasten zu dem weniger toxischen Sulfation oxidiert werden. Unterschiede in der
Fähigkeit einzelner Pflanzen, ihren inneren pH-Wert zu regulieren und SO_3 zu
SO_4^{2-} zu oxidieren, werden als wichtige Faktoren zur Bestimmung der Toleranz
einer Art gegenüber SO_2 angesehen (Fitter & Hay, 1987; Crawford, 1989). Ähnlich wie SO_2 gelangt auch NO_x in die Pflanze und löst sich in den extrazellulären

Wasserfilmen in gleichen Teilen zu Nitrat- und den phytotoxischen Nitritionen. Ein Teil dieser beiden Ionen kann jedoch durch die Wirkung der Nitritreduktase zu Ammonium umgewandelt werden und trägt damit zum normalen Stickstoffstoffwechsel der Pflanze bei.

Ansatzpunkte für Schädigungen

Drei wesentliche Angriffspunkte wurden bisher identifiziert (Fitter & Hay, 1987; Crawford, 1989):

1. Funktion der Stomata: SO_2, NO_x und O_3 können zu einer raschen Zerstörung des Stomaapparates führen und damit zu verstärkter Aufnahme von Schadstoffen und zum Verlust von Wasser.
2. Funktion und Struktur der Chloroplasten: Exposition gegenüber geringen Konzentrationen von SO_2, NO_x und O_3, die nicht ausreichen, um sichtbare Schäden an der Pflanze hervorzurufen, verursachen ausgeprägte Störungen des Thylakoidmembransystems der Chloroplasten.
3. CO_2-Bindung: Exposition gegenüber SO_2 und gasförmigen Luftschadstoffen im allgemeinen kann auf eine rasche Abnahme der CO_2-Bindungsstellen an den Enzymen Phosphoenolpyruvat-Karbyloxylase und Ribulose-1,5-Biphosphat-Karboxylase zurückzuführen zu sein, die für die anfängliche Bindung des CO_2 in Pflanzen mit C_4- bzw. C_3-Photosynthese verantwortlich sind. Andere Untersuchungen lassen vermuten, daß SO_2 Sulphydrylgruppen blockieren und den pH-Wert der Zellen stören kann, während NO_x in Form von Nitrit das Redoxsystem der Chloroplasten stört.

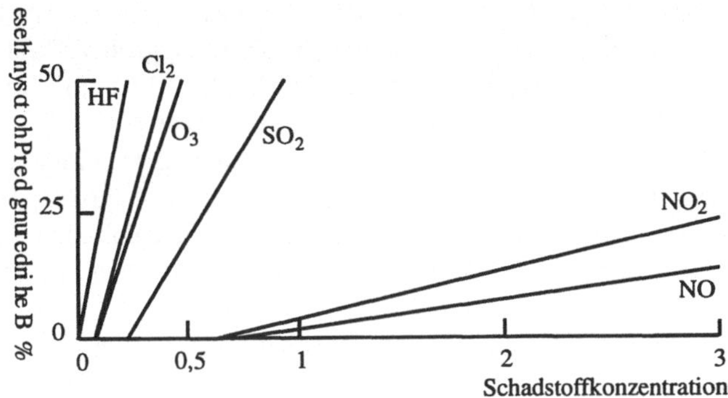

Abb. 11.2: Behinderung der Photosynthese (gemessen als Aufnahme von CO_2) in 3-5 Wochen altem Laub von Gerste und Hafer, die unterschiedlichen Konzentrationen gasförmiger Schadstoffe· für 2 Stunden ausgesetzt waren. Während der Untersuchungen wurden die Pflanzen bei 24°C gehalten, in Gegenwart von Windgeschwindigkeiten von 1,2-1,6 ms^{-1}, geringen Feuchtigkeiten (45 % relative Feuchte) und starker Beleuchtung (40-50 klux und 280-350 Wm^{-1}) (abgewandelt aus Bennett & Hill, 1974).

Auswirkungen von SO$_2$ auf das Wachstum von Pflanzen

Experimentelle Expositionen von Pflanzen gegenüber SO$_2$ haben ergeben, daß schon geringe Konzentrationen den Ertrag reduzieren können, ohne daß sichtbare Schäden zu Tage treten. Die Empfindlichkeit schwankt jedoch stark zwischen einzelnen Arten oder Rassen, sowie mit Alter und Zustand der Pflanze wie z. B. der Versorgung mit Nährstoffen und Wasser. Kurzzeitexpositionen über z. B. 10 % der Wachstumsperiode zeigen, daß Konzentrationen von > 185 ppb (0,185 ppm) das Wachstum der meisten Feldfrüchte negativ beeinflussen. Baumarten sind noch empfindlicher und werden bereits durch Konzentrationen > 170 ppb (0,170 ppm) negativ betroffen (Roberts, 1984), wobei einige Arten besonders empfindlich reagieren. Reduzierte Photosyntheseraten wurden bei Erbsen, Bohnen und Tomatenpflanzen beobachtet, die Konzentrationen von nur 0,03 ppm SO$_2$ und 0,1 ppm NO$_x$ ausgesetzt waren. Wo Pflanzen längerer Exposition unterliegen, können bereits sehr geringe Konzentrationen merklich die Erträge mindern. So wurde z. B. der Ertrag von *Lolium perenne*, einer wichtigen landwirtschaftlichen Grasart, nach einer halbjährigen Exposition gegenüber einer SO$_2$-Konzentration von 191 µg m^3 (0,067 ppm) um 51 % gegenüber dem von Kontrollpflanzen herabgesetzt. Die

Kontrollpflanzen waren einer SO_2-Konzentration von 9 μg m^{-3}, entsprechend etwa 3 ppb ausgesetzt (Bell & Clough, 1973). Roberts (1984) kam nach der Auswertung von Labor- und Felduntersuchungen an einer großen Zahl von Arten zu dem Schluß, daß (I) die Exposition gegenüber 0,076-0,150 ppm über 1-3 Monate hinweg den Ertrag bei den meisten Arten deutlich herabsetzte, (II) Exposition gegenüber 0,038-0,076 ppm über mehrere Monate hinweg bei einigen Arten den Ertrag reduzierte und (III) längere Exposition gegenüber < 0,038 ppm sich positiv oder gar nicht auswirkte oder nur zu geringen Ertragseinbußen führte. Positive Auswirkungen waren dort zu verzeichnen, wo in den Böden ein Schwefelmangel bestand.

Stellt man die Konzentrationen, bei denen Pflanzenwachstum behindert wird, den typischen SO_2- und NO_x-Konzentrationen gegenüber, die in Großbritannien in ländlichen Gebieten (0,001-0,05 ppm SO_2; 0,005-0,5 ppm NO_x), in städtischen Zentren (0,02-0,5 SO_2; 0,02-0,2 ppm NO_x) oder in Industriegebieten (SO_2 und NO_x < 1,0 ppm) angetroffen werden, so ergibt sich eindeutig, daß das Wachstum vieler Pflanzen in diesen Gebieten als Ergebnis der Umgebungsluftqualität vermindert wird (Fitter & Hay, 1987). Selbst in ländlichen Gebieten, in denen man saubere Luft erwarten würde - so liegt der amerikanische Qualitätsstandard für Luft bei 0,5 ppm SO_2 -, kann das Wachstum von Feldfrüchten und natürlicher Vegetation beträchtlich behindert werden. In den Niederlanden haben geographische Verbreitung und Häufigkeit vieler wildwachsender Heidepflanzen im Verlauf der letzten 20 Jahre drastisch abgenommen. Dies läßt sich nicht völlig auf Schwankungen des Grundwasserspiegels und auf eine Störung des Lebensraums durch Eutrophierung mittels einer Anreicherung von Nährstoffen durch landwirtschaftliche Verfahren zurückführen. Über eine Fläche von 10 km" konnten Van Dam *et al.* (1986) die Abnahme von acht Trockenheidearten mit der räumlichen Verteilung des SO_2 in der Umgebung korrelieren. Erst kürzlich gelang es Dueck *et al.* (1992), die Schwellenwerte für SO_2 experimentell zu bestimmen, oberhalb derer eine Heidevegetation umfangreichen Schaden erleiden kann. Ihre Ergebnisse zeigen, daß unter der Annahme, daß 95 % der Arten in einer Heidegemeinschaft geschützt werden sollen, damit die Gemeinschaft als Ganzes keinen Schaden erleidet, die SO_2-Konzentrationen in der Umgebung einen Wert von 8 μg m^{-3} (2,7 ppb) nicht überschreiten sollten.

Expositionen gegenüber Konzentrationen von >5 ppm SO_2 oder NO_x führen zu sichtbaren Schädigungssymptomen. SO_2 verursacht intervienale Chlorose, während NO_x hingegen die Entwicklung unregelmäßiger brauner und schwarzer Flecken auf den Blattoberflächen fördert. Längere Exposition gegenüber solchen Konzentrationen führt zu starken Schäden an der Vegetation und verursacht das Absterben oder die Verdrängung aller Arten, außer den tolerantesten Baumsterben (besonders bei Nadelgehölzen) und ein Zurückdrängen der Pflanzendecke treten häufig in der Nähe größerer Verunreinigungsquellen auf. Freedmann & Hutchinson (1980) haben die Langzeiteffekte der Emissionen der Copper Cliff-Hütte dokumentiert. Die wesentlichen beobachteten Auswirkungen gehen auf SO_2 zurück, aber Versauerung und die toxische Wirkung von Cu, Ni und Al spielen ebenfalls eine Rolle. Innerhalb von 3 km um das Werk herum finden sich keine Waldreste mehr; die nur noch dürftige Vegetation besteht aus vereinzelten Inseln grober Gräser wie z. B. *Deschampsia caespitosa* und *Agrotis hyanalis*. Zwischen 3-8 km finden sich Waldreste nur noch an Standorten, die vor direkter Begasung geschützt sind und ausreichend Wasser liefern können, d. h. in Tälern und mesischen Hängen. Diese Waldreste werden von toleranten Angiospermengehölzen wie *Acer rubrum*, *Quercus rubra* und *Populus tremuloides* dominiert. Die Bäume wachsen deformiert und verkrüppelt, wobei die oberen Äste häufig abgestorben sind. Jenseits von 8 km nimmt die Waldbedeckung allmählich zu, aber die Artenvielfalt ist gering und Unterholz ist nur schwach ausgebildet. Erst ab einer Entfernung von 20 km von der Quelle tritt der für die Region typische Nadelholz-Hartholz-Wald wieder auf.

Saure Niederschläge, Bodenversauerung und Reaktionen zwischen Pflanzen und Boden

Der Boden-pH wird durch komplexe Reaktionen zwischen verschiedenen Faktoren bestimmt, unter denen die folgenden herausragen:

1. **Kohlensäurekonzentrationen:** Aufgrund der Atmung der Saprophyten und durch Pflanzenwurzeln sind die CO_2-Konzentrationen in Böden mit 0,5-1,0 Vol.-% üblicherweise höher als in der Atmosphäre mit 0,03 %, Daher sind die Kohlensäurekonzentrationen in Bodenlösungen hoch und spielen eine wichtige Rolle bei der Beeinflussung des Boden-pH's von > 6,0, was einer beträchtlichen Alkalinität entspricht.

2. **Aufnahme durch Pflanzen und Stickstoffkreislauf:** (I) In sauren Böden mit pH < 5,5 ist die dominante Form des anorganischen Stickstoffs das NH_4^+. Die Aufnahme des aus der Ammonifizierung des organischen Stickstoffs stammenden NH_4^+ durch die Pflanzen führt zu keinem Nettoeffekt auf den Säuregrad des Bodens. Wenn das NH_4^+ aus atmosphärischer Ablagerung oder der Düngung stammt, liefert die Aufnahme einer bestimmten Menge NH_4^+ durch die Pflanzen eine entsprechende Menge H^+-Ionen in den Böden. Die Pflanze scheidet H^+-Ionen aus, um ihre elektrochemische Neutralität aufrechtzuerhalten. (II) In Böden mit einem pH > 5,5 ist die wesentliche Form des anorganischen Stickstoffs das NO_3^-, das hauptsächlich der mikrobiellen Oxidation des NH_4^+ entstammt, wobei sich je zwei Einheiten von H^+-Ionen je produzierter NO_3-Einheit bilden. Bei der Aufnahme des NO_3^- scheiden Pflanzen CH^--Ionen ab. Wenn das NH_4^+ dem organischen Stickstoff in den Böden entstammt, ergibt sich kein Nettoeffekt auf den Säuregrad des Bodens. Wenn das NH_4^+ allerdings aus atmosphärischer Ablagerung oder dem Einsatz von Düngern wie z. B. $NH_4NO_3^-$,

NH_4SO_4 oder Harnstoff entstammt, wird die Assimilation des NH_4^+ den Säuregehalt des Bodens erhöhen (Abb. 11.3).

3. **Aufnahme von Schwefel:** Der Großteil des Schwefels in Böden tritt in reduzierter organischer Form auf, deren mikrobielle Oxidation über verschiedene Zwischenstufen zu SO_4^{2-} und dessen nachfolgende Aufnahme durch die Pflanzen keinen Nettoeffekt auf dem Säuregrad des Bodens ausübt. Die direkte Zufuhr von SO_4^{2-} und die nachfolgende Aufnahme durch die Pflanzen kann den Säuregehalt herabsetzen. Unter anaeroben Bedingungen wird SO_4^{2-} aufgenommen werden. In den meisten Fällen hat der Schwefelkreislauf der geringen betroffenen Mengen auch geringeren Einfluß auf den Boden-pH als der Stickstoff (Abb. 11.3)

4. **Ionenauslaugung:** In den meisten gut entwässerten Böden werden SO_4^{2-}, Cl^- und NO_3^- leicht im Grundwasser ausgelaugt. Die Adsorptionsfähigkeit der Böden der nördlichen Halbkugel für SO_4^{2-} ist begrenzt und wird leicht durch den anthropogenen Eintrag abgesättigt. Wenn die Anionen herausgelöst sind, wird die elektrochemische Neutralität des Bodens durch den Verlust äquivalenter Mengen der Kationenbasen Ca^{2+} und Mg^{2+} aufrechterhalten.

In Böden mit geringen Karbonatgehalten setzt der Verlust an Ca^{2+} und Mg^{2+} rasch die Fähigkeit eines Bodens, Veränderungen des pH-Wertes abzupuffern, herab und unterstützt die Versauerung dadurch, daß er die Basensättigung der Kationenaustauschfähigkeit verringert. Im Vergleich zu Wassersystemen sind Böden stark abgepuffert. Karbonatmineralien puffern Böden über einem pH-Wert von > 8-6,2, Silikate von 6,2-5,2 und Kationenaustausch zwischen 5,0-4,2.

Bei der Versauerung von Böden handelt es sich um einen gut dokumentierten natürlichen Prozeß, der bei der Entwicklung von Böden und Vegetation auf frisch oder kürzlich freigelegten Schichten in primärer Sukzession abläuft. Sie resultiert im wesentlichen aus der Verwitterung der Bodenmineralien und der Ansammlung von organischem Material auf oder in der Bodenmatrix (Ricklefs, 1990). Das Wachstum von Pflanzen und deren Aufnahme von Nährstoffen können die Versauerungsraten von Böden direkt beeinflussen.

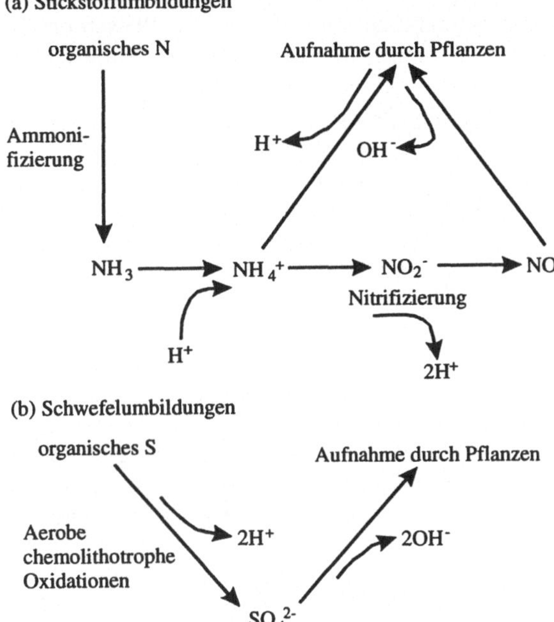

Abb. 11.3: Vereinfachtes Fließbild der versauernden Auswirkungen einiger Umbildungen von Schwefel und Stickstoff in Böden

Es wird geschätzt, daß Kiefernwälder jährlich 340 eq ha^{-1} den Böden als Folge der Aufnahme basischer Kationen zuführen können und etwa 55 eq ha^{-1} a^{-1} als Folge der Ansammlung organischen Materials auf dem Waldboden. Dieses Ausmaß an saurem Eintrag ähnelt in der Größe der sauren Ablagerung aus einem jährlichen Niederschlag von 100 cm mit einem pH von 4,2 (Freedmann, 1992). Änderungen in der Art der Landnutzung, insbesondere durch Aufforstung, können die Bodenversauerungsraten beeinflussen. Das Wachstum von Nadelbäumen auf brachliegenden landwirtschaftlichen Flächen in Ontario (Kanada) hat im Verlauf der vergangenen 50 Jahre den Boden-pH von 5,7 auf 4,7 gesenkt (Brand *et al.*, 1986). Längerfristige Versauerung von Böden findet unter Leguminosen hauptsächlich durch die Aktivität der in ihren Wurzeln vorhandenen symbiotischen stickstoffbindenden Bakterien statt (Haynes, 1983). In Großbritannien hat die Anlage längerfristiger ganzjähriger Roggengras- und Kleeweiden häufig den Boden-pH um einen Wert von 1,0 über 50 Jahre abgesenkt, während Absenkungen um 0,5 pH-Einheiten unter Weißklee (*Trifolium regens*) bereits nach vier Jahren festgestellt werden konnten. In vielen Fällen führt die Abnahme der pH-Werte zur Verringerung der Produktivität durch die toxische Wirkung von Al und/oder Mn. Zur Verbesserung der Situation muß Kalk aufgebracht werden, bzw. in einigen Fällen müssen die Weiden nach tiefgreifendem Aufreißen neu angelegt werden.

Wo die Pflanzenbiomasse entfernt wird, werden die Auswirkungen der Pflanzen auf die Versauerung der Böden noch ausgeprägter sein. Der Verlust der angesammelten Biomasse, die beträchtliche Mengen an Metallbasen enthält, kann z. B. in Forstgebieten die Böden verarmen lassen und ihre Empfindlichkeit gegenüber einer Versauerung verstärken. In basereichen Böden und dort, wo der Zeitraum zwischen den Ernten ausreichend lang ist, wird der Verlust an Nährstoffen durch Verwitterung des unterlagernden BodenMaterials ausgeglichen.

Die Einflüsse anthropogener und biologischer Quellen auf die Versauerung sind nur schwer auseinanderzuhalten. Obwohl die Situation sehr komplex ist, besteht wenig Zweifel darüber, daß die Aufforstung von Einzugsgebieten auf basearmen Gesteinen die Versauerung von Oberflächenwässern verstärkt hat. Es wird vermutet, daß biologische Prozesse in der Laubstreu und den obersten Bodenzonen am wichtigsten sind, während anthropogener Eintrag eine stärkere Rolle bei der Versauerung der tieferen mineralhaltigen Bodenhorizonte spielt (Tamm & Hallbacken, 1988). In seiner hervorragenden Zusammenfassung zur Bodenversauerung kam Freedman (1989) zu dem Schluß, daß es bisher noch keinen "schlüssigen Beweis für die Bodenversauerung durch saure Ablagerungen" gibt und daß "noch mehr Daten erforderlich sind". Es erscheint jedoch zumindest logisch anzunehmen, daß saurer Niederschlag die Wahrscheinlichkeit einer Versauerung beschleunigen und verstärken wird.

Waldschäden

Im Verlauf der vergangenen 30 Jahre hat sich eine verstärkte Besorgnis über ein weltweites Phänomen eingestellt, bei dem es sich um eine neue Art von Waldschäden zu handeln scheint, die weite Bereiche der Wälder unserer Erde betreffen (Hinrichsen, 1986; Mueller-Dombois, 1988). Besonders ausgeprägt ist dies in den europäischen Wäldern und den höhergelegenen Wäldern Nordamerikas. In westeuropäischen Wäldern wiesen 1986 etwa 16×10^6 ha entsprechende Symptome auf. Die in Westeuropa am meisten betroffenen Arten sind nordische Fichten (*Picea abies*), Buchen (*Fagus sylvaticus*) und in geringerem Ausmaß Eichen (*Quercus* spp.), in Nordamerika hingegen Rotfichten (*Picea rubens*) und Zuckerahorn (*Acer saccharum*). Obwohl die Symptome zwischen den einzelnen Arten schwanken, finden sich unter den beobachteten Schadensmerkmalen Laubchlorose, Wachstumsabnormitäten, vorzeitiger Blattverlust, das zunehmende Absterben der Astextremitäten, auch bekannt als "Hexenbesen", sowie das Absterben von Wurzeln und verstärkte Mortalität, die sich häufig auch als Folge sekundärer Faktoren wie Pilzpathogenen oder Insekten einstellt (Hinrichsen, 1986; Freedman, 1989). Der wichtigste Gesichtspunkt ist jedoch, daß "natürliche" Waldschäden zwar aus einer Reihe von Ursachen auftraten und auch heute noch auftreten, diese jedoch stets nur eine einzige Art oder nur eine kleine Gruppe von Arten betrafen und sich nicht durch einen einheitlichen Symptomkatalog auszeichneten.

Der Hauptgrund für das gegenwärtige Waldsterben konnte bisher noch nicht identifiziert werden, aber die regionale Verunreinigungen durch Luftpartikel und saure Niederschläge stellen zweifelsohne wichtige Faktoren dar, obwohl andere Faktoren wie z. B. Bodentyp, Schwermetalleintrag (Kap. 13) und Umgebungskonzentrationen an O_3 lokal eine wichtige Rolle spielen dürften. Fünf verschiedene Mechanismen werden dafür verantwortlich gemacht. Keiner dieser Mechanismen kann alleine alle beobachteten Symptome erklären, es ist jedoch sicher, daß die Luftqualität und dabei besonders die Konzentrationen an NO_x und SO_2 von grosser Bedeutung sind.

Tabelle 11.1: Vermutlich für die Verbindung zwischen Luftverschmutzung und Waldsterben verantwortliche Mechanismen

1. **Allgemeiner Streß:** Schlechte Luftqualität verringert Pflanzenwachstum und Photosynthese und stört Bewegung und Verteilung der Photoassimilate. Das für die Wurzeln verfügbare Assimilat wird herabgesetzt und dadurch die Wurzelfunktion geschädigt.
2. **Bodenversauerung:** Saurer Niederschlag verursacht die Auslaugung der Nährstoffe aus Boden und Blattgeweben und unterwirft die Pflanze einem Streß. Der erhöhte Al^{3+}-Gehalt im versauerten Boden streßt die Pflanze noch weiter und verhindert Wachstum und Funktion der Wurzeln.
3. **Schädigungen durch gasförmige Schadstoffe:** Schädigungen resultieren aus den kumulierten Einflüssen längerfristiger Exposition gegenüber geringen Konzentrationen der phytotoxischen Schadstoffe O_3 und SO_2.
4. **Magnesiummangel:** Viele der von einem geschädigten Baum gezeigten Symptome ähneln denen eines Magnesiummangels. Exposition gegenüber O_3 und sauren Niederschlägen werden für die Auslaugung größerer Mengen an Mg^{2+} aus Laub und Boden verantwortlich gemacht, was zu Magnesiummangel führt.
5. **Übermäßiger Stickstoffeintrag:** Hohe NO_x-Gehalte führen zu übersteigerter Stickstoffverfügbarkeit, wodurch (I) das Pflanzenwachstum angeregt wird und damit der Bedarf an anderen Nährstoffen, an denen häufig Mangel herrschen dürfte, (II) die Entwicklung der Mycorhizen behindert wird, (III) die Frostempfindlichkeit steigt und (IV) die Verteilung der Biomasse wie z. B. das Verhältnis von Wurzeln zu Trieben verändert wird.

Versauerung von Oberflächenwässern

Im Gegensatz zu Waldschäden und Bodenversauerung ist die Bedeutung des sauren Niederschlages als Hauptgrund für die Versauerung von Seen mittlerweile eindeutig belegt. Historische Aufzeichnungen, Langzeitbeobachtungen von Wasserqualitäten und Untersuchungen an pH-empfindlichen Diatomeengemeinschaften in

Seesedimenten haben gezeigt, daß Beginn und Raten der Versauerung mit der Industrialisierung und SO_2-Emissionen korreliert sind (Wellburn, 1988; Mannion, 1989 a, b). Der pH-Wert des Round of Glenhead, eines Sees in Schottland, hat im Verlauf von 130 Jahren von 5,5 auf 4,4 abgenommen. Im südlichen Norwegen wiesen von 87 zwischen 1923 und 1949 untersuchten Seen insgesamt 21 pH-Werte unter 9,5 auf. Bis 1980 hatte deren Zahl auf 41 zugenommen. Zusätzlich zu langfristigen Veränderungen des Säuregehaltes kann saurer Niederschlag auch ausgeprägte jahreszeitliche pH-Änderungen verursachen. Im Sommer entsprechen pH-Werte und Zusammensetzung der Bachwässer häufig dem des Grundwassers. Bei verstärktem Wasserabfluß im Winter nimmt der pH-Wert des Wassers üblicherweise ab, da die Zusammensetzung des Wassers mehr der des Niederschlags und des Ablaufes entspricht. Bei Schneefall und Trockenperioden mit geringen Niederschlägen sammeln sich saure Ablagerungen im Einzugsgebiet an und verursachen dann bei Freisetzung durch starken Regen oder Schneeschmelze Spitzenwerte hoher Säurebelastungen (Jacks *et al.*, 1986; Mason, 1991). Die Empfindlichkeit von Wasserkörpern gegenüber der Versauerung hängt in großem Ausmaß von der Art des Einzugsgebietes ab. Gebiete mit großen Mengen von Kalzium- und Magnesiumkarbonaten in Böden oder Fluß- und Seesedimenten verfügen häufig über eine ausreichende Alkalinität zur Neutralisierung des Säureeintrages, wodurch die Oberflächenwässer vor der Versauerung geschützt werden. Am empfindlichsten reagieren diejenigen Gebiete, die von widerstandsfähigen langsam verwitternden oligotrophen Gesteinen wie Graniten aufgebaut werden, die zu nährstoffarmen sauren Böden mit geringer Pufferungskapazität führen. Landnutzung und dabei Forstwirtschaft stellen einen weiteren wichtigen Faktor dar. Große Forstgebiete und insbesondere Nadelbaumplantagen setzen üblicherweise den pH-Wert des aus ihnen abfließenden Wassers herab und erhöhen gleichzeitig beträchtlich die Konzentrationen an Al^{3+} und SO_4^{2+} (Mason, 1991). Die geringe Pufferungskapazität von Süßwassersystemen, die durch die Konzentration von Bikarbonationen geregelt wird, macht sie für eine Versauerung besonders anfällig.

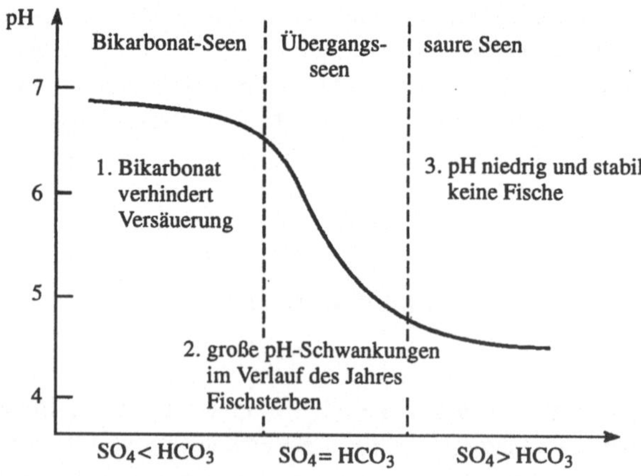

Abb. 11.4: Der Prozeß der Versauerung von Seen (aus Mason, 1991)

In vielerlei Hinsicht ähnelt der Prozeß der Versauerung eines Sees der Titration eines verdünnten alkalisch gepufferten Systems mit Schwefelsäure (Freedman, 1989). Beim Fortschreiten der Versauerung können bei der relativen Abnahme der Konzentration der Bikarbonationen gegenüber SO_4^{2+} drei Stufen unterschieden werden (Abb. 11.4). In der Endphase der Versauerung stabilisiert sich der pH-Wert üblicherweise unter 5,0, und wegen der erhöhten Löslichkeit von Metallionen wie Al, Cd, Cu, Mn und Zn bei niedrigen pH-Werten steigen ihre Konzentrationen und insbesondere die von Al^{3+} an (Henricksen, 1989). Es ist nicht erstaunlich, daß sich mit Fortschreiten der Versauerung die Ökologie des Wasserkörpers dramatisch verändert.

1. Die Artenzusammensetzung ändert sich und die Vielfalt der Phytoplanktongemeinschaft nimmt ab. In vielen sauren Seen wird die Phytoplanktongemeinschaft von Dinoflagellaten beherrscht. Wenn ausreichend Phosphat vorhanden ist, kann die Rate der primären Produktion aufrechterhalten werden, während sie in einigen Fällen wegen des verringerten Freßdrucks durch Zooplankton und Fische sogar zunehmen kann.
2. Menge und Artenvielfalt höherer Wasserpflanzen nehmen ab. *Sphagnum*-Moose werden zunehmend dominant und können wegen der hohen Ionenaustauschfähigkeit ihrer Zellwände die Versauerung beschleunigen.
3. Mit abnehmendem pH-Wert des Wassers werden Bakterienaktivität und Stickstoffbindung behindert und die Bedeutung von Pilzen nimmt zu. Die abnehmende Abbaurate ermöglicht die Ansammlung organischen Materials. Es wird vermutet, daß niedrige Zersetzungsraten zu verringerter Mineralisierung und Nährstoffverfügbarkeit führen.
4. Wirbellosen- und Zooplanktongemeinschaften verarmen. Der Verlust an Arten und die Änderungen in der Zusammensetzung der Gemeinschaften sind auf mehrere Faktoren zurückzuführen. Darunter sind direkter physiologischer Streß unter dem Einfluß hoher H^+- und Al^{3+}-Konzentrationen, Veränderungen in der Nahrungskette wie z. B. Änderungen in der Menge des freßbaren Phytoplanktons und der Räuber (Fische und Wirbellose), Bakterien und Menge, Art und Zusammensetzung des Detritus.
5. Versauerte Seen enthalten nur wenige oder keine Fische. Berichte über abnehmende Fischbestände und das völlige Verschwinden von Fischen aus vorher ertragreichen Gewässern waren in der Vergangenheit häufig die ersten Anzeichen einer verbreiteten regionalen Versauerung. Kurze Säureschübe können zum Tod von Fischen führen, während längere Säureperioden gesamte Fischpopulationen ausrotten. Hohe H^+-Konzentrationen verändern nicht nur Art und Menge der vorhandenen Nahrungsquellen, sondern stören auch die Fähigkeit von Fischen, die Kationenzusammensetzung ihrer Körperflüssigkeit aufrechtzuerhalten. Hohe Al^{3+}-Konzentrationen wirken ebenfalls toxisch. Aluminium führt zur Verstopfung der Kiemen mit Schleim und stört die Atmung sowie das Kationengleichgewicht. Andere Metalle wie z. B. Cu, Cd und Zn können ebenfalls in ausreichenden Konzentrationen vorhanden sein, um toxisch zu wirken. Im allgemeinen reagie-

ren ältere Fische empfindlicher auf Metalltoxizität, während junge Fische, Fischbrut und Eier besonders empfindlich auf die direkten Einflüsse von H^+ reagieren.

Zur Zeit gibt es keine praktische Lösung für das Problem der Versauerung von Flüssen und Seen. Zeitweilige Linderung konnte durch Kalkung erzielt werden, aber das Verfahren ist äußerst kostenaufwendig und nur lokal wirksam. Die Versauerung ist nur das Symptom, die Lösung muß in einem Angriff auf die wirklichen Ursachen gesucht werden. Dies würde jedoch eine beträchtliche und anhaltende Verringerung der weltweiten Schwefelemissionen erfordern.

Literatur

BELL, J. N. B.; CLOUGH, W. S. (1973): Depression of yield in ryegrass exposed to So2. Nature Lond., 241, 47-49.

BENNET, J. H.; HILL, A. C. (1974): Acute inhibition of apparent photosynthesis by phytotoxic air pollutants. In: Air Pollution Effects on Plant Growth, M. Dugger (ed.): American Chemical Society Symposium Series, 3, 115-127.

BRAND, D. G.; KEHOE, P.; CONNORS, M. (1986): Coniferous afforestation leads to soil acidification in central Ontario. Can. J. Forest. Res., 16, 1289-1391.

CRAWFORD, R. M. M. (1989): Studies in plant survival. Ecological case histories of plant adaptation to adversity. In: Studies In: Ecology, Vol. 11. Blackwell Scientific Publications, Oxford.

DUECK, Th. A.; VAN DER EERDEN, L. J.; BERDOWSKI, J. J. M. (1992): Estimation of SO2 effect threshold for heathland species. Function. Ecol., 6, 291-296.

EATON, J. S.; LIKENS, G. E.; BORMANN, F. H. (1980): Wet and dry deposition of sulfur at Hubbard Brook. In: Hutchinson, T. C.; Havas, M, (eds.): Effects of Acid Precipitation on Terrestrial Ecosystems. Plenum, New York.

FITTER, A. H.; HAY, R. K. (1987): Environmental Physiology of Plants, 2nd edn. Academic Press, London.

FREEDMAN, B. (1989): Environmental Ecology. The Impacts of Pollution and Other Stresses on Ecosystem Structure and Function. Academic Press, London.

FREEDMAN, B.; HUTCHINSON, T. C. (1980): Long-term effects of smelter pollution at Sudbury, Ontario, on forest community Komposition. Can. J. Bot., 58, 2123-2140.

GOLDSMITH, J. R. (1986): Effects on human health. In: Stern, A. C. (ed.): Air Pollution, Vol. 6, 3rd edn, pp. 391-463. Academic Press, New York.

HAYNES, R. J. (1983): Soil acidification induced by leguminous crops. Grass For. Sci., 38, 1-11.

HENRIKSEN, A. (1989): Air pollution effects on aquatic ecosystems and their restoration. In: Ravera, O. (ed.): Ecological Assessment of Environmental Degradation, Pollution and Recovery. Elsevier, Amsterdam.

HINRICHSEN, D. (1986): Muttiple pollutants and forest decline. Ambio, 15(5), 258-265.

JACKS, G.; OLOFSSON, E.; WERME, G. (1986): An acid surge in a well-buffered stream. Ambio, 15(5), 282-285.

LINDBERG, S. E.; LOVETT, G. M.; RICHTER, D. D.; JOHNSON, D. W. (1986): Atmospheric deposition and canopy interactions of major ions in a forest. Science, 231, 141-145.

LYNCH, J. A.; CORBETT, E. S. (1980): Acid precipitation - a threat to aquatic ecosystems. Fisheries, 5, 8-12.

MANNION, A. M. (1989a): Palaeoecological evidence for environmental change during the last 200 yrs. I. Biological data. Prog. Phys. Geog., 13, 23-46.

MANNION, A. M. (1989b): Palaeoecological evidence for environmental change during the last 200 yrs. 11 Chemical evidence. Prog. Phys. Geog., 13, 192-215.

MANNION, A. M. (1992): Acidification and eutrophication. In: Mannion, A. M.; Bowley, S. R. (eds.): Environmental Issues in the 1990s, pp. 177-197. John Wiley, Chichester.

MANSFIELD, T. A. (1976): The role of stomata in determining the responses of plants to air pollutants. In: Smith, H. (ed.): Commentaries in Plant Science, pp. 13-22. Pergamon Press, Oxford.

MASON, C. F. (1991): Biology of Freshwater Pollution, 2nd edn. Longman, Harlow.

MASON, J. (1989): The cause and consequences of surface water acidification. In: Morris, R.; Taylor, E. W.; Brown, D. J. A.; Brown, J. A. (eds.): Acid Toxicity and Aquatic Animals, pp. 1-12. Cambridge University Press, Cambridge.

McCORMICK, J. (1989): Acid Earth: The Global Threat of Acid Pollution. Earthscan, London.

MUELLER-DOMBOIS, D. (1988): Forest decline and dieback - a global ecological problem. Trends Ecol. Evol., 3(I1), 310-312.

RICKLEFS, R. E. (1990): Ecology. W. H. Freeman, New York.

ROBERTS, T. M. (1984): Effects of air pollution in agriculture and forestry. Atmos. Environ., 18, 629-652.

TAMM, C. O. and HALLBACKEN, I. (1988): Changes in soil acidity in two forest areas with different acid deposition: 1920 to 1980s. Ambio, 17, 56-61.

VAN DAM, D.; VAN DOBBEN, H. F.; TER BRUUK, D. F. J.; DE WIT, T. (1986): Air pollution as a possible cause for the decline of some phanerogamic species in The Netherlands. Vegetatio, 65, 47-52.

WELLBURN, A. (1988): Air Pollution and Acid Rain: Biological impact. Longman, Harlow.

Weiterführende Literatur

FREEDMAN, B. (1989): Environmental Ecology. The Impacts of Pollution and Other Stresses on Ecosystem Structure and Function. Academic Press, London.

HENRIKSEN, A. (1989): Air pollution effects on aquatic ecosystems and their restoration. In: Ravera, O. (ed.): Ecological Assessment of Environmental Degradation, Pollution and Recovery. Elsevier, Amsterdam.

HINRICHSEN, D. (1986): Multiple pollutants and forest decline. Ambio, 15(5), 258-265.

MANNION, A. M.; BOWLEY, S. R. (1992): Environmental Issues in the 1990s. John Wiley, Chichester.

McCORMICK, J. (1989): Acid Earth: The Global Threat of Acid Pollution. Earthscan, London.

WELLBURN, A. (1988): Air Pollution and Acid Rain: Biological Impact. Longman, Harlow.

Kapitel 12

Entschwefelung von Kohle und Öl

Einleitung

Die Bildung von saurem Regen, insbesondere als Folge von Schwefeldioxidemissionen, und der sich daraus ergebende Einfluß auf die natürliche und besiedelte Umwelt z. B. durch Korrosion, ist hinlänglich bekannt (Kapitel 11). Eine Hauptquelle gasförmiger Schwefelemissionen stellt die Verbrennung schwefelreicher fossiler Brennstoffe besonders bei der Erzeugung elektrischer Energie dar. Zusätzlich zu den unerwünschten Folgen für die Umwelt ergeben sich auch einige unerwünschte technische Auswirkungen. So setzen z. B. Schwefelverbindungen die Oktanzahl von Kraftstoffen herab und verringern die Wirksamkeit von Antiklopfmitteln im Benzin.

Zur Zeit entwickeln viele Industrieländer Strategien zur Begrenzung gasförmiger Schwefelemissionen zusammen mit dem dazugehörigen Regelwerk. Strengere Richtlinien zur Freisetzung von Schwefel zwingen die Industrie unvermeidlich, Methoden zur Verminderung von Schwefelemissionen zu erforschen und einzusetzen. Eine solche Reduktion läßt sich entweder durch eine Verringerung des Schwefelgehaltes der fossilen Brennstoffe vor oder während der Verbrennung erzielen oder durch eine Nachbehandlung der Abgase. Zur Entfernung von Schwefel aus Kohlen gibt es eine Reihe konventioneller Behandlungsverfahren (Maloney & Moses, 1991), sowie auch für die entsprechende Behandlung von Öl (Bhadra *et al.*, 1987) vor oder während der Verbrennung. Diese sind jedoch teuer und insbesondere im Falle von Schwerölen und Bitumen wenig kosteneffektiv. Ein wirkungsvolleres und preiswertes Verfahren stellt die Entschwefelung der Abgase in Rauchgasentschwefelungsanlagen (REA) dar. Dies hat sich bei vielen Kraftwerken als Entschwefelungsverfahren der Wahl herausgestellt, obwohl es immer noch hohe Investitionskosten verursacht. In Großbritannien z. B. wurden 2 Milliarden investiert, um eine vorhandene Kraftwerkskapazität von etwa 12.000 MW mit REA's auszurüsten. Für kleine Kraftwerke stellen solche REA's keine praktikable Alternative dar (Maloney & Moses, 1991).

Es bleibt nur eine verhältnismäßig neue Technologie, die Schwefelverbindungen aus Öl und Kohle wirksam und kostengünstig vor der Verbrennung zu entfernen, die mikrobielle Entschwefelung. In diesem Kapitel sollen Biochemie und Physiologie der mikrobiellen Entschwefelungsverfahren untersucht und die grundlegenden, bei der mikrobiellen Entschwefelung von Öl und Kohle eingesetzten Verfahren beschrieben werden. Dabei ist zu bedenken, daß der Großteil der Forschungen die mikrobielle Entschwefelung von Kohlen als dem größten Kohlenwasserstroffreservoir betrifft und daß somit die Entschwefelung von Kohlen dieses Kapitel beherrschen wird.

Obwohl gasförmige Emissionen von Stickoxiden zur Versauerung beitragen, ist die Auswirkung des Schwefeldioxids wesentlich wichtiger (Kapitel 11). Es wurden jedoch auch verschiedene Schritte unternommen, um biologische Verfahren zur Entfernung von Stickoxiden aus Abgasen zu entwickeln. Diese stecken allerdings noch in den Kinderschuhen und scheinen problematisch zu sein, weshalb die biologische Entfernung von Stickoxiden aus Abgasen in diesem Kapitel nicht behandelt wird.

Zusammensetzung und Aufbau von Kohlen

Kohle ist ein heterogenes Material, das aus mineralischen Einschlüssen in einer unterschiedlichen Mischung von Kohlenstoffverbindungen besteht, die sich je nach Art der Kohle ändern können (Klein *et al.*, 1991). Elementare Zusammensetzung und makromolekularer Aufbau einer Kohle hängen von ihrem Inkohlungsgrad ab. Auf der makromolekularen Ebene bestehen Kohlen aus aromatischen Bestandteilen, die durch Brücken aliphatischer Ketten oder Äther verbunden werden. Mit zunehmendem Inkohlungsgrad nehmen der Anteil der aromatischen Einheiten in der Matrix und das Ausmaß der Querverbindungen sowie die Größe der Baueinheiten der Matrix zu. Die Anzahl der aromatischen und der Ätherbrücken nimmt jedoch ab (Klein *et al.*, 1991).

Schwefel tritt in Kohlen in zwei wesentlichen Formen, nämlich organisch oder anorganisch gebunden auf. Organische Schwefelverbindungen werden als Bauelemente der Kohle betrachtet und ihre Reaktionen mit den anderen Bestandteilen der Matrix sind kompliziert (Bondoni *et al.*, 1987). Die vorherrschenden heterozyklischen Schwefelverbindungen sind Thiophene wie das Dibenzothiophen (DBT). Andere organische Schwefelverbindungen sind Sulfide, Disulfide und Thiole (Abb. 12.1). Anorganischer Schwefel tritt hauptsächlich in Eisensulfiden auf, von denen Pyrit (FeS_2) am häufigsten ist. Der Pyritanteil schwankt mit der Art der Kohle. So enthält z. B. bituminöse Kohle, eine nur wenig inkohlte Kohle, bis zu 6 % pyritgebundenen Schwefel, Braunkohlen hingegen bedeutend weniger. Im Gegensatz zum organisch gebundenen Schwefel treten Eisensulfide in der Kohle eher in Form isolierter Knollen oder Konkretionen auf, denn als Bestandteile der Matrix. Die Größe dieser Knollen und ihre Verteilung in der Kohle hängen von der Art der Kohle ab. Anorganischer Schwefel tritt in Kohlen auch als Sulfat auf, einem chemischen Oxidationsprodukt des Pyrites. Sulfate sind üblicherweise nur ein kleiner und verhältnismäßig unwesentlicher Teil des Gesamtschwefelgehaltes der Kohle (Bondoni *et al.*, 1987).

Unter dem Gesichtspunkt der Zugänglichkeit der Schwefelverbindungen für Mikroorganismen und ihre Enzyme ist die Struktur einer Kohle von Bedeutung. Kohlen weisen eine poröse Struktur auf, bei der sich die Poren nach ihrer Größe in vier Gruppen unterteilen lassen: Makroporen (50 nm-5 nm), Mesoporen (2-50 nm), Mikroporen (0,8-2 nm) die bis 90 % des Porenvolumens ausmachen und Submikroporen (< 0,8 nm). Die porösen Bereiche werden voneinander durch Risse mit Breiten von mehr als 5 mm getrennt (Klein *et al.*, 1991). Es besteht eine klare Beschränkung der Zugänglichkeit der Schwefelverbindungen für Mikroorganismen innerhalb des Porensystems einer Kohle. Klein *et al.* (1991) sind sogar der Ansicht, daß nur die Oberflächen einer Kohle innerhalb der Makroporen für Mikroorganismen zugänglich sind und vielleicht noch die Mesoporen < 20 nm Durchmesser für deren Enzyme. Daraus folgt für die Praxis, daß Kohlen nur dann mikrobiell entschwefelt werden können, wenn sie vorher fein aufgemahlen oder aufgelöst wurden.

Sulfide   R - S - R

Disulfide   R - S - S - R

Thiole   R - SH

Thiophene

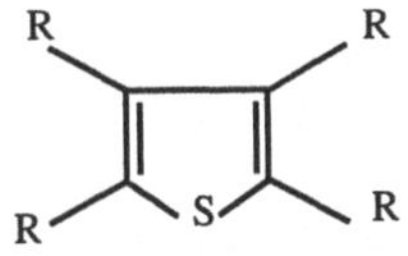

R-Gruppen sind entweder Wasserstoff-Alkyl-Gruppen
oder Aromate. Sie können an den verschiedenen
Schwefelverbindungen jeweils gleich oder ungleich sein.

Abb. 12.1: Organische Schwefelverbindung in Kohlen und Ölen

Zusammensetzung und Aufbau von Ölen

Bei Rohölen handelt es sich um komplexe Mischungen aus aliphatischen hetero-zyklischen und aromatischen Verbindungen. Die genaue Zusammensetzung von Ölen ist außergewöhnlich variabel und hängt von ihrem Produktionsort und ihrer Zusammensetzung ab. Schweröle und Bitumina sind besonders reich an Schwefel-verbindungen und hochviskos. Viele ölproduzierende Länder verfügen über be-deutende Reserven solcher Rohöle, die zu bedeutenden Energieressourcen werden dürften, wenn die leichter gewinnbaren Ölvorkommen erschöpft sind. Öle enthal-ten sowohl organisch als auch anorganisch gebundenen Schwefel. Anorganischer Schwefel tritt elementar auf, in Metallsulfiden oder als Thiosulfat. Der Hauptanteil des Schwefels in Ölen ist organisch gebunden und besteht aus einer vielseitigen

Mischung aus Thiolen, Thiophenen und substituierten Benzo- und Dibenzothiophenen (Bhadra *et al.*, 1987; Abb. 12.1). Die Viskosität der Öle bedingt, daß eine mikrobielle Entschwefelung auf die Grenzflächen zwischen Öl und Wasser beschränkt bleibt, weshalb die Bildung kleiner Öltröpfchen z. B. durch Emulsionsverfahren, sich daher für die mikrobielle Entfernung des Schwefels als nützlich erweisen dürfte.

Mikrobielle Entfernung von anorganischem Schwefel aus Kohlen und Ölen: Organismen und Mechanismen

Die wesentlichste anorganische Schwefelverbindung in verschiedenen Kohlen ist der pyritische Schwefel FeS_2. Obwohl gröbere Pyritkristalle mit physikalischen Reinigungsverfahren wirtschaftlich entfernt werden können, läßt sich innerhalb der Kohle fein verteilter Schwefel nur schwer abscheiden. Da Pyritschwefel in Kohlen weitverbreitet ist und bei konventionellen Abtrennungsverfahren Probleme verursachen kann, wurden mikrobiologische Verfahren zu seiner Abscheidung intensiv untersucht. Diese Untersuchungen haben jedoch noch nicht zur Entwicklung eines industriell einsetzbaren Verfahrens geführt.

Die Entfernung des anorganischen Schwefels einer Kohle wird durch die mikrobielle Oxidation der Schwefelverbindungen ermöglicht, da die Stoffwechselpfade bestimmter Bakterienarten über ein Potential zur Entfernung anorganischen Schwefels verfügen. Dazu gehören obligate Chemolithotrophe wie *Thiobazillus ferrooxidans* und fakultativ Chemolithotrophe wie *Sulfolobus brierleyi* (Kargi, 1986). Außerdem können auch heterotrophe Mikroorganismen zur Entfernung von anorganischem Schwefel beitragen (Rai & Reyniers, 1988).

Mechanismen der anorganischen Schwefeloxidation durch Thiobazillus

Von *Thiobazillus*-Arten ist bekannt, daß sie bei der Metallaugung von Elementen wie Cu, Zn, V und Ni aus armen Sulfiderzen (Kap. 14) unter aeroben Bedingungen Schwefel oxidieren können. Verschiedene *Thiobazillus*-Arten wie *T. ferrooxidans* und *T. organoparus* wurden für die Entschwefelung von Kohlen untersucht. Bei diesen Bakterien handelt es sich um aerobe, acidophile (pH-Optimum 2-3) und mesophile (optimale Temperatur 25-30°) Chemolithotrophen. Verschiedene Stämme von *T. ferrooxidans*, die meist aus sauren Grubenabwässern gewonnen wurden, wurden besonders untersucht (Kargi, 1988). Die Oxidation von Pyritschwefel durch *T. ferrooxidans* läuft über zwei Wege ab (Kargi, 1982; Hughes & Poole,

1989): (I) direkte bakterielle Oxidation des Schwefels als Teil der bakteriellen Stoffwechselabläufe und (II) indirekte Oxidation, bei der der Schwefel durch saure Fe^{3+}-Lösungen, einem Endprodukt des bakteriellen Stoffwechsels, oxidiert wird.

Die Oxidation des Pyrites durch Fe^{3+} geht nicht auf eine direkte Beteiligung von Bakterien zurück und führt zur Bildung von elementarem Schwefel (Gl. 12.1):

$$FeS_2 + Fe_2(SO_4)_3 \ \text{->}\ 3\,FeSO_4 + 2\,S \quad (12.1)$$

$$[Fe^{3+}] \ \text{->}\ [Fe^{2+}]$$

Anorganischer Schwefel wird bakteriell unter Bildung von Schwefelsäure oxidiert (Gl. 12.2):

$$S + 1\tfrac{1}{2}\,O_2{}^+ \ \text{->}\ H_2O \ \text{->}\ H_2SO_4 \quad (12.3)$$

Diese Oxidation führt zur Lösung des anorganischen Schwefels und hält den niedrigen pH aufrecht, der das Wachstum acidophiler Bakterien begünstigt. Das bei der Reaktion nach Gl. 12.1 gebildete Fe^{2+} wird vom *Thiobazillus ferrooxidans* wieder zu Fe^{3+} oxidiert (12.3), das zur weiteren Oxidation des Pyrites nach Gl. 12.1 beiträgt:

$$2\,FeSO_4 + \tfrac{1}{2}\,O_2 + H_2SO_4 \ \text{--->}\ Fe_2(SO_4) + H_2O \quad (12.3)$$

$$[Fe^{2+}] \qquad\qquad [Fe^{3+}]$$

Thiobazillus reduziert Pyritschwefel direkt zu Fe^{2+}-Sulfat und Schwefelsäure nach Gl. 12.4.

$$FeS_2 + 3\tfrac{1}{2}\,O_2 + H_2O \ \text{--->}\ FeSO_4 + 2\,H_2SO_4 \quad (12.4)$$

Das Ferrosulfat wird nach Gl. 12.3 zu Ferrosulfat rückoxidiert.

Die Gesamtreaktion inkl. der direkten und indirekten Oxidation des Pyrits ist in Gl. 12.5 zusammengefaßt:

$$2\,FeS_2 + 7\tfrac{1}{2}\,O_2 + H_2O \ \text{->}\ Fe_2(SO_4)_3 + H_2SO_4 \quad (12.5)$$

Während des Ablaufes der Reaktionen werden Fe^{2+} und Fe^{3+} zyklisch miteinander umgesetzt. Obwohl diese Reaktionen chemisch auch ohne Bakterien ablaufen, wird die Oxidationsrate durch ihre Anwesenheit um den Faktor 10^6 verstärkt (Hughes & Poole, 1989).

Die direkte Oxidation des anorganischen Schwefels durch *Thiobazillus*-Arten ist eine membrangebundene Reaktion, die den unmittelbaren Kontakt zwischen dem Substrat und dem Bakterium benötigt. Die Anlagerung des *Thiobazillus* an Kohleteilchen ist daher von ausschlaggebender Bedeutung (s. unten). Eine Reihe von Abläufen für die zellwandgebundenen Reaktionen wurden bisher vorgeschlagen. Das Eisen wird am Außenrand der Zelle oxidiert (Gl. 12.3), und es wird vermutet, daß eine Reihe von Elektronenakzeptoren und Elektronentransportsystemen am Transport der Elektronen durch die Zellhülle zum Zwecke der Energieproduktion teilnehmen (Hughes & Poole, 1989; Norris, 1989).

Die Oxidation von anorganischen Schwefelverbindungen und die Bildung löslicher Sulfate in Ölen ist nur in geringerem Umfang geklärt und untersucht als bei Kohlen. Es wird jedoch angenommen, daß die Abläufe der Oxidation insgesamt denjenigen beim Pyritschwefel ähneln (Bhadra *et al.*, 1987).

Chemolithotrophe Bakterien und die Oxidation des anorganischen Schwefels

Thiobazillus-Arten können Schwefel wirksam aus Kohlen entfernen, sofern die Korngröße klein genug und ein direkter Oberflächenkontakt möglich ist. Dabei können bei einer Korngröße < 80 µm 90 % des Pyritschwefels entfernt werden (Kargi, 1986). Diese Organismen sind allerdings mesophil und die Entfernungsrate des Schwefels ist bei einer Verweilzeit von z. B. 4-5 Tagen bei kontinuierlichem Betrieb gering (Kargi, 1986). Es wurden auch mäßig bis extrem thermophile Bakterien isoliert, die Fe^{2+} und reduzierten Schwefel oxidieren können.

Die mäßig eisenoxidierenden thermophilen Bakterien weisen ein Aktivitätsoptimum von 45-50°C auf, obwohl einige auch noch bei 30°C aktiv sein können. Sie ähneln bestimmten *Thiobazillus*-Stämmen (Marsh & Norris, 1983). Diese Organismen können jedoch auch chemolithoheterotroph wachsen und z. B. Hefeextrakt als Substrat nutzen, was mit erhöhten Raten der Schwefeloxidation einhergeht (Marsh & Norris, 1983). Die Vorteile solcher erhöhter Oxidationsraten werden jedoch wahrscheinlich durch die erhöhten Kosten für die Bereitstellung des komplexen organischen Substrates aufgehoben. Da diese Isolate über ein so breites Temperaturspektrum aktiv sein können, dürfte es nicht erforderlich sein, die Temperatur der Bioreaktoren zu regeln, in denen sie die Entschwefelung katalysieren, was wiederum zu beträchtlichen Kostenreduzierungen führen würde.

Extrem thermophile wie *Sulfolobus*-Arten weisen ein optimales Wachstum bei 65-80°C auf und können ebenfalls die Entschwefelung katalysieren. Diese üblicherweise aus sauren heißen Quellen isolierten Bakterien verfügen über eine Vielzahl von Stoffwechselfähigkeiten. Bei einigen kann der Stoffwechsel sowohl chemolithotroph als auch heterotroph ablaufen, während andere obligat chemolithotroph sind. Alle vermögen reduzierten Schwefel zu oxidieren, aber nur einige auch das zweiwertige Eisen (Brierly & Brierly, 1986). Ihre Fähigkeit, Pyrit zu oxidieren, ist unterschiedlich entwickelt, wobei *Sulfolobus brierleyi* anscheinend am wirkungsvollsten ist (Marsh *et al.*, 1983). Wie bei den gemäßigt thermophilen eisenoxidierenden Bakterien verstärkt bei diesen Arten die Zugabe von Hefeextrakt die Oxidationsrate für reduzierten Schwefel. *Sulfolobus acidocaldarius* mit einem Wachstumsoptimum bei 60-90°C und einem pH von 1,5-4,0 wurde ebenfalls zur Entfernung von Pyritschwefel aus Kohlen verwandt (Kargi & Robinson, 1985).

Die Fähigkeit von *Sulfolobus*-Arten, anorganische Substrate bei hohen Temperaturen zu oxidieren, resultiert aus verschiedenen Eigenschaften. Die Oxidationsrate des reduzierten Schwefels kann höher sein als bei mesophilen Bakterien, insbesondere weil die nichtbakteriell gestützte Oxidation bei höheren Temperaturen bedeutend zunimmt (Marsh *et al.*, 1983). Zusätzlich können die höheren Temperaturen das Risiko einer Verunreinigung des Reaktors durch andere Organismen begrenzen. Die schwefeloxidierenden Bakterien mit einem chemolithoheterotrophen Stoffwechsel können bei der Entschwefelung besonders nützlich sein, da sie nicht nur anorganischen sondern auch organischen Schwefel aus Kohlen und Ölen entfernen können. Es gibt einige Hinweise darauf, daß dies zutrifft, da z. B. *Sulfolobus acidocaldarius* DBT oxidieren kann (Kargi & Robinson, 1984). Interessanterweise kann das Wachstum von *Sulfolobus*-Arten durch Verbindungen herabgesetzt werden, die bei der Entschwefelung der Kohle herausgelöst werden und die dann die Entschwefelungsraten verringern (Olsson *et al.*, 1989).

Die Grundvoraussetzung für den Prozeß der Pyritoxidation durch chemolithotrophe Stoffwechselaktivitäten ist die Anbindung der Bakterien auf den Pyritoberflächen, da es sich bei der Oxidation um einen zellwandgebundenen Vorgang handelt und keine extrazellulären Enzyme gebildet werden. Eine Vielzahl von Faktoren kann die Anhaftung der Bakterien an den Oberflächen beeinflussen (Marshall, 1985): Oberflächeneigenschaften der Bakterien und der Feststoffe, Nährstoffbedingungen, Umweltfaktoren wie pH und Temperatur, und hydrodynamische Faktoren (Rai & Reyniers, 1988). Es ist klar, daß ein Selektionsgefälle bei der Anhaftung der chemolithotrophen Bakterien an einer Kohle besteht. So scheinen sich *Sulfolobus acidocaldarius* (Kargi, 1986) und *Tiobazillus ferrooxidans* (Wainwright, 1988) selektiv auf den Pyritoberflächen der Kohle festzusetzen. Insgesamt wurde jedoch der Mechanismus der Anhaftung der Chemolithotrophen auf den Kohleoberflächen bisher wenig untersucht. Ein besseres Verständnis dieses Prozesses würde eine Optimierung der Anhaftung ermöglichen und damit zu einer Verbesserung der Entschwefelung führen.

Heterotrophe Bakterien und die Oxidation des anorganischen Schwefels

Es gibt Hinweise darauf, daß heterotrophe Mikroorganismen anorganischen Schwefel oxidieren können. Arten aus mehreren verschiedenen Gattungen fadenförmiger Pilze und Hefen können Schwefel oxidieren (Wainwright & Graystone, 1989), wobei *Aspergillus niger*, *Fusarium solani* und *Trichoderma*-Arten dabei zu den aktiveren gehören (Faison *et al.*, 1991). Ihre Schwefeloxidationsraten sind allerdings bedeutend niedriger als die der chemolithotrophen Bakterien. Es wird angenommen, daß die Oxidation über den Polythionatpfad abläuft:

$$S_0 \dashrightarrow S_2O_3^{2-} \dashrightarrow S_4O_6^{2-} \dashrightarrow SO_4^{2-}$$

Es ist allerdings unklar, ob die Oxyanionen Zwischen- oder Nebenprodukte darstellen (Marshall, 1985; Bagdigian & Myerson, 1986). Für die Pilze könnten sich aus der Oxidation des Schwefels zwei Vorteile ergeben. Zum einen könnten sie aus dem chemolithotrophen Wachstum auf dem reduzierten Schwefel Energie gewinnen; zweitens könnten die bei der Oxidation des reduzierten Schwefels entstehenden Polythionate Schwermetalle in Komplexen binden und damit ihre toxischen Wirkungen herabsetzen.

Die Oxidation metallischer Sulfide und dabei auch der von Cd, Cu, Zn und Pb wurde ebenfalls für die fadenförmigen Pilzen *Aspergillus niger* und *Trichoderma harzianum* nachgewiesen (Bagdigian & Myerson, 1986). Die Endprodukte dieser Oxidation der Metallsulfide und die Wirkung des Vorhandenseins von elementarem Schwefel hängen von der Art des Sulfides und der Pilzart ab (Tabelle 12.1) (Bagdigian & Myerson, 1986). Es scheint, daß wie bei den chemolithotrophen Bakterien der direkte Kontakt zwischen der Oberfläche des Pilzes und dem Metallsulfid für den Ablauf der Oxidation erforderlich ist. So adsorbiert *Trichoderma harzianum* CdS, ZnS und PbS nicht auf die Zellwand und oxidiert sie auch nicht, während CuS sowohl adsorbiert als auch oxidiert wird (Bagdigian & Myerson, 1986). Die FeS_2-Oxidation durch Pilze wurde bisher anscheinend noch nicht untersucht. Die veröffentlichten Raten der Oxidation von Schwefel und Metallsulfiden durch Pilze sind sehr niedrig und fallen gegenüber denen bei der chemolithotrophen Oxidation durch Bakterien weit ab (Marshall, 1985; Bagdigsian & Myerson, 1986). Es erscheint wenig wahrscheinlich, daß Pilze in Reinkulturen zur Entschwefelung von Kohlen oder Ölen eingesetzt werden können. Es ist jedoch möglich, daß sie in Verfahren mit Mischkulturen einen Beitrag leisten können. Bestimmte Pilze wirken bei der Entschwefelung organischer Schwefelverbindungen mit und es wurde beobachtet, daß sie Kohle verflüssigen können, indem sie aromatische Verbindungen zu löslichen polaren Verbindungen oxidieren (Cole, 1979; Kargi, 1986).

Tabelle 12.1: Oxidation von Metallsulfiden durch *Aspergillus niger*

Metallsulfid	elementarer Schwefel	$S_2O_3^{2-(a)}$	$S_4O_6^{2-(a)}$	$SO_4^{2-(a)}$	Thiole[b]
CuS	vorhanden	1.6 (+- 2.7)	294.4 (+- 53.0)	601.0 (+- 45.7)	- 1.6 (+- 1.0)
Cus	nicht vorhanden	n. b.	n. b.	191.2 (+- 30.3)	8.3 (+- 2.0)
Pbs	vorhanden	22.4 (+- 4.1)	n. b.	211.0 (+- 67.2)	5.9 (+- 0.0)
Pbs	nicht vorhanden	28.1 (+- 10.2)	n. b.	248.5 (+- 78.1)	4.1 (+- 0.0)

(a)   bestimmt in µg S ml^{-1}
(b)   bestimmt in µmol ml^{-1}
n.b.   nicht beobachtet
Zahlen in Klammern sind Standardabweichungen

Heterotrophe Bakterien bringen auch Metallsulfide in Lösung (Rai & Reyniers, 1988). Es wurde in der Tat beobachtet, daß heterotrophe Bakterien nicht nur bei der Entfernung von organischem Schwefel mitwirken (s. unten), sondern auch bei der von anorganischem Schwefel aus Ölen (Kohler *et al.*, 1984) und Kohle. *Pseudomonas aeruginosa* und *Pseudomonas putida* konnten anscheinend Pyritschwefel oxidieren, wobei *Pseudomonas putida* eine besondere Wirksamkeit aufwies und 69-76 % des anorganischen Schwefels von Illinois- und Braunkohle mit einer Partikelgröße von 147-1.397 µm über einen Zeitraum von 5-7 Tagen entfernte. Dies war möglich, obwohl das Bakterienwachstum durch das Vorhandensein von Kohle und Schwefelquellen unterdrückt wurde. Das Endprodukt der Oxidation war ein Sulfat, wobei allerdings der Oxidationsmechanismus nicht bestimmt worden war (Rai & Reyniers, 1988).

Es wird vermutet, daß bei der Laugung metallischer Sulfide in natürlichen Umgebungen Zusammenschlüsse von Bakterien, Pilzen, Algen und sogar Protozoen aktiv sind. Der Einsatz gemischter Organismenkulturen bei Entschwefelungsprozessen könnte daher überlegenswert sein. Es wurde tatsächlich beobachtet, daß gemischte Kulturen "kooperierender" chemolithotropher Mikroorganismen bei der Entfernung von anorganischem Schwefel eingesetzt werden können (Tabelle 12.2) (Kargi, 1986).

Bei der Entfernung von anorganischem Schwefel durch bakterielle Oxidation werden nicht nur die Schwefelverbindungen in Lösung gebracht, sondern auch die Schwermetallanteile in Form löslicher Sulfate wie z. B. $FeSO_4$. Somit kann die anorganische Entschwefelung auch zur Entfernung von Metallen aus Kohle und Öl führen. In Anbetracht der wachsenden Besorgnis über die toxischen Auswirkungen von Metallen (Kap. 13) scheint sich hier ein zusätzlicher Vorteil bei bakteriellen Entschwefelungsverfahren abzuzeichnen.

Tabelle 12.2: Entfernung des anorganischen Schwefels aus Kohlen durch gemischte Kulturen chemolithotropher Bakterien

Mischkultur	chemolithotrophe Bakterien	Rolle bei der Entschwefelung
A	Thiobacillus ferrooxidans	$FeS^2 \text{------}> S^0$
	Thiobacillus thiooxidans	$SO \text{------}> SO_4^{2-}$
B	Heptospirillium ferrooxidans	$Fe^{2+} \text{------}> Fe^{3+}$
		Fe^{3+}
		$FeS_2 \text{------}> SO^0$
	Thiobacillus thiooxidans	$SO \text{------}> SO_4^{2-}$

Entfernung organischen Schwefels durch Mikroben aus Kohle und Öl

Die Entfernung von organischem Schwefel aus Kohle und Öl wurde üblicherweise mit Hilfe organischer Modellsubstrate untersucht. Eine Vielzahl von Organismen verfügen in gemischten oder reinen Kulturen über die Fähigkeit, organischen Schwefel zu entfernen. Dazu gehören z. B. *Pseudomonas*-Arten, *Arthrobacter* sp., *Beijerinckia* sp., *Rhizobium* sp. und *Acinetobacter* sp. (Bhadra *et al.*, 1987), heterotrophe Pilze wie *Paecilomyces* sp. (Cole 1979) und fakultative chemolithotrophe wie *Sulfolobus* (Bhadra *et al.*, 1987). All diese Organismen entfernen den Schwefel aerob, es gibt jedoch auch Hinweise darauf, daß Entschwefelung auch unter anaeroben Bedingungen durch *Desulfovibrio* katalysiert ablaufen kann (Holland *et al.*, 1986).

Die Mechanismen der organischen Schwefelentfernung aus Öl und Kohle wurden meist auf der Basis der Zersetzung der Modellsubstrate beschrieben, ließen sich aber häufig für das natürliche Material nicht nachweisen. Organischer Schwefel wird am ehesten durch oxidative Prozesse entfernt. Der Entschefelungsprozeß kann durch die Produktion von Exoenzymen bewerkstelligt werden oder es handelt sich um Oberflächenphänomene im Zusammenhang mit dem Transport des Substrates zur Zellwand.

Aerobe Entfernung organischen Schwefels

Mehrere Pilze wie z. B. *Aspergillus niger* oxidieren Thioester und organische Sulfide zu den entsprechenden Sulfonen und Sulfoxiden (Laborde & Gibson, 1977). Die Endprodukte der Oxidation der Thiofene oder zyklischen Thioester sind ebenfalls Sulfoxide und Sulfone. Solche Oxidationen können durch mehrere verschiedene Pilze durchgeführt werden (Laborde & Gibson, 1977) und durch eine Vielzahl von Bakterienarten wie *Pseudomonas* und *Bacillus* (Bhadra *et al.*, 1987). Da Dibenzothiophen (DBT) als die dominante heterozyklische Schwefelverbindung in Kohle und Öl am häufigsten als Modellsubstrat verwandt wurde, soll der Entschwefelungspfad für diese Verbindung dargestellt werden. Der für *Pseudomonas* sp. und *Beijerinckia* vorgeschlagene Oxidationsprozeß (Hou & Laskin, 1976; van Afferden *et al.*, 1990) läuft in groben Zügen analog zu dem des Naphthalenoxidationspfades von *Pseudomonas* sp. ab und basiert auf einem Angriff auf die aromatische Ringstruktur (Bhadra *et al.*, 1987). Das organische Endprodukt der Entschwefelung schwankt je nach Bakterienart (Abb. 12.2). Jüngere Untersuchungen der DBT-Oxidation durch *Brevibacterium* sp. (Baldi *et al.*, 1992) haben gezeigt, daß die Entschwefelung zur Freisetzung von Sulfit in stoichiometrischen Mengen führt. Das Sulfit wird dann chemisch zu Sulfat oxidiert. Benzoat ist das schwefelfreie organische Endprodukt dieser Reihe miteinander verbundener Oxidationen (Abb. 12.3). Der Mechanismus der Aufspaltung der C-S-Bindung ist dabei noch unklar. Interessanterweise konnte *Brevibacterium* sp. Do Benzo[*b*]naphtho[2,1-*d*]-thiophen (BNT) mit Sulfat und schwefelfreier 2-Naphtho-Säure kometabolisieren (Klein *et al.*, 1991). Es scheint, daß *Sulfolobus* den Schwefelanteil oxidieren kann, ohne die aromatischen Ringstrukturen anzugreifen (Bhadra *et al.*, 1987).

Anaerobe Entfernung organischen Schwefels

Bei der anaeroben Entschwefelung durch *Desulfovibrio* sp. sind anscheinend mehrere unterschiedliche Mechanismen an der reduktiven Aufspaltung der C-S-Bindung beteiligt. Bei diesem Prozeß kann *Desulfovibrio*
Schwefel aus einer Reihe von Schwefelverbindungen wie Dibenzylsulfit und DBT mit Hilfe von Wasserstoff entfernen. Die Hydrogenaseaktivität ist daher bei der Entschwefelung von Bedeutung. Der Schwefel wird als H_2S entfernt, wobei eine Vielzahl organischer Endprodukte entsteht. So führt z. B. die reduktive Entschwefelung von Dibenzylsulfit zur Bildung von Toluen und Benzylmerkaptan (Holland *et al., 1986*).

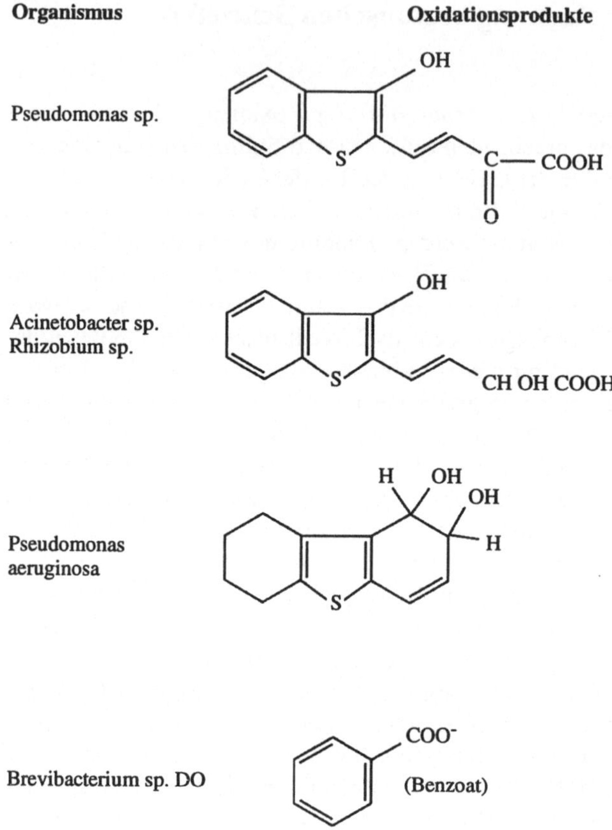

Abb. 12.2: Endprodukte der Oxidation von Dibenzothiophen (DBT)

Allgemeine Überlegungen zur Entfernung organischen Schwefels durch Mikroben

Die Entschwefelung dieser organischen Schwefelverbindungen durch Mikroben kann mit deren Wachstum verbunden sein. Dies ist z. B. bei *Brevibacterium* sp. Do akzeptabel, das die Schwefelkomponente als seine einzige Schwefelquelle nutzt. Im Falle einiger Bakterienarten scheint nach Bhadra *et al.* (1987) die organische Schwefelverbindung als Quelle für Energie oder Kohlenstoff oder beides gleichzeitig genutzt zu werden. Es dürfte sich dabei nicht um einen für die Entschwefelung gangbaren Weg handeln, da dadurch der Gesamtheizwert der Kohle oder des Öls reduziert würde. Es ist darauf zu achten, daß bei der Entschwefelung die Schwefeleinheit als Ziel vorgesehen werden sollte.

In Anbetracht der großen Vielzahl der organischen Schwefelverbindungen in Kohle und Öl kann es von Vorteil sein, mehrere biologische Entschwefelungsverfahren gleichzeitig ablaufen zu lassen und dabei Mischkulturen oder einen Kometabolismus verschiedener Substrate einzusetzen.

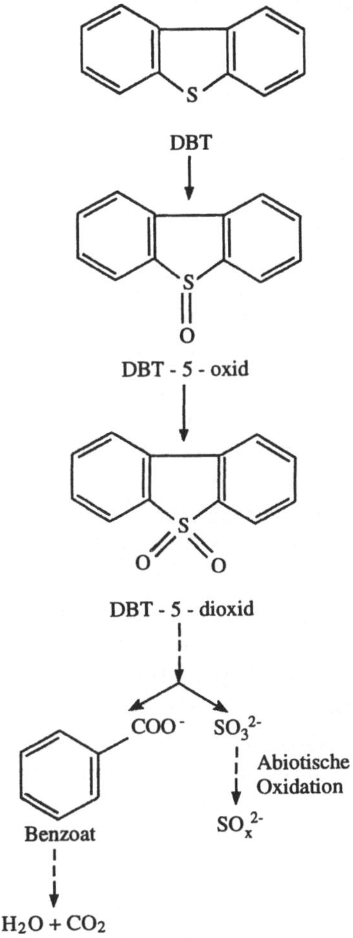

Abb. 12.3: Oxidation von Dibenzothiophen (DBT) durch *Brevibacterium* sp. I

Einige heterotrophe Mikroorganismen können Kohle in Lösung bringen (Cole, 1979); Klein *et al.*, 1991), was zu einer verbesserten Zugänglichkeit der anorganischen und organischen Verbindungen führt. Aber auch in solchen Fällen sollte darauf geachtet werden, daß sich für die Kohle keine Verringerung des Heizwertes und damit ein Verlust an Energie ergibt.

Einflußfaktoren bei der Entfernung von anorganischem Schwefel aus Kohle

Kohleart, Schlammdichte und Teilchengröße

Die biologische Entfernung von Pyritschwefel aus Kohle wird durch eine Reihe von Faktoren beeinflußt. Es gibt Hinweise darauf, daß die Wirksamkeit der Abtrennung bei verschiedenen Kohlen vom Gehalt und der Verteilung der Pyrite abhängt (Klein *et al.*, 1991; s. oben). Die Art des Pyrites selbst beeinflußt die Rate der biologischen Laugung. Chemisch reaktivere Pyrite zeigen bei *T. ferrooxidans* die höchsten Laugungsraten. So weisen z. B. Pyrite aus Kohlen aus Queensland vom Typ Pittsburgh-B Laugungsraten von 7,04 % bzw. 29,0 % Verlust an Fe pro Tag bei einer Schlammdichte von 0,4 % (Gew./Vol.) auf. Es wird angenommen, daß die Pittsburgh-Kohle Pyrit enthält, der von vornherein reaktiver ist (Bhattachayya *et al.*, 1990). Obwohl sich bei Experimenten die Entfernung von Eisen nachweisen ließ, scheinen keine nennenswerten Sulfatmengen freigesetzt zu werden, was darauf hinweist, daß der Schwefel nicht verstoffwechselt wird.

Viele Forscher haben beobachtet, daß die Dichte des Kohleschlammes und die Teilchengröße des Pyrites einen bedeutenden Einfluß auf die Entschwefelungsrate ausüben. Eine Erhöhung der Schlammdichte von 0,4 % auf 2,0 %(Gew./Vol.) bei einer Teilchengröße von 75-150 µm führte bei Pittburgh-B-Pyrit zu einer Absenkung der biologischen Laugungsrate durch *T. ferrooxidans* um etwa den Faktor 10. Es ergab sich außerdem eine Erhöhung der Verzögerungszeit vor Einsetzen der biologischen Laugung von nahezu Null bis auf 30 Tage in Einzelkulturen (Bhattacharyya *et al.*, 1990). Diese Folgen dürften teilweise auf die gröbere Ausmahlung bei hohen Schlammdichten und auf Probleme bei der Sauerstoffdiffusion zurückzuführen sein. Ein Erhöhung der Teilchengröße senkt die Schwefelentfernungsrate (Andrews *et al.*, 1988; Rai & Reyniers, 1988). So betrug die anfängliche Entschwefelungsrate durch S. *brierleyi* bei Kohle mit einer Partikelgröße < 0,25 mm 1,4 mg g^{-1} d^{-1}, bei Kohle von < 0,074 mm jedoch 3,4 mg g^{-1} d^{-1} (Andrews *et al.*, 1988). Dies läßt sich einfach auf die Erfordernisse der Oberflächenanhaftung zurückführen (s. oben). Mit zunehmender Teilchengröße nimmt die zur Anhaftung verfügbare Oberfläche ab und die Entschwefelungsraten sinken entsprechend.

Umwelt- und Nährstoffbedingungen

Unter den weiteren Einflußbedingungen für die Entfernung von Pyritschwefel befinden sich die Art der Bakterien, Temperatur, pH, Verfügbarkeit von CO_2 und O_2 sowie die Nahrungsbedingungen. Der Einfluß der Bakterienart auf die Entfernung von Pyritschwefel wurde bereits beschrieben und in Tabelle 12.3 dargestellt. Die Auswirkungen von pH und Temperatur hängen natürlich von der Physiologie der entsprechenden Arten ab, d. h. ob es sich um thermo-, meso- oder acidophile Formen handelt. Jede Art wird jedoch ihre eigenen optimalen pH- und Temperaturbedingungen für die Entfernung von Pyritschwefel aufweisen. So verläuft z. B. die Entfernungsrate bei *S. brierleyi* zwischen 60-70°C proportional zur Temperatur (Andrews *et al.*, 1988).

Tabelle 12.3: Vergleich der Pyritschwefelentfernung durch Bakterien unterschiedlicher Physiologie

Physikalischer Typ	Organismus	Temperatur (°C)	pH	Verweilzeit (Tage)	Effizienz (% Abbau)
thermophil fakultativ chemolithotroph	Sulfolobus acidocaldarius	70	2.5	4-6	90
mesophil chemolithotroph	Thiobacillus ferrooxidans	30	2.4	16	90
heterotroph	Pseudomonas putida	30	7	5-7	67-77

NB: Teilchengröße und Schlammdichte waren bei allen Versuchen unterschiedlich, wurden jedoch stets als optimal betrachtet. Außerdem wurden unterschiedliche Kohlearten untersucht.

Die Anwesenheit organischer Kohlenstoffquellen verstärkt die Entfernungsrate für anorganischen Schwefel für diejenigen chemolithotrophen Arten, die wie z. B. einige *Sulfolobus*-Arten und die thermophilen schwefeloxidierenden Bakterien heterotroph wachsen können (s. oben). Außerdem scheint die Verfügbarkeit von CO_2 ebenfalls einen starken Einfluß auf die Entschwefelung auszuüben. Der wirkliche Einfluß des CO_2 ist etwas kompliziert und unterscheidet sich zwischen *Thiobacillus*- und *Sulfolobus*-Arten. In dicken Schlämmen kann die Entfernung des anorganischen Schwefels durch *Thiobacillus* durch die Beschränkung des CO_2 herabgesetzt werden. Die Luftbedüsung von Einzelkulturen aus 35 % (Gew./Vol.) Kohleschlämmen mit Pyritgehalten von 1 % verstärkte die Entschwefelung durch *Thiobacillus*-Arten um bis zu 40-50 % (Hartdegen *et al.*, 1984). Interessanterweise verbessert das Wachstum heterotropher Bakterien in den Kohleschlämmen die Entschwefelung durch *Thiobacillus*. Dafür lassen sich zwei Erklärungen anführen: Zum ersten werden die in der Kohle vorhandenen und das Wachstum von *Thiobacillus* behindernden organischen Verbindungen durch die heterotrophen verstoffwechselt und damit entfernt. Und zweitens erhöht die heterotrophe Aktivität den CO_2-Gehalt der Kohleschlämme (Andrews *et al.*, 1988). CO_2 wirkt als Kohlenstoffquelle für die chemolithotrophen *Thiobacillus*-Arten und wird daher für das Wachstum benötigt. Die Auswirkungen der CO_2-Konzentrationen auf die Entschwefelung durch *Sulfolobus*-Arten ist etwas komplizierter. Die Schwefelentfernungsrate aus Kohlen durch *S. brierleyi* kann durch die geringfügige Erhöhung des CO_2-Gehaltes in einem Luftstrom verstärkt werden. Eine Erhöhung der CO_2-Konzentration von 7 % auf 18 % verringert jedoch die Entschwefelungsrate von 3,4 auf 2,3 mg S g^{-1} Kohle d^{-1} (Bhattacharyya *et al.*, 1990). *S. brierleyi* kann sowohl aus anorganischen als auch organischen Schwefel (bis 15-20 %) aus der Kohle entfernen. Es ist möglich, daß Erhöhungen der CO_2-Konzentration das chemolithotrophe Wachstum zu Lasten der heterotrophen Entfernung des organischen Schwefels förderten.

Einflußfaktoren bei der Entfernung des organischen Schwefels aus Kohle und Öl

Verfügbare Reaktionsflächen

Die Entfernung des organischen Schwefels aus Kohle und Öl hängt noch von einer Reihe anderer Faktoren ab. Ein Schlüsselfaktor ist dabei die Verfügbarkeit von Substratoberflächen für den Angriff der Exoenzyme bzw. bei Ölen die Auflösung der organischen Schwefelsubstrate und ihr Transport aus der Ölphase zur Zellmembran, bei dem es sich um einen die Rate begrenzenden Schritt handeln dürfte (Sagardia *et al.*, 1975). Die Herstellung feiner Kohlenschlämme unterstützt daher nicht nur die Entfernung des anorganischen, sondern auch des organischen Schwefels. Bei Ölen dürfte die Ausbildung von Emulsionen die Entfernungsrate für organischen Schwefel verstärken. Einige entschwefelnde heterotrophe Bakterien wie z. B. *Pseudomonas aeruginosa* PRG1 (Finnerty *et al.*, 1983) sind in der Lage, Emulsionen zu bilden. Diese Fähigkeit scheint die Bakterien gegen die wachstumshemmende Wirkung einiger der organischen Bestandteile des Öls zu schützen (Bhadra *et al.*, 1987). Das Öl/Wasser-Verhältnis beeinflußt die Reaktionsraten wahrscheinlich als Folge von Oberflächeneffekten. So weist *Pseudomonas alcaligenes* geringere DBT-Oxidationsraten auf, wenn der Anteil des Öls 10 Gew.-% überschreitet (Sagardia *et al.*, 1975).

Umwelt- und Nährstoffbedingungen

Wirksamkeit und Raten der bakteriellen Entschwefelung organischer Schwefelverbindungen schwankt je nach Organismus und Schwefelsubstrat (Tabelle 12.4). Bei Öl führt die Entschwefelung normalerweise zur Bildung wasserlöslicher Verbindungen. Einige heterotrophe Bakterien nutzen die organischen Schwefelverbindungen als ihre einzige Quelle für Energie oder Kohlenstoff oder beides (Tabelle 12.4). Wie bereits oben ausgeführt, sind solche Stämme im wesentlichen ungeeignet für Entschwefelungsverfahren. Eine Anzahl von Mikrobenarten können auf diesem Weg keine organischen Schwefelverbindungen verwenden. Sie sollen sogar in einem nicht wachsenden Stadium Schwefel entfernen können, wobei sie als Biokatalysatoren wirken, wie z. B. bei der DBT-Entschwefelung durch *Pseudomonas alcaligenes* DBT2, *Pseudomonas stutzeri* DBZ3 und *Pseudomonas putida* DTB4 (Nakatani *et al.*, 1968).

Es gibt Hinweise darauf, daß die DBT-Entfernung an das Vorhandensein eines Plasmides gebunden ist, das Enzyme für den Abbau schwefelfreier organischer Verbindungen wie Naphthalen kodiert (Finnerty *et al.*, 1983; Bhadra *et al.*, 1987). Dies könnte sich als problematisch erweisen, da auch andere Verbindungen als nur die schwefelhaltigen aus der Kohle oder dem Öl entfernt werden könnten, was den Heizwert des Brennstoffes herabsetzen würde. Das Ziel, eine hohe Substratbevorzugung und gleichzeitig hohe Schwefelentfernungsraten zu erreichen, wurde nicht nur bei der Auswahl von Stämmen aus der natürlichen Umwelt verfolgt, sondern auch bei der Genmanipulation. So wurde *Pseudomonas alcaligenes* DM 220 genetisch verändert, um seine Substratspezifität für die Entschwefelung von DBT zu erhöhen (Sagardia *et al.*, 1975).

Tabelle 12.4: Oxidation organischer Schwefelverbindungen durch ausgewählte Bakterienarten

Organismus	Substrat	Initialrate der Oxidation	Verweil-zeit (Tage)	Effizienz (% Abbau)	DBT Verwer-tung
Pseudomonas putida	Kohle (74-295µm)	n. b.	5-7	37.4	n. b.
Pseudomonas aeruginosa	2 % (vol./vol.) DBT in 5 % (vol./vol.) Ölphase	n. b.	5	42	n. b.
nichtwachsend Pseudomonas alcaligenes (DBT 2)		$325\,\mu\,mol\ h^{-1}$			
Pseudomonas stuzeri (DBT 3)	3.5 % (vol./vol.) DBT in Rohöl	$675\,\mu\,mol\ h^{-1}$	45 Std.	100	nicht verwertet
Pseudomonas putida (DBT 4)		$360\,\mu\,mol\ h^{-1}$			
Sulfolobus acidocaldarius	festes DBT in Wasser = 100 mg DBT ml^{-1}	$4\,mg$ $(l^{-1}\,d^{-1})$	n. b.	80	Kohlen-stoff-quelle

n.b. nicht bestimmt; außer *Sulfolobus acidocaldarius*, einem thermophilen fakultativ chemolithotrophen Bakterium sind alle Organismen heterotroph

Entschwefelungsverfahren

Untersuchungen der mikrobiellen Entschwefelung von Kohle und Öl sind nur wenig über das Laborstadium hinaus gediehen und werden bisher noch nicht in großtechnischem Umfang angewandt. So wurde insbesondere die Entschwefelung von Öl noch nicht weit genug für eine Berücksichtigung in entsprechenden Verfahren entwickelt, die sich wahrscheinlich Reaktoren bedienen würden, wie z. B. Rührwerktanks, Lufthebefermentoren u. s. w. Wir wollen uns daher hier auf die Entschwefelung von Kohlen konzentrieren und die entsprechenden Verfahren beschreiben.

Der Einfluß der Prozeßparameter auf die Entschwefelung von Kohlen wurde von Beyer *et al.* (1990) zusammengefaßt, wobei Faktoren wie Art des Bioreaktors, Kohlequalität, Schlammdichte, Teilchengröße u. s. w. berücksichtigt wurden (s. oben). Die wirtschaftlichen Aspekte werden in dem genannten Artikel ebenalls behandelt.

Für die Entschwefelung von Kohle wurden bereits eine Vielzahl von Reaktorauslegungen von den technisch verhältnismäßig einfachen bis zu sehr komplexen vorgeschlagen. Idealerweise sollte die mikrobielle Entschwefelung einer Kohle bereits in der Grube oder in einer konventionellen Kohleaufbereitungsanlage vorgesehen werden, was sich auf verschiedenen Wegen erreichen ließe. Am Grubenstandort könnte die Kohle durch Haldenlaugung entschwefelt werden, ein Verfahren, das bei der Laugung von Erzen weit verbreitet ist. Es handelt sich um ein einfaches und preiswertes Verfahren, das jedoch mit dem Nachteil behaftet ist, daß die Umweltbedingungen wenig gesteuert und damit die optimalen Entschwefelungsbedingungen nicht eingestellt werden können. Mit der Zunahme der Temperatur und der Begrenzung der Sauerstoffzufuhr kann das Verfahren rasch an seine Grenzen stoßen (Rai & Reyniers, 1988). Es dürfte sich dabei somit um einen langsamen Prozeß handeln, dessen Verweilzeit in Jahren gemessen werden müßte. Verbesserungen ließen sich durch eine feine Vermahlung der Kohle vor der Haldenlaugung erreichen. Der Einsatz flacher, 0,2 m tiefer Becken, die in kontrollierten Umgebungskammern belüftet und an der Oberfläche durchbewegt werden könnten, war von Kargi (1986) als geeignetes Verfahren vorgeschlagen worden. Dies hatte den Vorteil eines geringen Kostenaufwandes, während gleichzeitig die optimalen Entschwefelungsbedingungen aufrechterhalten werden konnten. Die Kohle sollte auch hier möglichst vor dem Einsatz aufgemahlen werden.

Andere Verfahren erfordern einen gewissen Grad der Kohleaufbereitung, und ihr Einsatz ist daher eher in Kohleaufbereitungsanlagen oder Kraftwerken sinnvoll. Dabei ist es wichtig, daß die Kohle vor der Entschwefelung aufgemahlen und aufgeschlämmt wird. Solche Schlämme können dann in verschiedene Reaktortypen wie Lufthebereaktoren oder mechanisch durchbewegte und belüftete Reaktoren zur Behandlung aufgegeben werden. Die Reaktoren müssen so ausgelegt sein, daß sie eine Steuerung der Umgebungsbedingungen und insbesondere der Belüftung des Systems ermöglichen. Lufthebereaktoren sind wirtschaftlicher, da die mechanische

Durchbewegung energieintensiv ist und Probleme durch die Mahlung der Kohle bei der Entschwefelung verursachen dürfte. In Lufthebereaktoren wird Druckluft eingesetzt die preiswerter ist und die weitere Zerkleinerung der Kohle vermeidet (Kargi, 1986). Der Einsatz einer Schlammförderleitung als Pfropfenflußreaktor, d. h. als rohrförmiger Reaktor mit einem kontinuierlichen Strom des Schlammes ohne Rückwärtsmischung unter aeroben Bedingungen wurde ebenfalls als geeignetes Verfahren vorgeschlagen (Rai & Reyniers, 1988).

Ein komplettes Beispiel für ein Reaktorverfahrensschema zur Entfernung von sowohl pyritischem als auch organischem Schwefel durch *Sulfolobus acidocaldarius* wurde von Kargi (1986) vorgestellt. Der Prozeß läuft in zwei Stufen ab, wobei beide Reaktoren bei 70°C und einem pH von 2,5 gefahren werden. Die auf 50 μm ausgemahlene Kohle wird zu einem wäßrigen Schlamm mit einer Dichte von 20 % (Gew./Vol.) unter Beigabe mineralischer Salze wie z. B. $(NH_4)_2SO_4$ und $MgSO_4$ in einem Mischtank aufbereitet. Dieses Material wird in den ersten Reaktor gegeben und gleichzeitig mit CO_2 und O_2 beaufschlagt. Die Verweilzeit von 4-6 Tagen in diesem Reaktor ermöglicht die Entfernung des Pyritschwefels mit einem geschätzten Wirkungsgrad von 90 %. Die Feststoffe werden dann aus dem Schlamm abgetrennt, und die Flüssigkeit wird nach Abtrennung des Sulfates und erneuter Einstellung des pH-Wertes in den Mischtank zurückgeführt. Die Feststoffe werden in einem weiteren Mischtank wie vorher aufbereitet. Die beigegebenen Mineralsalze sind jedoch sulfatfrei. Der Schlamm wird dann dem zweiten Reaktor aufgegeben, der mit vorher auf DBT herangewachsenem *Sulfolobus acidocaldarius* geimpft wurde. Innerhalb einer Verweilzeit von 4 Wochen werden etwa 40 % des organischen Schwefels entfernt. Die Kohle wird dann durch Filtration abgeschieden, und die Flüssigkeit wird nach Entfernung der Reaktionsprodukte in den zweiten Mischtank zurückgeführt.

Die mit einem der obigen Verfahren aufbereitete Kohle muß nach Abtrennung der Schlammflüssigkeit gewaschen werden; deshalb sollten diese Verfahren in Verbindung mit Kohlewaschanlagen betrieben werden. Die Abwässer aus den Entschwefelungsverfahren sollten zur sicheren Entsorgung aufbereitet werden (Klein *et al.*, 1991). Ein Umlauf der Aufbereitungswässer aus den Entschwefelungsanlagen kann die Notwendigkeit einer Behandlung der Abwässer allerdings merklich verringern.

Literatur

ANDREWS, G.; DARROCH, M.; HANSSON, T. (1988): Bacterial removal of pyrite from concentrated coal slurries. Biotechnol. Bioeng., 32, 813-820.

BAGDIGIAN, R. M.; MYERSON, E. R. (1986): The adsorption of Thiobacillus ferrooxidans on coal surfaces. Biotechnol. Bioeng., 28, 467-479.

BALDI, F.; CLARK, T.; POLLACK, S. S.; OLSON, G. G. J. (1992): Leaching of pyrites of various reactivities by Thiobacillus ferrooxidans. Appl. Environ. Microbiol., 58, 1853-1856.

BEYER, M.; KLEIN, J.; VAUPEL, K.; WIFGAND, E. (1990): Microbial coal desulphurization: caiculation of costs. Bioproc. Eng., 5, 97-101.

BHADRA, A.; SCHARER, J. M.; MOO-YOUNG, M. (1987): Microbial desulphurization of heavy oils and bitumen. Biotech. Adv., 5, 1-27.

BHAITACHARYYA, D.; HSIEH, M.; FRANCIS, H.; KERMODE, R. I.; KHAL, A. M.; ALEEM, H. M. I. (1990): Biological desulfurization of coal by mesophilic and thermophilic rnicroorganisms. Res. Conserv. Recycling, 3, 81-96.

BOUDOUI, J. P.; BOULEGUE, J.; MALECHAUX, L.; NIP, M.; De LEEUW, J. W.; BOON, J. J. (1987): Identification of some sulphur species in a high organic sulphur coal. Fuel, 66, 1558-1569.

BRIERLEY, C. L.; BRIERLEY, J. A. (1986): Microbial mining using thermophilic microorganisms. In: Brock, T. D. (ed.): Thermophiles: General, Molecular and Applied Microbiology, pp. 279-305. Wiley, New York.

COLE, M. A. (1979): Solubilization of heavy metal sulphides by heterotrophic bacteria. Soil Sci., 127, 313-317. Sarda, Iglesias.

MARSHALL, K. (1985): Mechanisms of bacterial adhesion at solid-water interfaces. In: Savage, D. C.; Fletcher, M. (eds.): Bacterial Adhesion. Mechanisms and Physiological Significance, pp. 133-161. Plenum Press, New York.

NAKATANI, S.; AKASAKI, T.; KODAMA, K.; MINODA, Y.; YAMADA, K. (1968): Microbial conversion of petrosulphur compounds. 11 Culture conditions of dibenzothiophene-utilizing bacterial. Agricult. Biol. Chem., 32, 1205-1211.

NORRIS, P. R. (1989): Mineral oxidising bacteria: metal-organism interactions. In: Poole, R. K.; Gadd, G. M. (eds.): Microbe Interactions, pp. 99-117. IRL Press, Oxford.

OLSSON, G.; LARSSON, L.; HOLST, O.; KARLSSON, H. T. (1989): Microorganisms for desulphurization of coal: the influence of leaching compounds on their growth. Fuel, 68, 1270-1274.

RAi, C.; REYNIERS, J. P. (1988): Microbial desulphurization of coals by organisms of the genus Pseudomonas. Biotechnol. Prog., 4, 225-230.

SAGARDIA, F.; RIGAU, J. J.; MARTINEZ LAHOZZ, A.; FUENTES, F.; LOPEZ, C.; FLORES, W. (1975): Degradation of benzothiophene and related compounds by a soil pseudomonads in an oil-aqueous environment. Appl. Environ. Microbiol., 29, 722-725.

VAN AFFERDEN, M.; SCHACHT, S.; KLEIN, J.; TRUPER, H. G. (1990): Degradation of dibenzothiophene by Brevibacterium sp. DO. Arch. Microbiol., 153, 324-328.

WAINWRIGHT, M. (1988): Inorganic sulphur oxidation by fungi. In: Boddy, L.; Marchant, R.; Read, D. J. (eds.): Nitrogen, Phosphorous, and Sulphur Utilization by Fungi, pp. 71-88. Cambridge University Press, Cambridge.

WAINWRIGHT, M.; GRAYSTON, S. J. (1989): Accumulation and oxidation of metal sulphides by fungi. In: Poole, R. K.; Gadd, G. M. (eds.): Metal-Microbe Interactions, pp. 119-130. IRL Press, Oxford.

Weiterführende Literatur

BEYER, M.; KLEIN, J.; VAUPEL, K.; WIEGAND, E. (1990): Microbial coal desulphurization: calculation of costs. Bioproc. Eng., 5, 97-107.

BHADRA, A.; SCHARER, J. M.; MOO-YOUNG, M. (1987): Microbial desulphurization of heavy oils and bitumen. Biotechnol. Adv., 5, 1-27.

LAWRENCE, R. W.; BRANION, R. M. R.; EBNER, H. G. (1986): Fundamental and Applied Biohydrometallurgy. Elsevier, Amsterdam.

MONTICELLO, D. J.; FINNERTY, W. R. (1985): Microbial desulphurization of fossil fuels. Ann. Rev. Microbiol., 39, 371-389. 230 Desulphurization of coal and oils.

US DEPARTMENT OF ENERGY/PIITSBURGH ENERGY TECHNOLOGY CENTER (1992): Proc. 3rd Symp. Biol. Proc. Coal 4-7 May. US Department of Energy/Pittsburgh Energy Technology Center, Clearwater Beach, Florida.

Metalle und radionuklide Verunreinigungen

Kapitel 13

Verbleib und Auswirkungen von Metallen und Radionukliden in der Umwelt

Definitionen

Echt metallische Elemente wie z. B. Cd, Cu, Pb und Zn sind gute elektrische Leiter, besitzen eine glänzende Oberfläche und gehen in Reaktionen üblicherweise als positiv geladene Kationen ein. Insgesamt verfügen 108 Elemente über diese Eigenschaften und werden daher als echte Metalle angesehen. Weitere sieben, wie z. B. As, Se und Te werden als "Halbmetalle" oder Metalloide bezeichnet. Sie verfügen über die physikalischen Eigenschaften von Metallen, reagieren chemisch aber mehr wie nichtmetallische Elemente.

Das chemische Verhalten der metallischen Elemente, ihre Toxizität sowie ihr Verbleib in der Umwelt hängen eng mit ihrer Stellung im Periodensystem zusammen. Der Ausdruck "Schwermetalle" wurde verschiedentlich für die im unteren Teil der Tabelle stehenden Elemente mit hohen Atomgewichten (> 100) bzw. einer relativen Dichte von > 5 verwandt. Etwa 38 Elemente weisen Dichten von > 5 g cm^{-3} auf, viele sind in der Erdkruste weit verbreitet und wurden bei der Evolution des Lebens genutzt. Solche Elemente wie z. B. Fe, Cu, Zn und Mo sind heute essentielle Nährstoffe, während andere, üblicherweise in nur geringen Konzentrationen auftretende Elemente wie Ag, Cd, Hg und Pb ausgesprochen toxisch wirken. Die Wichtigkeit der Schwermetalle bzw. ihre potentielle Toxizität beruhen auf der Tatsache, daß es sich bei ihnen um Übergangselemente handelt, die mit einer Reihe organischer und anorganischer Liganden stabile koordinierte Verbindungen bilden können. Die Aktiniden, Elemente mit Atomzahlen von 90-103, wie das Plutonium, sind alle radioaktiv (Fergusson, 1990; Morgan & Stumm, 1991).

Die Berechtigung des Ausdruckes "Schwermetalle" wurde verschiedentlich in Frage gestellt (Hopkins, 1989). Das Aluminium, das häufig dazu gezählt wird, hat nur eine Atomzahl von 13. Se gehört ebenfalls nicht dazu, obwohl es häufig als Schwermetall bezeichnet wird und in seinem Umweltverhalten Ähnlichkeiten mit echten Schwermetallen aufweist. Als Alternative wurde z. B. der Ausdruck "schwere Elemente" von Fergusson (1990) zur Bezeichnung der Schwermetalle und der verwandten Elemente vorgeschlagen. Der Ausdruck Schwermetalle ist jedoch in der Literatur hinreichend eingeführt und soll auch hier, soweit vertretbar, zur Anwendung kommen. Es sollte jedoch berücksichtigt werden, daß die metallischen Elemente Ähnlichkeiten in ihrem grundlegenden chemischen Verhalten aufweisen, wozu auch ihre Beständigkeit gehört. Metallische Elemente und ihre Kationen können im Gegensatz zu organischen Verbindungen nicht abgebaut werden.

Umweltchemie

Das Umweltverhalten und die Toxizität von Metallen und Halbmetallen hängt im wesentlichen von ihrer Chemie und ihrer Ausbildung ab, d. h. von ihrer physikalisch-chemischen Form. Metalle können in der Umwelt als hydratisierte Ionen auftreten oder eine Vielzahl von Komplexen mit organischen oder anorganischen Partnern eingehen. Bei der Komplexbildung wirken elektrostatische und/oder kovalente Bindungen mit. Dort, wo sich geeignete Liganden oder Ansatzpunkte für Bindungen an der Oberfläche von Feststoffen befinden, können sich metallische Elemente an die feste Phase anlagern. Für viele Metalle regeln Partikeloberflächen wegen ihrer großen Verbreitung und der hohen Konzentration geeigneter Bindungsansatzpunkte die Bioverfügbarkeit und die Konzentration der gelösten Spezies.

Die Chemie der einzelnen metallischen Elemente hängt von ihrer Position in der Periodentabelle ab sowie von ihrer Fähigkeit, sich als Lewis-Säuren zu verhalten. Vereinfacht gesagt sind Lewis-Säuren Substanzen, die als Elektronenakzeptoren und Lewis-Basen solche, die als Elektronendonatoren wirken können. Die Metallkoordination, d. h. die Bildung von Komplexen, ergibt sich aus der Wechselwirkung von Lewis-Säure und -Base:

$$A + B \quad \overset{\longrightarrow}{\longleftarrow} \quad A : B$$

wobei A die Lewis-Säure ist bzw. der Elektronenakzeptor und B die Lewis-Base oder der Elektronendonator.

Metallische Elemente verfügen über geringe Ionisierungsenergien, d. h. die äußersten Elektronen gehen leicht verloren, was zur Bildung eines positiven Ions führt, das dann als Lewis-Säure wirkt. Die Reaktion mit einer Base neutralisiert dann die mit dem Ion verbundene Ladung. In der Lebewelt sind unter den Lewis-Basen, die häufig mit den essentiellen Spurenelementen von Mg, Mn, Fe, Co und Zn, Bindungen eingehen, Liganden wie z. B. Sauerstoff (OH), Stickstoff (NH) und Schwefel (SH).

Die Ionisierungsenergien nehmen in der Periodentabelle nach unten, d. h. mit zunehmendem Atomgewicht ab, sodaß die unteren Mitglieder einer Gruppe (bzw. Spalte) weniger leicht Kationen ausbilden. Der Verlust eines oder mehrerer Elektronen führt zu einem Überschuß an positiv geladenen Protonen im Kern des Ions. Dieses Ungleichgewicht zieht die äußeren Elektronen nach innen zum Kern hin und verringert den Atomradius. Daher ist der Radius eines Ions stets geringer als der des ursprünglichen Atoms. So beträgt z. B. der Atomradius des Na 0,186 nm, der Radius des Na^+-Kations hingegen nur 0,095 nm. Der so verringerte Radius wirkt sich auf die Ladungsdichte bzw. die elektrostatische Energie Z^2/r aus, wobei Z die formale Ladung darstellt und r den Ionenradius. Dies beruht auf der Verbindung zwischen der elektrostatischen Energie eines Kations und seinem Radius, wobei bei Kationen mit gleicher Ladung die elektrostatische Energie mit der Atomzahl abnimmt, während der Ionenradius zunimmt. Daher können Ionen der leichteren Metalle häufig Kationen schwerer Metalle von Austauschpositionen auf Oberflächen, wo die Bindung im wesentlichen elektrostatischer Natur ist, verdrängen. So können z. B. K^+-Ionen auf Austauschpositionen in Böden leicht durch das kleinere Na^+-Ion verdrängt werden.

Klassifizierung der metallischen Elemente

Periodensystem: Von den 108 bekannten Elementen werden 84 als Metalle und 17 als Nichtmetalle angesehen. Mit Ausnahme des Wasserstoffs liegen die Nichtmetalle in der rechten oberen Ecke der Periodentabelle (Abb. 13.1). Weitere sieben Elemente (B, Si, Ge, As, Sb, Se und Te) gelten als Halbmetalle oder Metalloide. Diese, das Hauptfeld der Metalle in der Tabelle von dem der Nichtmetalle trennenden Elemente verhalten sich chemisch als Übergangsformen.

Die Alkalimetalle (Gruppe Ia) bilden einwertige Kationen, die Erdalkalimetalle (Gruppe IIa) hingegen zweiwertige. Die Gruppen IIIb bis VIb umfassen die p-Metalle, deren schwerere Vertreter im allgemeinen als "Schwermetalle" bezeichnet werden. Unter den p-Metallen befinden sich Al (Oxidationsstufe III), das die Edelgaselektronenhülle des Ne erreicht, wenn es als Al^{3+} auftritt, sowie Pb mit den Oxidationsstufen II und IV und Tl mit den stabilen Oxidationsstufen I und II. Die Übergangselemente befinden sich in den Zeilen 4-6 der Tabelle. Alle Übergangselemente, außer den nur in der Oxidationsstufe III vorkommenden Metallen der Gruppe IIb, können in einer Reihe verschiedener Oxidationsstufen auftreten.

Die Lanthaniden, d. h. die Elemente 58-71, zusammen mit Scandium (21) und Yttrium (39) werden üblicherweise als Metalle der seltenen Erden bezeichnet. Innerhalb dieser Elementgruppe ist III die normale Oxidationsstufe. Sie neigen zu starker Ionenbindung und mit abnehmendem Radius zu schwächer ausgeprägter kovalenter Bindung. Als Gruppe zeigen sie "Typ A"-Verhalten (s. unten) bei der Komplexbildung (Forstner & Wittmann, 1981; Fergusson, 1990; Morgan & Stumm, 1991).

Die schwersten Mitglieder der Periodentabelle, die Elemente 90-103, werden als Aktiniden zusammengefaßt. Bei diesen wird mit steigender Atomzahl die zweiwertige Oxidationsstufe zunehmend stabiler. Die Aktiniden mit der Atomzahl 92 und darüber sind künstlicher Entstehung als Produkte der Bestrahlung von Uran oder anderen Aktiniden mit Neutronen, Alphateilchen sowie Kohlenstoff- oder Stickstoffionen. Das Auftreten solcher Elemente in der Umwelt stellt die Folge der Aktivitäten der Nukleartechnik und der mit ihr verbundenen Industrien dar oder ist auf Atomwaffentests zurückzuführen. Alle Aktiniden sind radioaktiv und können somit zwei deutlich trennbare Gefahren für die öffentliche Gesundheit darstellen - direkte Toxizität und Einwirkung von Strahlung.

Periode	G Ia	G IIa	G IIIa	G IVa	G Va	G VIa	G VIIa	G VIII			G Ib	G IIb	G IIIb	G IVb	G Vb	G VIb	G VIIb	G o
1	1 H																	2 He
2	3 Li	4 Be											5 B	6 C	7 N	8 O	9 F	10 Ne
3	11 Na	12 Mg											13 Al	14 Si	15 P	16 S	17 Cl	18 Ar
4	19 K	20 Ca	21 Sc	22 Ti	23 V	24 Cr	25 Mn	26 Fe	27 Co	28 Ni	29 Cu	30 Zn	31 Ga	32 Ge	33 As	34 Se	35 Br	36 Kr
5	37 Rb	38 Sr	39 Y	40 Zr	41 Nb	42 Mo	43 Tc	44 Ru	45 Rh	46 Pd	47 Ag	48 Cd	49 In	50 Sn	51 Sb	52 Te	53 I	54 Xe
6	55 Cs	56 Ba	57 La	72 Hf	73 Ta	74 W	75 Re	76 Os	77 Ir	78 Pt	79 Au	80 Hg	81 Ti	82 Pb	83 Bi	84 Po	85 At	86 Rn
7	87 Fr	88 Ra	89 Ac	104 Rf														

G = Gruppe

innere Übergangselemente

58 Ce	59 Pr	60 Nd	61 Pm	62 Sm	63 Eu	64 Gd	65 Tb	66 Dy	67 Ho	68 Er	69 Tm	70 Yb	71 Lu
90 Th	91 Pa	92 U	93 Np	94 Pu	95 Am	96 Cm	97 Bk	98 Cf	99 Es	100 Fm	101 Md	102 No	103 Lr

Abb. 13.1: Periodentabelle der Elemente (die dickere Linie trennt Metalle und Halbmetalle (unterbrochene Linie) von den Nichtmetallen)

Metallkationen vom Typ A oder B (hartes oder weiches Lewis-Säure/Base-Verhalten): Eine praktikablere und nützlichere Unterteilung der metallischen Elemente bedient sich ihres Verhaltens als Lewis-Säuren. Dabei werden drei Verhaltensmuster unterschieden: Typ A, Typ B und Grenzfälle (Tabelle 13.1). Das Auftreten von Verhalten nach Typ A oder B wird durch die Anzahl der Elektronen in der äußersten Schale des Kations bestimmt. Kationen vom Typ A verfügen über eine Edelgaselektronenanordnung (d^0) und können als kugelsymmetrisch angesehen werden. Die Elektronenhülle kann nicht leicht deformiert werden, weshalb sie auch als "harte" Lewis-Säuren bezeichnet werden. Kationen vom Typ A bilden bevorzugt Komplexe mit Fluoridionen oder mit sauerstoffhaltigen Liganden. In Lösung können diese Metallkationen keine stabilen Schwefelkomplexe bilden, da die HS^-- bzw. S^{2-}-Anionen durch OH^- verdrängt werden. Chlor- und Jodkomplexe sind instabil und bilden sich nur unter sauren Bedingungen bei niedrigen OH^--Konzentrationen. Typ-A-Kationen weisen eine nur geringe Affinität zu Chelatisationsmitteln auf, ebenso zu Liganden, die nur Stickstoff oder Schwefel enthalten.

Im Gegensatz zu Typ A werden die Kationen von Typ B als weich bezeichnet. Ihre Elektronenhülle ist leicht deformierbar, d. h. sie weisen eine hohe Polarisierbarkeit auf. Die B-Kationen koordinieren bevorzugt mit Basen, die Jod, Schwefel oder Stickstoffatome als Elektrondonatoren enthalten. Im Vergleich zu den harten Kationen vom Typ A weisen diese Metalle eine hohe Affinität zu Ammonium in Wasser auf und bilden stabile Chlor- und Jodkomplexe. Zusammen mit den Ionen der Übergangsmetalle bilden diese Metalle unlösliche Sulfide und lösliche Komplexe mit S^{2-} und HS^- (Forstner & Wittmann, 1981; Morgan & Stumm, 1991; Raspor, 1991).

Tabelle 13.1: Chemische Prozesse in der Umwelt, die Bedeutung der chemischen "Artenbildung" (Pearson, 1963)

<u>Typ-A Metallkationen</u>
Edelgaselektronen-schale,geringe Polarisierbarkeit
"harte Kugeln"
(H^+), Li^+, Na^+, K^+, Be^{2+}, Mg^{2+}, Ca^{2+}, Sr^{2+}, Al^{3+}, Sc^{3+}, La^{3+}, Si^{4+}, Ti^{4+}, Zi^{4+}

<u>Übergangsmetallkationen</u>
1-9 Elektronen in äußerster Schale,
nicht kugelsymmetrisch
V^{2+}, Cr^{2+}, Mn^{2+}, Fe^{2+}, Co^{2+}, Ni^{2+}, Cu^{2+}, $Ti3+$, V^{3+}, Cr^{3+}, Mn^{3+}, Fe^{3+}, Co^{3+}

<u>Typ-B Metallkationen</u>
Elektronenzahl entsprechend N_1^0, Pd^0 und Pt^0 (10 oder 12 Elektronen in äußerster Schale); geringe Elektronegativität, hohe Polarisierbarkeit,
"weiche Kugeln" Cu^+, Ag^+, Au^+, Tl^+, Ga^+, Zn^{2+}, Cd^{2+}, Hg^{2+}, Pb^{2+}, Sn^{2+}, Tl^{2+}, Au^{3+}, In^{3+}, Bi^{3+}

<u>nach PEARSON's Unterteilung in harte und weiche Säuren</u>

<u>harte Säuren</u>
alleMetallkationen vom Typ-A plus Cr^{3+}, Mn^{3+}, Fe^{3+}, Co^{3+}, UO_2^+, UO_2^+, außerdem Arten wie BF_3, BCl_3, SO_3, RSO_2^+, RPO_2^+, O_2, RCO^+, R_3C^+

<u>Grenzfälle</u>
alle bivalenten Übergangsmetallkationen
Zn^{2+}, Pb^{2+}, Bi^{3+}, SO_2, NO^+, $B(CH_3)^3$

weiche Säuren

alle Metallkationen vom Typ-B, außer Zn^{2+}, Pb^{2+}, Bi^{3+}

als Metallatome I_2, Br_2, ICN, I^+, Br^+

Bevorzugung für Ligandenatom

N > P   P > N

O > S   S > O

E > Cl   I > F

Qualitative Verallgemeinerungen zur Stabilitätsabfolge

Kationen: Stabilität oder (Ladung/Radius) Liganden:

F>O>N=Cl>Br>I>S

OH_2>RO>RCO_2

CO_3>NO_3

PO_4>SO_4>ClO_4

Kationen: Irving-Williams-Folge

Mn^{2+}, <Fe^{2+}, <Co^{2+}

<Ni^{2+},<Cu^{2+},>Zn^{2+}

Liganden:

S>I>Br>Cl=N>O>F

Wechselwirkungen zwischen Metallen und Teilchen

Oberflächen auf anorganischen (z. B. Aluminiumsilikaten) oder organischen Teilchen (z. B. Algenbruchstücken) enthalten Funktionsgruppen wie MOH, -ROH
oder -R-COOH, die mit Metallen leicht Komplexe bilden können. Wegen der
großen Häufigkeit von Hydroxylgruppen auf Oberflächen sprechen Metalle vom
Typ A stärker auf Teilchen an als die vom Typ B. Aus diesem Grund wird das
Umweltverhalten von Typ A-Kationen besonders in aquatischen Systemen durch
Menge und Verhalten der an die Teilchenphase gebundenen Metalle bestimmt. Es
wird angenommen, daß 95 % des Schwermetalltransfers vom Festland ins Meer
durch die Verlagerung der in der Teilchenphase vorhandenen Metalle bewerkstelligt wird. Die ozeanischen Konzentrationsprofile einiger Metalle wie z. B. Am,

Pb und Pu sind durch ein Oberflächenmaximum gekennzeichnet, das rasch mit der Tiefe abnimmt. Solche Profile stellen das Ergebnis der Einfangung von Metallen aus den Oberflächenwässern durch absinkende Teilchen dar.

In marinen Systemen fernab von direkter Beeinflussung durch terrestrischen Abfluß ist das Material der Teilchen hauptsächlich biologischer Herkunft und entstammt der Aktivität des Phytoplanktons. In Süßwassersystemen bildet anorganisches Material aus Verwitterung und Bodenerosion häufig den größten Anteil der vorhandenen Teilchen (Whitfield & Turner, 1987; Morgan & Stumm, 1991; Raspor, 1991).

Metallische Elemente reagieren mit Teilchen organischer oder anorganischer Herkunft in ähnlicher Weise, was die Ähnlichkeit der physikalisch-chemischen Eigenschaften der Oberflächen und der Besiedelung der Teilchenoberflächen durch Bakterien widerspiegelt. Inerte nichttoxische Teilchen werden rasch von Bakterien besiedelt, deren Aktivitäten die Metallansammlungsfähigkeit der Teilchen beeinflussen. Die physikalisch-chemischen Eigenschaften der Zellwände sowie die der ursprünglichen Teilchen können das Ausmaß der Metallanbindung bestimmen (Whitfield & Turner, 1987).

Bildung von Kohlenstoffkomplexen

Die Fähigkeit zur Bildung von Kohlenstoffkomplexen ist bei der Bestimmung des Umweltverhaltens und der Toxizität der Metalle von herausragender Bedeutung. Metallalkylverbindungen wie Methylquecksilber geben daher zu besonderer Besorgnis Anlaß, da sie häufig flüchtig sind, leicht in Zellen angereichert werden sowie toxisch auf das Zentralnervensystem wirken. Obwohl die Stabilität von Metall-Kohlenstoffkomplexen in wässriger Lösung von Ge(32) bis Pb(82) abnimmt, kann Hg(80) stabile Bindungen mit Kohlenstoff eingehen und damit echte metallorganische Verbindungen bilden. Die Hg-C-Bindung ist mit etwa 0,60 kJ mol^{-1} nicht besonders stark, übertrifft aber deutlich die Hg-O-Bindung. Dies erklärt zum Teil die Stabilität und die Widerstandsfähigkeit der organischen Quecksilberverbindungen in der Umwelt (Forstner & Wittmann, 1981; Morgan & Stumm, 1991; Raspor, 1991).

Die Aktivität von Bakterien ist für die biologische Alkylierung von Metallen verantwortlich, obwohl bei Elementen wie z. B. Sn und Se andere Organismen wie Algen auch von Bedeutung sein können. Biologische Methylierung wurde für Ge, Sn, As, Te, Se, Pb, Pt, Au, Hg und Tl berichtet. Die Verwendung alkylierter Pb-Verbindungen als Benzinzusatz und von alkylierten Sn-Verbindungen als schimmelverhindernder Zusatz in Farben bedeutet, daß diese anthropogenen Quellen gegenüber der Zufuhr durch Biomethylierung dieser Metalle überwiegen (Morgan & Stumm, 1991).

Metalle in der Atmosphäre

Der Hauptteil der in der Atmosphäre auftretenden Metalle ist an Teilchen gebunden. Da solche Materialien im wesentlichen inert sind, d. h. mineralisch oder kohlig sind und außerdem hygroskopisch, treten die Metalle hier hauptsächlich in der flüssigen Phase auf, wobei lösliche Metalle dabei Ionen bilden. Nur Quecksilber tritt hauptsächlich in der Gasphase auf, während Metalle wie Pb, Zn, As, Se und Te zum Teil ebenfalls gasförmig sein können (Morgan & Stumm, 1991; Puxbaum, 1991).

Da für die meisten Metalle die anthropogenen Quellen die aus der natürlichen Umwelt übertreffen, spiegelt das Vorkommen von Metallen in der Atmosphäre die geographische Verteilung und Häufung der industriellen Quellen wider. Es ist daher nicht überraschend, daß außergewöhnlich niedrige Konzentrationen über der Antarktis und den Weiten des Pazifiks angetroffen werden. Höhere Konzentrationen treten in der arktischen Atmosphäre auf, was auf die stärkere industrielle Entwicklung auf der Nordhalbkugel zurückzuführen ist und auf meteorologische Besonderheiten, die zu einem Langstreckentransport verschmutzter eurasischer Luftmassen während der Wintermonate in die Arktis führen. Selbst über hochindustrialisierten Gebieten ist der kombinierte Gewichtsanteil toxischer Metalle wie Cd, Cr, Cu, Mn, V, Zn und Pb an der gesamten Masse der Aerosole mit nur etwa 1 % häufig sehr niedrig. Die Masse der Aerosole besteht üblicherweise aus Elektrolyten (z. B. Na^+, K^+, NH_3^+, Cl^-, No_3^- und SO_4^-) sowie kohligen und mineralischen Bestandteilen (z. B. Ca^{2+}, Mg^{2+}, Si- und Al-Verbindungen) (Morgan & Stumm, 1991; Puxbaum, 1991).

Die wesentlichste Quelle für Metalle der Atmosphäre sind die Verbrennung fossiler Brennstoffe und der Betrieb von Metallhütten und -raffinerien. Emissionen von Be, Co, Mo, Sb und Se entstammen im wesentlichen aus der Kohleverbrennung, während Ni und V hauptsächlich durch Ölfeuerungen freigesetzt werden. Während As, Cd, Cu und Zn aus Metallhütten und Weiterverarbeitungsbetrieben stammen, lassen sich Cr und Mn auf die Eisen- und Stahlindustrie zurückführen. Bleiemissionen werden durch die Verbrennung von Kraftstoffen mit bleihaltigen Zusätzen dominiert (Morgan & Stumm, 1991; Puxbaum, 1991).

Die Größe der Teilchen bestimmt ihre Halbwertzeit in der Atmosphäre, wobei die Absetzgeschwindigkeit eine komplizierte Funktion des Teilchendurchmessers darstellt (Abb. 13.2). Da die großen Teilchen am ehesten ausfallen, ist die trockene Metallablagerung mittels solcher Teilchen in der Umgebung der Quelle konzentriert. An kleinere Teilchen gebundene Metalle werden wegen der geringen Absetzungseschwindigkeiten über größere Entfernungen zerstreut. Hierbei hängt die Beseitigung aus der Atmosphäre im wesentlichen von feuchter Ablagerung ab. Ein Verrennungsprozess produziert Dampf und feine Teilchen, deren Kondensation und Kernbildung üblicherweise zu einer bimodalen Korngrößenverteilung führen, die insgesamt kleiner ist als solche natürlicher Entstehung. In Umgebungsluft tre-

ten Pb, Cd und Zn hauptsächlich im Feinstkorn (0,3-0,8 µm) auf, Ca, Mg und Al
mit den gröberen Teilchen (> 3µm).

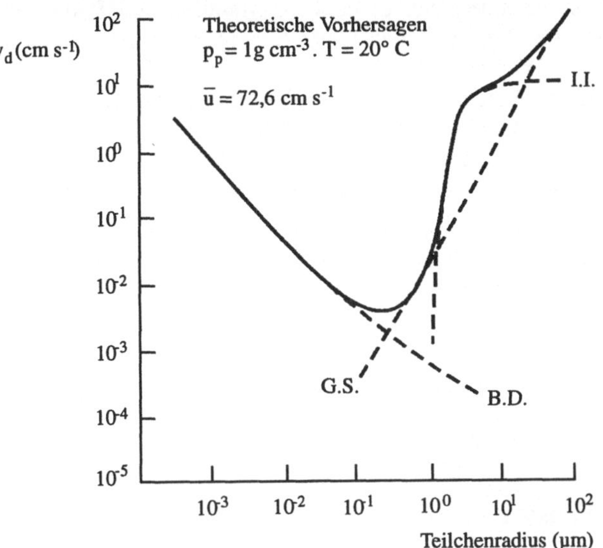

Abb. 13.2: Theoretische und experimentell bestimmte Absetzgeschwindigkeiten
als Funktion des Teilchendurchmessers. Mitwirkende Prozesse: BD:
Brownsche Diffusion: GS = gravitative Absetzung; II = inerter Zu-
sammenprall (aus NCAR, 1982)

Die Teilchengröße bestimmt auch die Art der Ablagerung in den menschlichen
Atmungsorganen. Grobe Partikel (> 10 µm) werden bevorzugt im Nasen-Rachen-
Raum abgesetzt, während kleinere Teilchen von < 5 µm in die Bronchien und Lun-
genalveolen vordringen können. Dieser Teilchengrößenbereich wird als lungen-
gängige Thorakal- oder Atmungsfraktion bezeichnet. Aufgrund des Eindringens
dieser Fraktion kann der Metallgehalt dieser Teilchen eine beträchtliche Gefährdung der Gesundheit darstellen. Obwohl natürliche Teilchen im Vergleich zu den
anthropogenen Quellen beim Massentransport von Metallen nur eine untergeord-
nete Rolle spielen, sind sie doch ein wichtiger Mechanismus für den Transfer von
Schadstoffen. Die Metall- und Schadstoffgehalte des Meerwassers sind häufig in
der Mikrozone am Meerwasser-Luft-Kontakt als Folge einer Reihe physikalischer
und biologischer Prozesse wie z. B. Bakterienaktivitäten angereichert. Es wurde
beobachtet, daß Pb, Fe, Ni, Cu, Fettsäuren und CKW in den obersten 100-105 µm
des Meerwassers um Faktoren von 1,5-50 gegenüber den Konzentrationen im restlichen Wasser angereichert sein können. Gischt und die Bildung von Aerosolen in
der Brandung durch Zerplatzen von Bläschen und die Wirkung von Wind und
Wellen führen zu einer weiteren Konzentration der Schadstoffe. So haben Untersuchungen z. B. ergeben, daß bei der Bildung von Aerosolen an der Meeresober-
fläche Kupfer um den Faktor 10^4 bis 3 x 10^5 angereichert werden kann. Somit
kann die Bildung von Aerosolen aus Meerwasser besonders in den Küstenregionen

einen wichtigen Mechanismus für den Transfer von Schadstoffen über die Grenze zwischen Meer und Land darstellen. Forschungen haben gezeigt, daß der Transfer auf diesem Weg besonders bei denjenigen Metallen von Bedeutung ist, die mit gelösten organischen Bestandteilen leicht Komplexe bilden oder mit in der Oberflächenschicht des Wasserkörpers suspendiertem organischem Material verbunden sind. Eine merkbare Anreicherung von organischen Ionenarten scheint nicht vorzukommen (Hunter, 1980; Coughtrey, *et al.*, 1984).

Das Vordringen von Gischt und Aerosolen hängt vom Exponierungsgrad der Küste ab sowie von Stärke und Richtung der vorherrschenden Winde. Der Großteil des Materials wird nach 1-2 km von der Küste entfernt ausgefallen sein, aber der Einfluß mariner Aerosole kann sich weit darüber hinaus erstrecken. Aus der englischen Wiederaufbereitungsanlage Sellafield in die Irische See eingeleitete Aktiniden wurden bis zu 40 km von der kambrischen Küste im Inland festgestellt. Diese marine Verunreinigung liefert einen beträchtlichen Beitrag zur Pu-Belastung von Weidepflanzen (Coughtrey *et al.*, 1984).

Metalle im Wasser

Im Wasser kommen Metalle in einer Vielzahl komplexer Mischungen löslicher und unlöslicher Formen vor (Abb. 13.3). Sie können als Ionen auftreten, als organische und anorganische Komplexe und/oder mit Kolloiden und suspendierten Teilchen verbunden. Informationen über den Gesamtgehalt von Metallen ist nur von begrenzter Aussagekraft, da Umweltvorhaben und Toxizität der einzelnen Metallspezies stark variieren und nicht notwendigerweise die Gesamtmenge des Metalles im Wasserkörper widergeben.

So macht z. B. das an Teilchen gebundene Uran im Meerwasser vor der südkalifornischen Küste weniger als 1 % aus, wohingegen 35 % des von Seetang adsorbierten Urans an Teilchen gebunden ist (Holge *et al.*, 1979). Häufig sind leider nur die Gesamtkonzentrationen einzelner Metalle bekannt. Die analytischen Probleme bei der Bestimmung der Metallmodifikationen im Wasser bei sehr geringen Konzentrationen sind überaus komplex und konnten bisher noch nicht völlig gelöst werden. Die Probleme wurden in dem von Merian (1991) herausgegebenen Band behandelt, der zusammen mit Coughtrey *et al.* (1985) und Fowler (1990) eine Zusammenfassung veröffentlichter Schwermetallkonzentrationen gibt.

Organometallische Verbindungen im Wasser reichen von einfachen Aminosäurekomplexen bis zu solchen mit humosen Substanzen. Humusverbindungen stellen oftmals die überwiegende Form gelösten organischen Materials in Wasserkörpern dar und können mit bestimmten Metallkationen leicht Komplexe bilden.

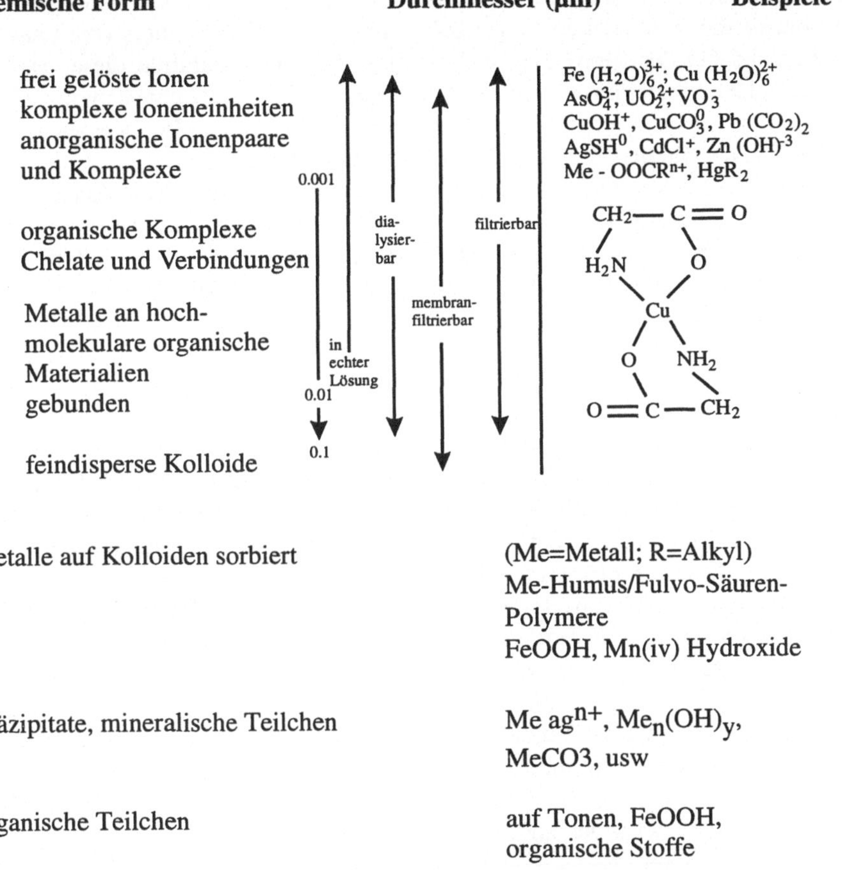

Metalle auf Kolloiden sorbiert — (Me=Metall; R=Alkyl) Me-Humus/Fulvo-Säuren-Polymere $FeOOH$, $Mn(iv)$ Hydroxide

Präzipitate, mineralische Teilchen — $Me\,ag^{n+}$, $Me_n(OH)_y$, $MeCO3$, usw

organische Teilchen — auf Tonen, $FeOOH$, organische Stoffe

Metalle in aktiver und toter Lebewelt — $ZnSiO_3$, $CuCO_3$, CdS in FeS, PbS

Abb. 13.3: Arten des Auftretens von Metallen in Wasser (aus Stumm & Bilinski, 1972)

Nach empirischen Untersuchungen kann man die Metalle entsprechend ihrer Neigung, mit organischen Liganden stabile Komplexe zu bilden, einreihen (Forstner & Wittmann, 1981; Morgan & Stumm, 1991; Raspor, 1991):

$$Hg > Cu > Ni > Zn > Co > Mn > Cd > Pb$$

Eine solche Abstufung kann nur eine Näherung darstellen, da Bildung und Stabilität organometallischer Komplexe sehr stark durch die chemische Zusammensetzung und den pH des entsprechenden Wasserkörpers bestimmt wird. Quecksilber bildet stabile Bindungen mit Humusverbindungen höherer Molekulargewichte aus, die als die wesentlichen Träger beim Transfer des Quecksilbers vom Land ins Wasser und bei der Bewegung im Wasser wirken. Die Stabilität dieser Hg-Humuskomplexe scheint im wesentlichen von Salzgehalt und pH unabhängig zu sein, und steht damit im Gegensatz zum Verhalten des Kupfers. In Flußwasser tritt der größte Teil des Kupfers (etwa 90 %) in Humuskomplexen auf.

Beim Eintritt des Flußwassers ins Meer und der gleichzeitigen Zunahme des Salzgehaltes nimmt der mit Humusverbindungen verknüpfte Cu-Anteil rasch ab, und das Cu wird durch Ca^{2+} und Mg^{2+} ersetzt. Anorganische Cu-Verbindungen und dabei insbesondere $Cu(OH)_2$ überwiegen im Meerwasser und Cu-Humusverbindungen binden nur 10 % des gesamten hier vorhandenen Cu (Burton, 1979). In gleicher Weise können einwertige Ionen wie die des Cs und Zn in organischen Komplexen und Teilchen bei einem in einen Mündungsbereich eintretenden Flußwasser durch Na^+ und K^+ ersetzt werden. Metallhydroxide stellen oftmals die überwiegende anorganische Modifikation der Metalle in natürlichen Wässern dar und aufgrund des Zusammenhanges zwischen der Löslichkeit dieser Hydroxide und dem pH-Wert, stellt die Konzentration der Metallkationen häufig eine Funktion des pH dar. Die Konzentration der Metalle und ihre Mobilität nehmen bei niedrigen, d. h. sauren pH-Werten drastisch zu (Abb. 13.4).

Die Elemente können nach der Art ihrer ozeanischen Tiefenverteilungsmuster in drei Gruppen unterteilt werden: akkumulierte, recyclierte und eingefangene Elemente (Tabelle 13.2) (Whitfield & Turner, 1987). Die Neigung der Metalle, lösliche Komplexe zu bilden und mit Teilchen zu reagieren, differiert zwischen diesen Gruppen. Die relative Teilchenreaktivitäten eines Elementes wird durch seine ozeanische Verweilzeit Ty angegeben:

$$Ty = \frac{\text{Anzahl der Mole eines Elementes im Meerwasser}}{\text{Zufuhr- oder Abfuhrrate dieses Elementes}}$$

Die Einbindung von Elementen in absinkenden Teilchen stellt einen wesentlichen Pfad dar, auf dem sie aus den Oberflächenwässern entfernt werden können. Nur schwach mit Teilchen reagierende Elemente weisen lange Verweilzeiten auf, während teilchenreaktive Elemente durch kurze Verweilzeiten gekennzeichnet sind.

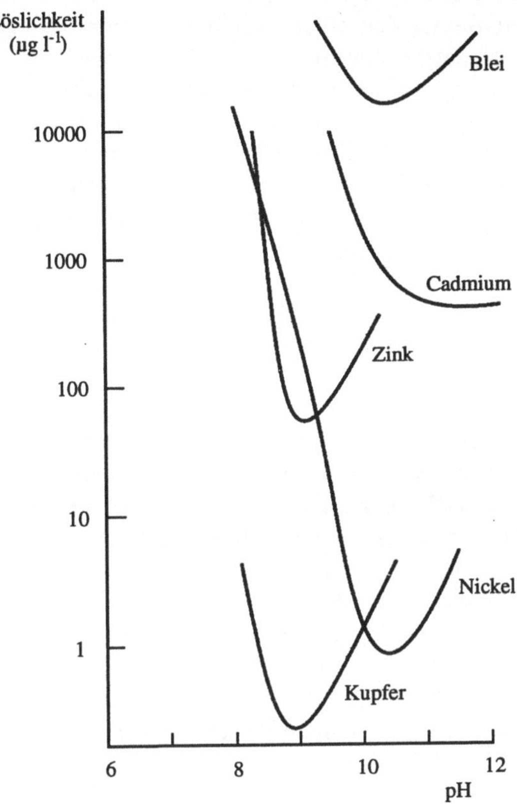

Abb. 13.4: Theoretische Löslichkeit der Metallhydroxide als Funktion des pH (Laxen, 1983)

Akkumulierte Elemente: Akkumulierte Elemente sind konservativ, reagieren, meist über Ionenaustausch, nur schwach mit organischen oder mineralischen Teilchen und treten in Lösung meist als freie Ionen auf (Bruland, 1983). Diese Elemente, z. B. Cs, Mo, und V, weisen lange Verweilzeiten von $Ty > 10^5$ Jahre und einheitliche Tiefenprofile auf und halten zueinander konstante Mengenverhältnisse ein. Uran nimmt unter den natürlichen Elementen im Meerwasser eine Sonderstellung ein, da es als Oxokation kräftig mit Karbonationen zu großen, inerten und negativ geladenen Komplexen reagiert. Einige der akkumulierten Elemente wie z. B. Na, K, Mg, B, S und Cl sind biologisch von Bedeutung, ihre Konzentrationen im Meerwasser sind jedoch zu hoch, als daß ihre Nutzung die Konzentrationsprofile verändern könnte.

Recyclierte Elemente: Recyclierte Elemente weisen Verweilzeiten zwischen 10^3-10^5 Jahren auf. Sie werden leicht von biogenem Material und dabei besonders von Phytoplankton aufgenommen, dessen Produktion den Teilchenkreislauf antreibt. Diese Elemente werden aus den Oberflächenwässern durch Plankton und Teilchen entfernt, jedoch wieder freigesetzt, wenn der biologische Abfall absinkt und sich zersetzt. Mit Ausnahme von C, Si und Ca findet der Transport aus den Oberflächenschichten hauptsächlich in der organischen Phase statt.

Die Profile oder recyclierten Elemente sind durch eine ausgeprägte Oberflächenabreicherung gekennzeichnet und eine Zunahme der Konzentrationen in der Tiefe. Unter den recyclierten Elementen befinden sich solche für die besonderer biologischer Bedarf besteht, d. h. sowohl die wichtigeren Nährstoffelemente wie z. B. N, P, C und S, als auch die weniger wichtigen wie z. B. Se, sowie die Metalle Cd, Cr (VI), Cu, Fe und Zn.

Eingefangene Elemente: Eingefangene Elemente, darunter Al, As, Co, Cr (III), Mn, Pb und Sn weisen üblicherweise Verweilzeiten von $< 10^3$ Jahre auf. Ihre Profile sind durch Oberflächenmaxima gekennzeichnet, und die Konzentrationen nehmen mit der Tiefe rasch ab. Diese Profile sind das Ergebnis der Zuführung zu den Oberflächenzonen der Ozeane zum Teil durch anthropogene Einflüsse und einer raschen Entfernung aus der Wassersäule. Den Hauptprozeß bei dieser Entfernung stellt die Einfangung der Elemente durch die Oberfläche der absinkenden Teilchen dar.

Das Verhalten der Metalle im Wasser läßt sich aus einer Betrachtung ihrer scheinbaren Bildungs- oder Stabilitätskonstanten (b) voraussagen (Whitfield & Turner, 1987; Raspor, 1991).

$$b_n = \frac{[ML_n]}{[M][L]^n}$$

wobei M = Metall, L = Ligand und M+nL $\longleftrightarrow$ ML$_n$

Da die Teilchenoberflächen eine hohe Anzahl von Hydroxylpositionen aufweisen, hängt die Teilchenreaktivität der Metalle von ihren Stabilitätskonstanten für Hydrolyse und den elektrostatischen Energien ($Z_{2i/ri}$) ab, die die Intensität der Wechselwirkungen zwischen Ionen und Wasser bestimmen. Der Einfluß der kovalenten chemischen Bindung kann durch die Verwendung eines Index berücksichtigt werden:

$$\Delta\beta = \log \beta_{mF} - \log \beta_{mCl}$$

wobei die Werte für ß die Stabilitätskonstanten der Monofluor- bzw. Monochlorkomplexe darstellen.

Tabelle 13.2: Merkmale der akkumulierten (B bis U), recyclierten (Ag bis Zn) und eingefangenen Elemente (Al bis Th) (aus Whitfield & Turner (1987)

| | | Konzentration | | | | | | biologische |
| | | Atlantik | | Pazifik | | | | |
Element	Oxidationsstufe	Brandung	Tiefe	Brandung	Tiefe	Typ (Jahre)	-log R	Nutzung
						akkumulierte Elemente		
B	III	.42 mM				1 E 7	4,7	B
Br	-I	.84 mM				1 E 8		C
Cl	-I	.53 M				4 E 8		B
Cs	I	2.3 nM				6 E 5	< 0	D
F	-I	68 µM				4 E 5		C
K	I	10 mM				5 E 6	-0,5	A
Li	I	2.6 µM				2 E 6	0,4	D
Mg	II	53 mM				1 E 7	2,5	A
Mo	VI	107 nM				6 E 5		B
Na	I	.47 M				1 E 8	-0,2	B
Rb	I	1.4 µM				8 E 5	< 0	D
S	VI	28 mM				8 E 6		A
Tl	I	69 pM				1 E 4	0,5	D
U	VI	13.5 nM				3 E 5	1,4	D
						recyclierte Elemente		
Ag	I			1 'pM	23 'pM	5 E 3	-3,3	D
As	V	20 nM	21 nM	20 nM	24 nM	9 E 4		D
Ba	II	35 nM	70 nM	35 nM	150 nM	1 E 4	0,4	D
Be	II	10 'pM	20 'pM	4 'pM	25 'pM	4 E 3	5,9	D
C	IV	2.0 mM	2.2 mM	2.0 mM	2.4 mM	8 E 5		A
Ca	II	10 mM	11 mM	10 mM	11.3 mM	1 E 6	1,3	B
Cd	II	10 'pM	0.35 nM	10 'pM	1 nM	3 E 4	3,3	D
Cr	VI	3.5 nM	4.5 nM	3 nM	5 nM	1 E 4		C
Cu	II?	1.3 nM	2 nM	1.3 nM	4.5 nM	3 E 3	5	A
Dy	II	5 'pm	6.1 'pM			300	5,1	D
Er	III	3.6 'pM	5.3 'pM			400	5	D
Eu	III	0.6 'pM	1 'pM	0.7 'pM	1.8 'pM	500	5,5	D
Fe	III	2 nM	7 nM	0.2 nM	2 nM	98	5,8	A
Gd	III	3.4 'pM	6.1 'pM	4 'pM	10 'pM	300	5	D
Ge	IV	1 'pM	20 'pM	5 'pM	100 'pM	2 E 4		D
Ho	III	1.5 'pM	1.8 'pM	1 'pM	3.6 'pM		5	D
I	V	0.2 µM	0.45 µM	0.35 µM	0.47 µM	3 E 5		C
La	III	13 'pM	28 'pM	19 'pM	51 'pM	200	5,1	D
Lu	III	0.8 'pM	1.2 'pM	0.35 'pM	2.4 'pM	4 E 3	5,1	D
N	V	5 nM	20 µM	5 nM	40 µM	6 E 3		A
Nd	III	13 'pM	23 'pM	13 'pM	34 'pM	500	5,3	D
Ni	II	2 nM	7 nM	2 nM	10 nM	8 E 4	4,2	C
P	V	50 nM	1.4 µM	50 nM	2.8 µM	1 E 5		A
Pd	II			0.18 'pM	0.66 'pM	5 E 4	5,8	D
Pr	III	3 'pM	5 'pM	3.2 'pM	7.3 'pM		5,3	D
Pt	II			0.6 'pM	1.4 'pM		-1	D
Ra	II	8	20	10	35		0	D

| Element | Oxidationsstufe | Konzentration | | | | Typ (Jahre) | -log R | biologische Nutzung |
| | | Atlantik | | Pazifik | | | | |
		Brandung	Tiefe	Brandung	Tiefe			
				recyclierte Elemente				
Sc	III	14 'pM	20 'pM	8 'pM	18 'pM	5 E 3	6	D
Se	IV	0.1 nM	0.9 nM	0.07 nM	0.9 nM	3 E 4		C
Se	VI	0.5 nM	1.5 nM	0.13 nM	1.25 nM			C
Si	IV	1 μM	30 μM	1 μM	150 μM	3 E 4		C
Sm	III	2.7 'pM	4.4 'pM	2.7 'pM	6.8 'pM	200	5,3	D
Sr	II	89 μM	90 μM	89 μM	90 μM	4 E 6	0,6	D
Tb	III	0.7 'pM	1 'pM	0.5 'pM	1.6 'pM		5,3	D
Tm	III	0.8 'pM	1 'pM	0.4 'pM	2 'pM		5,2	D
V	V	23 nM		32 nM	36 nM	5 E 4	2,1	C
Yb	III	3'pM	4.5 'pM	2.2 'pM	13 'pM	400	5	D
Zn	II	0.8 nM	1.6 nM	0.8 nM	8.2 nM	5 E 3	4,7	A
				eingefangene Elemente				
Al	III	37 nM	20 nM	5 nM	0.5 nM	150	5,6	D
As	III			0.3 nM	70 'pM		4,6	D
Bi	III	0.25 'pM		0.2 'pM	0.02 'pM		6,1	D
Ce	III	66 'pM	19 'pM	11 'pm	4 'pM	100	5	D
Co	II			0.12 nM	0.02 nM	40	4,1	B
Cr	III			0.2 nM	0.05 nM		6,5	C
Hg?	II	2.5 'pM	2.5 'pM	1.7 'pM	1.7 'pM		-3,8	D
I	-I	0.2 μM	10 'pM	90 'pM	60 'pM			C
Mn	II	1.9 nM	1.8 nM	1.9 nM	0.8 nM	50	3,2	A
Pb	II	0.15 nM	20 'pM	50 'pM	5 'pM	50	4,8	D
Sn	IV	20 'pM	5 'pM			8,4		D
Te	VI	0.9 'pM	0.4 'pM	1 'pM	0.4 'pM		0,2	D
Te	IV	0.4 'pM	0.2 'pM	0.5 'pM	1 'pM			D
^{m}Th	IV	87	3		20	50	6	D

(I) biologische Nutzung. A, essentiell für alle untersuchten Arten;

B, häufig, aber nicht überall benötigt;

C, bei einer begrenzten Artengruppe erforderlich;

D, nicht erforderlich.

(II) Konzentrationen auf eine Salinität von 35 normalisiert.

(III) Ra, Konzentration in d.p.m. je 100 kg.

(IV) ^{232}Th, Konzentration in d.p.m. je 10^6 kg.

(V) -log R, Einfangungsindex, berechnet für ? $_m$ als gesamtem "Nebenreaktionskoeffizient" und K^{OH} als erster Hydrolysekonstante des Kations.

R ist das Gleichgewicht zwischen Komplexbildung in Lösung und Adsorption.

Typ-A-Kationen ($\Delta \beta$ >2) verbinden sich am stärksten mit harten Anionen wie F^-, OH^- und SO_4^{2-} durch elektrostatische Wechselwirkungen, während Typ-B-Kationen ($\Delta \beta$ < 2) sich am stärksten über kovalente Wechselwirkungen mit weichen Anionen wie Cl^-, Br^- und HS^- verbinden. Wird $Z_{2i/ri}$ gegen AB aufgetragen, so ergibt sich ein Komplexbildungsdiagramm, nach dem die Elemente entsprechend ihren Ausbildungsmustern im Meerwasser in vier Gruppen unterteilt werden können: A = komplexgebundene Elemente mit weniger als 1 % freien Ionen; B = durch Chloridkomplexe dominierte Elemente; C = stark hydrolysierte Elemente; D

= vollständig hydrolysierte Elemente (Abb. 13.5). Mit Hilfe eines mehr empirischen Ansatzes fand Fisher (1986), daß Phytoplankton-Metall-Konzentrationsfaktoren VCF (auf Volumenbasis) und die sublethalen Toxizitätsschwellen, d. h. die Metallgehalte, die das Wachstum um 50 % reduzieren, positiv mit dem Logarithmus des Löslichkeitsproduktes der Hydroxide korreliert sind. Er beobachtete außerdem, daß die ozeanischen Verweilzeiten der Metalle negativ mit den VCF-Werten des Phytoplanktons korreliert sind, die sublethalen Metallkonzentrationen hingegen positiv.

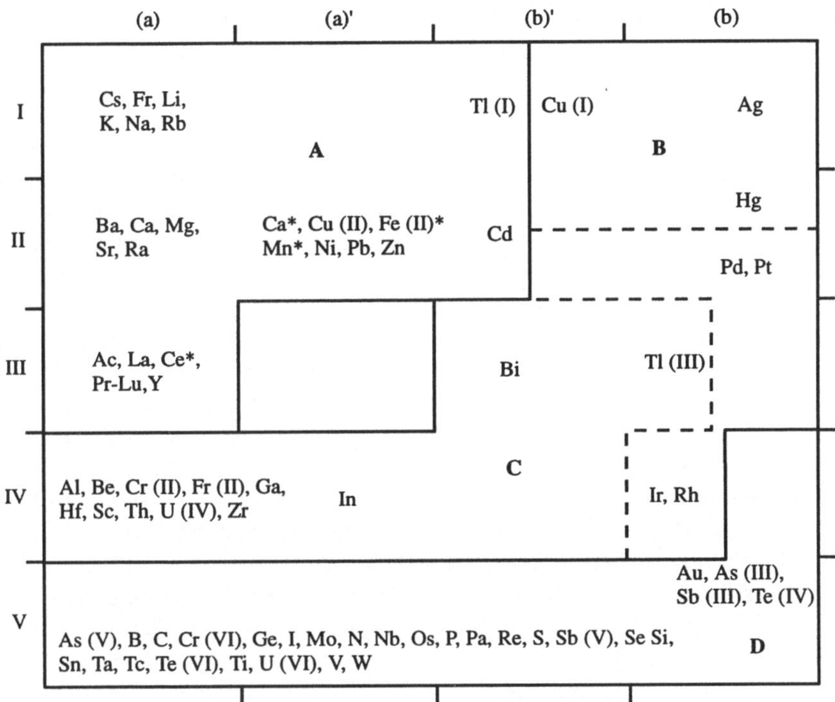

Abb. 13.5: Komplexbildungsfelder (CF) für Elemente im Meerwasser
Die horizontalen Gliederungen I, II, IV und V entsprechen der Zunahme des kovalenten Charakters (abnehmendes $\Delta\beta$). Das Diagramm ist in vier Sektoren unterteilt: A, schwach komplexgebundene Elemente mit < 1 % freien Ionen; B, durch Chloridkomplexe dominierte Elemente; C, stark hydrolysierte Elemente; D, vollständig hydrolysierte Elemente. Die unterbrochenen Grenzen zwischen den Sektoren B und C ergeben sich durch den Mangel an Daten zur Hydrolyse der Platingruppenelemente. Im Ozean eingefangene Elemente sind unterstrichen, während die oxidativ eingefangenen durch einen Stern gekennzeichnet sind (aus Whitfield & Turner, 1987).

Die Sinkraten des Phytoplanktons mit $< 2\,\mathrm{m\,d^{-1}}$ sind zu niedrig, um bei der vertikalen Verlagerung der Metalle und Radionuklide aus der Oberflächenzonen durch die Thermokline hindurch in tieferes Wasser von Bedeutung zu sein. Das Phytoplankton wird jedoch aktiv vom Zooplankton gefressen und zu Kotkügelchen umgebildet. Diese relativ großen Partikel ($> 100\,\mu\mathrm{m}$) sinken mit $100\text{-}1.000\,\mathrm{m\,d^{-1}}$ ab. An Zellwänden von Phytoplankton adsorbierte Metalle werden nicht leicht assimiliert und werden in den Kotkügelchen des Zooplanktons angereichert. Außerdem finden sich Aggregate aus Phytoplanktonzellen und Teilchen aus abgelagerten Gehäusen und Zooplanktontrümmern. Dieser "marine Schnee" sinkt üblicherweise mit $50\text{-}100\,\mathrm{m\,d^{-1}}$ und trägt ebenfalls zum Transfer von Metallen in die Bodensedimente und in tieferes Wasser bei. Durch dieses absinkende Material eingefangene Metalle werden bei der Zersetzung des Materials wieder freigesetzt. Insgesamt führt dies zu einer Verstärkung der Remetallisation der Metalle in tieferem Wasser. In produktivem offenem Wasser wird die Masse des organischen Materials innerhalb oder dicht unter der Thermokline ($500\text{-}1.000\,\mathrm{m}$) zersetzt, und üblicherweise erreicht $< 1\,\%$ des aus der Oberfläche absinkenden Materials schließlich den Meeresboden. Die intensive Atmung in Verbindung mit dem bakteriellen Abbau der Teilchen kann zur Ausbildung eines Sauerstoffminimums oder einer -abreicherungszone führen und damit die Ausbildung reduzierter Modifikationen redoxaktiver Metalle ermöglichen. In küstennahen Flachwassersystemen kann die Teilchenfracht durch die Zufuhr organischer und anorganischer Teilchen aus Flüssen und Ästuaren erhöht werden. Das Absinken dieses Materials wird die damit verbundenen teilchenaktiven Metalle rasch in die Bodensedimente überführen (Fisher & Fowler, 1987).

Die Mengen an umgelagerten Metallen können beträchtlich sein. Wird angenommen, daß $10\,\%$ des Picoplanktons ($0,2\text{-}2,0\,\mu\mathrm{m}$ große coccoide Cyanophyten und Chlorophyten) vom Zooplankton täglich gefressen werden, läßt sich abschätzen, daß jährlich 8×10^7 mol Sn aus dem Oberflächenwasser weggeführt werden können (Fisher, 1985). Dies entspricht $44\,\%$ des geschätzten Gesamteintrages an Sn in die Ozeane. Shannon & Cherry (1971) haben geschätzt, daß die biologische Entfernung von ^{226}Ra aus produktiven Wässern vor der südafrikanischen Küste $4,6 \times 10^{-3}$ g ^{226}Ra cm^{-2} a^{-1} beträgt und die Verweilhalbwertszeit in den obersten $100\,\mathrm{m}$ damit $0,7$ Jahre. In weniger produktivem Wasser ergab sich eine Verweilhalbwertszeit von $5,5$ Jahren. Die Verweilzeit des teilchenreaktiven Radionuklides ^{234}Th im Kalifornien-Strom schwankte zwischen 6-50 Tagen und hing von der primären Produktivität des Wassers ab und von der Verweilzeit der Teilchen, die 2-20 Tage betrug. Dies steht im Gegensatz zu dem konservativen Verhalten des ^{238}U (Coale & Bruland, 1985). In den flachen Teilen der Irischen See werden $95\,\%$ der durch die Abwasserleitung der Wiederaufbereitungsanlage Sellafield eingebrachten Actiniden schnell von den Bodensedimenten aufgenommen. Der größte Teil des ins Meerwasser eingeleiteten Pu und Am wird rasch an die absinkenden Teilchen gebunden, was zu einer Absenkung der Radionuklidbelastung der restlichen Wassersäule führt.

Flußsysteme schütten große Metallmengen in Küstengewässer, wobei der Großteil der Metalle an die suspendierte Teilchenfracht gebunden ist, die sich im wesentlichen im Mündungsbereich absetzt. Der potentielle Einfluß dieses Eintrages auf die Umwelt hängt von einer komplexen Reihe physikalischer und chemischer Wechselwirkungen ab, die beim Eintritt des Flußwassers in das Meerwasser auftreten. Die Mobilisation von Schadstoffen aus diesem Material, aus Hafenbaggergut und aus festen, im Meer verklappten Festlandsabfällen stellt eine bedeutende Quelle für Verunreinigungen durch Metalle dar (GESAMP, 1990). Mobilität und Bioverfügbarkeit der sedimentgebundenen Metalle werden durch vier Faktoren erhöht:

1. **Absenkung des pH-Wertes:** Der pH-Wert der Sedimente kann durch die bakterielle Oxidation von Schwefel und zweiwertigem Eisen beträchtlich gesenkt werden. Dies ist in den Sedimenten besonders ausgeprägt, die über keine größere Fähigkeit zur Pufferung des pH verfügen. Erhöhte Säuregrade führen zu dem unerwünschten Nebeneffekt, daß sie die Methylierung des Hg beschleunigen.

2. **Zunahme der Salzkonzentrationen:** Die Konkurrenz um Sorptionsstellen und die Bildung löslicher Chlor-Metall-Komplexe wird die Freisetzung von Metallen fördern. Insbesondere die Bildung des löslichen $CdCl_4{}^{2-}$ verursacht zum Teil die Mobilisation von Cd aus Teilchen mit zunehmender Salinität.

3. **Hohe Konzentrationen natürlicher und künstlicher Komplexbildner:** Die Bedeutung organischer Chelatisierungsmittel sollte in Binnengewässern besonders ausgeprägt sein. Dabei wurde mit Besorgnis der Einsatz von Nitroltriessigsäure (NTA) als Ersatz für Polyphosphate in Waschmitteln zur Kenntnis genommen, da bereits geringste Konzentrationen an NTA (50-100 μg l^{-1}) die natürliche Adsorption von Metallen an Teilchenoberflächen herabsetzen.

4. **Änderungen der Redoxbedingungen:** Änderungen im Redoxpotential eines Sedimentes können bei periodischem Trockenfällen bei Gezeitenwechsel und/oder durch Bakterienaktivitäten eintreten. Anoxische reduzierende Sedimente beschränken die Mobilität der Metalle durch die bevorzugte Bildung stabiler unlöslicher Metallsulfide.

Metalle und ihre Mobilität in Böden: Der Biotransfer toxischer Metalle aus verunreinigten Böden in Pflanzen, die anschließend vom Menschen oder Nutzvieh aufgenommen werden, stellt einen Weg dar, auf dem die menschliche Exposition gegenüber Schwermetallen bedeutend erhöht werden kann. Nichttolerante Nutzpflanzen können auf schwach verunreinigten Böden leicht Schwermetalle anreichern. Die Konzentrationen an Cd, Ni, Cu und Zn werden in den eßbaren Teilen solcher Pflanzen bedeutend erhöht, wenn diese auf mit Klärschlamm gedüngten

Böden wachsen (Carlton-Smith, 1987). Gemüse, die auf Böden wachsen, die früher durch Erzaufbereitungsanlagen verunreinigt wurden, enthalten erhöhte Metallkonzentrationen. Bei einer Studie erwies sich, daß bei Frauen, die in einem metallverseuchten Bleibergbaugebiet wohnten und lokal angebaute Gemüse aßen, die Bleikonzentrationen im Blut um 28 % höher waren, als bei Frauen, die nur Gemüse verzehrten, das nicht lokal angebaut worden war.

Auf Erzhorizonten ausgebildete Böden können hohe Konzentrationen dieser Metalle aufweisen und eine spezialisierte "Metallophyten"-Flora ist oftmals an solche Standorte gebunden. Eine Toleranz gegenüber Metallen hat sich unter den Metallophyten schon früh in der Evolution der Angiospermen herausgebildet. Die Evolution metalltoleranter Ökotypen kann sich jedoch auch rasch als Antwort auf lokal anthropogene Verunreinigung von Standorten einstellen (Baker, 1987). Metallophyten reichern normalerweise große Metallmengen an. So wurden z. B. im Laub von Pflanzen, die in Böden auf Serpentinit mit 2.000 ppm Ni wachsen, Konzentrationen von 600-10.000 ppm beobachtet. Solche Böden können bis 250.000 ppm enthalten; Kontrollpflanzen wiesen nur Ni-Gehalte von 20-70 ppm auf.

Mobilität und Bioverfügbarkeit von Metallen in Böden hängt von den physikalischen und chemischen Eigenschaften der Metalle sowie auch der Böden ab. Im Gegensatz zu sandigen Böden können Böden mit einem hohen Gehalt an organischem Material und Tonmineralien große Metallmengen anreichern, da in der Bodenmatrix reichlich Kationenaustauschoberflächen und organische Liganden, die mit Metallen Komplexe bilden können, vorhanden sind. Umfang und Art der organischen Fraktion wird durch die Aktivität der Mikroorganismen des Bodens (Bakterien und Pilze) bestimmt. In den Ökosystemen nicht verunreinigter Böden stellen diese Organismen üblicherweise mehr als 90 % der vorhandenen Biomasse und leisten etwa 90 % der chemischen Zersetzung des organischen Materials. Wo die Aktivität der Bodenmikroorganismen gestört ist, wird auch die Fähigkeit der Böden, Metalle anzureichern und zurückzuhalten, beeinflußt. Eine Erniedrigung der Zersetzungsrate wird dazu führen, daß organisches Material (Laubstreu) sich an der Bodenoberfläche anreichert und die Zahl der potentiellen Anlagerungspositionen für Metalle erhöht. Eine Verringerung der mikrobiellen Biomasse in der Bodenmatrix erhöht die Mobilität der vorher angereicherten und an die Oberfläche der Bodenmikroorganismen gebundenen Metalle. In gleicher Weise wird die Mobilität der an organische Verbindungen und aus der Mikrobenaktivität stammenden Exopolymere gebundenen bzw. mit diesen Komplexe bildenden Metalle erhöht.

Bakterienaktivitäten in Böden und aquatischen Sedimenten können die Mobilität direkt durch biologische Umbildungen beeinflussen oder indirekt durch die Ausbildung lokaler Gradienten für pH, Sauerstoffgehalt und Redoxpotential, die die chemischen Modifikationen der Elemente steuern können. Die Fähigkeit bestimmter Bakterien, Metalle zu methylieren, ist in Anbetracht der größeren Toxizität und Bioverfügbarkeit solcher Verbindungen von großer Bedeutung. Aufnahme und Anreicherung von Hg durch Bohnenpflanzen wurden um den Faktor 10 erhöht, wenn Methylquecksilber statt anorganischen Quecksilbers dargeboten wurde.

Metalle treten in Böden mit einer Reihe verschiedener Phasen vergesellschaftet auf. Sie können Teil der Bodenminerale sein, in gefällten Verbindungen auftreten, sorbiert auf anorganische oder organische Ionenaustauschpositionen, oder in der Bodenlösung in Form gelöster anorganischer oder organischer Modifikationen. In den verschiedenen Phasen auftretende Metalle sind nicht alle gleich verfügbar zur Aufnahme durch die Pflanze. Die Gewebekonzentration von Pflanzen auf verunreinigten Böden korrelieren normalerweise mit dem Metallgehalt einer bestimmten Phase und nicht mit der Gesamtkonzentration im Boden (Baker, 1987; Davies *et al.*, 1987). Die Verteilung der Metalle zwischen den verschiedenen Bodenphasen wird normalerweise durch die Extraktion der Metalle aus Bodenproben mit einer Reihe von Extraktionsmitteln beurteilt. Relativ milde Extraktionsmittel wie eine einmolare Lösung von Ammoniumnitrat werden zur Isolierung der Bodenlösung und der austauschbaren Metallmodifikationen benutzt. Ethylendiamintetraessigsäure (EDTA, Diammoniumsalze) extrahiert die Bodenlösung und sowohl austauschbare als auch humusgebundene Metalle können während dem Umlaufkochen mit konzentrierter Salpetersäure zur Bestimmung des Gesamtgehaltes an Metallen eingesetzt werden kann. Mit Hilfe dieses Ansatzes untersuchten Davies *et al.* (1987) die Aufnahme von Pb, Zn, Cu und Cd aus einer Reihe verunreinigter Böden durch Rettichpflanzen (*Rhaphanus savativus*). Die Ergebnisse lassen vermuten, daß Pb und Cu hauptsächlich an die organische Fraktion gebunden sind, während der Großteil des Cd und Zn in sorbierter, leicht mit 5 %iger Essigsäure extrahierbarer Form auftritt. Korrelation zwischen den extrahierten Metallmengen und den Blattkonzentrationen zeigten, daß die humusgebundenen Modifikationen des Pb und Cd am leichtesten für die Pflanzen verfügbar sind, während die Anreicherung des Zn durch die Pflanzen mit der leicht austauschbaren Fraktion korreliert war. Die Anreicherung von Kupfer war nur sehr schwach mit allen extrahierten Konzentrationen und dem Gesamtgehalt im Boden korreliert.

Mobilität, Aktivität und Bioverfügbarkeit der Bodenmetalle werden durch die Bodenfeuchtigkeit, die Zusammensetzung der Bodenlösung, pH, Redoxpotentiale und die Verfügbarkeit und Verteilung von Oberflächen, die Metallionen adsorbieren können, bestimmt. Diese Faktoren können über kurze Entfernungen schwanken und damit die Konzentration und Bioverfügbarkeit der Metalle beeinflussen. Die Verteilung der für Pflanzen verfügbaren Nährstoffe in verunreinigten Böden ist ebenfalls räumlich sehr inhomogen. Der kombinierte Einfluß der Heterogenität der toxischen Metalle und der Nährstoffverfügbarkeiten spiegelt sich im Wachstum und der Verteilung der toleranten Pflanzenarten wieder. Bestimmte tolerante Pflanzen sind auf Mikrostandorte mit hohem Nährstoffgehalt beschränkt, während andere auch auf Standorten überleben können, die sowohl nährstoffarm als auch reich an toxischen Metallen sind (Baker, 1987).

Der wichtigste Faktor bei der Bestimmung des für Pflanzen verfügbaren Anteiles der Metalle ist der pH. Mobilität und Löslichkeit der Metalle nehmen mit sinkendem pH zu. Bei niedrigen pH-Werten konkurrieren Wasserstoffionen mit den

Metallen um Austauschpositionen auf den Bodenpartikeln. Schmitt & Sticker (1991) haben die Zusammenhänge zwischen der Metallmobilität und dem pH wie folgt zusammengefaßt:

Mobilität	pH 4,2-6,6	pH 6,7-8,8
relativ mobil	Cd, Hg, Ni, Zn	As, Cr
mäßig mobil	As, Be, Cr	Be, Cd, Hg, Zn
langsam/schwach mobil	Cu, Pb, Se	Cu, Pb, Ni

In mineralischen Böden verläuft unter sauren Bedingungen die Fähigkeit der Metalle, andere adsorbierte Ionen zu verdrängen, in der Abfolge Pb > Cu > Zn > Cd, entsprechend steigenden pK-Werten der ersten Hydrolysekonstante und spiegelt somit die relative Teilchenreaktivität wieder. Eine ähnliche Abfolge Pb > Cu > Cd > Zn ist in organischen Böden ausgebildet. Als Folge der großen Teilchenreaktivität des Pb können erhöhte Pb-Konzentrationen die Verfügbarkeit anderer weniger stark sorbierter Metalle erhöhen. Hohe Pb-Gehalte in Böden führten zu einer Zunahme der Cd-Konzentration und der Aufnahme dieses Elementes durch Pflanzen (Miller *et al.*, 1977). In hoher Konzentration werden auch andere Ionen wie z. B. Ca^{2+}, Na^+ und K^+ Ionen aus Adsorptionspositionen in der Bodenmatrix verdrängen. Natrium und Kalium sind dort von besonderer Bedeutung, wo die Böden salinar beeinflußt sind. Aufgrund des Zusammenhanges zwischen Metallmobilität und pH wird die Verweilzeit von Metallen in kalkigen Böden diejenige saurer Böden überschreiten. Saure Fällung kann die Bodenverweilzeit weiter verringern, wobei dies besonders für Böden gilt, die ihren pH nicht ausreichend abpuffern können. Versuche, bei denen der Einfluß des sauren Regens auf verunreinigte saure Böden oder Fichtenwaldböden nachgebildet wurde, haben gezeigt, daß die 10 %-Verweilzeit, d. h. die Zeit, die erforderlich ist, um die ursprüngliche Bodenkonzentration eines Metalles um 10 % abzusenken, mit zunehmendem pH abnahm. Für Zn und Cd ergaben sich Verweilzeiten von 10-20 Jahren, für Cu 100 Jahre und für Pb > 200 Jahre. In Halden von Erzgruben wird die Laugung der Schwermetalle häufig durch die Oxidation des Pyrites (FeS_2) verstärkt, die durch Bildung von H_2SO_4 zu extrem sauren Bedingungen mit pH-Werten < 3 führt. Wenn das Haldenmaterial größere Mengen Pyrit enthält, können niedrige pH-Werte und hohe Metallmobilitäten trotz Kalkung bei der Rekultivierung über viele Jahre aufrechterhalten werden.

In Bodenlösungen ist die Konzentration der Metalle mit z. B. 10^{-8} mol l^{-1} niedrig, und über ihre Modifikationen ist wenig bekannt. Sie können als lösliche organische Komplexe zwischen Metall und Humus- bzw. Fulvosäuren auftreten. Die Ausdrücke Humus- bzw. Fulvosäuren bezeichnen eine komplexe Gruppe organischer Säuren, die beim Zerfall organischen Materials auftreten und sich in Bodenlösungen sowie natürlichen Wasserkörpern finden. Die Stabilität von Komplexen der Metalle mit diesen organischen Verbindungen wurde in einer Reihe von Experimenten bestimmt und läßt sich folgendermaßen ordnen (Schmitt & Sticker, 1991):

$$Cr > Fe > Al > Pb > Cu > Ni > Cd > Zn > Mn = Ca = Mg$$

Die Bildung stabiler organischer Komplexe kann sich auf das chemische Verhalten der Metalle dadurch auswirken, daß die Bildung unlöslicher Fällungsprodukte verhindert und die potentielle Mobilität eines Metalls verstärkt wird und es in dieser Form dann aus dem Bodenprofil herausgelöst oder in ihm nach unten verlagert werden kann. Die Bedeutung dieser Reaktionen wird durch die Verfügbarkeit organischer Liganden und die hohe Teilchenreaktivität einiger Metalle begrenzt sein. In Abwesenheit organischer Liganden treten Co, Mn und Cd hauptsächlich als freie Ionen auf und Cu, Pb und Fe im wesentlichen in Komplexen, während Zn und Ni in ihrem Verhalten dazwischen liegen.

Da die in der Bodenlösung und den leicht extrahierbaren Fraktionen vorhandenen Metalle für Pflanzen am ehesten verfügbar sind, werden die die Konzentration der Metalle in diesen Phasen steigernden Faktoren auch ihre Bioverfügbarkeit stark erhöhen. Wegen der Verbindung zwischen Boden-pH und Metallmobilität sollte die Behandlung verunreinigter Böden mit Kalk die Bioverfügbarkeit der Schwermetalle herabsetzen. Dies scheint allgemein zuzutreffen, jedoch berichteten Davies *et al.* (1987), daß der Zn-Gehalt von Rettichblättern auf gekalkten verunreinigten Böden positiv mit dem Boden-pH und dem austauschbaren Zn-Gehalt im Boden korreliert war. Obwohl bei dieser Untersuchung durch den erhöhten pH-Wert die für die Pflanzen verfügbare Gesamtmenge Zn reduziert wurde, ergab eine Mehrfachregressionsanalyse, daß der Zn-Gehalt der Blätter positiv mit dem *Gesamt*-Zn korrelierte, jedoch *negativ* mit dem pH. Der relative Anteil des Zn in der leicht austauschbaren und damit verfügbaren Fraktion wurde durch die Kalkung erhöht.

Ackerböden sind belüftet, entwässern leicht, sind gut oxidiert, und es sind keine ausgeprägten jahreszeitlichen Schwankungen im Redoxpotential entwickelt. Unter solchen Bedingungen üben die Redoxpotentiale und pE-Werte (pE = -log (wasserfreie Elektronenaktivität)) nur wenig Einfluß auf Löslichkeit und Mobilität der Bodenmetalle aus. Unter leicht (+2 < pE < +7) bzw. stark reduzierenden Bedingungen bzw. (-6,8 < pE < -2)) wird die Modifikation und Mobilität der Metalle und besonders von Fe und Mn, jedoch auch von Cr, Cu, As, Hg und Pb betroffen. Fe^{3+} ist nur unter sauren oxidierenden Bedingungen stabil, während in reduzierenden Böden Fe^{2+} überwiegt:

$$FeOOH \rightarrow e^- + 3H^+ + Fe^{2+} + 2H_2O,$$

wobei $Fe(OH)_2$, $FeCO_3$, FeS und FeS_2 gebildet werden können. Ähnliche unlösliche Sulfide bilden sich bei Cd, Zn, Ni, Co, Pb und Sn unter reduzierenden Bedingungen. In der Praxis treten diese Bedingungen nur in Böden mit Staunässe auf oder in Fluß- bzw. Seesedimenten. Bei Entwässerung werden die immobilisierten Metalle in Folge der Oxidation freigesetzt, und es bilden sich mehr lösliche Metallmodifikationen.

Toxizität der Metalle

Der toxische Einfluß von Metallen auf den Menschen blickt auf eine lange ereignisreiche Geschichte bis zum Beginn der Entwicklung der Metallgewinnung vor über 5.000 Jahren zurück. Die Toxizität von Blei wurde für den Niedergang des römischen Reiches verantwortlich gemacht. Um das Versauern von frischem Wein zu verhindern, wurde Sapa, ein bleihaltiges Mittel, vor der Versiegelung in die Amphoren im Verhältnis 1 Teil Sapa auf 50 Teile Wein beigemischt. Dieses Verfahren übernahmen die Römer anscheinend von den dorischen Griechen, die es schon über mehr als 1.000 Jahre angewandt hatten. Sapa wurde dadurch hergestellt, daß man eine Mischung aus Kräutern, Gewürzen und frischem Traubensaft in einem Topf aus reinem Blei köcheln ließ. Bei modernen Rekonstruktionen der Sapazubereitung ergab sich, daß der Saft wahrscheinlich etwa 6.000 ppm Pb enthielt und damit ein wirkungsvolles Gift darstellte. Der damit versetzte Wein dürfte etwa 20 mg Pb l^{-1} enthalten haben. Der Genuß von täglich 1 l dieses Weines über ein Jahr hinweg, was für die römische Elite beileibe keine außergewöhnlich große Menge war, würde zu offener Bleivergiftung geführt haben. Patterson *et al.* (1987) bemerkten, "daß sie, wenn sie nicht gestorben sind, u. a. unfruchtbar wurden und von weniger vergifteten Beobachtern als verrückt angesehen werden konnten". Weniger begüterte Römer, die sich Wein höherer Qualitäten mit Sapa nicht leisten konnten, entgingen den Auswirkungen einer Bleivergiftung allerdings ebenfalls nicht, denn ihre Nahrung und ihr Trinkwasser müssen ebenfalls verunreinigt gewesen sein. Regenrinnen aus Blei und mit Blei ausgeschlagene Gerinne wurden zur Sammlung und Lagerung von Wasser verwandt, während irdene Töpfe und Küchengeräte aus Blei viele Nahrungsmittel verunreinigt haben dürften. Bleirohre und bleihaltiges Lot, das bei der Verbindung von Kupferrohren verwandt wurde, stellten eine mögliche Verunreinigungsquelle für die öffentliche Wasserversorgung dar (Forstner & Wittmann, 1981); Patterson, *et al.*, 1987; Fergusson, 1990).

Bleivergiftung führte vermutlich auch zum Scheitern von Sir John Franklins Expedition zur Nordwestpassage, die London im März 1845 verließ. Die beiden letztmals in der Baffin Bay gesichteten Schiffe der Expedition wurden schließlich im arktischen Packeis eingeschlossen und mußten aufgegeben werden. Die überlebenden Mannschaften kamen bei dem Versuch, zu Fuß über Land nach Süden durchzukommen, alle ums Leben. Das Schicksal der Expedition wurde erst 1859 bekannt, als ein Bericht des Expeditionsverlaufes bis zum 25. April 1848 unter einem aufgeschichteten Steinhaufen bei Point Victory gefunden wurde. Neuere Autopsien der Überreste einiger Expeditionsmitglieder, die im Permafrost erhalten geblieben waren, ergaben sehr hohe Bleigehalte, die ausgereicht haben dürften, Anzeichen offener Bleivergiftung auszulösen. Die daraus folgende Orientierungslosigkeit und das Delirium dürften die bereits kritische Lage der Expedition beträchtlich verschärft haben. Diese Expedition war eine der ersten, die sich stark auf Konservennahrung verließ. Leider wurde die Dosennahrung durch das Herstellungsverfahren und das damals angewandte Lötmaterial stark mit Blei verunreinigt (Beattie & Geiger, 1987). Selbst heute noch liefert das zum Verlöten von Nahrungsmitteldosen eingesetzte Blei etwa ein Drittel der täglichen Bleiaufnahme eines Menschen (Forstner & Wittmann, 1981; Patterson *et al.*, 1987).

Blei ist wegen seines Auftretens in verhütteten Metallerzen durch seinen Einsatz in einer Vielzahl von Herstellungsverfahren und Produkten sowie durch seine fortgesetzte Verwendung als Treibstoffzusatz ein allgegenwärtiger Schadstoff. Die Untersuchung antiker Menschenknochen aus Peru deutet an, daß die heutigen Gehalte etwa dem eintausendfachen der natürlichen Werte entsprechen. Patterson *et al.* (1987) wiesen darauf hin, daß unser gegenwärtiges Verständnis der Biologie und Biochemie der Zellen sich auf die Untersuchung von Systemen gründet, die stark durch Blei verunreinigt sind.

In der jüngsten Vergangenheit waren industrielle Abwässer für mehrere größere Fälle von chronischer und akuter Vergiftung bei Menschen verantwortlich. Die Einleitung von Methylquecksilber in japanische Flüsse in den 50er und 60er Jahren vergiftete eine Vielzahl dort ansässiger Menschen. Das Toxin wurde in der Nahrungskette konzentriert und verunreinigte lokal gefangene Fische, die eine bedeutende Nahrungsquelle darstellten. Die Einwohner entwickelten teilweise die "Minamata Krankheit", so benannt nach dem Ort der Verunreinigung und dem ersten Auftreten der Krankheit, der Minamata Bucht. Die Symptome zeigten die nervenvergiftende Wirkung des Methylquecksilbers: starkes Zittern, geistige Verwirrung, gefolgt von Gefühlstaubheit, gestörtem Sehfeld und Sprechvermögen, dem Verlust der Kontrolle über die Körperfunktionen, gewaltsamem Ausschlagen, Bewußtlosigkeit und in 40 % der anfänglichen Fälle schließlich dem Tod. Im Jahre 1975 waren 7.500 Opfer der Krankheit dokumentiert. Ein weiterer bedeutender Fall von Quecksilbervergiftung trat 1992 im Nordiran auf. Bauern, denen mit quecksilberhaltigen Fungiziden (Ethylquecksilber-p-Toluen-Sulfonalilid) behandeltes Weizensaatgut zugeteilt worden war, hatten die Körner gegessen anstatt sie auszusäen, was zu lokalem Auftreten von Quecksilbervergiftungen führte. Um eine Ausweitung zu verhindern, erklärte die örtliche Verwaltung, daß Bauern, die solchermaßen behandeltes Saatgut besäßen, sich strafbar machten und mit der Todesstrafe rechnen müßten. Als Folge davon warfen die Bauern die Körner in nahegelegene Flüsse und Seen, wodurch das Wasser und die darin lebenden Fische vergiftet wurden. Es wird angenommen, daß durch den Verzehr des Saatgutes in Verbindung mit der späteren "Entsorgung" zwischen 5.000-50.000 Menschen getötet und mehr als 100.000 Menschen dauerhaft geschädigt wurden (Forstner & Wittmann, 1981; Freedman, 1989).

Ähnliche Berichte über akute und chronische Fälle von Vergiftung durch Metalle wie Cd, Cr, As, Fe und Zn lassen sich in der Literatur finden. In den meisten Fällen sind solche Vergiftungen lokaler Natur und betreffen im wesentlichen Industriearbeiter und die Bevölkerung in der Nähe von Werkskomplexen und Abfalldeponien oder Abwassereinleitungsstellen. Symptome und Quellen der Verschmutzungen sind leicht zu identifizieren und Schritte zur Verbesserung der Situation können unternommen werden. Die mit längerandauender Exposition gegenüber geringen Verunreinigungsgehalten verbundenen Gesundheitsrisiken sind jedoch nur schwer zu quantifizieren, und somit sind die Anforderungen an Verbesserungsmaßnahmen schwieriger zu erfassen, wenn dies nicht sogar unmöglich ist.

Die potentielle Toxizität der Metallionen für den Menschen hängt von ihrer Stellung im Periodensystem ab. Die Toxizität nimmt mit zunehmender Stabilität der Elektronenkonfiguration ab. Unter den stark elektropositiven Ionen der Elemente der Gruppen IA und IIA, die in biologischen Systemen im wesentlichen nur als freie Ionen vorkommen, steigt die Toxizität mit der Atomzahl:

$$IA: \quad Na < K < Rb, Cs$$
$$IIA: \quad Mg < Ca < Sr < Ba$$

Bei den Untergruppen IB, IIB und IIIA steigt die Toxizität mit dem elektropositiven Charakter:

$$IB: \quad Cu < Ag < Au$$
$$IIB: \quad Zn < Cd > Hg$$
$$III: \quad Al < Ga < In < Tl$$

Diese Zunahme der Toxizität spiegelt die Affinität der entsprechenden Elemente für Amino-, Imino- und Sulphydrylgruppen wieder, die häufig mit enzymaktiven Zentren vergesellschaftet sind. Somit sind ganz allgemein Metalle vom Typ A weniger toxisch als die vom Typ B. Derartige Verallgemeinerungen sollten jedoch mit Vorsicht behandelt werden. So ließe z. B. die Position des Cd im Periodensystem vermuten, daß Alkyl-Cd-Verbindungen ein beträchtliches Gesundheitsrisiko darstellen. Es ist jedoch bekannt, daß die Alkyl-Cd-Verbindungen im Gegensatz zu den Alkyl-Hg-Verbindungen in wäßriger Lösung nicht stabil sind.

Die Toxizität der Metalle hängt zum Teil auch von der Modifikation ab, in der sie auftreten, und von der Leichtigkeit, mit der sie akkumuliert werden. Auf der Ebene der Zelle werden toxische Elemente, die in einer den essentiellen Nährstoffen ähnlichen Form auftreten, wahrscheinlich besonders toxisch wirken. Die Toxizität des Se läßt sich teilweise auf seine chemische Ähnlichkeit zum Schwefel zurückführen und auf das Auftreten von Selenat (SeO_4^{2-}) und Selenit (SeO_3^{2-}). Es wird angenommen, daß die Toxizität des Selens aus der aktiven Aufnahme des Selenates statt des Sulfates resultiert und aus dem nachfolgenden Einbau des Se an Stelle von Schwefel in den Stoffwechselprodukten. Die Aufnahme nichtessentieller Metalle in die Zellen läuft über passive Diffusion durch die Zellmembran ab. Für hydratisierte wäßrige Metallmodi-fikationen stellt die äußere Zellmembran eine bedeutende Sperre gegen eine Aufnahme dar. Fisher (1986) konnte zeigen, daß die Empfindlichkeit von Phytoplankton gegenüber toxischen Metallen mit der Teilchenreaktivität des entsprechenden Metalles zusammenhängt. Die passive Aufnahme von Metallen ist ein zweistufiger Prozeß, wobei sich die Metalle zunächst an die äußere Zellwand binden und dann entlang eines Konzentrationsgefälles in die Zelle hinein diffundieren. Konservative, nichtteilchenreaktive Kationen werden nicht so leicht akkumuliert.

Bioverfügbarkeit und Toxizität von Metallen können durch die Anwesenheit von chelatisierenden Liganden beeinflußt werden, und die Bildung metallorganischer Verbindungen kann Metalle wie Cu und Pb entgiften. Über einen Konzentrationsbereich von 1-1.000 pM wirkt anorganisches Cu auf *Scendesmus quadricanda* giftig, der Cu-EDTA-Komplex hingegen nicht. Die Bildung lipophiler metall-organischer Komplexe verstärkt jedoch Aufnahme und Toxizität der Metalle. So kann die Alge *Nitzschia closterium* Kupferionenkonzentrationen von 500 nM ertragen, während eine Konzentration von 30 nM Cu in einem lipophilen 8-Hydroxy-quinolinkomplex hochgradig giftig wirkt. Konzentrationsfaktoren für Fische liegen für lipophile Metallmodifikationen üblicherweise im Bereich 10^6-10^8, für ionische Metallspezies hingegen bei 10^2-10^5. Die normalerweise den Alkyl-Metallverbindungen eigene hohe Toxizität ist zum Teil auf die Leichtigkeit zurückzuführen, mit der sie von der Lebewelt aufgenommen und angereichert werden. Man sollte jedoch nicht davon ausgehen, daß alkylierte Metalle immer die giftigere Spezies darstellen. So wirken z. B. die alkylierten Formen von Se und As wesentlich weniger giftig als ihre stabilen anorganischen Formen (Forstner & Wittmann, 1981; Fergusson, 1990; Morgan & Stumm, 1991).

Kreisläufe und Quellen der Metalle in der Umwelt

Metalle werden ständig in die Umwelt als Folge natürlicher Prozesse wie Verwitterung oder Vulkanismus freigesetzt sowie durch anthropogene Aktivitäten. Die relative Bedeutung der anthropogenen Quellen für Metalle kann durch die Berechnung eines "atmosphärischen" Interferenzfaktors (AFT) nach Morgan & Stumm (1991) abgeschätzt werden, der das Verhältnis zwischen den gesamten anthropogenen Emissionen und der Summe der natürlichen Emissionen und Mengenströme angibt. Eine hoher AFT-Wert weist darauf hin, daß der Kreislauf des entsprechenden Elementes durch menschliche Aktivitäten bedeutend gestört wird, wie dies z. B. für Ag, Cd, Hg und Pb der Fall ist. Im Gegensatz dazu zeigen niedrige Werte, daß natürliche Prozesse die globale Mobilität eines Metalles beherrschen, obwohl starke lokale und regionale Störungen durch Industrie oder Bergbau auftreten können. Niedrige AFT-Werte sind auch trotz beträchtlicher anthropogener Emission möglich, wenn das entsprechende Element häufig ist und die natürlichen Mengenströme, die aus menschlichen Aktivitäten entstammen, übertreffen wie dies z. B. für Al und Fe der Fall ist.

Tabelle 13.3: Natürliche und anthropogene Quellen atmosphärischer Emissionen [a]

Element	Kontinentale Staubfracht	vulkanische Staubfracht	vulkanische Gasfracht	industrielle Staubemissionen	Fossilbrennstofffracht	Summe industrieller Emissionen + fossile Brennstoffe	atmosphärischer Interferenzfaktor (%
Al	356500	132750	8,4	40000	32000	72000	15
Ti	23000	12000	-	3600	1600	5200	15
Sm	32	9	-	7	5	12	29
Fe	190000	87750	3,7	75000	32000	107000	39
Mn	4250	1800	2,1	3000	160	3160	52
Co	40	30	0,04	24	20	44	63
Cr	500	84	0,005	650	290	940	161
V	500	150	0,05	1000	1100	2100	323
Ni	200	83	0,0009	600	380	980	346
Sn	50	2,4	0,005	400	30	430	821
Cu	100	93	0,012	2200	430	2630	1363
Cd	2,5	0,4	0,001	40	15	55	1897
Zn	250	108	0,14	7000	400	8400	2246
As	25	3	0,1	620	160	780	2786
Se	3	1	0,13	50	90	140	3390
Sb	9,5	0,3	0,013	200	180	380	3878
Mo	10	1,4	0,02	100	410	510	4474
Ag	0,5	0,1	0,0006	40	10	50	8333
Hg	0,3	0,1	0,001	50	60	110	27500
Pb	50	8,7	0,012	16000	4300	20300	34583

[a] aus Lantzy & Mackenzie (1979). S. ursprüngliche Veröffentlichung betr. Annahmen und Diskussion der Quellen der einzelnen Werte. Alle Mengenströme bzw. Frachten in 10^8g a^{-1}. [b] atmosphärischer Interferenzfaktor (AFT) = [Summe Emissionen: (kontinentale + vulkanische Fracht)] x 100

Die Elemente können nach ihrer primären Transportart in zwei Gruppen unterteilt werden. Elemente deren Massentransfer sich im wesentlichen in der Atmosphäre abspielt, werden als atmophile Elemente bezeichnet. Solche Elemente sind meist flüchtig und ihre Metalloxide weisen niedrige Kochpunkte auf. Metalle vom Typ B sind üblicherweise atmophil. Ihre Verbreitung in der Umwelt wird bedeutend verstärkt, wenn sie flüchtige methyllierte Verbindungen bilden können. Im Gegensatz zu den atmophilen Metallen werden die vom Typ B als lithophil bezeichnet und ihr Massentransport in die ozeanischen Senken läuft bevorzugt über Bäche und Flüsse. Die Freisetzung von Metallen in die Umwelt wäre nicht problematisch, wenn sie in der Biosphäre gleichmäßig verteilt wären. Leider trifft dies nicht zu und anthropogene Aktivitäten führen häufig lokal zu erhöhten Metallkonzentrationen und selbst dort, wo rasche und wirkungsvolle Dispersion stattfindet, finden sich normalerweise lokal begrenzte Verunreinigungen. Die Dispersion hilft zwar, Metallkonzentrationen in unmittelbarer Umgebung der Quelle zu reduzieren, verlagert den Schadstoff jedoch nur über ein größeres Gebiet. An feinkörnige (< 2,5 µm) atmosphärische Teilchen gebundene Metalle können mehrere Monate in der Luft bleiben und dabei beträchtliche Entfernungen zurücklegen. Entsprechende Emissionen aus Industriezentren der entwickelten Welt haben die Eiskappen beider Pole verunreinigt, wie der Verlauf der Metallkonzentrationen in Bohrkernen aus dem Polareis zeigt, der sich mit der Industrieentwicklung der Vergangenheit korrelieren läßt. Dispersion und Verdünnung bieten keine Gewähr gegen unerwünschte Umweltauswirkungen und Schadstoffe können in der Nahrungskette angereichert werden (Kap. 1)

Literatur

BAKER, A. J. M. (1987): Metal tolerance. New Phytol., 106 (Suppl.), 93-111.
BEATTIE, O.; GEIGER, J. (1987): Frozen in Time, Unlocking the Secrets of Franklins Expedition. Western Producers Prairie Books.
BRULAND, K. W. (1983): Trace elements in sea-water. In: Riley, J. P., Chester, R. (eds.): Chemical Oceanography, pp. 157-220. Academic Press, London.
BURTON, J. D. (1979): Physico-chemical limitations in experimental investigations. Phil. Trans. Royal Soc. Lond. B., 286, 443-456.
CARLTON-SMITH, C. H. (1987): Effects of metals in sludge-treated soils on crops. Environment Technical Report 251. Water Research Council, Marlow.
COALE, K. H.; BRULAND, W. K. (1985): 234 Th : 238 U disequililbra within the California Current. Limnol. Oceanogr., 30(1), 22-25.
COUGHTREY, P. J.; JACKSON, D.; JONES, C. H.; KANE, P.; THORNE, M. C. (1983): Radionucleotide Distribution and Transport in Terrestrial and Aquatic Ecosystems. A Critical Review of Data, Vol. 3. A. A. Balkema, Rotterdam.
COUGHTREY, P. J.; JACKSON, D.; JONES, C. H.; KANE, P.; THORNE, M. C. (1984): Radionuclide Distribution and Transport in Terrestrial and Aquatic Ecosystems. A Critical Review of Data, Vol. 4, pp. 93-115. A. A. Balkema, Rotterdam.
COUGHTREY, P. J.; JACKSON, D.; THORNE, M. C. (1985): Radionuclide Distribution and Transport in Terrestrial and Aquatic Ecosystems. A Critical Review of Data, Vol. 6. A. A. Balkema, Rotterdam.
DAVIES, B. E.; LEAR, J. M.; LEWIS, N. J. (1987): Plant availability of heavy metals. Special publication, BES No. 6, pp. 267-275. Blackwell, Oxford.
F'ERGUSSON, J. E. (1990): The Heavy Elements. Chemistry, Environmental Impact and Health Effects. Pergamon Press, Oxford.
FISHER, N. S. (1985): Accumulation of metals by marine picoplankton. Marine Biol., 87, 137-142.

FISHER, N. S. (1986): On the reactivity of metals for marine phytoplankton. Limnol. Oceanogr., 31(2), 443-449.

FISHER, N. S.; FOWLER, S. W. (1987): The role of biogenic debris in the vertical Transport of transuranic wastes in the sea. In: O'Connor T. P.; Burt, W. V.; Duedall, I. W. (eds) Oceanic Processes in Marine Pollution, pp. 197-207. Krieger, Malabar, Florida.

FORSTNER, U.; SALOMONS, W. (1991): Mobilization of metals from sediments. In: Merian, E. (ed.) Metaly and their Compounds in the Environment, pp. 379-395. VCH, Weinheim.

FORSTNER, U.; WITTMAN, C. T. W. (1981): Metal Pollution in the Aquatic Environment. Springer-Verlag, Berlin.

FOWLER, S. W. (1990): Critical review of selected heavy metal and chlorinated hydrocarbon concentrations in the marine environment. Marine Environ. Res.. 29, 1-64.

FREEDMAN, B. (1989): Environmental Ecology. The Impacts of Pollution and Other Stresses on Ecosystem Structure and Function. Academic Press, San Diego.

GESAMP (1990): The State of The Marine Environment. Blackwell Scientific Publications, Oxford.

HODGE, S.; KOIDE, M.; GOLDBERG, E. D. (1979): Particulate uranium plutonium and polonium, in the biogeochemistries of the coastal zone. Nature (Lond.), 277, 206-209.

HOPKINS, S. P. (1989): Ecophysiology of Metals in Terrestrial Invertebrates. Elsevier Applied Science, London, New York.

HUNTER, K. A. (1980): Processes affecting particulate trace metals in the sea surface microlayer. Marine Chem., 9, 49-70.

LANTZY, R. J.; MACKENZIE, F. T. (1979): Atmospheric trace metals: global cycle and assessment of man's impact. Geochim. Cosmochim. Acta, 43, 51 1.

LAXEN, D. P. H. (1983): The chemistry of metal pollutants in water. In: Pollution: Causes, Effects and Control, Harrison, R. M. (ed.): Royal Soc. Chem., Special Publ. No. 44, 104-123.

MERIAN, E. (ed.)(1991): Metals and Their Compounds in the Environment. VCH, Weinheim.

MILLER, J. E.; HASSETT, J. J.; KOEPPE, D. E. (1977): Interactions between lead and cadium on metal uptake and growth of corn plants. J. Environ. Qual., 6, 18-20.

MORGAN, J. J.; STUMM, W. (1991): Chemical processes in the environment, relevance of chenücal speciation. In Merian, E. (ed.): Metals and their Compounds in the Environment, pp. 69-103. VCH, Weinheim. NCAR (National Center for Atmospheric Research) (1982) Regional Acid Deposition: Models and Physical Processes. NCAR, Boulder, CO.

PATTERSON, C. C.; SHIRAHATA, H.; ERICSON, J. E. (1987): Lead in ancient human bones and its relevance to historical developments of social problems with lead. Sci. Tot. Environ., 61, 167-200.

PEARSON, R. G.: Hard and soft acids and bases. J. Am. Chem. Soc., 85, 3533.

PUXBAUM, H. (1991): Metal compounds in the atmosphere. In: Merian, E. (ed.) Metals and Their Compounds in the Environment, pp. 257-277. VCH, Weinheim.

RASPOR, B. (1991): Metals and metal compounds in waters. In: Merian, E. (ed.): Metals and Their Compounds in the Environment, pp. 233-253. VCH, Weinheim.

SCHMITT, H. S.; STICKER, H. (1991): Heavy metal compounds in the soil. In: Merian, E. (ed.): Metals and Their Compounds in the Environment, pp. 311-326. VCH, Weinheim.

SHANNON, L.V.; CHERRY, R. P. (1971): Radium-226 in marine phytoplankton. Earth Planet. Sci. Lett., 11, 339-343.

STUMM, W.; BILINSKI, H. (1972): Trace metals in natural water. Difficulties of interpretation arising from our ignorance of speciation. In: S. H. Jenkins (ed.): Advances in Water Pollution Research. Proc. 6th Int. Conf. Jerusalem, pp. 39-52. Pergamon Press, New York.

WHITFIELD, M.; TURNER, D. R. (1987): The role of particulates in regulating the composition of seawater. In: Stumm, W. (ed.): Aquatic Surface Chemistry. Chemical Processes at the Particle-Water Interface, pp. 93-124. John Wiley, New York.

weiterführende Literatur

FERGUSSON, J. E. (1990): The Heavy Elements. Chemistry, Environmental Impact and Health Effects. Pergamon Press, Oxford. FREEDMAN, B. (1989): Environmental Ecology. The Impacts of Pollution and Other Stresses on Ecosystem Structure and Function. Academic Press, San Diego.

GESAMP (1990): The State of The Marine Environment. Blackwell Scientific, Oxford.

HOPKIN, S. (1989):Ecophysiology of Metals in Terrestrial Invertebrates. Elsevier Applied Science, London and New York.

MERIAN, E. (ed.)(1991): Metals and their Compounds in the Environment. VCH, Weinheim.

PARTERSON, C. C.; SHIRAHATA, H.; ERICSON, J. E. (1987): Lead in ancient human bones and its relevance to historical developments of social problems with lead. Sci. Tot. Environ. 61:167-200.

Kapitel 14

Biologische Behandlung von Metallen und Radionukliden

Einführung

Lebende Organismen benötigen bestimmte Elemente für ihr Wachstum und zur Aufrechterhaltung ihrer physikalischen Struktur, der Stoffwechselaktivitäten und der Fortpflanzungsfähigkeit. Sie haben geeignete Mechanismen zur Aufnahme der für den Stoffwechsel wesentlichen Elemente ausgebildet. Bei bestimmten Gelegenheiten können toxische Metalle aufgenommen werden, die zu physiologischem Schaden für den Organismus und sogar zu seinem Tod führen können. Selbst die in geringen Mengen oder Spuren für die normalen Zellfunktionen benötigten Metallelemente können behindernde oder toxische Auswirkungen zeigen, wenn sie in übermäßiger Konzentration vorhanden sind (Kap. 13). Viele Organismen haben Entgiftungsmechanismen entwickelt, um den schädlichen Auswirkungen der Metalle zu entgehen. Bei Mikroorganismen haben sich dafür verschiedene Resistenzmechanismen herausgebildet, darunter z. B. Umbildungen der toxischen Metalle, die dazu führen, daß das Metall in einer anderen physikalischen und/oder chemischen Form freigesetzt wird, wie dies bei einer Metallalkylierung stattfindet. Einige der von Organismen katalysierten Verfahren zur Aufnahme und Umbildung von Metallen können auch zur Behandlung metallhaltiger Abfälle eingesetzt werden.

Die Akkumulation von Schwermetallen durch Pflanzen und Mikroorganismen sowie die Produkte von Pflanzen, Mikroorganismen oder Tieren eröffnen Mechanismen, mit Hilfe derer metallverunreinigte flüssige Abfälle zur Verringerung ihres Metallgehaltes vor Einleitung in die Umwelt behandelt werden können. Mikroorganismen wirken dabei allerdings nicht nur als Biosorbentien, sondern treten auch in eine Reihe anderer Wechselwirkungen mit Metallen. So entwickeln Mikroorganismen eine weit größere Zahl an Wechselwirkungsmöglichkeiten als Pflanzen und Tiere und bestimmte Elemente wie z. B. Eisen können eine bedeutende Rolle bei der Energieproduktion chemolithotropher Bakterien spielen, die ihre Energie aus der Oxidation anorganischer Verbindungen beziehen. Dies wird bei der bakteriellen Laugung armer Sulfide oder sulfidhaltiger Erze eingesetzt, um Metalle wie Kupfer und Uran daraus zu extrahieren (s. unten). Die Verflüchtigung von Quecksilber, die Fällung von Metallen in Form von Metallsulfiden und die Lösung von Metallen durch mikrobiell gebildete Produkte wie z. B. Säuren sind weitere Beispiele für die Vielfalt der Wechselwirkungen zwischen Metallen und Mikroben.

Viele dieser Prozesse verfügen über Potentiale zur Behandlung metallverunreinigter Materialien.

Der Einsatz ganzer Organismen und ihrer Produkte zur Eindämmung von Metallverunreinigungen erstreckt sich auch auf Radionuklide, die sich in drei Gruppen unterteilen lassen:

1. Radionuklide von in der Umwelt in stabilen Isotopen auftretenden Elementen wie z. B. die Radionuklide des Eisens. Diese Radionuklide weisen ein chemisches und physikalisches Verhalten auf, das dem ihrer stabilen Isotope gleicht. Der einzige Unterschied liegt in ihrer Radioaktivität.
2. Radionuklide, die keine stabilen Isotope aufweisen, aber natürlich in der Umwelt auftreten, wie z. B. Uran.
3. Radionuklide, die bei Kernspaltungsreaktion wie z. B. in Kernkraftwerken oder bei Atomwaffenversuchen künstlich gebildet werden und normalerweise bzw. natürlich nicht in der Umwelt vorkommen. Es sind dies u. a. Plutonium, Americium und Technetium. Diese Radionuklide sind häufig ausgeprägt radioaktiv und hochgradig toxisch.

Die Wechselwirkungen der ersten beiden Radionuklidarten mit Organismen und damit ihr Potential für biologische Behandlungsverfahren lassen sich leichter voraussagen, da sie selbst oder ihnen analoge Nuklide in der Biosphäre auftreten. Über die Wechselwirkungen zwischen Organismen und den künstlichen Radionukliden ist nur wenig bekannt. Obwohl sich aus der Kenntnis der Chemie der künstlichen Radionuklide einige wirkungsvolle Systeme zur biologischen Behandlung ableiten lassen, wird die Anzahl der Wechselwirkungen unvorhersehbar bleiben. Daraus ergibt sich, daß als erster Schritt zur Entwicklung biologischer Behandlungsverfahren eine umfassende Untersuchung von Ausmaß und Art der Reaktionen von Organismen gegenüber künstlichen Radionukliden wünschenswert ist.

In jüngster Zeit bestand großes Interesse am Einsatz biologischer Behandlungsmethoden zur Lösung der mit Schwermetall- und Radionuklidverunreinigungen verbundenen Probleme. Einige dieser Behandlungsverfahren setzen physiologisch aktive Organismen ein, einige andere hingegen nicht mehr lebendige Biomasse oder biologische Produkte. Die möglichen und wirklich eingesetzten biologischen Behandlungsverfahren reichen von der Entfernung von Schwermetallen aus Abwässern über die biologische Verbesserung metallverunreinigter Böden und die Metallgewinnung aus Armerzen bis zur Rückgewinnung wertvoller, seltener oder strategisch wichtiger Metalle oder Radionuklide aus Abfällen.

In diesem Kapitel sollen die Mechanismen betrachtet werden, mit Hilfe derer metall- oder radionuklidverunreinigte Abfälle behandelt und Metalle bzw. Radionuklide aus Abfallströmen oder Armerzen durch biologische Verfahren gewonnen werden können. Physiologie und Biochemie der Wechselwirkungen zwischen Schwermetallen und Organismen oder ihren Produkten werden erörtert, wobei die zur Behandlung von Metallen anwendbaren herausgestellt werden.

Fällung von Schwermetallen und Radionukliden

Die Fällung von Metallen aus wäßrigen Lösungen kann direkt biologisch durch die Aktivität von Mikroorganismen beeinflußt werden. Insbesondere Bakterien stellen extrazelluläre Produkte dar, die mit freien oder sorbierten Metallkationen zu unlöslichen Metallpräzipitaten reagieren können.

Bei der bakteriellen Fällung von Metallen ist der wesentliche Mechanismus die Bildung von Schwefelwasserstoff und der Immobilisation der Metallkationen in Form von Metallsulfiden. Die hierbei mitwirkenden Bakterien gehören zu den sulfatreduzierenden wie z. B. die Gattungen *Desulfovibrio* und *Desulfotomaculum*. Sulfatreduzierende Bakterien sind obligat anaerob und in anaeroben Umgebungen wie Sedimenten und Mooren weit verbreitet. Die Bildung von Sulfid durch sulfatreduzierende Bakterien folgt aus ihrer Bereitstellung von Energie. Sie verbinden die Reduktion oxidierter Schwefelformen wie Sulfaten und Schwefel mit der Oxidation reduzierten Kohlenstoffs in der Form einfacher organischer Moleküle. Die Aktivität sulfatreduzierender Bakterien trägt nach Ferris *et al.* (1989) zur Bildung von Metallsulfiden wie z. B. Covellit (CuS) bei. Metalle und metallähnliche Elemente wie Cu, Pb, Zn, Fe, U und Se können auf diese Art gefällt und in einem entsprechend ausgelegten System angereichert und in Form von Schlamm entfernt werden. Einige andere Mikroorganismen fällen ebenfalls Metalle in Form von Sulfiden, wobei es sich dabei wahrscheinlich um einen Entgiftungsprozeß handelt. So fällt z. B. *Klebsiella aerogenes* Kadmiumsulfat beim Auftreten toxischer Cd-Konzentrationen (Aiking *et al.*, 1982).

Andere Produkte von Mikroben können bei der Fällung von Metallen mitwirken. Ein *Citrobacter* sp. produziert ein Phosphatase-Enzym, das Wasserstoffphosphat (HPO_4^{2-}) aus organischen Phosphaten abspaltet. Dieses Wasserstoffphosphat fällt dann Schwermetalle und Radionuklide wie z. B. Pb, Zn und U in Form von Metallphosphaten ($MHPO_4$). Das Metallphosphat wird auf der Zellwand abgelagert und ist zellgebunden (Macaskie, 1990) (s. unten). Andere Mikroorganismen fällen Metalle durch die Bildung von Wasserstoffperoxid, das zu unlöslichen Metalloxiden führt oder durch die Bildung von Oxalsäure durch Pilze und die nachfolgende Immobilisierung in Form von Metalloxalatkristallen.

Biologische Umbildungen von Schwermetallen und Radionukliden

Mikroorganismen katalysieren eine Reihe von Metallumbildungen, die bei der Behandlung von metall- oder radionuklidverseuchten Abfällen eingesetzt werden können. Unter solchen Umbildungen finden sich Alkylbildung sowie oxidierende oder reduzierende Reaktionen (Tabelle 14.1).

Oxidierende Reaktionen

Ionen des zweiwertigen Eisens (Fe^{2+}) und des Mangans (Mn^{2+}) können durch oxidative Reaktionen gefällt werden, die durch Bakterien, Pilze, Algen und Protozoen katalysiert werden.

Tabelle 14.1: Durch Mikroorganismen katalysierte Umbildungen von Metallen und Radionukliden

Metall/ Radionuklid	Umbildung	Mikroorganismen
Fe^{2+} und Mn^{2+}	Oxidation und Fällung von $Fe(OH)_3$ und MnO_2 entweder gemeinsam oder getrennt	heterotrophe Bakterien wie z. B.*Leptothrix*, Pilze, Algen, Protozoen
Cu^{2+}, $U_2O_2^{2+}$ Cd^{2+}, Au^{3+}	Oxidation (direkt oder indirekt) und Auflösung	autotrophe Bakterien wie z. B. *Thiobacillus ferrooxidans*
Hg^{2+}, Fe^{2+}, Mn^{2+} und Se-Verbindungen	Reduktion	heterotrophe und autotrophe Bakterien und Pilze
Sn^{2+}, Se-Verbindungen und Pb^{2+}	Alkylbildung (insb. Methylierung) führt zur Verflüchtigung einiger Metalle, sowie Dealkylierung	heterotrophe Bakterien, Pilze und Algen

Die Wechselwirkungen lassen sich am besten bei Bakterien und Pilzen untersuchen. Eisen und Mangan oxidierende Mikroorganismen sind für die Bildung von Fe-/Mn-Mineralien von Bedeutung. Die Oxidation der Metallkationen ist anscheinend nicht mit einer Freisetzung von Energie durch autotrophes Wachstum verbunden, sondern stellt vielmehr eine Abfolge von Reaktionen dar, die zur Oxidation der Kationen und zur Fällung von $Fe(OH)_3$ und MnO_2 innerhalb eines oberflächengebundenen Exopolymers führen, das häufig in Form einer Hülle auftritt. Die Biochemie der Oxidationsreaktion ist noch nicht vollständig ergründet. Es scheint sich um die Oxidation von Mn^{2+} auf einer festen Oberfläche zu handeln, die dann als Keimzelle für die weitere Ablagerung und Oxidation von Mn^{2+} wirkt und die Oxidation von Fe^{2+} an diesen Stellen einleitet (Nealson *et al.*, 1989). Bakterien von Gattungen wie z. B. *Leptothrix* und *Sphaerotilus* (Hüllbakterien) gehören zu den Fe/Mn-fällenden Bakterien, während *Gallionella*-Arten zweiwertiges Eisen oxidieren. Viele Isolate aus Süß- und Salzwassersedimenten wie z. B. *Hyphomicrobium* können Mangan oxidieren (Ghiorse, 1984). Die Oxidation von Mangan könnte bei der Aufbereitung und biologischen Behandlung von Metallabfällen eine Rolle spielen, indem hier andere Metalle zusammen mit MnO_2 gefällt werden. Es konnte jedoch bisher kein entsprechender Prozeß entwickelt werden.

Mineralien oxidierende Bakterien wie z. B. *Thiobacillus ferrooxidans* können Metalle aus Mineralien in Lösung bringen und damit die Gewinnung von Metallen wie Kupfer, Cadmium, Gold und Uran aus armen oder schwer aufzuschliessenden Erzen ermöglichen. Diese Verfahren wurden jedoch eher für die Metallgewinnung als für die Reinigung metallverunreinigter Abfälle entwickelt. Es werden hier jedoch auch Umweltbelange berührt, da die Lösung von Metallen aus Bergbauabfällen ein natürlicher Prozeß ist, der die Oxidation von Sulfidmineralen betrifft und zu saurem Ablaufwasser führt, das die gelösten Metalle und dabei besonders Eisen und Kupfer enthält. Ein verstärkter Einsatz dieses Verfahrens bei der Metallgewinnung wirkt sich somit unvermeidlich durch die planmäßige Entfernung der verunreinigenden Schwermetalle auch positiv für die Umwelt aus.

Die Auflösung der Metalle setzt entweder direkt durch die Oxidation der Metalle durch Mikroorganismen oder indirekt durch die chemische Oxidation mittels mikrobieller Stoffwechselprodukte ein. Bei Systemen zur Lösung von Metallen laufen die zwei Verfahren wahrscheinlich nebeneinander ab. Die bei der Oxidation der Sulfide oder des zweiwertigen Eisens mitwirkenden Bakterien sind chemolithotroph und in sulfidreicher Umgebung weit verbreitet. Sie beziehen ihren Kohlenstoff aus CO_2 und ihre Energie aus der Oxidation der anorganischen Verbindungen. Diese Chemolithotrophen sind extremophil, alle acidophil (pH 2,5-1,5) und einige der mineraloxidierenden Gattungen wie z. B. *Sulfolobus* sind ausserdem thermophil (65-80°C) (Morris, 1989).

Thiobacillus ferrooxidans ist wohl das am weitestgehenden untersuchte der eisenoxidierenden Bakterien und katalysiert folgende, für die indirekte Laugung bedeutenden Reaktionen:

$$2FeS_2 + 7O_2 + 2H_2O \longrightarrow 2FeSO_4 + 2H_2SO_4 \qquad\qquad (14.1)$$
Pyrit

$$4Fe_2(SO_4)_3 + O_2 + 2H_sSO_4 \longrightarrow 2Fe_2(SO_4)_3 + 2H_2O \qquad\qquad (14.2)$$

Viele Metallsulfiderze werden durch Ferrisulfat oxidiert, wobei dann lösliche Metallsalze wie $CuSO_4$ sowie auch elementarer Schwefel (S_O) entstehen:

$$Fe_2(SO_4)_3 + CuS \longrightarrow 2FeSO_4 + S^O + CuSO_4 \qquad\qquad (14.3)$$
Covellit

Das Ferrisulfat wird nach Gl. 14.2 zur weiteren indirekten Metalloxidation regeneriert, während der elementare Schwefel durch *T. ferrooxidans* zu Schwefelsäure oxidiert wird, die ebenfalls als Lösungsmittel für Metalle wirkt und die löslichen Metallsulfatsalze bildet (Brierly, 1978; Hughes & Poole, 1989a). Die direkte Oxidation von Metallmineralien ist ein aerober Prozeß der Oxidation von unlöslichen Metallsulfiden zu den entsprechenden Sulfatsalzen (Gl. 14.1).

Reduzierende Reaktionen

Die Reduktion oxidierter Metallverbindungen kann von Mikroorganismen so katalysiert werden, daß die Ladung des Kations teilweise verringert oder das Element in metallischer Form freigesetzt wird. Unter den Metallen und Metalloiden, die durch die Aktivität von Mikroben reduziert werden können, finden sich z. B. Quecksilber, Eisen, Mangan, Selen, Tellur und Arsen. Die Reduktion von Quecksilber und Selen soll als Beispiel für mikrobielle Reduktionsprozesse betrachtet werden. Selen ist zwar nicht als Schwermetall anzusehen, allerdings stellt ^{123}Se ein recht bedeutendes Radionuklid in radioaktiven Abfällen dar.

Selen tritt in verschiedenen Oxidationsstufen auf, als Se^{2-} im Selenid, als Se^0 in elementarem Selen, als SeO_3^{2-} in Selenit und als SeO_4^{2-} in Selenat. Bakterien und Pilze können oxidierte Selenverbindungen üblicherweise zu metallischem Selen reduzieren. Sowohl heterotrophe als auch chemolithotrophe Mikroorganismen können Selenverbindungen reduzieren, wobei es sich dabei um einen intrazellulären Prozeß handelt, der von der Stoffwechselaktivität abhängt. Die Reduktion von Selensalzen erfordert keine anaeroben Bedingungen und scheint schrittweise abzulaufen, d. h. Selenat ---> Selenit ---> Selen ---> Selenid. Einzelne Mikroorganismen können nur jeweils einen dieser Schritte katalysieren und nicht die gesamte Reduktion von Selenat zum Selenid, weshalb die vollständige Reduktion einen gewissen Grad synergetischer Einwirkungen durch verschiedene Mikroorganismen umfassen dürfte (Doran, 1982). Bis vor kurzem wurde noch angenommen, daß die bei der Selenreduktion mitwirkenden Organismen auch beim Schwefelkreislauf aktiv sind, da Schwefel häufig als konkurrierender Behinderer bei der Selenreduktion wirkt. Kürzlich wurde jedoch ein Bakterium isoliert, das Selen auf dissimilatorischem Wege reduzieren kann (Oremland *et al.*, 1989). Dieser Organismus benutzt Selenat als terminalen Elektronenakzeptor zur Energieerzeugung, d. h. die Veratmung von Selen. Das Selenat wird zu rotem elementarem Selen reduziert. Die Reduktion der löslichen Selensalze Selenat und Selenit zu elementarem Selen führt zur Fällung des Metalls und könnte daher zur Abtrennung löslicher Selensalze aus Abwasserströmen, d. h. zur Fällung und Entfernung mit dem Schlamm genutzt werden. Diese Verfahren könnten außerdem bei einem wachsenden Problem wie der biologischen Verbesserung selenverseuchter Böden eingesetzt werden und dazu führen, daß das Metall in feste, nicht mehr verfügbare Formen überführt wird.

Quecksilberverbindungen können durch eine Reihe heterotropher Bakterien und sogar durch den chemolithotrophen *Thiobazillus ferrooxidans* reduziert werden (Levi & Linkletter, 1989). Diese Reduktion von Quecksilberverbindungen stellt eine Entgiftung dar und umfaßt dabei die Aufnahme des Hg^{2+} in der Zelle und die nachfolgende intrazelluläre Reduktion durch das Enzym Quecksilberreduktase. Diese Reduktion führt zu elementarem Quecksilberdampf (Hg^0), wodurch das Quecksilber bei der Reduktion verflüchtigt wird, aus der Mikrobenzelle hinausdiffundiert und in die Atmosphäre entweicht. Die Reduktion des Quecksilbers wird durch Mesoperon-Gene plasmidkodiert (Mergeay, 1991). Der Einsatz der Quecksilberreduktion zur Behandlung von Abfällen und zur biologischen Rehabilitation wäre jedoch problematisch. Es wäre außergewöhnlich schwierig und damit auch teuer, die gasförmigen Produkte aufzufangen, und die alternative Ablassung in die Atmosphäre wäre aus Umweltschutzgesichtspunkten unakzeptabel.

Alkylierungsreaktionen

Andere Metalle wie z. B. Zinn, Selen und Blei können von Mikroben durch Bildung alkylierter Metallverbindungen verflüchtigt werden und entsprechende Alkylierungsreaktionen wurden als mögliche Schritte zur Entgiftung von Metallen vorgeschlagen (Mergeay, 1991). Der Alkylierungsprozeß kann intern ablaufen und wird durch die Methylierungsmittel Methycoblamin, S-adenosyl-Methionin und Methyltetrahydrofolsäure wie z. B. bei der Methylierung von Zinn, Blei, Selen und Quecksilber gesteuert. Die extrazelluläre Methylierung von Metallen kann durch Stoffwechselprodukte ausgelöst werden. So produzieren z. B. Algen und Bakterien eine Reihe von Verbindungen wie z. B. Halomethane, Carbimide und haloaromatische Verbindungen, die Metalle alkylieren können.

Dimethylselenid ($(CH_3)_2Se$) und Dymethyldiselenid ($(CH_3)_2Se_2$) sind die üblichen Produkte bei der Methylierung von Selen, die durch verschiedene heterotrophe Bakterien wie z. B. *Pseudomonas* sp. und *Corynebacterium* sp. oder durch Pilze wie *Alternaria alternata* katalysiert werden können. Der Anteil der gebildeten flüchtigen Produkte und die Umbildungsrate hängen vom jeweiligen Organismus ab, von der Art der zu methylierenden Selenverbindung (Selenat, Selenit oder elementares Selen) und von den Umweltbedingungen (Doran, 1982). Die Methylierung von Quecksilber umfaßt üblicherweise die Umwandlung des Quecksilberions (Hg^{2+}) zu Dimethylquecksilber ($Hg(CH_3)_2$) (Levi & Linkletter, 1989). Diese Reaktion ist wahrscheinlich die am meisten untersuchte Alkylierung eines Metalles, da ihre Bedeutung für die Gesundheit durch die Tragödie in der Minamata Bucht Japans so deutlich erkennbar wurde (s. Kap. 13). Die organischen Verbindungen von Metallen sind häufig toxischer als ihre anorganischen Gegenstücke. Daraus ergibt sich ein großes Problem für den Einsatz mikrobieller Alkylierungsverfahren bei der Behandlung metallhaltiger Abfälle; ganz abgesehen von den Schwierigkeiten bei der Sammlung der entstehenden Gase. Aus diesem Grund wurde die Entwicklung von Akylierungsverfahren zur Behandlung von Abfallströmen und zur biologischen Rehabilitation bisher kaum vorangetrieben.

Intrazelluläre Akkumulatoren

Essentielle Nährstoffmetalle wie Eisen oder Mangan werden von Pflanzen und Mikroorganismen aus der Umgebung aktiv aufgenommen und eingelagert. Bei Landpflanzen ist die Aufnahme der Ionen zunächst auf die Wurzeln beschränkt, wohingegen Wasserpflanzen über eine weiterreichende Absorbtion verfügen. Für den Transport der Metalle in prokaryontische und eukaryontische Zellen gibt es drei Hauptmechanismen (Tabelle 14.2): freie Ionen oder passive Diffusion, unterstützte Diffusion und aktiven Transport (Levi & Linkletter, Brierly *et al.*, 1989).

Tabelle 14.2: Mechanismen und Eigenschaften der intrazellulären Akkumulation

Mechanismus	Antriebskraft	Trägerprotein	Spezifizierung	Sättigung	Inhibition
freie Ionen oder passive Diffusion	elektrochemischer oder Konzentrationsgradient	fehlt	nichtspezifisch	fehlt	fehlt
unterstützte Diffusion	elektrochemischer oder Konzentrationsgradient	vorhanden	spezifisch	vorhanden	vorhanden (konkurrieren oder nicht-konkurrierend
aktiver Transport	Stoffwechselenergie	vorhanden	spezifisch	vorhanden	vorhanden (konkurrieren

Die Diffusion freier Ionen ergibt sich als Reaktion auf einen elektrochemischen oder Konzentrationsgradienten durch die Zellmembran, wobei die Metallkationen dem Gefälle folgen, d. h. von der höheren zur niedrigeren Metallkonzentration wandern. Es handelt sich dabei nicht um einen aktiven Prozeß, und es wirken keine spezifischen Anbindungspunkte an der Membran mit. Die Kationendiffusionsrate bei diesem Prozeß hängt direkt von der Größe des Gradienten ab und von der Durchlässigkeit der Zellwand und der Membran für das entsprechende Ion. Die passive Diffusion hängt nicht von der Sättigung ab.

Bei der unterstützten Diffusion wird das Kation an ein Protein oder eine (häufig nicht reduzierbare) Permease an der Außenseite der Membran gebunden. Der Komplex aus Träger und Kation wandert dann durch die Membran hindurch und das Kation wird auf der Innenseite freigesetzt. Die unterstützte Diffusion erfordert keinen Aufwand an Stoffwechselenergie, sondern beruht auf einem elektrochemischen oder Konzentrationsgefälle. Dieser Prozeß ist wegen der Beteiligung eines

Trägermoleküls verhältnismäßig spezifisch und kann zur Sättigung führen, wobei er eine Michaelis-Menten-Kinetik aufweist. Er unterliegt sowohl konkurrierender als auch nichtkonkurrierender Inhibition. Die Rate bei der unterstützten Diffusion ist hoch und übersteigt die der passiven Diffusion. Dieser Prozeß ist bei Eukaryonten wie Pflanzen und Pilzen verhältnismäßig weit verbreitet.

Der dritte Mechanismus zur Aufnahme von Kationen ist der aktive Transport, der den Eintritt von Nährstoffen gegen ein Konzentrationsgefälle ermöglicht. Bei diesem Prozeß wird Stoffwechselenergie aufgewandt und er wird sowohl bei Prokaryonten als auch bei Eukaryonten durch ein Trägerprotein gestützt. Bei Pflanzen wird die Bindung der Ionen an den Trägerkomplex und der sich anschließende Transport des Komplexes aus Metall und Träger durch die Membran hindurch durch membrangebundene ATPasen angetrieben. Die Aufnahme bei diesem Prozeß ist spezifisch, weist eine Michaelis-Menten-Kinetik auf, d. h. die Aufnahme steigt mit der Kationenkonzentration bis zur Sättigung an, und sie unterliegt konkurrierender Inhibition. Metalle wie Zink und Kobalt unterliegen einem solchen aktiven Transport in Pflanzen hinein. Bei Landpflanzen wird das aktive Transportsystem durch das Auftreten einer zweiphasigen Aufnahme kompliziert, bei der zwei verschiedene Systeme mitwirken. System I wird bei geringen Kationenkonzentrationen ausgelöst und wird bei Werten von 0,2 mM gesättigt. System II wird erst bei wesentlich höheren Konzentrationen von 50 mM gesättigt, verfügt nicht über die Spezifizierung des Systems I und folgt nicht völlig der Michaelis-Menten-Kinetik.

Prokaryonten verfügen über zwei Arten aktiver Transportsysteme, die eine Michaelis-Menten-Kinetik befolgen. Primäre aktive Transportsysteme sind an enzymatische Reaktionen wie z. B. "Ionenpumpen" für den Na^+-Abfluß gebunden, die durch ATP-Hydrolyse mittels membrangebundener ATPasen angetrieben werden. Sekundär aktiver Transport ist einzeln oder gemeinsam an folgende Prozesse gebunden: (I) einen vorher aufgebauten Konzentrationsgradienten, (II) das durch energiefreisetzende Systeme wie ATP-Hydrolyse mittels membrangebundener ATPasen aufgebaute elektrische Potential oder (III) Elektronentransport bei der Atmung.

Der sekundäre aktive Transport kann elektroneutral oder elektronenerzeugend sein, d. h. eine oder mehrere Ladungen transportieren und läßt sich in drei Arten untergliedern: Symport, Antiport und Uniport (Abb. 14.1).

Beim Symport ist die Verlagerung eines Ions an die eines in der Zelle eintretenden Lösungspartners gekoppelt, während beim Antiport der Transport des Ions wieder an den eines anderen Metabolites gebunden ist, wobei sich aber Ion und Metabolit entgegengesetzt durch die Zellmembran bewegen. Beim Uniport wird ein Ion einzeln in eine der beiden Richtungen transportiert. Viele aktive Transportsysteme bei Bakterien sind elementspezifisch, bei einigen weiß man jedoch, daß sie Metalle ohne bekannte biologische Funktion transportieren. So kann z.B. Cadmium durch das Zinktransportsystem von *Escherichia coli* und das Mangan-

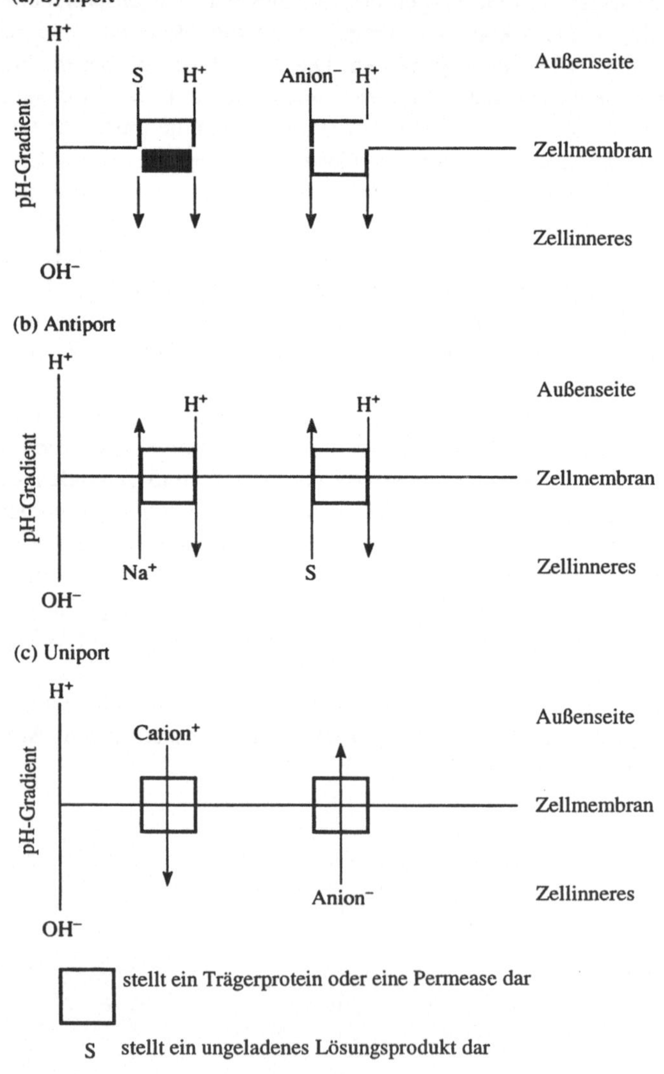

Abb. 14.1   Schematische Darstellung der bakteriellen Systeme zum sekundären aktiven Transport

system von *Bacillus subtilis* transportiert werden. Thallium und Rubidium werden bei *E. coli* durch das Kaliumtransportsystem verlagert, Nickel und Kobalt durch das Magnesiumsystem (Hughes & Poole, 1989 b).

Mehrere Transportsysteme können bei der internen Ansammlung von einzelnen Metallen und Radionukliden mitwirken. So verfügt z. B. die Grünalge *Acetabularia acetabulum* anscheinend über zwei verschiedene interne Aufnahmesysteme für Technetium (^{95m}Tc und ^{99}Tc), die etwa 95 % des gesamten, intern und auf der Zelloberfläche akkumulierten Technetiums liefern. Der erste Mechanismus beinhaltet eine rasche reversible Aufnahme, die bei niedrigen Konzentrationen (4 pg Tc) schnell gesättigt ist und eine hohe Affinität aufzuweisen scheint. Der zweite, ebenfalls starke Affinität besitzende Mechanismus ist irreversibel und wird erst bei hohen Tc-Konzentrationen von > 600 ng gesättigt (Bonotto *et al.*, 1984).

Mikroorganismen transportieren Metalle auch in Form von Komplexen aus Metallen und Liganden. Eine Reihe von Mikroorganismen sondern Moleküle ab, die mit Metallen Liganden bilden können, die die Aufnahme von Metallen verstärken. Die am weitesten verbreitete metallkomplexbildenden Agentien sind die Siderophoren, die selektiv dreiwertiges Eisen (Fe^{3+}), aber auch andere Metalle, allerdings mit geringerer Affinität binden können (s. unten).

Schwermetalle und Radionuklide, bei denen es sich nicht um essentielle Nährstoffe für Pflanzen oder Mikroben handelt, können von Pflanzen und Mikroorganismen durch Diffusionsprozesse und aktiven Transport akkumuliert werden und dabei insbesondere durch das System II bei Landpflanzen und sekundären aktivem Transport bei Bakterien. All diese Aufnahmeprozesse laufen auch in den biotechnologischen Systemen ab, die sich lebender Pflanzen und Mikroorganismen bedienen, d. h. Meander und Schilfbeete (Kap. 10 und 15). Die Bedeutung der internen Akkumulation von Schwermetallen und Radionukliden in lebenden Aufbereitungssystemen ist nur schwer zu beurteilen. Sie wird sicherlich durch Umweltbedingungen beeinflußt, und es ist bekannt, daß z. B. die Anwesenheit anderer Ionen und der pH sich auf die Aufnahmeraten auswirken, wobei dieser Effekt je nach betroffenem Ion ein anderer sein wird. Obwohl zwar viele Metalle nicht essentiell und sogar toxisch sind und nicht über spezifische Transportsysteme verfügen, stellen eine Reihe von Radionukliden essentielle Nährstoffe dar und verfügen über besondere Transportsysteme zur Durchdringung der Membranen, wodurch Raten und Ausmaß der Aufnahme bestimmter Radionuklide beeinflußt werden. Der physiologische Zustand der Organismen wirkt sich ebenfalls auf die Aufnahme aus. Der Bedarf nach Stoffwechselenergie bei den aktiven Transportsystemen bedingt, daß jeder Faktor, der die Stoffwechselaktivität einer Zelle herabsetzt, anschließend auch den aktiven Transport beschränken wird. Aus diesem Grund ist die Steuerung lebender Systeme so wichtig, wenn aktiver Transport als ein bedeutsamer Schritt zur Entfernung von Metallen aus Abfällen in Betracht gezogen werden soll. Selbst bei biologischen Behandlungsverfahren wie Schilfbeeten, die sich lebender Systeme zur Entfernung von Metallen oder Radionukliden bedienen, werden vermutlich andere Prozesse als nur aktive Aufnahme bei der Abtrennung dominieren.

Extrazelluläre Akkumulation

Schwermetalle und Radionuklide sammeln sich auf der Zelloberfläche durch Ausfällung und Bindereaktionen an. Diese extrazelluläre Akkumulation tritt wahrscheinlich auch in der pflanzlichen Komponente lebender Behandlungssysteme wie z. B. in Schilfbeeten auf. Sie ist jedoch von geringerer Bedeutung als die oberflächliche Ansammlung durch Algen, Bakterien und Pilze. Diese Organismen können daher bei Behandlungsverfahren eingesetzt werden, die eine bessere Steuerung und Gelegenheit zur Rückgewinnung von Metallen und Radionukliden ermöglichen. In diesem Abschnitt wollen wir uns daher auf die Erörterung der extrazellulären Akkumulation durch Mikroorganismen und einzellige Algen beschränken. Der Mechanismus der extrazellulären Akkumulation wird hier jedoch vergleichbar zu den wahrscheinlich auf Pflanzenoberflächen in Mäandern und Schilfbeeten ablaufenden Prozessen sein.

Die Sorption von Schwermetallen und Radionukliden durch Mikroben- oder Algenzellen ist im wesentlichen ein passiver Prozeß, der keine Stoffwechselenergie erfordert und primär durch physikalisch-chemische Faktoren gesteuert wird. Die Anbindung von Schwermetallen und Radionukliden durch Oberflächensorption kann zu beträchtlicher Ansammlung von Schadstoffen und damit zu ihrer Entfernung aus Abwasserströmen führen (Tabelle 14.3). Da es sich um einen passiven Prozeß handelt, tritt er bei lebenden und toten Zellen auf sowie auch bei Zelltrümmern. Die Möglichkeit, lebende Zellen oder Zelltrümmer in Metallsorptionssystemen für Abfallbehandlung einzusetzen, bietet beträchtliche Vorteile für die entsprechenden Prozesse (s. unten).

Für die Sorption an Zelloberflächen wurden eine Reihe von Prozessen identifiziert, darunter Kationenaustausch, Komplexbildung oder Koordination, Chelatbildung oder Mikrofällung. Diese physikalisch-chemischen Prozesse können je nach Metall/Radionuklid oder Art bzw. sogar Stamm des betroffenen Organismus einzeln oder zu mehreren ablaufen. Die Unterschiede zwischen einzelnen Mikroorganismen und Algen beruhen auf Unterschieden im Aufbau ihrer Zellwände (McEldowney, 1990).

Die Zellwände von Algen, Bakterien und Pilzen bestehen aus komplexen hochgradig organisierten Makromolekülen. Bei der Wandstruktur eukaryontischer Zellen gibt es eine große Vielfalt. Die Zellwände von Pilzen und Hefen bestehen aus Mannan-polysacchariden, Galactosaminen, Chitin, Protein und Lipid.

Tabelle 14.3: Akkumulation von Ionen durch mikrobielle Sorption

Organismus	Akkumulations-kapazität (mg g^{-1} tro)	anfängliche Uranylionen-konzentration (mg l^{-1})	Quelle
Pilze			
Aspergillus niger	215	100	Mergeay (1991)
Penicillium *Chrysogelum*	70	150	Oremland *et al.* (1989)
Bakterien			
Pseudomonas *fluorescens*	6	150	Oremland *et al.* (1989)
Biomasseabfall			
kommunaler Klärschlamm	12	150	Oremland *et al.* (1989)

Unter den normalen Bestandteilen der Zellwände von Algen finden sich Zellulose, gelatinöse Substanzen wie Alginin- und Fucininsäuren sowie verkieselte Bestandteile. Molekülstruktur und -bestandteile der Zellwände variieren zwischen den einzelnen taxonomischen Algengruppen, wobei Zellulose jedoch den häufigsten Bestandteil darstellt. Die Eigenschaften der Algenoberflächen hängen von der biochemischen Zusammensetzung der Zellwände ab. Die meisten Bakterien wie z. B. *Citrobacter*, *Pseudomonas* und *Acinetobacter* sind gram-negativ oder, wie *Bacillus* und *Streptomycas*, gram-positiv und werden aufgrund der Struktur und Zusammensetzung ihrer Zellwände untergliedert. Beide Bakteriengruppen enthalten als Hauptbestandteil das Mucopolysaccharid Peptidoglycan, wobei der Anteil dieses Polymers in gram-positiven Bakterien wesentlich höher ist als in gram-negativen. Viele gram-positive Bakterien verfügen zusammen mit Peptidoglycan auch über Teicho-Säuren. Gram-negative Bakterien verfügen als wesentliche Bestandteile der Zellwand über Lipopolysaccharide, Lipide und Proteine, die gemeinsam über der Peptidoglycanschicht liegen.

In all diesen Fällen wirkt die Zellwand gegenüber der Umgebung primär anionisch, was auf der Anwesenheit funktionaler Gruppen wie Carboxyl, Hydroxyl, Sulfyl und Phosphyl beruht. Diese geladenen Gruppen spielen bei der Sorption von Kationen eine besondere Rolle. Zusätzlich können ungeladene Gruppen in der

Zellwand als Liganden fungieren und die Koordinationszahl von Metallkationen wie z. B. Stickstoffatomen in Peptiden vervollständigen.

Dadurch daß Zusammensetzung und molekularer Aufbau der Zellwand im einzelnen, die Art der vorhandenen polaren Gruppen und die Ladungsverteilung innerhalb der Zellwand von der jeweiligen Art abhängen, ergibt sich eine deutliche Erklärung für die Unterschiede in der Metallsorption zwischen den verschiedenen Arten und Stämmen. Außerdem beeinflussen die Wachstumsbedingungen die Eigenschaften der Zellwände insbesondere bei Bakterien (McEldowney, 1990). Die Ladung der Zelloberfläche und molekulare Eigenschaften können durch chemische Behandlung mit z. B. Alkohol oder KOH, und physikalische Verfahren wie Erwärmen modifiziert werden, was auf Denaturierung oder Lösungsprozesse zurückzuführen ist. Somit ergibt sich die Möglichkeit, die Sorptionsfähigkeit von Mikrobenarten für Schwermetalle oder Radionuklide und die entsprechende Kinetik zu manipulieren, so daß sie optimal für die Behandlung des jeweiligen Abfalls mittels verschiedener Mechanismen eingestellt sind:

- Steuerung der Wachstumsbedingungen eines sorgfältig ausgewählten Biomassetyps, um passende Eigenschaften der Zelloberfläche einzustellen;
- Behandlung der Biomasse auf chemischem oder physikalischem Weg;
- Genmanipulation an ausgewählten Mikroorganismen zur Verbesserung der oberflächlichen Metallbindung.

Viele der gegenwärtig untersuchten Sorptionssysteme verwenden als Biomasse Abfall anderer Industrien z. B. Fermentationsabfälle. Dies bietet zwar den Vorteil der Bereitstellung einer billigen Quelle für Biomasse, läßt aber nur das zweite der obigen Verfahren zur Manipulierung der Zelloberflächeneigenschaften mit dem Ziel der Verbesserung der Sorptionseigenschaften zu. Der oder die Mechanismen, mit denen Schwermetalle oder Radionuklide an Zelloberflächen gebunden werden, hängt von der Art der Biomasse und von den chemischen Eigenschaften des zu sorbierenden Schwermetalles oder Radionuklides ab. Wir wollen hier die Sorption von Uran an Zelloberflächen besprechen, um Ausmaß und Komplexität der entsprechenden Wechselwirkungen aufzuzeigen. Diese Vorgänge sind jedoch nicht auf das Uran beschränkt, sondern finden auch bei anderen Metallen wie z. B. Cadmium, Blei, Kupfer, Zink und Eisen statt.

Uran wird durch verschiedene Mechanismen an die Zellwand gebunden. Dabei scheinen Kationenreaktionen, d. h. der Austausch von Metallkationen gegen mit Anionengruppen auf der Zellwand verbundene Gegenionen verhältnismäßig weit verbreitet zu sein. Mehrere verschiedene, anionisch aktive Positionen wie z. B. Carboxyl- oder Phosphylgruppen wirken je nach Mikroorganismus und Biochemie der Zellwand dabei mit. Komplexbildung und Koordinationswechselwirkungen laufen zwischen der Zellwand und dem Uran ebenfalls ab, wobei jedoch die von der Reaktion betroffenen Liganden auf der Zellwand bisher nur selten identifiziert werden konnten. Es wird angenommen, daß mehrere verschiedene aktive Positionen und Liganden bei der Koordination von Uranylionen mitwirken. Einige davon, wie z. B. Carboxyl und Phosphyl bilden primäre Bindungen mit Uran aus, während dieses sekundäre schwächere Bindungen mit Oberflächenpositionen wie Hydroxyl- und Amylgruppen eingeht. Diese sekundären Bindungen scheinen die primären Bindungen zu verstärken (Tobin *et al.*, 1984). Die sekundären Positionen können nur Komplexe bilden, nachdem die primären abgesättigt sind. Nichtstöchiometrische Komplexbildung von Uranylionen und Akkumulationsraten, die über die nach der Verfügbarkeit von Anionenpositionen auf der Zellwand erwarteten hinausgehen, sind möglicherweise auf eine zusätzliche Kristallisation von Metall an bereits komplexgebundenem Uran zurückzuführen, wobei das bereits gebundene Metall als Keim für weitere Ablagerung dient. Dieser Prozeß kann jedoch nur zusammen mit anderen Oberflächensorptionsmechanismen ablaufen (Beveridge, 1978). Fällungsreaktionen stellen einen weiteren Sorptionsmechanismus dar. Über eine davon verfügt *Citrobacter* sp., das Uran als unlösliches Uranphosphat auf der Zellwand sorbiert. Von Bakterien gebildete Phosphatase-Exoenzyme spalten angebotenes organisches Phosphat unter Bildung von anorganischem Phosphat, das zusammen mit Uran auf der Zelloberfläche gefällt wird (Macaskie, 1990).

Kationenaustauschprozesse, Koordinationsreaktionen oder Fällungen können alleine oder gemeinsam auftreten, zum Teil auch in Verbindung mit Keimbildungsreaktionen, jeweils in Abhängigkeit vom betroffenen Organismus und dem betrachteten Metall. So verfügt z. B. *Rhizobium arrhizus* über drei verschiedene Mechanismen zur Akkumulation von Uran. Diese drei Mechanismen sind eng miteinander verknüpft, obwohl dies nicht immer zutrifft, wenn mehr als ein Mechanismus abläuft. Zwei dieser Mechanismen laufen gleichzeitig und rasch ab, d. h. der Gleichgewichtszustand wird innerhalb von 60 sec. erreicht. Sie sind für 66 % der gesamten Uranaufnahme von 0,5 mmol U g^{-1} trockene Zellmasse verantwortlich. Bei dem ersten koordinieren sich Uranylionen mit dem Aminostickstoff des Chitins in der Zellwand und diese Koordinationspositionen wirken sofort nach ihrer Bildung als Keime für die Kristallisation und Ablagerung von weiterem Uran. Bei dem dritten und letzten Prozeß wird Uranylhydroxid innerhalb des mikrokristallinen Chitins der Zellwand ausgefällt. Bei diesem langsamer ablaufenden Prozeß wird der Gleichgewichtszustand nach > 30 min erreicht, und er liefert 34 % der Metallaufnahme. Die hinsichtlich der aufgenommenen Uranmenge mit weniger als 3 % am wenigsten wichtige Koordinationsreaktion löst jedoch die beiden anderen Reaktionen aus oder unterstützt sie (Tsezos & Volesky, 1982).

Die hier beschriebenen Mechanismen laufen wahrscheinlich auch bei Zellwänden von Algen ab. Unter den funktionalen Gruppen in Zellwänden von Algen finden sich Carboxyl-, Amyl-, Hydroxyl-, Phosphyl-, Amid-, Inidazol-, Thio- und Thioethereinheiten. Einige Algengattungen, darunter *Chlorella* und *Ulothrix* verfügen über beträchtliche Metallsorptionsfähigkeiten, jedoch sind die entsprechenden Mechanismen nicht so gut aufgeklärt wie die bei Bakterien und Pilzen, aber Kationenaustauschphänomene werden dabei vermutet (Gadd, 1992).

Damit Metall- oder Radionuklidbiosorptionsverfahren unter dem Gesichtspunkt von Effizienz und Wirtschaftlichkeit mit eingeführten konventionellen Verfahren der Abwasseraufbereitung wie Kationenaustausch konkurrieren können, müssen einige Kriterien erfüllt sein (Volesky, 1987; McEldowney, 1990):

1. Die biosorbierende Biomasse sollte preiswert herzustellen und/oder zurückzugewinnen sein. Es ist offensichtlich wirtschaftlich wünschenswert, Abfallbiomasse oder Abfälle aus anderen Verfahren einzusetzen, da die Betriebskosten dadurch herabgesetzt werden. Mikrobieller Biomasseabfall entsteht bei einer Reihe industrieller Verfahren (Tabelle 14.4). Der Einsatz dieser Materialien sollte jedoch nicht auf Kosten der Wirksamkeit des Verfahrens gehen. Es kann erforderlich sein, die Abfallbiomasse auf chemischem oder physikalischem Wege zur Verbesserung der Prozeßcharakteristika zu behandeln (s. oben). Biomasse aus Algen müßte zur Sorption von Metallen oder Radionukliden im allgemeinen für das jeweilige Abfallbehandlungsprojekt gesondert hergestellt werden, da es zur Zeit keinen Prozeß gibt, bei dem Algen als Abfallbiomasse anfallen.

Tabelle 14.4: Beispiele für Quellen von Biomasse zum Einsatz bei der Behandlung metall- oder radionuklidhaltiger Abwässer

Abfallbiomasse	Quelle
Belebtschlamm	Kläranlagen
ausgefaulter anaerober Schlamm	
Saccharomyces cerevisiae (Hefe)	Brauereien
Bacillus subtilis (gram-positives Bakterium)	Enzymherstellung
Penicillium chrysogenum (Pilz)	Penicillinherstellung

2. Das Biosorbens sollte über eine hohe Metallakkumulationsfähigkeit verfügen und die Akkumulation sollte hinlänglich schnell und wirkungsvoll ablaufen, um mit konventionellen Verfahren konkurrieren zu können. Um hier bestehen zu können, sollte das Biosorbens > 99 % der gewünschten Metalle oder Radionuklide entfernen (Brierley *et al.*, 1986). Es gibt Hinweise darauf, daß Biosorbentien mit konventionellen Verfahren (Tabelle 14.5) konkurrieren können, wobei einige eine Sorptionskapazität von > 150 mg g^{-1} Trockenmasse erreichen, was für ein wirksames Biosorptionssystem als erforderlich erachtet wird.

Die Akkumulationsrate von Biosorbentien für Schwermetalle hält einem Vergleich mit bestehenden Verfahren jederzeit stand. Die zur Einstellung eines Gleichgewichtes erforderliche Zeit kann sich bei einigen der konventionellen Ionenaustauschverfahren auf mehrere Stunden erstrecken, während sie bei einigen Biosorbentien wie z. B. der Biosorption von Uran durch *Streptomycas longwoodensis* nur wenige Minuten oder sogar nur Sekunden beträgt.

Tabelle 14.5: Steigerung des Wirksamkeitsgrades bei Biosorption im Vergleich zu konventionellen Sorptionsverfahren

Radionuklid	Biosorbens	% Zunahme der Akkumulationsleistung bei Einsatz des Biosorbens gegenüber	
		(I) Ionenaustauschharz	(II) Aktivkohle
Thorium	*Rhizopus arrhizus* (Pilz)	200	230
Uran	*Aspergillus niger* (Pilz)	1.400	-
Radium	Belebtschlamm Abfallbiomasse	2.590	2.140

Eine sorgfältige Auswahl der Biomasse ist jedoch erforderlich, da nicht alle über eine so rasche Aufnahmekinetik verfügen und das Gleichgewicht sich erst Stunden nach der Exposition gegenüber dem Metall einstellt. Einige Biosorbenten weisen eine zweiphasige Akkumulation auf, da mehr als ein Akkumulationsmechanismus mitwirken (Abb. 14.2). Dies zeigt sich z. B. bei der Uranaufnahme durch *R. arrhizus* (Tsezos & Volesky, 1982), bei der sich in der Anfangsphase > 50 % der Aufnahmekapazität auswirken, während die nachfolgende Sorption über mehrere Stunden abläuft.

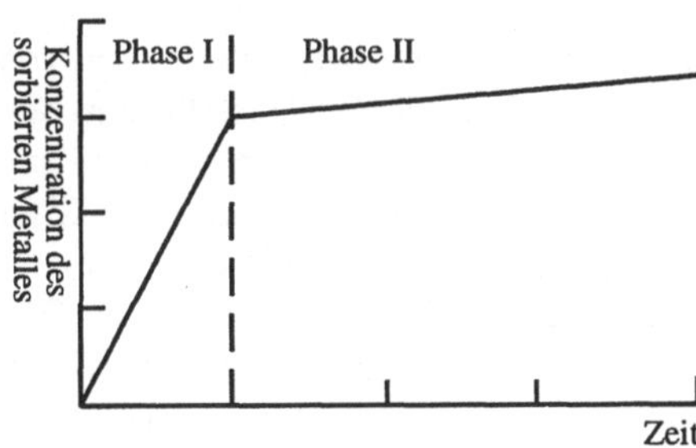

Abb. 14.2: Zweiphasige Metall- oder Radionuklidsorption durch Mikroorganismen und Algen

Andere Parameter der Aufnahmekinetik sollten bei der Wahl der Biomasse berücksichtigt werden. Der Einfluß der Anfangskonzentration des Metalles oder Radionuklides auf die Akkumulationsrate schwankt mit der Art der Biomasse, wobei einige Biosorbentien Sorptionsisothermen aufweisen, die von der Anfangskonzentration des Metalls unabhängig sind und bei denen eine wirkungsvolle Adsorption bereits bei sehr geringen Metallkonzentrationen auftritt, was eine höchst wünschenswerte Prozeßeigenschaft darstellt. Dies ist jedoch nicht überall der Fall und einige Systeme weisen eine starke Abhängigkeit von der Konzentration auf. Bis zu der Konzentration, bei der die Bindungspositionen an der Oberfläche gesättigt sind, besteht ein starkes lineares Verhältnis zwischen den anfänglichen und den Gleichgewichtskonzentrationen der Metalle oder Radionuklide und der Biosorption durch die Biomasse. Eine Zunahme der Konzentration in der Zelle wird die Aufnahme verstärken, da sich erwartungsgemäß die Metallaufnahme bei Sättigung linear proportional zur Konzentration in der Zelle verhält.

3. Da Abwasserströme sehr unterschiedlich zusammengesetzt sein können, sollte die Biosorptionsfähigkeit im Idealfall durch die anderen Abwasserbestandteile nicht beeinflußt werden und sich gegenüber pH-Änderungen relativ stabil verhalten. Dies stellt eine der größten Herausforderungen bei der Entwicklung von Biosorptionssystemen dar. Der Einfluß des pH auf die Sorption eines Metalles ist häufig groß und schwankt je nach Biomasse und Metall. Dies gilt sowohl für Biomasse aus Algen als auch für die von Mikroben. Die Metallbindung durch *Chlorella* hängt stark vom pH ab und die Affinität der Metallbindung wurde bei dieser Alge als eine Funktion des pH beschrieben (Darnall *et al.*, 1986):

a) Metalle, die bei pH > 5 fest gebunden werden, umfassen u. a. Cd^{2+}, Zn^{2+}, Cr^{3+}, Ni^{2+}, Fe^{3+}, Al^{3+}, Cu^{2+}, Pb^{2+} und UO_2^{2+}.

b) Metalle mit starker Bindung unabhängig vom pH umfassen u. a. Ag^{2+}, Hg^{2+}, und $AuCl^{4-}$.

c) Metallanionen, die sich bei pH < 2 stark und bei pH = 5 weniger stark binden sind u. a. CrO_4^{2-} und SeO_4^{2-}.

Ähnliche Unterschiede wurden bei der Reaktion von Mikroorganismen auf den pH bei der Sorption von Metallen festgestellt, und der Effekt schwankt nicht nur mit der Art des Metalles wie bei *Chlorella* sondern auch mit der Art des Biosorbens. Bei *Pseudomonas fluorescens* erwies sich die Uransorption zwischen pH-Werten von 2-4 als pH-unabhängig, während bei *Streptomyces niveus* die Sorption bei einem pH von 2 niedriger war als bei einem Wert von 4. Bei beiden Organismen lag das Maximum der Akkumulation von Uranylionen zwischen pH 4-5, während bei anderen Organismen das Akkumulationsmaximum bei anderen pH-Werten liegt. Diese Unterschiede lassen sich durch Bindungswechselwirkungen erklären wie z. B. eine Konkurrenz um Bindungspositionen zwischen dem Metall und H^+ bei niedrigerem pH oder durch Einwirkungen des pH auf die chemischen Eigenschaften des Metalles, die die nachfolgenden Bindungsprozesse beeinflussen wie z. B. bei der Bildung von hydrolysiertem Uran oder von Uranylionen (McEldowney, 1990).

Es ist klar, daß Änderungen des pH nicht nur die Akkumulationskapazität sondern auch die entsprechenden Raten beeinflussen. Im pH-Bereich von 2,5-5,5 steigt bei *Saccharomyces cerevisiae* die Sorptionsrate für Uran mit zunehmendem pH. Durch sorgfältige Auswahl des Biosorbens sollte dieses Problem im wesentlichen lösbar sein, da es sicherlich Mikroorganismen gibt, deren Sorptionswirkung für bestimmte Metalle nicht vom pH abhängt.

Neben dem oder den betroffenen Metallen finden sich in Abwasserströmen üblicherweise auch andere anorganische und organische Bestandteile, bei denen häufig eine Änderung der Sorptionseffizienz beobachtet wurde. Für diesen Effekt lassen sich verschiedene Erklärungen anführen (McEldowney, 1990):

(a) Direkte Konkurrenz um Bindungspunkte an der Zelloberfläche, was zu geringerer Aufnahme des gewünschten Metalles führt.

(b) Konkurrenz zwischen Liganden an der Zelloberfläche und verunreinigenden Liganden bei der Bildung von Komplexen mit dem gewünschten Metall und damit eine Verringerung der Biosorption.

(c) Anbindung des Schadstoffes an der Zelloberfläche, der anschließend als wirkungsvolle Bindungssorption fungiert und damit die Sorption des Metalles verstärkt.

(d) Die verunreinigende Verbindung kann mit dem Metall einen Komplex bilden, der sich dann leichter an die aktiven Positionen der Biomasse bindet und damit die Metallakkumulation verstärkt.

Beispiele für all diese Effekte finden sich bei verschiedenen Metallen/Radionukliden und für verschiedene Arten von Biomasse. Der Einfluß von Verunreinigungen wird durch den pH noch zusätzlich verkompliziert, der die Auswirkungen anorganischer und organischer Verbindungen auf die Wirksamkeit der Sorption bedeutend verändern kann. Der Einfluß auf die Sorption ist insbesondere bei drei Komponenten betrachtenswert. Fe^{3+} als relativ häufiger Bestandteil von Abwässern kann die Sorption einiger Metalle durch eine Reihe von Biomassetypen behindern (Gahm *et al.*, 1984). Auch die Härte des Abwassers beeinflußt die Biosorption, da die vorhandenen Ca^{2+} und Mg^{2+} die Metallsorption an verschiedenen Biosorbentien wahrscheinlich durch direkte Konkurrenz um aktive Positionen behindern (Lewis & Kiff, 1988), was aber nicht für Algen wie *Chlorella* zu gelten scheint. Die verbreitete Anwesenheit einwertiger Kationen wie K^+ und Na^+ in Abwässern beeinflußt die Sorption zwei- und dreiwertiger Kationen im allgemeinen jedoch nicht.

Es ist möglich, daß einige der aus der Anwesenheit verschiedener Mischungen von Bestandteilen der Abwässer herrührenden oder durch den pH des Abwassers verursachten Probleme durch eine sorgfältige Wahl der Biomasse umgangen werden können und damit eine wirksame Sorption der Metalle oder Radionuklide unter den jeweiligen Bedingungen des Abwasserstromes gesichert werden kann. Alternativ sollte es möglich sein, durch eine Vorbehandlung der Biomasse wie z. B. durch Modifikation der Oberfläche passende Aufnahmecharakteristika einzustellen oder dies durch Genmanipulation an einem Organismus zu erreichen. Dies wird nur dann durchführbar sein, wenn die Oberflächenbindungsmechanismen und die Wechselwirkungen zwischen den entsprechenden Metallen, Zelloberflächen und Verunreinigungen bekannt sind. Diese Modifikationen und Auswahlverfahren werden nur dann Wirkung zeigen, wenn der Abwasserstrom sich nicht verändert. Die Lösung der Verunreinigungsproblematik in sich ändernden Abwässerströmen ist schwieriger und dürfte eine Vorbehandlung des Abwassers vor Eintritt in den Biosorptionsprozeß erfordern. Konventionelle Verfahren zur Entfernung von Schadstoffen wie z. B. Fe^{3+}-Fällung können mit Biosorptionsprozessen verknüpft werden. Es sollte dabei aber auch bedacht werden, daß Verunreinigungen im Abwasser und schwankende pH-Werte auch bei konventionellen Verfahren schädlich wirken können.

4.   Wenn bei dem Prozeß statt der Eindämmung von Schadstoffen die Rückgewinnung eines strategischen oder wertvollen Metalles im Vordergrund steht, dann sollte der Sorptionsprozeß selektiv sein und zur Abtrennung des gewünschten Metalles aus der ganzen Mischung der Bestandteile des Abwassers führen. Es gibt eine Vielzahl von Beispielen für bevorzugte Adsorptionsreihen von Metallen durch Mikroorganismen und Algen, wodurch die selektive Adsorption greifbar wird.

Bei *Chlorella* ist folgende selektive Adsorptionsreihe ausgebildet (Darnall *et al.*, 1986):

$$UO_2^{2+} > Cu^{2+} > Zn^{2+} > Be^{2+} = Mn^{2+} > Cd^{2+} = Sr^{2+}$$

Bei *Aspergillus niger* lautet die Reihe nach Yakubu & Dudeney (1986):

$$Fe^{3+} > UO_2^{2+} > Cu^{2+} > Zn^{2+}$$

Die Selektivität für bestimmte Metalle kann durch die Wahl geeigneter Stämme und Zellwandeigenschaften in ähnlicher Weise gesteuert werden wie die Minimierung des Einflusses der Verunreinigungen im Abwasserstrom.

5.   Es sollte möglich sein, die Metallionen aus den Biosorbentien zurückzugewinnen. Diese Rückgewinnung sollte schnell, metallselektiv und preiswert sein. Die Biomasse sollte nach der Desorption erneut verwendbar sein und dies über mehrere Sorptions-/Desorptions-Zyklen hinweg. Die Rückgewinnung bringt mehrere Vorteile:

(a)   Seltene oder wertvolle Metalle oder Radionuklide können zurückgewonnen werden.

(b)   Die mit Metallen oder Radionukliden verunreinigte biologisch abbaubare Biomasse muß nicht entsorgt werden.

Es ist wichtig, daß zur wirkungsvollen Desorption nur geringe Mengen von Eluationmitteln zum Biosorbiens zugegeben werden, damit eine konzentrierte

Eluationslösung zur Entsorgung oder weiteren Behandlung erhalten wird. Die Eluationslösung sollte auf jeden Fall wesentlich stärker konzentriert sein als der ursprüngliche Abwasserstrom.

Wirksame Eluationsmittel lassen sich in zwei Kategorien unterteilen: solche, die mit Metallen oder Radionukliden sehr leicht lösliche Salze und solche, die mit dem betreffenden Metall lösliche Komplexe bilden. Im Idealfall sollte es sich bei Eluationsmitteln um üblicherweise von der Industrie eingesetzte Chemikalien handeln, die leicht zu beschaffen und preiswert sind, damit die Betriebskosten weiter gesenkt werden.

Tabelle 14.6: Wirksamkeit der Uraneluation aus Biosorbentien

Biosorbens	Eluations-mittel mechanismus	Konzen-tration	Wirksamkeit der Eluation (%)	Eluations-
Rhizopus löslicher arrhizus		0,01 N	unwirksam	Bildung
		0,1 N	94	Salze
		1,0 N	100	
Rhizopus löslicher arrhizus	Na_2CO_3	0,1 N	100	Bildung
	$NaHCO_3$	1,0 N	Komplexe 100	
Penicillium löslicher digitatum	EDTA	0,1 M	61	Bildung
			Komplexe	
Actinomyces levoris	EDTA	0,01 M	82-88	

Schwefel-, Salpeter- und Salzsäure haben sich als überaus wirksame Eluationsmittel für die Bildung von löslichen Salzen einer Vielzahl von Metallen aus mehreren Arten von Biosorbentien erwiesen. Ihre Wirksamkeit hängt von Konzentration, Art des Eluationsmittels und des Biosorbens ab (Tabelle 14.6). Die wesentliche Begrenzung für den Einsatz dieser Eluationsmittel, entsprechende Eluationswirksamkeit vorausgesetzt, liegt in deren Wirkung auf das Biosorbens. Sowohl die strukturelle Unversehrtheit als auch die Sorptionsmerkmale (Aufnahmekinetik und Kapazität) werden durch die Eluationsmittel beeinflußt, wodurch die nachfolgende Wiederverwendung des Biosorbens begrenzt werden kann. Ähnliche Überlegungen gelten für Komplexbildungsmittel. So stellt z. B. Karbonat als Komplexbildner mit Uran ein sehr wirksames Desorptionsmittel für Uran dar (Tabelle 14.6), das aber das Biosorbens schädigt. Diese Schädigung scheint eine Folge des Säuregehaltes der Karbonatlösungen zu sein. Natriumbikarbonat ist jedoch ebenfalls ein sehr wirksames Mittel zur Desorption von Uran aus Biomasse (Tabelle 14.6) und ermöglicht eine weitreichende Wiederverwendung des Biosorbens, da es zu keinen Veränderungen der Struktur oder der Aufnahmecharakteristika führt (McEldowney, 1990).

Akkumulation durch Biopolymere

Eine Vielzahl von Biopolymeren verfügen über ein Potential zur Bindung von Metallen. Darunter befinden sich Polysaccharide, Proteine sowie polyphenolische und damit verwandte Polymere (Hunt, 1986). Metalle verbinden sich mit den Biopolymeren je nach dem betroffenen Metall bzw. Biopolymer durch einen oder beide der nachfolgenden Prozesse: (I) Ladungswechselwirkungen, da viele Biopolymere negativ geladen sind, wobei die Ladungsdichte von der Art des Polymers abhängt, (II) Funktionsgruppen am Biopolymer können mit dem Metall Koordinationsreaktionen eingehen, wobei z. B. Schwefel in Thiolgruppen (-SH) als Donatoratom wirkt. Die Löslichkeit eines Biopolymers hängt von seinem Molekulargewicht ab, der Art des Biopolymers und von Umgebungsbedingungen wie pH und Ionenkonzentration (Ashley & Reach, 1990).

Komplett ungereinigte Polymere neigen zu Unlöslichkeit, sind jedoch im allgemeinen ausgeprägt hydrophil und durchlässig. Ungereinigte unlösliche Polymere können bei der Reinigung metallhaltiger Abwässer entweder in fluidisierten Schichten oder Säulen eingesetzt oder direkt dem Abwasser beigegeben werden. Durch den Einsatz ungereinigter Polymere wird sichergestellt, daß das Verfahren wirtschaftlich gegenüber bestehenden Verfahren konkurrenzfähig ist. Reinigungsaufwendungen werden die Kosten unvermeidlich erhöhen und müßten durch eine beträchtliche Steigerung der Sorptionswirkung kompensiert werden, was sich allerdings anscheinend durch die Behandlung bestimmter Polymere erreichen ließe.

Es ist möglich, daß die Löslichkeit eines Biopolymers zu seiner Wirksamkeit bei der Entfernung von Metallen aus flüssigen Abfällen beiträgt. Durch die Zugabe löslicher Biopolymere zum betreffenden Abwasser würde sich eine innige Vermischung mit den Abfallkomponenten ergeben. Außerdem könnten die zu behandelnden Metalle als Brücken zwischen den Polymerketten und dabei insbesondere bei Polysacchariden wirken und durch die sich dabei ergebende beträchtliche Vergrößerung des Molekulargewichtes zu deren Ausfällung führen. Diese Ausfällung ließe sich auch durch Änderung der Eigenschaften des Abwasserstromes wie z. B. pH oder Ionenstärke erreichen. Die ausgefällten Komplexe aus Biopolymer und Metall könnten dann als Schlamm aus dem Abwasser entfernt werden.

Polysaccharidbiopolymere Polysaccharide, d. h. Polymere aus Monosaccharideinheiten oder Monomeren, werden von Tieren, Pflanzen und Mikroorganismen hergestellt. Einige dieser Polymere sind in großen Mengen verfügbar wie z. B. die die Zellwände aufbauende Zellulose, ein neutrales Polysaccharid aus ß (1-4)

Glukosemonomeren. Bei der Zellulose handelt es sich um das am weitesten verbreitete natürliche Biopolymer, das trotz seiner elektrischen Neutralität bestimmte Metalle binden kann. So kann z. B. Kupfer durch Zellulose dadurch gebunden werden, daß die das Kupferatom umgebenden Wassergruppen durch Hydroxylgruppen des Polymers verdrängt werden.

Die größte Vielfalt an Polysacchariden wird durch Mikroorganismen produziert. Eine Vielzahl von Bakterien bilden Exopolymere, die locker mit der Zellwand verbunden sein können; oder aber sie bilden eine eigene, die Zelle umhüllende, gelatinöse Lage oder Kapsel. Diese sauren Polysaccharide sind üblicherweise hydrophil und polar und vermögen Metalle außergewöhnlich wirkungsvoll zu binden. Sie bestehen je nach Bakterienart im wesentlichen aus Pentosen, Hexosen, Heptosen, Aminozuckern und Hexamonsäuren. Die Bildung extrazellulärer Polymere kann nach Menge und Molekularstruktur durch die Wachstumsbedingungen gesteuert werden. So regt z. B. ein hohes C/N-Verhältnis bei vielen Bakterien die Bildung von Exopolymeren an, wobei das Ausmaß, in dem die Art des Polymers durch die Wachstumsbedingungen beeinflußt werden kann, von der Bakterienart abhängt. Eine Zunahme des zur Metallbindung verfügbaren Exopolymers erhöht erwartungsgemäß die Sorptionsfähigkeit des Polymers. Die Polymere wirken nicht nur durch Bindung von Metallionen, sondern auch dadurch, daß sie unlösliche, an Teilchen gebundene Metalle physisch einschließen. Bakterienpolymere können in technischem Maßstab durch Fermentation hergestellt werden, wobei bestimmte Polymereigenschaften sowohl durch Auswahl der Stämme als auch durch die Einstellung geeigneter Wachstumsbedingungen gesteuert werden können.

Das Auftreten von im wesentlichen durch Mitglieder der Bakteriengattung *Zoogloea* produzierten Exopolymeren in Belebtschlamm stellt einen Schlüsselfaktor bei der Entfernung von Metallen aus Abwässern mittels solcher Schlämme dar. *Zoogloea ramigera* bildet ein Heteropolymer aus Glukose, Galaktase und Pyruvateinheiten, wobei die Produktion nur bei C/N-Verhältnissen von 10:1 abläuft. Zellen und Polymere dieser Organismen verfügen gemeinsam, bezogen auf Trockenmasse, über eine Bindungsfähigkeit von 0,30 g Cu g^{-1} bzw. 0,10 g Cd g^{-1}. Die Metalle können durch Säurebehandlung desorbiert werden, wodurch Biomasse und Polymer über mehrere Behandlungszyklen eingesetzt werden können. Ähnliche Faktoren wie bei der Sorption von Metallen an Zelloberflächen beeinflussen und steuern auch die Sorption an Exopolymeren (Hunt, 1986).

Auch bestimmte tierische Produkte sind Polysaccharide und bieten sich zur Sorption von Metallen an. Darunter befindet sich das zweithäufigste natürliche Polymer, das Chitin, ein Zellwandbestandteil von Pilzen und der Skelettbaustoff bei Krustazeen und Insekten. Es ist preiswert in Mengen von mehreren Millionen Tonnen jährlich als Abfall aus der Fischereiindustrie verfügbar. Chitin besteht aus ß (1-4)-verbundenen N-Acetyl-Glukosamen-Monomeren (Abb. 14.3) und bildet Ketten von beträchtlicher Länge. Es ist ein hochkristallines unlösliches Polymer, das sich als wirkungsvolles Biosorbens für Metalle erwiesen hat (Macaskie & Dean, 1990).

Chitosan ist ein häufig eingesetztes Chitinderivat, das durch die Behandlung von Chitin mit kochenden Alkalien gewonnen wird (Onsoyen & Skavgrud, 1990). Diese Behandlung führt je nach eingesetztem Alkali und je nach Art der Wärmebehandlung in unterschiedlichem Ausmaß zur Deproteinisierung und Deacetylisierung (Abb. 14.3), wodurch eine Steuerung der Adsorptionscharakteristika des Chitosans möglich ist. Chitosan bildet gerade Polymerketten aus ß (1-4)-verbundenen Glykanen mit Molekulargewichten zwischen 10.000-100.000 Dalton je nach den Herstellungsbedingungen. Die Glykanen bestehen aus 2-Acetamido-2- Deoxy-D-Glukose (-Glukosamin) (Abb. 14.3). Chitosan besitzt freie Aminogruppen und unterscheidet sich von Chitin in seinen Eigenschaften.

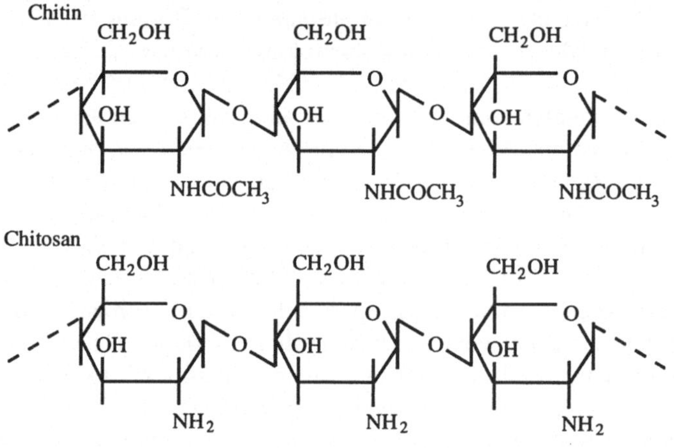

Abb. 14.3: Unterschiede in der chemischen Struktur von Chitin und Chitosan

Bei der Bindung von Metallen an Chitosan laufen je nach Art des Metalles verschiedene Mechanismen ab, wobei die Wechselwirkung mit Kupfer bisher am besten untersucht wurde. Bei dieser Bindung des Kupfers an Chitosan scheint es sich um die Bildung eines Komplexes zwischen dem Kupfer, zwei Hydroxylgruppen, einer Amylgruppe und einer vierten Position zu handeln, die entweder von Wasser oder einer weiteren Hydroxylgruppe des Chitosanpolymers eingenommen wird. Die Wirksamkeit von Chitin und Chitosan bei der Bindung von Metallen schwankt je nach Metall oder Radionuklid. So bilden Pilze z. B. auch Chitin, das bei der Bindung von Uran dem von Krustazeen überlegen ist, was anscheinend auf andere Acetylisierungseigenschaften und auf unterschiedliche damit verbundene Polymere wie z. B. Protein zurückzuführen ist. Aus unterschiedlichen Wirbellosen hergestellte Chitosane verfügen über unterschiedliche Bindungsfähigkeiten für z. B. Kupfer, Quecksilber und Nickel. Die Bindung von Metallen oder Radionukliden an Chitin und Chitosan kann rasch bis zur Sättigungsgrenze ablaufen. Die Sorptionseigenschaften von Chitin und Chitosan können durch chemische Behandlung weiter verändert und verbessert werden, wobei Produkte wie z. B. Chitosanphosphate über gute Metallbindungseigenschaften verfügen.

Eine andere Gruppe natürlicher Polymere, die industriell zu einer Vielzahl von Zwecken eingesetzt werden, sind durch marine Algen gebildete Verbindungen wie Alginate und Carrageenane. Meeresalgen sind weitverbreitete Quellen für Polysaccharidmaterialien wie z. B. neutrale oder stark negativ geladene Polymere, die die Schleimschicht um viele Seetangarten bilden. Algenschleim verfügt über eine außergewöhnlich hohe Fähigkeit zur Bindung von Kationen, was sich im wesentlichen auf die sauren Eigenschaften und die Kationenbindung an Carboxyl- und Estersulfatgruppen zurückführen läßt.

Polyphenolische Biopolymere Lignin ist ein Polymer aus quer miteinander verbundenen Phenylpropaneinheiten (Hunt, 1986). Es handelt sich dabei um das wesentliche Baumaterial in der Zellwand von Pflanzen, und es steht in großen Mengen aus der Papierindustrie zur Verfügung. Bei der Herstellung von Papier wird weiche Holzmasse dem Säure-Sulfit-Verfahren unterworfen, bei dem die unlösliche Zellulose von den anderen Bestandteilen der Zellwände getrennt wird. Bei diesem Verfahren wird Ligninsulfonsäure, eine lösliche Form des Lignins hergestellt. Es ist bekannt, daß Ligninsulfonsäuren wirksam Kalzium und Magnesium binden können. Diese Tatsache zusammen mit der Verfügbarkeit als einem industriellen Abfallprodukt kann als Hinweis darauf gewertet werden, daß es sich als sinnvoll erweisen könnte, sein Potential zur Bindung von Metallen und Radionukliden zu untersuchen.

Metallbindende Proteine Metallbindende Proteine wie z. B. Metallthioneine und Phytochelatine scheinen normalerweise von Mikroorganismen gebildet zu werden (Gadd, 1992). Metallthioneine, kleine, cysteinreiche Polypeptide, binden sowohl essentielle als auch nichtessentielle Metalle. Sie scheinen außerdem bei der Resistenz gegenüber Metallen eine Rolle zu spielen. Wegen ihrer metallbindenden Eigenschaften können möglicherweise Metallthioneine bei der Abscheidung von Metallen mitwirken. Dies ist umso mehr der Fall, als es möglich erscheint, durch Genmanipulation die Bildung von Metallthionein zu verstärken und für bestimmte Metalle spezifische Metallthioneine zu entwickeln (Butt & Ecker, 1987).

Biopolymere verfügen sowohl in ihrer natürlichen als auch in modifizierter Form offensichtlich über ein beträchtliches Potential zur Behandlung von Abwasserströmen. Um jedoch in Wirtschaftlichkeit und Wirksamkeit mit konventionellen Behandlungsverfahren konkurrieren zu können, müssen sie die oben genannten Kriterien für extrazelluläre Sorption erfüllen.

Bindung durch Exoprodukte Die Bildung metallchelatisierender Agentien scheint bei Mikroorganismen verhältnismäßig weit verbreitet zu sein (Gadd, 1992). Bei diesen Siderophore genannten Chelatisierungsmitteln handelt es sich um Katechol- oder Hydroxamatderivate, die bei der Aufnahme von Eisen in Zellen eine Rolle spielen. In der Umwelt bringen Siderophore Hydroxide des dreiwertigen Eisens in Lösung und machen damit lösliches Eisen für die Zellen verfügbar. Siderophore binden dreiwertiges Eisen überaus wirkungsvoll, können jedoch auch andere Metalle, allerdings mit geringeren Wirkungsgraden binden. Sie können entweder mikrobiell oder durch chemische Synthese hergestellt und zur Entfernung bestimmter Metalle aus Abwasserströmen eingesetzt werden. Durch chemische Behandlungen läßt sich ihre Wirksamkeit erhöhen. So kann z. B. das Katecholderivat durch die Substitution von Cl^-, Br^- oder N_{O2}^- im Benzolring modifiziert werden, wodurch die Metallbindungsfähigkeit des Moleküls beträchtlich verändert wird. Modifizierte Siderophore wurden bereits zur Entfernung von Metallen wie Cd^{2+}, Hg^{2+} und Cu^{2+} oder Radionukliden wie Sr^{2+}, Cs^+ und UO_2^{2+} aus gemischten Abwässern eingesetzt.

Das Ausmaß von Reaktionen, die Organismen oder ihre Produkte mit Metallen und Radionukliden eingehen, ist offensichtlich beträchtlich und viele dieser Wechselwirkungen können bei der Entwicklung von biologischen Behandlungsverfahren zur Entfernung und Rückgewinnung von Metallen und Radionukliden aus Abwässern Anwendung finden.

Literatur

AIKING, H.; HOK, K.; VAN HEERIKHUIZEN, H.; VAN'T RIET, J. (1982): Adaptation to cadmium by Klebsiella aerogenes growing in continuous culture proceeds mainly via the formation of cadmium sulfide. Appl. Environ, Microbiol., 44, 938-944.

ASHLEY, N. V.; ROACH, D. J. (1990): Review of biotechnology applications to nuclear waste treatment. J. Chem. Technol. Biotechnol., 49, 381-394.

BEVERIDGE, T. J. (1978): The response of cell walls of Bacillus subtilis to metal and to electron microscopic stains. Can. J. Microbiol., 24, 89-104.

BONOTTO, S.; GERBER, C. T.; GARTER JR.; VANDECASTEELE, C. M.; MYTTENAERE, C.; VAN BAELEN, J.; COGNEAU, M.; VAN DER BEN, D. (1984): Uptake and distribution of technetium in several Trarine algae. In: References 287 Cigna, A.; Myttenaere, C. (eds.): Int. Symp. Behav. Long-lived Radionuclides Marine Environ., pp. 138-396. CEC, Brussels.

BRIERLEY, C. L. (1978): Bacterial leaching. CRC Crit. Rev. Microbiol., 6, 207-262.

BRIERLEY, C. L.; BRIERLEY, J. A.; DAVIDSON, M. S. (1989): Applied microbial processes for metals recovery and removal from wastewater. In: Beveridge, F. G.; Doyle, R. J. (eds.):, Metal Ions and Bacteria, pp. 359-382. John Wiley and Sons, New York.

BRIERLEY, R. A.; GOYAK, G. M.; BRIERLEY, C. L. (1986): Considerations for commercial use of natural products for metal recovery. In: Eccles, H.; Hunt, S. (eds.): Immobilisation of Ions by Biosorption, pp. 105-117. Ellis Horwood, Chichester.

BUTT, T. R.; ECKER, D. J. (1987): Yeast metallothionein and applications in biotechnology. Microbiol. Rev., 51, 351-364.

DARNALL, D. W.; GREENE, B.; HENZL, M. T.; HOSEA, J. M.; McPHERSON, R. A.; SNEDDON, J.; ALEXANDER, M. D. (1986): Selective recovery of gold and other metal ions from an algal biornass. Environ. Sci. Technol., 20, 206-208.

DORAN, J. W. (1982): Microorganisms and the biological cycling of selenium. Adv. Microbial Ecol., 6, 1-32.

FERRIS, F. G.; SHOTYK, W.; FYFE, W. S. (1989): Mineral formation and decomposition by microorganisms. In: Beveridge, T. J.; Doyle, R. J. (eds.): Metal Ions and Bacteria. John Wiley and Sons, New York.

GADD, G. M. (1992): Microbial control of heavy metal pollution. In: Fry, J. C.; Gadd, G. M.; Herber, R. A.; Jones, C. W.; Watson-Craik, I. A. (eds.): Microbial Control of Pollution, pp. 59-88. Cambridge University Press, Cambridge.

GALUN, M.; KELLER, P.; MALKI, D.; FELDSTEIN, H.; GALUN, E.; SIEGEL, S.; SIEGEL, B. (1984) Removal of uranium (V1) from solution by fungal biomass: inhibition by iron. Water Air Soil Pollut., 21, 411-414.

GHIORSE, W. C. (1984): Biology of iron-depositing and manganese-depositing bacteria. Ann. Rev. MicrobioL, 38, 515-550.

HUGHES, M. N.; POOLE, R. K. (1989a): Metals and Microorganisms, pp. 303-358. ChapMan & Hall, London.

HUGHES, M. N.; POOLE, R, K. (1989b): Metal mimicry and metal limitation in studies of metal-microbe interactions. In: Poole, R. K.; Gadd, G. M. (eds.): Metal-Microbe Interactions, pp. 1-17. IRL Press, Oxford.

HUNT, S. (1986): Diversity of biopolymer structure and its Potential for ion binding applications. In: Eccles, H.; Hunt, S. (eds.): Immobiläation of Ions by Biosorption, pp. 15-46. Elfis Horwood Ltd, Chichester.

LEVI, P.; LINKLEFRER, A. (1989): Metals, microorganisms and biotechnology. In: Hughes, M. N.; Poole, R. K. (eds.): Metal and Microorganisms, pp. 303-358. Chapman and Hall London.

LEWIS, D.; KIFF, R. J. (1988): The removal of heavy metals from aqueous effluents by immobilized fungal biomass. Environ. Technol. Lett., 9, 991-998.

MACASKIE, L. E. (1990): An immobilized cell bioprocess for the removal of heavy metals from aqueous flows. J. Chem. Technol. Biotechnol., 49, 357-381.

MACASKIE, L. E.; DEAN, A. C. R. (1990): Metal-sequestering biochemicals. In Volesky, B. (ed.): Biosorption of Heavy Metals, pp. 199-248. CRC Press, Boca Raton.

MCELDOWNEY, S. (1990): Microbial biosorption of radionuclides in liquid effluent treatment. Appl. Biochem. Biotechnol., 26, 159-180.

MERGEAY, M. (1991): Towards an understanding of bacterial metal resistance. TIBTECH., 9, 17-24.

NEALSON, K. H.; ROSSON, R. A.; MYERS, C. R. (1989): Mechanisms of oxidation and reduction of manganese. In: Beveridge, F. G.; Doyle, R. J. (eds.): Metal Ions and Bacteria, pp. 383-412. Wiley.

NORRIS, P. R. (1989): Mineral oxidising bacteria: metal-organism interactions. In: Poole, R. K.; Gadd, G. M. (eds.): Metal-Microbe Interactions, pp. 99-117. IRL Press, Oxford.

ONSOYEN, E.; SKAUGRUD, O. (1990): Metal recovery using chitosan. J. Chem. Technol. Biotechnol., 49, 395-404.

OREMLAND, R. S.; HOLLIBAUGH, J. T.; MAEST, A. S.; PRESSEC, T. S.; MILLER, L. G.; CULBERTSON, C. O. (1989): Selenate reduction to elementar selenium by anaerobic bacteria in Bedient and culture: biogeochemical significance of a novel sulphate independent respiration. Appl. Environ. Microbiol., 55, 2333-2343.

TOBIN, J. M.; COOPER, D. G.; NEUFELD, R. J. (1984): Uptake of metal ions by Rhizopus arrhizus biomass. Appl. Environ. Microbiol., 47, 821-824.

TSEZOS, M.; VOLESKY, B. (1982): The mechanisms of uranium biosorption by Rhizopus arrhizus. Biotechnol. Bioeng., 24, 385-401.

VOLESKY, B. (1987): Biosorbents in metal recovery. Trends Biotechnol., 5, 95-101.

YAKUBU, N. A.; DUDENEY, A. W. L. (1986): Biosorption of uranium with Aspergillus niger. In Eccles, H.; Hunt, S. (eds.): Immobilization of Ions by Biosorption, pp. 183-200. Ellis Horwood Ltd, Chichester.

Weiterführende Literatur

BEVERIDGE, T. J.; DOYLE, R. J. (1989): Metal Ions and Bacteria. John Wiley and Sons, New York.

GADD, G. M. (1992): Microbial control of heavy metal pollution. In: Fry, J. C.; Gadd, G. M.; Herbert, R. A.; Jones, C. W.; Watson-Craik, I. A. (eds.). Microbial Control of Pollution, pp. 59-88. Cambridge University Press, Cambridge.

HUGHES, M. N.; POOLE, R. K. (1989): Metals and Microorganisms. Chapman and Halt, London.

HUTCHINS, S. R.; DAVIDSON, M. S.; BRIERLEY, J. A.; BRIERLEY, C. L. (1985): Microorganisms in reclamation of metals. Ann. Rev. Microbiol., 40, 311-336.

POOLE, R. K.; GADD, G. M. (eds.)(1989): Metal-Microbe Interactions. Special Publication, Society for General Microbiology, Vol. 26. IRL Press, Oxford. (1990): Papers from the meeting Recovery/removal of metals by biosorption - a chemical reality or a scientist's dream? J. Chem. Technol. Biotechnol., 49, 329-404.

Kapitel 15

Biotechnologien zur Entfernung und Rückgewinnung von Metallen und Radionukliden

Einleitung

Biologische Verfahren zur Entfernung von Metallen und Radionukliden aus flüssigen Abfällen beruhen auf aktiven Verfahren wie der biologischen Umbildung und passiven wie der Biosorption (Kap. 14). Diese schließen sich gegenseitig nicht aus und können je nach dem eingesetzten Abwasserbehandlungssystem gleichzeitig ablaufen. Tatsächlich wirken verhältnismäßig häufig in lebenden biologischen Behandlungssystemen mehrere Mechanismen nebeneinander.

Lebende Systeme zur Entfernung von Metallen und Radionukliden aus Abfällen sind entweder natürlicher Herkunft oder künstlich hergestellt. Natürliche oder die Natur nutzende Systeme basieren auf vorhandenen kompletten Ökosystemen wie z. B. Feuchtbiotopen (Moore und Marschen) oder aquatischen Ökosystemen wie Seen und Teichen. Biokatalysatoren sind dabei die vorhandenen Pflanzen oder Algen- und Mikrobengemeinschaften. Künstlich hergestellte lebende Systeme umfassen zwei deutlich verschiedene Typen: (I) diejenigen Systeme, die die Basis für künstliche komplexe Ökosysteme bilden, die natürlichen Systemen ähneln. Darunter finden sich künstliche Mäander und Eindeichungen. (II) für einen bestimmten Zweck errichtete Systeme, die lebende Mikrobengemeinschaften oder einzelne Mikrobenpopulationen enthalten. Dazu zählen sich Kläranlagen mit komplexen Mikrobengemeinschaften und verschiedene Biokontaktoranlagen, die häufig nur eine einzige Mikrobenart verwenden.

Auf nicht lebendigem Material beruhende biologische Behandlungsverfahren zur Entfernung von Metallen bedienen sich Biosorbentien aus Mikroorganismen und Algen sowie Komplexbildnern biologischer Abstammung. Der Kontakt zwischen dem das Metall oder Radionuklid enthaltenden Abwasser und dem Biokatalysator findet in Bioreaktoren oder -kontaktoren unterschiedlicher Art (z. B. Festschicht oder Dispersschicht) statt (s. unten).

Biologische Behandlungsverfahren zur Entfernung von Schwermetallen und Radionukliden aus Abwässern sollten nicht unbedingt als isolierte Abläufe betrachtet werden, da es empfehlenswert sein kann, zur Erreichung der größtmöglichen Wirksamkeit bei der Metallabscheidung mehrere verschiedene biologische Systeme zu kombinieren. Außerdem kann es zur Erreichung der bestmöglichen Abwasserqualität ratsam sein, diese Systeme mit bestehenden konventionellen Methoden zusammenzuschließen.

In diesem Kapitel soll die Technologie dieser sich allmählich abzeichnenden biologischen Behandlungsverfahren betrachtet und ihre Anwendungsmöglichkeiten bei der Behandlung metall- oder radionuklidhaltiger Abwässer beurteilt werden. Bei jedem Prozeß der Metallentfernung werden die ihm zugrunde liegenden Mechanismen beschrieben und die Wirksamkeit beurteilt. Die bei der Biolaugung von Metallerzen eingesetzten Verfahren sollen hier jedoch nicht behandelt werden.

Biologische Verfahren auf nichtlebender Basis zur Aufbereitung metallhaltiger Abwässer

Der Schlüsselmechanismus bei der Behandlung metall- und radionuklidhaltiger Abwässer durch nichtlebende Biokatalysatoren ist die Metallsorption (Kap. 14). Der Einsatz nichtlebender Biomasse oder von Materialien biologischer Herkunft verfügt über verschiedene Vorteile gegenüber der Verwendung lebendiger Systeme zu diesem Zweck. Insbesondere werden die Probleme vermieden, die sich aus der Giftigkeit der Metalle gegenüber lebenden Organismen ergeben. Die Toxizität der Schwermetalle und Radionuklide für lebende Organismen kann zu verschiedenen Auswirkungen auf die Akkumulation führen:

1. Die Stoffwechselaktivität der Organismen kann verringert werden, was zu einer Senkung der aktiven Akkumulations- oder Umbildungsreaktionen führen kann. Außerdem können Änderungen in der Stoffwechselaktivität zu Veränderungen der Oberflächeneigenschaften der Zellen führen, durch die die Metallsorption negativ beeinflußt werden kann.
2. Die Wirksamkeit zellgebundener Enzyme kann herabgesetzt werden, wodurch Prozesse wie z. B. die Phosphatasebildung von Metallen durch *Citrobacter* sp. beeinflußt werden kann (Kap. 14) (Macaskie, 1990).

Nichtlebende Verfahren werden durch hohe Metallkonzentrationen oder Schwankungen in der Zusammensetzung des Abwassers nicht beeinflußt, außer daß sich diese auf die passive Akkumulation der Metalle oder Radionuklide auswirken (Kap. 14). Nichtlebende Systeme verfügen außerdem über den Vorteil, daß hier Wachstumsbedingungen nicht durch Werte wie O_2-Partialdruck und Verfügbarkeit von Nährstoffen und Wachstumsfaktoren gesteuert werden müssen, die sonst erforderlich wären, um aktiv verstoffwechselnde oder ruhende Organismen aufrechtzuerhalten. Es ist weiterhin nicht erforderlich, aus der Behandlungslösung überschüssige Nährstoffe oder Abfallprodukte des Stoffwechsels abzutrennen und zu entsorgen. Das Fehlen solcher Abfallprodukte vermeidet mögliche Wechselwirkungen zwischen diesen und den Metallen oder Radionukliden, durch die die Sorptionseigenschaften der Metalle verändert werden könnten. Solche Wechselwirkungen können z. B. zum Auftreten möglicherweise signifikanter Mengen von durch Metabolite komplexgebundenen Metallen im Abwasserstrom führen (Kap. 14), die dann nicht mit dem Biokatalysator reagieren können.

Prozeßtechnologien: Biosorbentien aus Mikroben und Algen

Bei jedem Biosorptionsverfahren muß ein inniger Kontakt zwischen der Festphase der Biosorbentien und der flüssigen metallführenden Phase sichergestellt sein. Dies läßt sich durch kontinuierliche, halbkontinuierliche und Chargenstromverfahren in einer Reihe von Prozeßanordnungen wie z. B. Rührwerkstanks oder Säulenkontaktoren erreichen. Einige Randbedingungen für die Prozeßauslegung ergeben sich jedoch aus der ursprünglichen Biomasse aus Algen und Mikroben. Solche Biomasse kann nur in Rührwerktankreaktoren eingesetzt werden. Dies beruht auf drei Eigenschaften, die dieses Material für andere Kontaktorsysteme ungeeignet machen (Brierly *et al.*, 1989):

— geringe mechanische Festigkeit,

— geringe Dichte,

— geringe Teilchengröße.

In Rührwerkstankkontaktoren werden diese Probleme durch die Suspendierung des Biosorbens im Abwasser kompensiert. Für Rührwerkstankkontaktoren bieten sich verschiedene Auslegungen an: Chargenfüllung oder Dauerstrom (Abb. 15.1 a und b) sowie ein- oder mehrstufiger Betrieb. Obwohl mehrstufige Kontaktoren die Wirksamkeit des Verfahrens erhöhen, ergibt sich dabei jedoch gleichzeitig eine Steigerung der Investitions- und Betriebskosten. Im übrigen tritt bei Rührwerkstankreaktoren ein beträchtlicher Nachteil in Form deutlich erhöhter Prozeßkosten dadurch auf, daß das metallgesättigte Sorptionsmittel aus dem Abwasser abgetrennt werden muß, bevor das gebundene Metall von der Oberfläche eluiert und das Biosorptionsmittel regeneriert werden kann. Konventionelle Techniken, die bei der Abtrennung eingesetzt werden, sind Filtration, Zentrifugierung oder Sedimentation.

In jüngster Zeit hat sich das Interesse auf neuere Verfahren zur Abtrennung metall- oder radionuklidbelasteter Biosorptionsmittel mikrobieller Herkunft aus Suspension konzentriert, d. h. auf biomagnetische Trennung und Verfahren auf der Basis monoklonaler Antikörper (Ashley & Roach, 1990). Die biomagnetischen Trennverfahren sind sowohl bei aktiven als auch passiven Systemen der Metallakkumulation mit Hilfe mikrobieller Biosorptionsmittel einsetzbar und wurden von Ellwood *et al.* (1992) eingehend beschrieben. Mikroorganismen können bei der Akkumulation von Metallen beträchtliche magnetische Momente erwerben, aufgrund derer sie anschließend durch Starkfeldmagnettrennung (HGMS) aus der flüssigen Phase abgeschieden werden können. Ashley & Roach (1990) sind der Ansicht, daß eine Kombination der biomagnetischen Trennverfahren mit der monoklonalen Antikörpertechnologie sinnvoll sein könnte. Solche monoklonalen Antikörper werden aus einer einzigen Zellquelle oder einem Klon hergestellt. Es handelt sich bei ihnen um hochspezialisierte Antikörper, die nur auf ein einziges Antigen ansprechen. Es wird angenommen, daß kombinierte Trennverfahren aus monoklonalen Antikörpern und biomagnetischen Prozessen die selektive Abtrennung bestimmter Radionuklide oder Schwermetalle aus Mischabwässern ermöglichen könnten, was besonders bei solchen Metallen wünschenswert wäre, die von wirtschaftlichem oder strategischem Interesse sind. Man stellt sich dabei vor, daß mehr als ein Biosorptionsmittel beim Sorptionsprozeß Anwendung findet: Biosorbens A und Biosorbens B.

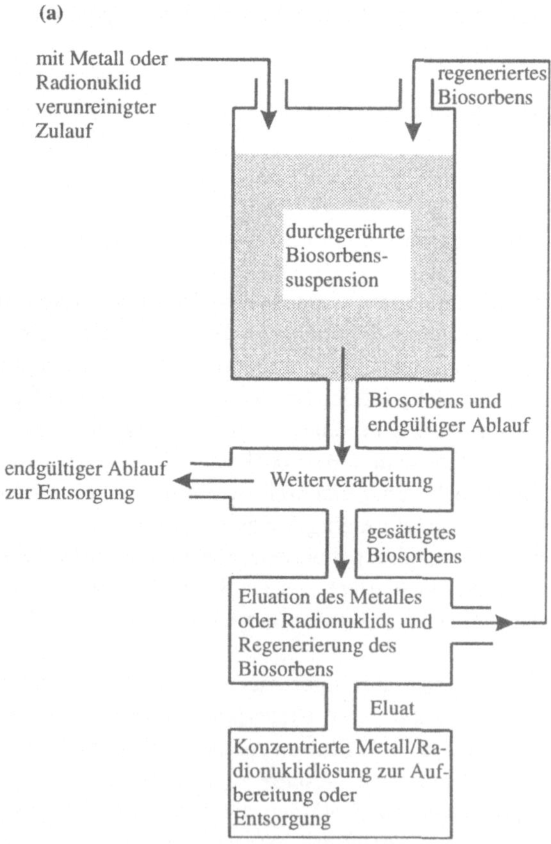

Abb. 15.1: (a) Rührwerkstankkontaktor für Chargenbetrieb

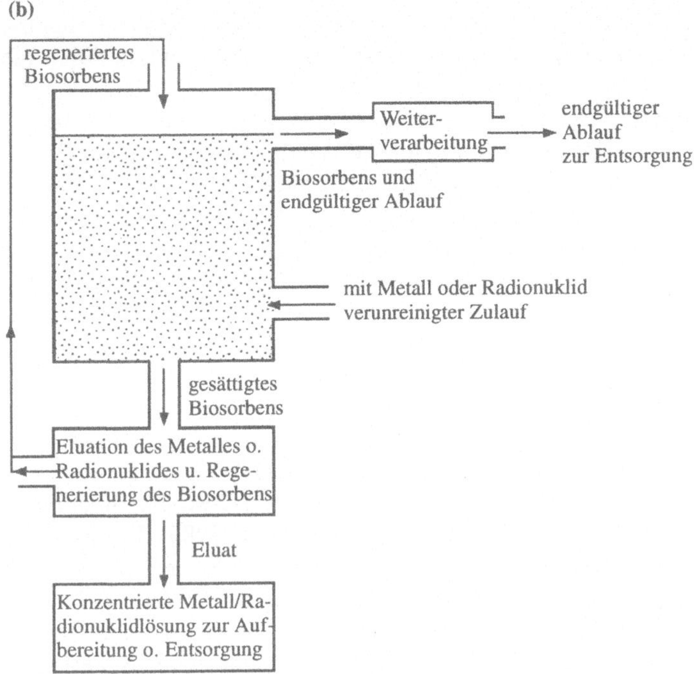

Abb. 15.1: (b) Gegenstromkontaktor für Dauerbetrieb

Diese müßten für unterschiedliche Metalle oder Radionuklide (1 und 2) spezifisch sein, wodurch sich dann zwei metallbelastete Biomassen (A1 und B2) ergeben. Wenn das so entstandene Mischwasser mit immobilisierten, für Biosorbens A spezifischen monoklonalen Antikörpern zusammengebracht würde, könnte A1 im System zurückgehalten werden. Das verbleibende Abwasser würde dann nur noch B2 enthalten, das durch Starkfeldmagnettrennung konzentriert werden könnte. Anschließend könnte A1 eluiert und getrennt werden, wodurch sich schließlich eine wirkungsvolle Abscheidung der Metalle 1 und 2 ergeben würde (Ashley & Roach, 1990). Dieses Trennsystem könnte natürlich auch für mehr als nur zwei Arten von Komplexen aus Biosorptionsmitteln und Metallen entwickelt werden.

Bei alternativen Verfahren zur Vermischung des Biosorbens mit dem betreffenden Abwasser müßte die native Biomasse so modifiziert werden, daß sie sich ähnlich wie Aktivkohle oder Ionenaustauschharze verhält. Diese modifizierte Biomasse müßte dann folgende Eigenschaften besitzen (Tsezos, 1986; Brierley *et al.*, 1989):
– einheitliche Teilchengröße von 0,5-1,5 mm,
– Teilchenfestigkeit beim Prozeß,
– hohe Porosität,
– stark hydrophile Natur.

Diese Faktoren steuern und optimieren die Diffusionscharakteristika des Biosorbens. Außerdem sollte die modifizierte Biomasse gegenüber chemischen Störeinflüssen resistent und mechanisch widerstandsfähig sein, da durch diese Eigenschaften das Biosorptionsmittel über eine Vielzahl von Zyklen der Metallsorption und -desorption hinweg stabil bleiben wird. Entsprechende Biosorbenseigenschaften lassen sich durch Immobilisationsverfahren einstellen, wobei die Immobilisation noch zu anderen Vorteilen für die Prozeßauslegung führt (Tsezos, 1990). Immobilisierte Biomasse geht weniger leicht aus den Kontaktoren verloren als native, wodurch die nachfolgende Behandlung entfällt, mit Hilfe derer die metall- oder radionukliodverunreinigte Biomasse aus dem Prozeßablauf abgetrennt werden muß. Eine solche Nachbehandlung ist häufig sehr teuer. Außerdem verursacht ein immobilisiertes Biosorptionsmittel bei kontinuierlicher Durchströmung der Anlage nur sehr wenig Verstopfungen. Dadurch ermöglicht die Immobilisierung einen wesentlich kostengünstigeren Betrieb und außerdem scheint immobilisierte Biomasse über verbesserte Eigenschaften zur Metallbelastung und Regeneration zu verfügen.

Bei der Immobilisierung werden die Zellen auf einer unlöslichen Matrix angebracht, bei der es sich um den Mikroorganismus selbst, ein Biopolymer oder ein künstliches Polymer handeln kann (Linko & Linko, 1983). Ein Immobilisierungsverfahren bei der Herstellung von Biosorbentien beruht auf der chemischen Querverknüpfung von Zellen. Es gibt mittlerweile mehrere Beispiele, bei denen Pulver aus natürlicher Biomasse zur Herstellung immobilisierter Biosorptionsmittel behandelt wurden. AMT-BIOCLAIM™ hat ein kommerzielles Verfahren zur Herstellung granulierter, hydratisierter und poröser Biosorbentien mit einem durchschnittlichen Durchmesser von 1 mm aus verschiedenen Algenarten entwickelt (Brierley *et al.*, 1986). So wird z. B. ein *Bacillus*-Produkt aus konzentrierter Biomasse hergestellt, die mit querverknüpfenden Mitteln wie Gluteraldehyd behandelt und dann auf geeignete Partikelgrößen gemahlen oder extrudiert werden (Brierley, 1990). Zur Zeit wird granulierter *Bacillus* durch die Firma Advanced Mineral Technologies Inc. (Golden, Colorado) in unterschiedlich aufgebauten Säulenkontaktoren eingesetzt (Brierley *et al.*, 1989). Biomasse aus Pilzen kann ebenfalls modifiziert werden, sodaß ein Biosorptionsmaterial mit passenden Eigenschaften für Säulenkontaktoren entsteht, indem die Hyphen vor der Granulation versteift und miteinander verbunden werden. Die Versteifung kann dadurch erreicht werden, daß die native Biomasse mit Polypeptidverbindungen hoher Molekulargewichte wie z. B. Gelatine behandelt wird. Die versteifte Biomasse aus Pilzen kann dann mittels Chemikalien, die wie Aldehyde polymerisierbar sind, verknüpft werden. Das so entstandene Biosorptionsmittel wird dann granuliert (Nemec *et al.*, 1977).

Eine Alternative zu dieser Art der Immobilisierung und Granulation eines Biosorptionsmittels besteht in der Immobilisierung der nativen Biomasse durch Reaktion mit einer Matrix, wobei die Biomasse durch Einfangung, Adsorption, Einkapselung oder kovalente Bindung fixiert wird. Diese Form der Immobilisierung bietet sich nicht nur für tote Biomasse an, sondern auch für lebende oder ruhende Zellen (s. unten). Bei diesem Immobilisierungsverfahren zeigen sich jedoch einige

Beschränkungen hinsichtlich der Diffusionseigenschaften, da die Größe der Immobilisatteilchen die Diffusionsgrenzen bestimmt. Idealerweise sollte die Matrix vom Biosorptionsmittel dominiert werden, d. h. der Anteil des Matrixmaterials sollte möglichst gering sein (Brierley, 1990 a). Auf die Vorteile solcher geringen Matrixanteile wiesen Tsezos & Deutschmann (1990) ausführlich hin, die beobachteten, daß die Wirksamkeit der Biosorption von Uran bei immobilisiertem *Rhizopus arrhizus* zunahm, wenn der Matrixanteil und die Teilchengröße abnahmen. Es ist möglich, daß die sich durch Immobilisierung in der Trägermatrix ergebenden Diffusionsbeschränkungen den Einsatz solcher Biosorptionssysteme auf kleinere Anlagengrößen begrenzen (Macaskie, 1990). Dennoch kann sich dieses Verfahren immer noch als wirtschaftlich für geringe Abfallmengen und die Abtrennung wertvoller Metalle erweisen.

Biosorptionsmittel wurden bisher auf einer Vielzahl von Unterlagen wie z. B. Alginat, Polyacrylamid und Kollagen immobilisiert (Brierley *et al.*, 1989; Macaskie & Dean, 1989; Brierley, 1990 a). Die Immobilisationsmatrices variieren in ihren Prozeßeigenschaften wie z. B. dem Widerstand gegenüber hydrostatischem Druck, und je nach Kontaktorsystem ist eine sorgfältige Auswahl erforderlich (Nakajima & Dean, 1989; Bedell & Darnall, 1990). So wurden z. B. Biosorbentien aus *Chlorella* sowohl in Polyacrylamid als auch in Kieselgel immobilisiert (Darnall *et al.*, 1986). Von diesen beiden Methoden lieferte das Kieselgel anscheinend die besten Ergebnisse, da es porös und physisch fest ist und verhältnismäßig kostengünstig hergestellt werden kann.

Immobilisierte Biosorbentien können in einer Reihe verschiedener Säulenkontaktoranordnungen eingesetzt werden, wie z. B. stationären Festbetten oder pulsierenden und fluidisierten Betten. In stationären Festbettenreaktoren läuft der flüssige Abfall durch eine Schicht mit immobilisiertem Biosorbens (Abb. 15.2). Diese Anordnung führt dazu, daß die obersten Schichten des Biosorbens zuerst mit dem Abwasser in Kontakt kommen, während die unteren Bereiche dem Metall bzw. Radionuklid ausgesetzt werden, nachdem die Lösung weiter nach unten gesickert ist. Damit werden die oberen Teile des Biosorbens zuerst gesättigt und die unteren Schichten zuletzt. Am "Durchbruchspunkt" ist das gesamte Biosorbens gesättigt und der Metallgehalt des behandelten Ablaufes steigt plötzlich an. Der Zulauf wird dann auf eine frische aktive Säule umgeleitet, während die gesättigte Säule regeneriert wird (Kap. 14), indem Metalle oder Radionuklide aus dem Biosorbens eluiert werden und dieses für weitere Zyklen aus Adsorption und Desorption vorbereitet wird. Es handelt sich hierbei um das Prinzip der Auslegung von Säulenkontaktoren, zu dem es jedoch eine Reihe von Modifikationen gibt. So fließt z. B. in pulsierenden Betten das metallbelastete Abwasser nach oben durch die Säule. Dabei kann das gesättigte Biosorptionsmittel an der Basis der Säule für einen kontinuierlichen Betrieb des Reaktors durch frisches Material ersetzt werden. In Fließbetten wird das Abwasser unter verhältnismäßig hohen Geschwindigkeiten nach oben durch die Säule gepumpt, sodaß sich die Granalien des Biosorbens in ständiger Zirkulation und Mischung und damit in einem fluidisierten Zustand befinden. All diese Arten von Säulenkontaktoren wurden bereits zur Behandlung metall- und radionuklidhaltiger Abwässer eingesetzt (Brierley *et al.*, 1989).

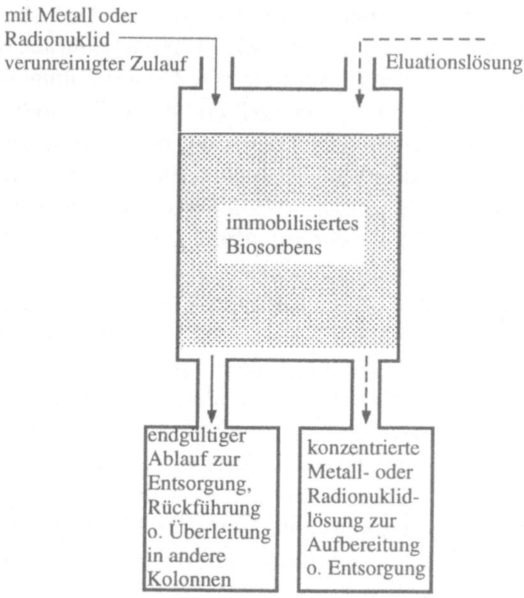

Abb. 15.2: Stationärer Festbettkontaktor für alternierende Akkumulation und Eluation

Die Wirksamkeit der Biosorptionsverfahren hängt nicht nur von der Art des eingesetzten Biosorptionsmittels ab (Kap. 14), sondern auch von der Auslegung des Kontaktors selbst. White & Gadd (1990) untersuchten die Wirksamkeit von vier Kontaktortypen bei der Behandlung künstlich mit Thorium belasteter Abwässer mit Hilfe mehrerer verschiedener aus Pilzen gewonnener Biosorptionsmittel. Es handelt sich dabei um Festbetten mit aufwärts oder abwärts gerichteter Abwasserströmung, um Schichten mit Rührwerken und um Lufthebeverfahren. Dabei schwankte die Wirksamkeit der Behandlung mit der Art des Biosorbens, und es zeigten sich deutliche Unterschiede in der Effizienz der einzelnen Reaktortypen. Die geringe Durchmischung in Festbett- oder Rührwerkskontaktoren führte zu einer geringen Abtrennung des Thoriums, während der Lufthebekontaktor über lange Behandlungszeiträume hinweg 90-95 % des Thoriums bei einem klar definierten Durchbruchspunkt aus dem Abwasser abtrennte. Der Vorteil dieses Kontaktortyps beruhte primär darauf, daß hier der größtmögliche Kontakt zwischen den Biosorptionsmitteln und dem Thorium durch wirksame Zirkulation innerhalb der Säule erreicht werden konnte.

Die Wirksamkeit nicht lebendiger mikrobieller Biosorbentien

Immobilisierte Biosorbentien aus Bakterien, Pilzen und Algen wurden in verschiedenen Anlagentypen eingesetzt, die sich zum Teil als überaus wirksam erwiesen. Der von AMT-BIOCLAIM^{TM} entwickelte granulierte *Bacillus* (s. oben) verfügt über eine eindrucksvolle Spanne von Eigenschaften, die sich als besonders wirkungsvoll bei der Behandlung von Abwässern zum Zwecke des Umweltschutzes und der Verringerung von Schadstoffeinleitungen erwiesen. Das Produkt entfernt gleichzeitig und nichtselektiv mehrere verschiedene Schwermetalle und Radionuklide wie z. B. U, Pb, Cd, Ni, Hg, Cr, Zn und Cu aus Abwässern. Dies ist effektiv unabhängig von der Anfangskonzentration, d. h. zwischen < 10 ppm bis mehrere hundert ppm möglich, wobei das Abwasser mit einer Biomassenmenge von > 10 Gew.-% der *Bacillus*-Granalien beaufschlagt wird. Der Grad der Metallabscheidung aus verdünnten Abwasserströmen im Abwasser von 10-100 mg l^{-1} beträgt über 99 % und führt zu Endkonzentrationen im Abwasser von nur 10-50 ppb (Hutchins *et al.*, 1986; Brierley *et al.*, 1989; Brierley 1990 a). Typische Werte für die Metallakkumulation pro Gramm granuliertem *Bacillus* betragen 1,9 mM Cd, 2,4 mM Cu und 2,9 mM Zn (Brierley, 1990 a). Dieses granulierte Biosorbens scheint außerdem die zweiwertigen Kationen Ca^{2+} und Mg^{2+} nicht zu adsorbieren und erweist sich somit als unempfindlich gegenüber hartem Wasser. Das granulierte Biosorbens wurde in gepackten Festbetten zur Behandlung geringer Volumina (< 15 l min^{-1}) eingesetzt oder in erweiterten Fließbetten und Dispers-Schichtkontaktoren für größere Mengen (> 35 l min^{-1}) (Brierley *et al.*, 1989); Brierley, 1990 a, b).

Granulierte Produkte, die durch Versteifung und Querverknüpfung von Pilzfäden hergestellt wurden, scheinen sich durch eine hohe Biosorbensbelastungskapazität auszuzeichnen. Zwei patentierte immobilisierte Biosorbentien aus Pilzen verfügen über Sorptionskapazitäten für Uran von 102,5 mg g^{-1} bzw. 90,5 mg g^{-1} (Brierley, 1990 b). Aus Pilzen gewonnene Biosorbentien, die durch Anlagerung und Einschließung in Wabenschaum immobilisiert wurden, haben ebenfalls ihre Eignung bei der Reinigung metallbelasteter Abwässer unter Beweis gestellt. So entfernte z. B. ein Biosorbens aus *Aspergillus oryzae* 90 % des Cadmiums in einem künstlichen Abwasser, wobei die Verweilzeit des Abwassers im Säulenkontaktor 5 min betrug (Kiff & Little, 1986). Matriximmobilisierter *R. arrhizus* verfügt über eine Belastbarkeit von 50 mg U g^{-1} und entfernte 100 % des Urans aus einem Abwasser mit < 300 mg U l^{-1} (Tsezos, 1986).

Nichtlebensfähige Biosorbentien aus Algen wie *Chlorella vulgaris* wurden ebenfalls zur Abwasserbehandlung durch Immobilisierung hergestellt (Nemec *et al.*, 1977; Bedell & Darnall, 1990). In Kieselsäurematrix immobilisierte Biomasse aus Algen ist unter dem Markennamen Alga-SORB^{TM} der Firma Bio-Recovery Systems, Inc. auf dem Markt erhältlich. Dieses Biosorbens erwies sich als wirkungsvoll bei der Entfernung einer beträchtlichen Vielzahl von Metallkationen unterschiedlicher Valenzen und Lösungsverhalten wie z. B. Ag^{+}, Cu^{+}, Cr^{3+} und

Cr^{6+} aus Abwässern. Nach entsprechender Regenerationsbehandlung kann dieses Biosorbens über viele Adsorptions-/Desorptionszyklen hinweg eingesetzt werden (Bedell & Darnell, 1990).

Prozeßtechnologie: Biopolymere und Sorption durch Exoprodukte

Der Einsatz von Biopolymeren und mikrobiellen Exoprodukten zur Behandlung metallhaltiger Abwässer ist bei lebenden als auch nichtlebenden Systemen möglich. Eines der häufigsten Verfahren, die Metallsorption mittels bakterieller Exopolysaccharide, wird oft mit einem lebenden Prozeß und dabei insbesondere mit aktiviertem Klärschlamm (s. unten) kombiniert. Es besteht jedoch ein Potential für den Einsatz extrazellulärer Komplexbildner oder von Produkten aus toter pflanzlicher, tierischer oder mikrobieller Biomasse wie z. B. von Verbindungen auf Chitinbasis oder bakterieller Siderophoren in nichtlebenden Systemen (Kap. 14). Bei einigen davon handelt es sich um Verbindungen mit niedrigem Molekulargewicht wie z. B. die Siderophoren, die immobilisiert werden müssen, um die für den wirkungsvollen Einsatz in Säulenkontaktoren benötigten Betriebseigenschaften wie z. B. Festigkeit u. s. w. einzustellen.

Die Immobilisierung von Exoprodukten mit niedrigen Molekulargewichten läßt sich am einfachsten durch die Anlagerung der mit den Metallen Komplexe bildenden Verbindungen an ein Trägermaterial erreichen. Die kovalente Anlagerung erfolgt entweder direkt an den Träger oder durch eine Zwischenkoppelung und bedingt üblicherweise eine Aktivierung des Trägers. Bei der Aktivierung werden in den Träger zu kovalenter Bindung befähigte Funktionsgruppen eingebracht. Dies kann durch eine chemische Behandlung erreicht werden wie z. B. durch Organosilane, die Funktionsgruppen auf mit kontrollierten Poren versehenem Glas einführen können. Die Auswahl des Trägermaterials für metallbindende Verbindungen bedient sich der gleichen Kriterien wie die Vorbereitung kompletter Zellen und wurde eingehend von Holbein (1990) beschrieben. Eine Vielzahl von Trägern kann eingesetzt werden, unter denen sich natürliche organische Polymere wie z. B. Zellulose und Alginat oder künstliche organische Polymere wie Nylon oder Polyacrylamid befinden. Inerte anorganische Träger wie mit kontrollierten Poren versehenes Glas haben sich ebenfalls als geeignet für die Immobilisierung der metallkomplexbildenden Verbindungen erwiesen (Holbein, 1990).

Bei neueren Untersuchungen an Komplexbildnern biologischer Herkunft konnte ihr vielversprechender Einsatz bei der Behandlung metallhaltiger Abwässer herausgestellt werden (Kap. 14). Leider wurden bei der Entwicklung dieser Verfahren zur Industriereife bisher nur wenig Fortschritte erzielt und die Arbeiten beschränkten sich im wesentlichen auf Untersuchungen im Labormaßstab. Es gibt jedoch bereits einige kommerziell vertriebene metallbindende Stoffe. Siderophore wurden als immobilisierte Produkte (Compositions^{TM}) mit hoher Affinität für bestimmte Metalle entwickelt. Insbesondere Quecksilber wird durch dieses Produkt aus Abfällen abgetrennt, das die Quecksilberbelastung von Abwässern von 8 ppm auf 1 ppb senken kann (Holbein, 1990).

Lebende biologische Verfahren zur Abtrennung von Metallen aus Abwässern

Verfahren zur Behandlung von mit Metallen oder Radionukliden belasteten Abwässern mit Hilfe lebender Organismen lassen sich in zwei Gruppen unterteilen. Bei ersteren handelt es sich um projektierte Systeme, deren Prozeßauslegungen im wesentlichen den für nichtlebende Sorbentien eingesetzten Verfahren wie Säulenkontaktoren und immobilisierten Zellen ähneln und die auf einzelnen Organismenpopulationen beruhen können. Die am weitesten verbreiteten, mit lebensfähigen Organismen zur Abscheidung von Metallen aus Abwässern besetzten Anlagen sind die biologischen Behandlungssysteme der Kläranlagen. Sowohl Tropfkörperfilter als auch aktivierter Belebtschlamm verfügen über komplexe Mikrobengemeinschaften, die Metalle wirkungsvoll aus den Abwässern entfernen können. Die zweite Gruppe umfaßt den Einsatz komplexer lebender Gemeinschaften von Biokatalysatoren aus Mikroben, Algen und Pflanzen zusammen mit den entsprechenden Tiergemeinschaften in aquatischen Lebensräumen und Feuchtgebieten. Dabei kann es sich um natürliche Gebiete handeln oder um künstlich errichtete Anlagen und Eindeichungen. Selbst wenn anfangs in diesen künstlichen Lebensräumen nur ganz bestimmte Pflanzen und Organismen eingesetzt werden, läßt sich die anschließende Invasion natürlich vorkommender Organismen nicht voraussagen und die sich schlußendlich etablierende Gemeinschaft wird von einer Vielzahl meist nicht steuerbarer Variablen abhängen.

Projektierte lebende Mikrobensysteme

Behandlungsverfahren, die lebensfähige Mikroorganismen als Biokatalysatoren einsetzen, lassen sich in zwei Gruppen untergliedern:
  – Immobilisierte lebende Zellen,
  – biologische Abwasserbehandlung.

Immobilisierte wachsende oder ruhende Zellen: Lebensfähige Bakterien oder Pilze wurden bereits mehrfach zum Einsatz bei der Abscheidung von Metallen oder Radionukliden aus Abwässern immobilisiert. Zu diesem Zweck eignen sich bei aktiven Mikroorganismen die Einfangung, Einkapselung, kovalente Bindung oder Adsorption. Die Adsorption lebender Zellen auf inerten Unterlagen und die Ausbildung eines Biofilmes stellt dabei ein übliches Verfahren dar. Der Prozeß der Adsorption von Bakterien auf inerten Unterlagen, die Kinetik der Bildung des Biofilmes und die nachfolgenden Abläufe im Biofilm während des stabilen Zustandes sind jedoch überaus komplex (Characklis & Marshall, 1990). Biofilme weisen einige besondere Eigenschaften auf, die bei der Prozeßauslegung berücksichtigt werden müssen. Biofilme sind dynamisch, d. h. Anlagerungsprozesse, Wachstum bei Versorgung mit Nährstoffen u. s. w. sowie Ablösung laufen gleichzeitig ab und je nach vorherrschenden Bedingungen in der überschüssige unterschiedlichem Umfang. Die Ablösung der mit Metallen oder Radionukliden beladenen Zellen kann zum Verlust wertvoller Ressourcen oder zur Freisetzung von Schadstoffen führen. Eine anschließende Aufbereitung dürfte erforderlich sein, wodurch die Kosten der Behandlungsanlage beträchtlich steigern können.

Zusätzlich kann bei dickeren Biofilmen die Diffusion beschränkt werden (Characklis & Marshall, 1990), wodurch die Wirksamkeit des Kontaktes zwischen dem Biosorbens und den im Abwasser enthaltenen Metallen oder Radionukliden reduziert und die Abtrennungskapazität gesenkt werden kann. Die möglichen Vorteile wachsender Biofilme liegen in der Verlängerung der Lebensdauer der Biosorbentien durch die ständige Erneuerung der Zellen bei aktivem Wachstum. Einzelne Zellen können gesättigt werden, während der Biofilm als Ganzes ständig neues Biosorptionsmittel produziert (Macaskie & Dean, 1989; Macaskie, 1990). Dieser Vorteil kann jedoch größtenteils durch die erforderliche Nachbehandlung des Ablaufes sowie durch die Beschränkung der Diffusion aufgehoben werden. Außerdem befinden sich nicht alle wachsenden Zellen nur auf der Oberfläche des Biofilmes sondern zum Teil auch innerhalb seiner Matrix.

Eine einfallsreiche Auslegung der Anlage kann jedoch den Nachteil der Zellendesorption in einen Vorteil umwandeln und das Problem der Diffusionsbeschränkung umgehen. So benutzen z. B. Shumante & Strandberg (1985) eine immobilisierte gemischte Bakterienkultur zur Entfernung von Nitrat d. h. zur Denitrifizierung und zur Abscheidung von Uran aus einem Abwasser. Die Bakterien waren auf Anthrazitteilchen immobilisiert, die sich in einem Fließbettreaktor befanden. Anthrazitteilchen mit überschüssiger Zellmasse sammelten sich im oberen Teil des Fließbettes an, wurden kontinuierlich ausgetragen und vor erneuter Aufgabe zum Fließbett auf einem Vibrationssieb abgesiebt. Dadurch wurde der überschüssige Biofilm entfernt, und es konnte im Kontaktor stets eine optimale Dicke des Biofilmes aufrechterhalten werden. Die überschüssigen Zellen wurden in diesem Verfahren weiterverwendet, indem sie in einem Rührwerkstankkontaktor zur Abscheidung von Uran mittels Biosorption eingesetzt wurden.

Die Aufrechterhaltung der für das Bakterienwachstum wichtigen Bedingungen wie z. B. Nährstoffen, der Abführung der Stoffwechselprodukte, Temperaturregelung u. s. w. innerhalb der Kontaktoren führt zu beträchtlichen verfahrenstechnischen und wirtschaftlichen Konsequenzen. Es ist außerdem möglich, daß Wachstum des Biofilmes und Bakterienaktivität durch die Bestandteile des Abwassers beeinflußt werden. Die Schwermetalle oder Radionuklide selbst sowie auch die anderen Abwasserbestandteile können toxisch wirken, und der pH des Abwassers kann das Wachstum der Mikroben einschränken. Diese Eigenschaften können letztendlich den Einsatz von Biofilmen bei der Behandlung metallhaltiger Abwässer begrenzen.

Selbst wenn ein Biofilm ständig eine hohe Sorptionskapazität durch das Wachstum aufrechterhalten kann, muß das System schließlich doch regeneriert werden, was sich bei lebenden Zellen als schwierig erweisen könnte. Die gesamte Sorption wird nicht allein auf der Zelloberfläche stattfinden, sondern auch im Inneren der Zelle. Die Eluation der oberflächengebundenen Metalle (Kap. 14) kann wegen der Beschränkung der Diffusion aus der gesamten Flüssigphase in den Biofilm hinein und innerhalb dickerer Biofilme verkompliziert werden. Dadurch kann die Regeneration unmöglich gemacht werden und die abbaubare mit Metallen oder Radionukliden belastete Biomasse muß entsorgt werden, was nur auf kontrolliertem Wege möglich sein wird (Hutchins *et al.*, 1986). Die Rückgewinnung wertvoller oder strategisch wichtiger Metalle oder Radionuklide aus Biofilmen wird Schwierigkeiten bereiten. Selbst nach erfolgreicher Desorption kann es möglich sein, daß die Biomasse nicht erneut eingesetzt werden kann. Der Einsatz mikrobieller Biofilme wird jedoch zweifelsfrei die Ausnutzung von Verfahren zur Entfernung von Metallen oder Radionukliden ermöglichen, die wie Fällungs- und Umbildungsreaktionen an metabolisch aktive Zellen gebunden sind (Kap. 14).

Eine Vielzahl von Materialien wurde bereits als inerte Unterlagen von Biofilmen eingesetzt. Darunter befinden sich feste, glatte Substrate wie Glas-, Metalloder Plastikoberflächen, feste unregelmäßige Substrate wie Koks und Sand, sowie poröse Feststoffe wie Schäume oder poröse Gläser (Macaskie & Dean, 1989). Idealerweise sollten diese Unterlagen über eine geeignete Festigkeit verfügen, eine große Oberfläche aufweisen und hohe Durchströmungsraten für das Abwasser im Kontaktor ermöglichen. Ihre Anordnung im Kontaktor und ihre Porosität sollte derart sein, daß eine Verstopfung durch das Wachstum der Mikroben ausgeschlossen ist. Diese Anforderungen lassen sich nicht so leicht erfüllen, und bei einer Reihe von festen Unterlagen zur Entwicklung von Biofilmen und zum Einsatz bei der Behandlung metallbelasteter Abwässer haben sich Beschränkungen herausgestellt (Tabelle 15.1). Für biofilmnutzende Systeme können mehrere verschiedene Kontaktortypen wie z. B. Festbetten, Fließbetten und Lufthebeanlagen eingesetzt werden.

Eine Vielzahl von Metallen wurde bereits einer Behandlung in Biofilmsystemen unterzogen, und es ist durchaus nicht ungewöhnlich, daß gleichzeitig andere Schadstoffe ebenfalls behandelt werden. Dieses doppelte Behandlungspotential verfügt über offensichtliche Vorteile bei der Auslegung von Verfahren zur Eindämmung von Verunreinigungen. Es kann jedoch durch etwaige schädliche Einflüsse der Schadstoffe auf die verschiedenen Prozesse eingeschränkt werden. So wurde z. B. auf PVC-Granalien immobilisierter *Pseudomonas fluorescens* bei einer Zellbelastung von 0,1-0,4 g Tro.-M. je g Plastik zur gleichzeitigen Abtrennung von Nitrat und Metall eingesetzt.

Tabelle 15.1: Beschränkungen ausgewählter Biofilmsubstrate bei der Behandlung
metallhaltiger Abwässer

Substrate	Beschränkung	Durchflußrate für 50 % der maximalen Aktivität (Säulen-Vol. h^{-1})
glatte feste Substrate:		
rostfreier Stahl (0,4x0,04 mm breit)	teuer zu schwer für große Bioreaktoren	2,2
Schraubenfedern aus Glas ("Flenske")	zerbrechlich	nicht untersucht
poröse Substrate:		
Holzspäne (2 mm breit)	Holzschutzmittel müssen durch Wäsche mit Methanol entfernt werden	1,4
Bimsbrocken	empfindlich gegenüber Scherbelastungen	1,3
poröses Glas ("Raschig-Ringe")	Poren durch Wachstum des Biofilmes verstopft, "aktive" Biosorptionsstellen auf Porenöffnungen beschränkt	2,6
Koks	Ausbildung der Biofilme schlecht	2,1
wabenförmiger Schaum (8 Poren cn^{-1})	geringes Wachstum im Inneren der Schaumschicht	7,0

basierend auf Ergebnissen von *Citrobacter*-Phosphatase-Systemen nach einer Zusammenstellung von Macaskie (1990)

Die Wirksamkeit der Metallabscheidung war bei einer Durchflußrate von 1.500 ml h^{-1} gut und reduzierte eine $Pb(NO_3)_2$-Belastung von 1,0 mg l^{-1} auf 0,05-0,1 mg l^{-1} und $ZnSO_4$ von 10 mg l^{-1} auf 5 mg l^{-1}. Kupfer erwies sich jedoch für *Ps. fluorescens* als giftig und die Denitrifizierungsrate wurde negativ beeinflußt (Tengerdy, 1981). Dennoch gibt es kommerziell einsetzbare Verfahren, die mehrere verschiedene Schadstoffe gleichzeitig behandeln. Ein Biofilmkontaktsystem mit rotierenden Scheiben zur Behandlung von > 20x10^6 1 flüssiger Abfälle täglich wurde für Abfälle aus der Gewinnung und Aufbereitung von Golderzen entwikkelt. Der mikrobielle Biofilm zersetzt Zyanide, Thiozyanate und Ammonium und entfernt Schwermetalle durch Biosorption (Hutchins *et al.*, 1986). Ein *Citrobacter* sp. wurde auf eine Vielzahl von Arten, u. a. durch die Ausbildung von Biofilmen auf Schäumen, rostfreien Stahldrähten, festem Glas und Holzspänen zur Behandlung schwermetall- und radionuklidhaltiger Abwässer immobilisiert (Macaskie, 1990) (Tabelle 15.1). Der Prozess bedient sich der Aktivität einer mit der Zelloberfläche verbundenen Phosphatase, die HPO$_4^-$ freisetzt, durch die Schwermetalle dann extrazellulär gefällt werden (Kap. 14). Der Prozeß erwies sich für die Abtrennung von Cd, Pb und Sr aus Abwässern als überaus erfolgreich, wobei 85-95 % der Metalle aus dem Abwasserstrom unabhängig von der Metallkonzentration abgeschieden wurden.

Lebende Mikroorganismen können ebenfalls durch Einfangung und Einkapselung in Unterlagen wie z. B. Polyacrylamidgel immobilisiert werden. Derartige Immobilisationsverfahren wurden allerdings eher für tote als für lebensfähige Mikroorganismen eingesetzt. Eine solche Immobilisierung ermöglicht die Regenerierung des lebenden Biosorbens für weitere Sorptions-/Desorptionszyklen. Sie kann trotz der damit verbundenen Beschränkung der Immobilisation wie z. B. der allerdings auch bei toten Biosorbentien beobachteten Diffusionsbegrenzung, überaus wirkungsvolle Biosorbentien zur Entfernung von Metallen liefern. So bewies ein Polyacrylamidgel immobilisierter *Citrobacter* sp. eine starke Wirksamkeit bei der Entfernung von Cd, Cu, Pb und U. Das Biosorbens konnte über lange Zeiträume regeneriert und wiederverwendet werden (Macaskie, 1990). In gleicher Weise entfernte ein in Polyacrylamid immobilisierter *Streptomyces* sp. selektiv in der Reihenfolge UO$_2^{2+}$ » » Cu^{2+} > Co^{2+} wirkungsvoll aus einem Abwasserstrom und konnte ohne negativen Einfluß auf die Teilchenfestigkeit über fünf Sorptions-/Desorptionszyklen regeneriert werden (Nakajima *et al.*, 1982; Nakajima & Sakaguchi, 1986).

Biologische Abwasserbehandlung: Ein weitverbreitetes Verfahren mit lebenden Mikroben zur Behandlung metallbelasteter flüssiger Abfälle findet sich in Tropfkörperfiltern und Belebtschlammsystemen von Kläranlagen und wurde von Horan (1990) eingehend beschrieben. Diesen Systemen vorgeschaltet ist normalerweise eine primäre Sedimentation der Teilchenfracht nebst der unlöslichen Metalle zusammen mit einem großen Teil der gelösten Metalle. Durch diese Sedimentation kann bis zu 60 % der gesamten Metallbelastung des Abwassers abgeschieden werden.

Auf die Sedimentation folgen die biologischen Verfahrensschritte in den Tropfkörperfiltern und in Belebtschlämmen (Kap. 7). Ein Tropfkörperfilter besteht aus einem mit durchlässigem Material gefüllten Reaktor, in dem sich ein mikrobieller Biofilm ausbildet. Die Wirksamkeit dieser Systeme hängt von einer gleichmässigen Verteilung des Abwassers über der Filteroberfläche ab und von einer angemessenen Belüftung des Filters. Innerhalb der Biofilme in Tropfkörperfiltern bildet sich eine gemischte Mikroorganismengesellschaft aus heterotrophen und autotrophen Bakterien, Pilzen, Algen und Protozoen heran, deren Anteile sich mit der Tiefe innerhalb des Filters verändert, insbesondere weil sich auch die Zusammensetzung des Abwassers beim Durchströmen des Filters ändert (Horan, 1990).

Unter Belebtschlammreaktortypen finden sich Chargen- und Pfropfenflußreaktoren (Horan, 1990). Die Mikroorganismen bilden gemischte Gemeinschaften und wachsen in suspendierten Flocken und bestehen meist aus heterotrophen und autotrophen Bakterien zusammen mit ciliaten, amoeboiden und flagellaten Protozoen (Horan, 1990).

Die Abtrennung von Metallen in Tropfkörperfiltern und Belebtschlämmen ist miteinander vergleichbar und läuft rasch und wirkungsvoll ab. Die Wirksamkeit hängt allerdings von der Art des Metalles ab und so ist die 50 %ige Entfernungsrate für Cu, Pb, Cr und Zn um ein mehrfaches größer als die für Ni, Mn und Co (Sterritt & Lester, 1986). Die Schlüsselkomponenten bei der Bindung der Metalle bei diesen Verfahren sind die von Bakterien und dabei insbesondere von *Zoogloea ramigera* (Kap. 14) gebildeten extrazellulären Polymere. Die Wirksamkeit der Abscheidung von Metallen durch Belebtschlämme wird durch eine Reihe von Faktoren bestimmt. Darunter sind der pH, das Alter des Schlammes und die Anwesenheit anderer verunreinigender Kationen. So verhindert z. B. Al die Abscheidung von Cu (Norberg & Persson, 1990). Zur optimalen Abscheidung sollten Schlämme nicht älter als neun Tage sein. Eine Absättigung der Polymerbindungsstellen bei *Z. ramigera* stellt sich bei einem Metallgehalt von 10 mg l^{-1} ein, wobei bei Konzentrationen unter 1 mg l^{-1} nur wenig Abscheidung zu beobachten ist. Im allgemeinen sinkt die Wirksamkeit der Metallabscheidung mit zunehmender Löslichkeit eines Metalles (Brierley *et al.*, 1989). Es ist möglich, Metalle von Biosorbentien aus *Z. ramigera* durch Säurebehandlung zu desorbieren, ohne daß sich dies negativ auf die Metallbindungsfähigkeit der Biomasse auswirkt (Norberg & Persson, 1984). Und schließlich kann die Lebensfähigkeit von Organismen in Belebtschlämmen durch Metalltoxizität beeinflußt werden, was dann auch die Fähigkeit dieser Belebtschlämme, Metalle zu entfernen, beeinflussen wird.

Künstliche und natürliche Ökosysteme

Der Einsatz kompletter Ökosysteme zur Behandlung schwermetall- und radionuklidhaltiger Abwässer hat sich als wirkungsvoll und verläßlich erwiesen; allerdings sind mit ihrem Einsatz beträchtliche Schwierigkeiten verbunden (Brierley *et al.*, 1989). In vielen Fällen handelt es sich dabei um die gleichen Probleme wie in lebenden Mikrobensystemen, einige andere sind jedoch spezifisch für künstliche oder natürliche Ökosysteme. Unter den Beschränkungen für Mikrobensysteme und Ökosysteme sind:

Unter den Beschränkungen für Mikrobensysteme und Ökosysteme sind:

1. Der Einfluß der Toxizität des Abwasserstromes, wofür entweder die vorhandenen Metalle oder andere Bestandteile des Abwassers verantwortlich sind. Dadurch wird die Aufrechterhaltung lebender Ökosysteme ein großes Problem mit entsprechenden Schwierigkeiten für das fortlaufende Wachstum und somit den Nachschub der biokatalysierenden Pflanzen, Algen und Mikroorganismen. In der Praxis werden die meisten Systeme daher bei Abwässern mit Metallgehalten unterhalb der Toxizitätsschwelle eingesetzt.

2. Ein Grunderfordernis bei der Auslegung von Kontaktoren zur Behandlung metallhaltiger Abwässer ist die innige Vermischung des Abfalles mit der biokatalysierenden Biomasse. Dies kann bei Behandlungsverfahren mit Ökosystemen und dabei besonders bei natürlichen Systemen nur mit Schwierigkeiten sichergestellt werden. Bei künstlich ausgelegten Systemen kann ein angemessener Durchlauf und eine gute Vermischung allerdings durch die Anordnung von Umlenkblechen u. s. w. erreicht werden.

Einige der Probleme treten allerdings nur bei kompletten Ökosystemen auf:

1. Durch das Absterben von Algen und Pflanzen tritt ein unvermeidlicher Verlust an Biomasse auf. Selbst ganzjährig wachsende Pflanzen werden auf natürlichem Wege Material abwerfen, wodurch sich zwei Probleme ergeben. Zum einen muß ein großer Teil des potentiell metall- oder radionuklidbelasteten und abbaubaren biologischen Materials, das zu einem großen Teil aus Wasser besteht, entfernt und sicher entsorgt werden (Brierley *et al.*, 1989). Obwohl bei Systemen und lebenden Mikroorganismen ein ähnliches Problem auftritt, wenn keine weitere Metallsorption möglich ist, so ist das Einsammeln der Biomasse bei Verfahren auf der Basis von Ökosystemen allerdings problematischer. Und zweitens besteht die Möglichkeit, daß sich die Kanäle durch tote oder zerfallende Pflanzenabfälle zusetzen und damit ein wirksamer Kontakt zwischen dem Abwasser und den Biokatalysatoren nicht länger möglich ist. Bei solchen Systemen auf der Basis von Mäandern oder Eindeichungen kann dies dazu führen, daß die Kanalbetten ausgebaggert werden müssen. In solchen Fällen muß das mit Metallen verunreinigte Material sicher entsorgt werden. Das Sediment scheint der Hauptfaktor bei der Entfernung von Metallen aus der flüssigen Phase zu sein (Tabelle 15.2), wobei das Metall allerdings häufig als Ausfällungsprodukt vorhanden ist und damit größtenteils für eine biologische Aufnahme nicht mehr zur Verfügung steht.

2. Jahreszeitlich schwankendes Wachstum und Aktivität der Pflanzen, Algen und Mikroben stellt ein weiteres Problem in Ökosystemen dar. Wenn es sich bei dem Prozeß der Metallentfernung aus dem Abwasser um einen aktiven Prozeß handelt, wie z. B. mikrobielle Umbildungen (Kap. 14), dann schwanken Raten und Wirksamkeit des Prozesses mit der Jahreszeit. Außer-

dem wird in dem Fall, daß Phytoplankton bei der Entfernung die Schlüsselrolle spielt, deren Zufuhr mit den Jahreszeiten bei z. B. Algenblüten im Frühling und Sommer beträchtlich schwanken. Das Ausmaß des Pflanzenwachstums ist ebenfalls jahreszeitlich unterschiedlich, und ein System kann beträchtliche Verluste an einjährigen Pflanzen erleiden, die erst in der folgenden Wachstumssaison wieder aufgefüllt werden können.

3. Solche künstlich erstellten oder natürlich vorkommenden Ökosysteme lassen sich nur schwer innerhalb vorgegebener Grenzen halten. Unter natürlichen Bedingungen befinden sich Ökosysteme häufig im Fluß, und die räumlichen Grenzen zwischen den einzelnen Lebensräumen verschieben sich ständig, wodurch sich ein Ökosystem ausdehnen oder aber schrumpfen kann.

4. Ein großer Nachteil künstlich angelegter und natürlicher Ökosysteme zur Ausscheidung von Metallen liegt darin, daß sich bei ihnen Populationen aus Wirbellosen und Wirbeltieren einstellen werden. Dadurch ergibt sich das sehr reale Problem, daß Tiere einer potentiell unakzeptablen Metallbelastung ausgesetzt werden können (Kap. 13).

Natürliche Ökosysteme (oder Systeme in natürlicher Umgebung) wie z. B. Seen und Feuchtbiotope sowie auch künstlich angelegte Mäander und Eindeichungen wurden jedoch bisher mit gutem Erfolg zur Behandlung metallhaltiger Abwässer eingesetzt (Tabelle 15.2), im allgemeinen bei Abwässern aus Bergbau- und Aufbereitungsbetrieben. Die entsprechenden Mechanismen (Kap. 14) und die dabei mitwirkenden Organismen sind von sehr unterschiedlicher Natur (Tabelle 15.2) (Brierley *et al.*, 1989). Der Einsatz von Ökosystemen zur Behandlung metallbelasteter Abwässer als ganzes bedarf einer beträchtlichen sehr sorgfältigen Steuerung des Abtrennens und der Entfernung toter Biomasse zu ganz bestimmten Zeiten innerhalb des Jahres, u. s. w. Durch ein solches Management (Kap. 10) läßt sich ein Ökosystem in einem aktiven Zustand halten, und es kann ein ausgeglichenes Ausmaß der Regeneration zur Metallbehandlung aufrechterhalten werden.

Tabelle 15.2: Mechanismen in natürlichen und künstlichen Ökosystemen zur Behandlung metallhaltiger Abwässer und deren Wirksamkeiten

Ökosystem	Abfallquelle	Organismen	Mechanismen	Wirksamkeit	Literatur
See (natürlich)	Bergbau- und Hüttenabfälle	Algen Phytoplankton	Biosorption durch Algen gefolgt von Absterben und Sedimentation.	gut	Jackson (1978)
		Bakterien sulfatreduzierende Bakterien (SRB)	Fällung von Metallsulfiden (Zn, Cd, Cu, Fe) durch SRB. Mikrobielle Umwandlung von Quecksilber in Methylquecksilber		

Feuchtgebiete/ Moore (natürlich und künstlich)	saurer Abfluß von Bergwerken	Algen Cyanobakterien (nicht identifiz.) Moose *Sphagnum* *Polytrichum* höhere Pflanzen *Typha* (Teichkolben) *Scirpus* (Binse) *Carex* (Seggen) Bakterien große Zahl, nicht identifiziert, insbesondere SRB	Biosorption, Fällung von Metallsulfiden durch SRB (anaerobe Bedingungen), Fällung von Fe+Mn durch bakterielle Oxidation (aerobe Bedingungen)		
Mäander (künstliche umlenkbare Kanäle	Bleigrube und -hütte	Algen *Chlorella* *Oscillatoria*, *Cladophora*, *Spirogyra*, *Rhizodonium*, *Hydrodictyon* höhere Pflanzen *Potomogeton*, (Froschlattich) *Typha* (Rohrkolben)	Biosorption durch Algen und Pflanzen (Einfluß von Mikroben unberücksichtigt)	99 % Entfernung bei Fe, Pb, Cu, Ni, Cd	Gale (1986)
Algenteiche (künstlich)	Urangrube und -hütte	Algen *Spirogyra* *Chara* *Oscillatoria* Bakterien SRB inkl. *Desulfovibrio* und *Desulfotomaculum*	nach konventioneller primärer und sekundärer Behandlung physische Einschließung und Biosorption durch Algen. Kein Hinweis auf Mitwirkung von SRB, aber wahrscheinlich	U 86 % Se 96 % Mo 65 %	Ashley & Roach (1986)

Literatur

ASHLEY, N. V.; ROACH, D. J. W. (1990): Review of biotechnology applications to nuclear waste treatment. J. Chem. Technol. Biotechnol., 49, 381-394.

BEDELL, G. W.; DARNALL, D. W. (1990): Immobilization of non-viable, biosorbent algal biomass for recovery of metal ions. In: Volesky, B. (ed.): Biosorption of Heavy Metals, pp. 313-326. CRC Press, Boca Raton.

BRIERLEY, C. L. (1990a): Metal immobilization using bacteria. In: Ehrlich, H. L.; Brierley, C. L. (eds.): Microbial Mineral Recovery, pp. 303-323. McGraw-Hill, New York.

BRIERLEY, C. L.; BRIERLEY, J. A.; DAVIDSON, M. S. (1989): Applied microbial processes for metals recovery and removal from wastewater. In: Beveridge, T. J.; Doyle, R. J. (eds.): Metal Ions and Bacteria, pp. 359-383. John Wiley, USA.

BRIERLEY, J. A. (1990b): Production and application of a Bacillus-based product for use in metals biosorption. In: Volesky, B. (ed.): Biosorption of Heavy Metals, pp. 305-311. CRC Press, Boca Raton.

BRIERLEY, J. A.; BRIERLEY, C. L.;M; GOYAK, G. M. (1986): AMT-BIO-CLAIM^{TM}: a new wastewater treatment and metal recovery technology. In: Lawrence, R. W.; Branion, M. R.; Ebner, H. G. (eds.): Fundamental and Applied Biohydrometallurgy, pp. 291-304. Elsevier, Amsterdam.

CHARACKLIS, W. G.; MARSHALL, K. C. (eds.)(1990): Biofilms. Wiley Interscience.

DARNALL, D. W.; GREENE, B.; HOSEA, M.; MCPHERSON, R. A.; HENZL, M.; ALEXANDER, M. D. (1986): Recovery of metals by immobilized algae. In: Thompson, R. (ed.): Trace Metal Removal from Aqueous Solution, pp. 1-24. Special Publication No. 61, The Royal Society of Chemistry, London.

ELLWOOD, D. C.; HILL, M. J.; WATSON, J. H. P. (1992): Pollution control using microorganisms and magnetic separation. In: Fry, J. G.; Gadd, G. M.; Herbert, R. A.; Jones, C. W.; Watson-Craik, I. A. (eds.): Microbial Control of Pollution, pp. 89-112. Society General Microbiology, Cambridge University Press.

ERICKSON, P. M.; GIRTS, M. A.; KLEINMANN, R. L. P. (1987): Use of constructed wetlands to treat coal mine drainage. Proc. 90th Nat. West. Mining Conf. Colarado Mining Association, Denver.

GALE, N. L. (1986): The role of algae and other microorganisms in metal detoxification and environmental clean-up. In Ehrlich, H. L.; Holmes, D. S. (eds.): Workshop on Biotechnology for the Mining, Metal-Refining and Fossil Fuel Processing Industries. Biotechnol. Bioeng, Symp., No. 16, p. 171. Wiley, New York.

HOLBEIN, B. E. (1990): Immobilization of metal-binding compounds. In: Volesky, B. (ed.): Biosorption of Heavy Metals, pp. 327-338. CRC Press, Boca Raton.

HORAN, N. J. (1990): Biological Wastewater Treatment Systems. Theory and Operation. John Wiley and Sons, Chichester.

HUTCHINS, S. R.; DAVIDSON, M. S.; BRIERLEY, J. A.; BRIERLEY, C. L. (1986): Microorganisms in reclamation of metals. Ann. Rev. Microbiol., 40, 311-336.

JACKSON, T. A. (1978): The biogeochemistry of heavy metals in polluted lakes and streams at Flin Flon, Canada, and a proposed method for limiting heavy metal pollution of natural waters. Environ. Geol., 2, 173.

KIFF, J. R.; LITTLE, D. R. (1986): Biosorption of heavy metals by filamentous fungi. In: Eccles, H.; Hunt, S. (eds.): Immobilisation of Ions by Biosorption, pp. 71-80. Ellis Harwood, Chichester. LINKO, P.; LINKO, Y.-Y. (1983) Applications of immobilized microbial cells. Appl. Biochem. Bioeng., 4, 53-151.

MACASKIE, L. E. (1990): An immobilized cell bioprocess for the removal of heavy metals from aqueous flows. J. Chem. Technol. Biotechnol., 49, 357-379.

MACASKIE, L. E.; DEAN, A. C. R. (1989): Microbial metabolism, desolubilization and deposition of heavy metals: metal uptake by immobilized cells and application to the detoxification of liquid wastes. In: Mizrahi, A. (ed.): Biological Waste Treatment, pp. 159-201. Alan R. Liss Inc., New York.

NAKAJIMA, A.; SAKAGUCHI, T. (1986): Selective accumulation of metals by microorganisms. Appl. Microbiol. Biotechnol., 24, 59-64.

NAKAJIMA, A., HORIKOSHI, T. and SAKAGUCHI, T. (1982) Recovery of uranium by immobilized microorganisms. Eur. J. Appl. Microbiol. Biotechnol., 16, 88-91.

NEMEC, P.; PROCHAZAKA, H.; STAMBERG, K.; KATZER, J.; STAMBERG, J.; JILEK, R.; HULAK, P. (1977): Process of treating mycelia of fungi for retention of metals. US Patent 4,021,368.

NORBERG, A. B.; PERSSON, H. (1984): Accurnulation of heavy metals by Zoogloea ramigera. Biotechnol. Bioeng., 26, 239-246.

SHUMATE, S. E.; STRANBERG, G. W. (1985): Accumulation of metals by microbial cells. In: Moo-Young, M.; Robinson, C. N.; Howell, J. A. (eds.): Comprehensive Biotechnology, pp. 235-247. Pergamon Press, New York.

STERRITT, R. M.; LESTER, J. N. (1986): Heavy metal immobilization by bacterial extracellular polymers. In: Eccles, H.; Hunt, S. (eds.): Immobilisation of Ions by Biosorption, pp. 201-218. llis Horwood, Chichester.

TENGERDY, R. P.; JOHNSON, J. E.; HOLLO, J.; TOTH, J. (1981): Denitrification and removal of heavy metals from waste water by immobilized microorganisms. Appl. Biochem. Biotechnol., 6, 3-7.

TSEZOS, M. (1986): Adsorption by microbial biomass as a process for the removal of ions from process or waste solutions. In: Eccles, H.; Hunt, S. (eds.): Immobilisation of Ions by Biosorption, pp. 201-219. Ellis Horwood, Chichester.

TSEZOS, M. (1990): Engineering aspects of metal binding by biomass. In: Ehrlich, H. L.; Brierley, C. L. (eds.): Microbial Mineral Recovery, pp. 323-339. McGraw-Hill, New York.

TSEZOS, M.; DEUTSCHMANN, A. A. (1990): An investigation of engineering parameters for the use of immobilized biomass particles in biosorption. J. Chem. Technol. Biotechnol., 48, 29-39.

WHITE, C.; GADD, G. M. (1990): Biosorption of radionuclides by fungal biomass. J. Chem. Technol. Biotechnol., 49, 331-343.

Weiterführende Literatur

BRIERLEY, C. L.; BRIERLEY, J. A.; DAVIDSON, M. S. (1989): Applied microbial processes for metals recovery and removal from wastewater. In: Beveridge, T. J.; Doyle, R. J. (eds.): Metal Ions and Bacteria, pp. 359-382. John Wiley and Sons, New York.

EHRLICH, H. L.; BRIERLEY, C. L. (eds.)(1990): Microbial Mineral Recovery. McGraw-Hill, New York.

GADD, G. M. (1992): Microbial control of heavy metal pollution. In: Gadd, G. M.; Herbert, R. A.; Jones, C. W.; Watson-Craik, I. A. (eds.): Microbial Control of Pollution, pp. 59-89. 48th Symposium, Society for General Microbiology, Cambridge University Press, Cambridge.

VOLESKY, B. (ed.)(1990): Biosorption of Heavy Metals. CRC Press, Boca Raton.

Kapitel 16

Ausblick

Die Industrialisierung und die damit einhergehende Entwicklung der städtischen Lebensweise hat dazu geführt, daß eine Vielzahl von Chemikalien in die Umwelt eingebracht wurden, die mittlerweile das Gleichgewicht der Biosphäre unseres Planeten bedrohen. Viele der heute auftretenden Verunreinigungsprobleme werden durch neue chemische Substanzen und durch die aus ihnen hergestellten Produkte verursacht. Eine Bestandsaufnahme der EU aus jüngster Zeit umfaßt über 100.000 verschiedene Stoffe, von denen 30.000 als Bedrohung der Umwelt eingestuft werden, da sie biologisch akkumuliert werden bzw. widerstandsfähig und/oder toxisch sind. Dies hat dazu geführt, daß Regierungen und von ihnen eingerichtete Behörden Listen von zu kontrollierenden Chemikalien erstellt haben, die die Grundlage zu einer Eindämmung der Umweltverschmutzung bilden.

Mittlerweile haben zunehmender Druck seitens der Öffentlichkeit, Gesetzgebungen und internationale Vereinbarungen die Industrie zur Einführung wirkungsvoller Abfallbehandlungsstrategien angesetzt. Besorgnisse über die bisherigen Abfallbeseitigungsstrategien, die auf Verdünnung, Vergraben oder Verbrennen beruhten, lieferten der mit der Beseitigung von Abfällen befaßten Industrie den Anlaß dazu, auch alternative Technologien in Betracht zu ziehen.

Mit diesen Entwicklungen stellte sich auch eine realistische Betrachtung der Biotechnologien zur Eindämmung von Verunreinigungen ein. Obwohl diese Verfahren noch in den Kinderschuhen stecken und nur eine begrenzte Anzahl erfolgreicher großtechnischer Einsätze zu verzeichnen ist, stellen sie jedoch dort, wo sie zum Einsatz kommen, eine wirkungsvolle Alternative oder Unterstützung zu anderen Verfahren dar und ermöglichen wirtschaftlich annehmbare Strategien zur Eindämmung von Verschmutzungen.

Noch vor zehn Jahren war die "Biobehandlung" eine neue, vielfach überbewertete und mißverstandene Technologie. Heute bieten über 200 Firmen in den USA entsprechende Dienstleistungen an, und es beginnt sich anzudeuten, daß sich Biotechnologien zu den bevorzugten Verfahren bei der Rehabilitation verseuchter Standorte entwickeln werden. Es ist zu hoffen, daß entsprechende Überlegungen auf gesunden wissenschaftlichen Grundlagen beruhen und die Beschränkungen der entsprechenden Verfahren berücksichtigt werden. In diesem Falle könnte sich bis zum Beginn des nächsten Jahrtausends ein Marktpotential von 0,2-1,0 Milliarden $ für Biotechnologien entwickeln.

Die Eindämmung industrieller Abfälle an der Quelle, d. h. Vermeidung statt Entsorgung, hat an Bedeutung gewonnen und Industriekonzerne gehen zunehmend dazu über, Ableitungen am Ende eines Verfahrens ("end-of-pipe") als Produkte des Herstellungsprozesses anzusehen und nicht mehr nur als Abwasser. Dies ist zum Teil auf den wirtschaftlichen Druck zurückzuführen, wirtschaftliche Herstellungsverfahren zur Verringerung der Herstellkosten mittels Katalysatoren und deren chemischen Vorstufen (sogenannten "Synthons") zu entwickeln, sowie auf den Wunsch der Verbraucher, daß nicht nur die Produkte, sondern auch die zu diesen führenden Herstellungsverfahren umweltverträglich werden.

Viele der vorhandenen Gewinnungs- und Herstellungsverfahren führen gewissermaßen automatisch zu Verschmutzungen, und ein großer Teil der Verfahren zur Rehabilitation und Eindämmung von Verunreinigungen wurde speziell in Anbetracht dieser Probleme entwickelt. Ausgehend von den Erfolgen des vergangenen Jahrzehnts ist man geneigt, vorauszusagen, daß sich der Einsatz von biologischen Verfahren zur Eindämmung von Verunreinigungen mit einer Zunahme des Entwicklungsstandes und mit einem nüchternen Ansatz bei der Entwicklung von Biokatalysatoren und der Auslegung von Bioreaktoren weiter ausweiten wird. Die vermutlich "aufregenderen" Möglichkeiten für die Entwicklung biologischer Verfahren liegen jedoch in ihrer Anwendung in sogenannten sauberen Technologien.

Auf modernen biologischen Verfahren basierende Industrieprozesse verlassen sich nicht länger auf gefährliche Bedingungen oder toxische Chemikalien, und die auftretenden Abfälle sind weniger umfangreich als in konventionellen Anlagen; außerdem werden sie biologisch abbaubar sein. Biotechnologische Verfahren können außerdem zur Abwandlung von Prozeßabläufen bei der Herstellung eingesetzt werden, damit entweder die Art, der in den Prozeß eingebrachten Vorprodukte (Synthons) geändert oder unerwünschte chemische Verunreinigungen aus dem Verfahrensablauf entfernt werden können.

Ein Beispiel für die biologische Umbildung von Synthons ist der Einsatz der auf Chiral selektiven Aktivität bestimmter Enzyme. Solche Systeme können dazu benutzt werden, razemisierte Lösungen von Synthons vor der Zugabe zum chemischen Reaktionsbehälter wieder aufzulösen. Diese Wiederauflösung des Synthons in eine einzige Form von Isomeren ermöglicht anschließend die Bildung von Chiral statt verschiedener razemischer Produkte. Dies ist insbesondere dann von Bedeutung, wenn es sich um ein pharmazeutisches oder agrochemisches Produkt handelt, in dem nur eine der beiden Chiralformen biologisch aktiv ist. Produkte, die nur die aktive Form enthalten, können in der halben Konzentration der razemisierten Produkte eingesetzt werden und dennoch die gleiche Wirksamkeit erzielen. Das verringert Nebeneffekte, allergische Reaktionen und Umweltverschmutzungen. Der Einsatz von Biokatalysatoren bei der Wiederauflösung von Chiral ist verhältnismäßig preiswert und hat die wirtschaftliche Produktion von Chiralprodukten ermöglicht.

Da die Kräfte des Marktes die Umweltakzeptanz von Produkten durch Verkaufszahlen zu einem positiven Einfluß auf die Herstellungsverfahren hat werden lassen, wurde das umweltfreundliche Etikett "grün" zu einem starken Verkaufsargument. Somit besteht auch die Möglichkeit, biologische Verfahren als Prozeßschritte für umweltfreundliche biologische Umbildungen einzuführen und damit die bestehenden Produkte der chemischen Industrie zu verbessern. So benutzen viele chemische Syntheseverfahren halogenierte Verbindungen als Lösungsmittel oder Vorprodukte. Bereits nur durch ihre chemische Natur führen diese Verbindungen zu Umweltproblemen, nicht nur bei der Behandlung der entsprechenden Abfälle, sondern auch dadurch, daß sie die Endprodukte der Herstellungsverfahren verunreinigen.

Bei der Produktverbesserung hängt die Entscheidung über den Reaktortyp im wesentlichen von der Art des Produktes und der schädlichen Verunreinigungen ab sowie von dem Ausmaß, in dem die biokatalysierende Biomasse im Verfahrensablauf zugelassen werden kann. In Abhängigkeit von der Art des weiteren Prozeßablaufes kann es sich bei den entsprechenden Reaktoren um einfache Rührwerkstanks handeln, die im Chargenbetrieb oder kontinuierlich laufen. Dazu könnte sich dann ein Prozeßschritt anschließen, der, sofern erforderlich, die Biomasse aus dem Prozeßfluß abtrennt oder wenigstens den Biokatalysator inaktiviert. Hierfür bieten sich Biofilmreaktoren an, insbesondere wenn die biologische Behandlung von der Wachstumsphase des Biofilms getrennt werden kann. Dadurch gelänge es dann, die das Produkt verunreinigende Biomasse beträchtlich zu verringern. Wenn die Behandlung nur einfache oder nur wenige biokatalytische Schritte erfordert, kann der Biokatalysator in Form eines Enzymes frei bzw. eher immobilisiert angeboten werden.

Solche Verfahren vermeiden die Notwendigkeit, Verschmutzungsprobleme durch Industrieabwässer zu beheben. und verringern die Verunreinigungen aus der Verwendung von mit Umweltchemikalien belasteten Produkten.

Die in diesem Band beschriebenen biotechnologischen Konzepte und Verfahren bieten eine realistische Möglichkeit zur Rehabilitation und zur Eindämmung einer großen Zahl von Schadstoffen. Hier ist jedoch eine Mahnung an alle Befürworter bestimmter eigener biotechnischer Antworten auf bestimmte Verschmutzungsprobleme dringend nötig: seid realistisch, stellt keine übertriebenen Behauptungen zur Leistungsfähigkeit und Wirksamkeit eines Verfahrens auf und gründet eure Aussagen auf Forschungen und Entwicklungen im Labor *und* im Prozeß- oder Feldmaßstab. Desweiteren sollten sich Umweltbiotechnologen sowie auch die Befürworter der anderen Biotechnologien darum bemühen, Regierungen und die Öffentlichkeit in völlig offener Weise zu erziehen, damit ihnen nicht das gleiche Schicksal widerfährt wie anderen Technologien, die aufgrund eines Mangels an "öffentlicher Akzeptanz" gescheitert sind.

Stichwortverzeichnis

Springer-Verlag und Umwelt

Als internationaler wissenschaftlicher Verlag sind wir uns unserer besonderen Verpflichtung der Umwelt gegenüber bewußt und beziehen umweltorientierte Grundsätze in Unternehmensentscheidungen mit ein.

Von unseren Geschäftspartnern (Druckereien, Papierfabriken, Verpackungsherstellern usw.) verlangen wir, daß sie sowohl beim Herstellungsprozeß selbst als auch beim Einsatz der zur Verwendung kommenden Materialien ökologische Gesichtspunkte berücksichtigen.

Das für dieses Buch verwendete Papier ist aus chlorfrei bzw. chlorarm hergestelltem Zellstoff gefertigt und im pH-Wert neutral.